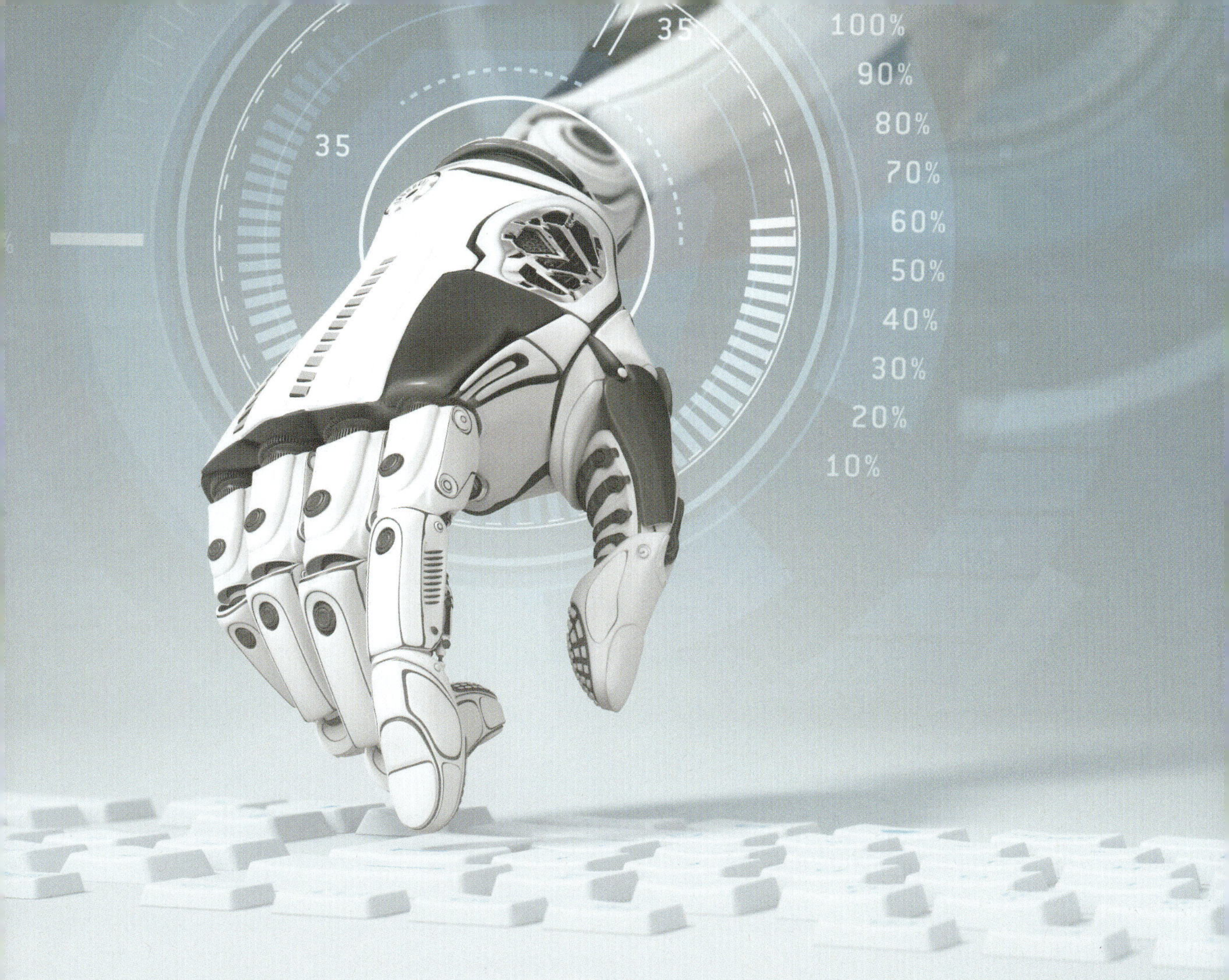

제3판

로봇공학의 이해

Introduction to Robotics

도용태·이석규·이재원 공저

문운당

서 문

기계, 전기 전자와 ICT, 그리고 전산 및 AI 분야의 급속한 발전에 따라 로봇의 용도가 과거 주로 산업체의 생산 자동화에서 근래에는 가정이나 식당, 병원, 그리고 공항과 같이 우리 인간 주변에서의 지능적 작업으로 확대되고 있다. 따라서 로봇의 시장 규모가 급속히 증대되고 있으며, 전 세계적으로 로봇 산업에 관한 많은 연구개발 및 투자가 진행되고 있다.

로봇 기술이 고도화되고 관련 산업이 확대됨에 따라 로봇 공학(robotics)도 대학원의 연구 주제로서만이 아니라 학부 교육과정에서도 중요한 교과목이 되었다. 이러한 추세에 따라 국내외에서 여러 훌륭한 로봇 공학 도서들이 발간되고 있으나, 국내의 대학 실정에 맞는 도서가 많지 않은 현실을 고려하여 이 책을 저술하였다.

주지하다시피 로봇 공학과 연관된 분야는 생산 공정의 연성 자동화(soft-automation)에서부터 자율 주행 스마트 자동차에 이르기까지 매우 광범위하며, 향후 미래에는 바이오-생명 기술과의 결합 등 그 발전 방향과 확대 영역은 무궁무진하다. 따라서 이 책은 로봇 공학에서 중요한 몇 가지 주제를 깊이 있게 다루기보다는 여러 분야의 내용을 넓게 다루고자 하였다.

• 대상과 분량

이 책의 수준은 공학계 관련 학부의 고학년생들과 대학원 석사 과정생을 주요한 대상으로 하여 설정되었으며, 로봇 산업 실무 종사자들에게도 도움이 되리라 생각한다. 그리고 책의 분량은 국내의 대학에서 로봇 공학의 입문 과정이 대체로 3학점 한 학기 강좌로 개설되고 있음을 감안하여 결정하였다. 그러나 현대의 로봇 공학이 필연적으로 광범위한 내용을 포함하므로, 이 책의 분량도 한 학기에 모두 다루기에는 무리가 있을 것이다. 따라서 독자 및 학생들의 수준과 관심 분야 및 여건에 따라 적절하게 관련 장을 선택하여 학습할 것을 권한다.

• 구성

이 책은 전체적으로 10장으로 구성되어 있으며, 각 장의 마지막에는 연습 문제와 과제를 제공하여 배운 내용을 복습하고 학습의 심도를 높이는 것이 가능하도록 하였다. 전체 내용은 전반부 6장과 후반부 4장으로 대분할 수 있다. 먼저 1장의 입문에서는 로봇 공학에 관한 전반적인 내용을 다루고, 2장에서는 로봇 공학의 수학적 기초를 다루고 있으며, 나머지 전반부 4장(3장~6장)에서는 주로 산업용 로봇(manipulator)을 제어하기 위해 필요한 기구학, 속도, 힘, 그리고 제어 이론을 다루고 있다. 그리고 후반부 4장(7장~10장)에서는 로봇의 제어 효율을 높이고 활용 영역을 확대할 수 있는 센서, 이동, AI 기술을 다루고, 마지막으로 지능적 기계인 로봇을 어떤 사회적 관점에서 바라볼 것인지를 서술하였다.

오랜 기간 대학에서 로봇을 연구하고 교육해 온 우리 저자들이 적절한 교재의 필요성을 느끼고 의기투합하여 첫 책을 출판한 것이 2008년의 일이다. 그리고 2013년 개정판을 발간하였으나, 그 이후 로봇의 발전과 변화는 눈부실 정도이다. 이러한 현실을 고려하여 우리는 이제 3판을 발간한다. 이번 판에서는 최신의 기술 발전 사항을 포함하고, 독자들이 좀 더 쉽게 로봇을 이해할 수 있도록 이론을 단순화하고, 서술과 표현을 가다듬었으며, 그림과 예제들도 추가하였다. 그리고 최근의 주요한 이슈인 로봇의 이동과 AI 기술의 활용에 대한 내용을 보강하였다.

우리 저자들은 중요한 미래 기술이자 종합 학문인 로봇 공학을 독자들이 쉽게 이해하고 활용할 수 있도록 하려는 목표를 염두에 두고 오랜 교육 경험을 바탕으로 여러 해에 걸친 토의와 수정을 거쳐 책을 개정하는 작업을 수행하였다. 그럼에도 불구하고 이제 출간하는 시점에 이르러서는 여러 가지 아쉬움이 남고, 또 독자들도 곳곳에서 미흡한 점들을 발견할 것으로 짐작한다. 이 책이 긴 세월을 거쳐 3판까지 출판될 수 있는 것은 전적으로 독자들의 덕이었음을 생각하면서, 앞으로도 이 책이 부족함을 덜어 갈 수 있도록 독자 여러분들의 아낌없는 고견과 조언을 기대한다. 마지막으로 여러 가지 어려운 여건에서도 책의 출판에 적극적으로 협조하여 주신 문운당의 관계자 여러분들에게 심심한 감사를 드린다. 이분들은 높은 전문성을 십분 발휘하여 졸고를 훌륭히 책으로 엮었다.

2022년 2월 경산에서 저자 일동

목 차

01 CHAPTER 입 문

1.1 로봇의 역사 3
1.2 로봇의 응용 분야 6
1.3 로봇의 분류 19
1.4 로봇의 구조 및 성능 30
1.5 로봇 관련 연구 분야 36

02 CHAPTER 강체의 위치와 방향

2.1 2차원 회전변환 행렬 45
2.2 2차원 동차변환 행렬 48
2.3 연속 변환 52
2.4 상사 변환 56
2.5 변환방정식 59
2.6 3차원 회전 행렬 62
2.7 3차원 동차변환 행렬 73

03 CHAPTER 로봇 기구학

3.1 관절의 종류 85
3.2 DH 파라미터 87
3.3 로봇의 정기구학 93
3.4 역 기구학 98
3.5 작업 영역 104

04 CHAPTER 자코비안 : 속도와 정역학

4.1 2차원 벡터의 미분 ········· 117
4.2 3차원 회전행렬의 미분 ········· 120
4.3 링크의 선속도와 각속도 ········· 124
4.4 자코비안 ········· 127
4.5 기구학적 특이점 ········· 130
4.6 로봇 정역학 ········· 134
4.7 속도와 힘 변환 ········· 136
4.8 조작성 ········· 139

05 CHAPTER 동역학

5.1 오일러 – 라그랑지 방법 ········· 149
5.2 뉴턴 – 오일러 방법 ········· 156
5.3 운동 방정식의 물리적 의미 ········· 161
5.4 역 동역학 ········· 164

06 CHAPTER 로봇 제어

6.1 제어의 기초 ········· 171
6.2 매니퓰레이터의 위치 제어 ········· 184
6.3 매니퓰레이터의 임피던스 제어 ········· 202

07 CHAPTER 로봇 센서

7.1 로봇 센서의 개요 ········· 211
7.2 내부 센서 ········· 212
7.3 외부 센서 ········· 220

7.4 센서 신호의 처리 ··· 227
7.5 로봇 시각 ··· 243
7.6 시각 기반 로봇 ··· 256

08 CHAPTER
이동 로봇

8.1 개 요 ··· 273
8.2 이동 로봇 관련 기술 ··· 274
8.3 바퀴형 이동 로봇의 기구학 ··· 279
8.4 위치 추정 및 지도 작성 ··· 304
8.5 육상용 이동 로봇의 주행 ··· 309
8.6 복수의 이동 로봇 협조 운동 ··· 317
8.7 ROS(Robot Operating System) ··· 319

09 CHAPTER
인공지능

9.1 개 요 ··· 335
9.2 탐 색 ··· 340
9.3 인공신경회로망 ··· 348
9.4 퍼지 제어 ··· 372

10 CHAPTER
로봇 윤리

10.1 인간과 함께하는 로봇 ··· 391
10.2 로봇 시대의 윤리 ··· 400

• 찾아보기 ··· 408

01

입 문

1.1 로봇의 역사
1.2 로봇의 응용 분야
1.3 로봇의 분류
1.4 로봇의 구조 및 성능
1.5 로봇 관련 연구 분야

이 장에서는 로봇 공학과 관련된 전문적인 내용을 학습하기에 앞서 알아두어야 할 개괄적인 내용을 다룬다. 구체적으로는 로봇의 역사, 응용 분야, 분류, 구조와 성능, 관련 기술, 4차 산업혁명과 로봇 등을 소개한다. 이 장을 학습한 후에는 로봇에 대한 일반적인 지식을 토대로 로봇 관련 기술의 향후 발전 방향과 수반되는 문제점을 인식할 수 있을 것이다.

Put your heart, intellect and soul even to your smallest acts. This is the secret of success.

– Swami Sivananda –

01 CHAPTER 입 문

1.1 로봇의 역사

'로봇(robot)'의 어원은 체코어로 '강제 노동(forced labor)'을 뜻하는 'robota'이며, 1921년 체코슬로바키아의 극작가 Karel Capek이 그의 풍자적인 희곡 'R.U.R(Rossum's Universal Robots)'에서 처음 사용하였다. 로봇의 용어적 정의는 JIRA(Japan Industrial Robot Association), AFRI(Association Francaire de Robotique Industrille), RIA (Robotic Industries Association), BRA(British Robot Association) 등에서 각각 다른 정의를 내리고 있으나, 대체적으로 재프로그램(reprogramming)이 가능한 기능과 자동화라는 개념을 내포하고 있다. 특히 공상과학 등에서는 로봇을 '인간의 형상을 한 기계'로 인식되는 경우가 많으나, 형상과는 무관하게 실용적인 측면으로 정의되는 것이 바람직할 것이다.

인간은 오랜 기간 동안 향상된 삶을 추구하여 인간보다 뛰어난 능력을 가진 기계 인간의 구현을 동경해 왔으며, 이를 실현하기 위하여 많은 노력을 기울여 왔다. 과거의 로봇은 산업용으로 주로 사용이 되었으나, IT(Information Technology), MEMS(Micro Electro Mechanical System), NT(Nano Technology), BT(Bio Technology), AI(Artificial Intelligence) 등과 같은 기술의 발달과 더불어 의료용, 가정용, 우주용, 군사용, 교육용, 농업용 등으로 그 용도가 매우 다양해졌으며 향후 사용 범위가 더욱 확대될 것이다.

넓은 의미의 로봇 개발은 기원전부터 시작되었다고도 할 수 있겠으나, 실용화의 관점에서 로봇 역사에 기록될 만한 중요한 사건은 다음과 같다. 1940년대 후반에 미국 Oak Ridge의 Argonne National Laboratory에서 인간이 취급하기에 위험한 방사성 물질을 로봇으로 원격 처리하기 위해 주종형(master-slave)의 로봇을 개발하였다. 1959년에는 제작 사양의 변화에 따라 재프로그램되며, 작업 도구를 비교적 쉽게 교환할 수 있는 특징을 가진 최초의 산업용 로봇이 Unimate사에서 Devol과 Joseph Engelberger에 의해서 개발되었다. 1960년대 초에 Henry Ernst는 컴퓨터와 센서에 기반한 최초의 로봇 매니퓰레이터[1)]인 MH－1을 자신의 MIT[2)] 박사학위 논문을 위한 연구로 개발하였다. 1970년대에는 시퀀스 제어에서 마이크로프로세서를 제어 시스템에 사용하여 보다 범용성이 있고 전문화된 로봇이 출현하였다. 1974년 Cincinnati Milacron사는 T^3(The Tomorrow Tool)로 불리는 최초의 컴퓨터 제어 산업용 로봇을 개발하였으며, 1979년 일본의 Yamanashi 대학에서 개발된 SCARA(Selective Compliance Assembly Robot Arm) 로봇은 간단한 구조와 높은 속도 및 정밀성을 가지고 있어서 현재도 산업 현장에서 널리 사용되고 있다. 1980년대는 소품종 대량생산 체제에서 CIM(Computer Integrated Manufacturing)을 이용하여 다품종 소량 생산을 시작하였으며, 재프로그램에 의한 융통성을 지닌 산업용 로봇이 이러한 변화에 큰 역할을 하였다. 1981년에는 미국의 CMU[3)]에서 처음으로 직접 구동 모터(Direct Drive Motor)를 사용하여 로봇의 구동 장치에 기어와 같은 가감속 장치를 없애는 방법을 제시하였다. 이로서 로봇의 구동부가 보다 더 간단한 구조를 가지며, 백래시(backlash)가 거의 없어 정밀한 제어가 가능한 드라이브의 구현이 가능함에 따라 복잡한 형태의 로봇 개발이 용이하게 되었다. 1990년대에는 로봇 관련 기술의 발달과 더불어 로봇의 용도가 더욱 다양해져서, 지능적이며 일상생활에서의 용도로 많은 로봇이 개발되기 시작하였다. 1999년에는 일본의 소니사에서 센서로 주위 환경을 인지하고 반응하는 능력을 가진 장난감 로봇인 Aibo(Artificial Intelligence Robot)를 출시하였다. 21세기에 들어서 다양한 형태를 한 지능형 로봇이 여러 분야에서 사용되게 되었다. 일본의 Honda사에서 인간형 로봇인 Asimo를 2000년에 개발하였으며, 2006년에는 Boston Dynamics사[4)]에서 험난한 지형에서도 물자 이송을 할 수 있는 기능을 가진 군사용 로봇인 BigDog을 물자 이송용으로 개발하였다. 2010년대에 들어서는 로봇이 더욱 지능화하여 로봇이 우리의 일상생활 속으로 다가오게 되었다. 2015년에는 일본의 SoftBank사에서 감성용 로봇인 Pepper가 출시되어 인간－로봇 공존의 시대에 한발 더 다가서게 되었다. 또한 2010년대 중반에는 Klaus Schwab 박사에 의해 인공지능으로 자동화와 연결성이 극대화되는 산업 환경의 변화를 의미하는 제4차 산업 혁명(Fourth Industrial Revolution, 4IR)이 주창되었

---

1) manipulator. 대부분의 산업용 로봇은 사람의 팔과 유사한 형상을 하고, 공장 내 특정 위치에 고정되어 미리 프로그램된 작업을 반복적으로 수행하여왔다. 따라서 로봇공학에서는 이러한 형태의 생산 자동화 기계인 매니퓰레이터를 교육과 연구의 주요한 주제로 삼았다. 즉, 과거에는 매니퓰레이터가 로봇과 거의 동의어였다. 현재 시점의 관점에서 볼 때, 매니퓰레이터는 여전히 생산 산업용 로봇의 주류로서 그 중요성이 크지만, 가정이나 서비스와 같은 비생산적 영역에서는 매니퓰레이터와는 다른 형태의 다양한 로봇들이 활용되고 있다.

2) Massachusetts Institute of Technology

3) Carnegie Mellon University

4) 1992년 MIT에서 스핀 오프한 로봇 회사로 고성능의 이동 로봇 개발로 유명하며, 현대자동차가 차세대 모빌리티 영역으로의 확장을 위해 회사 지분의 80%를 2020년 미화 8억8,000만불에 인수하였다.

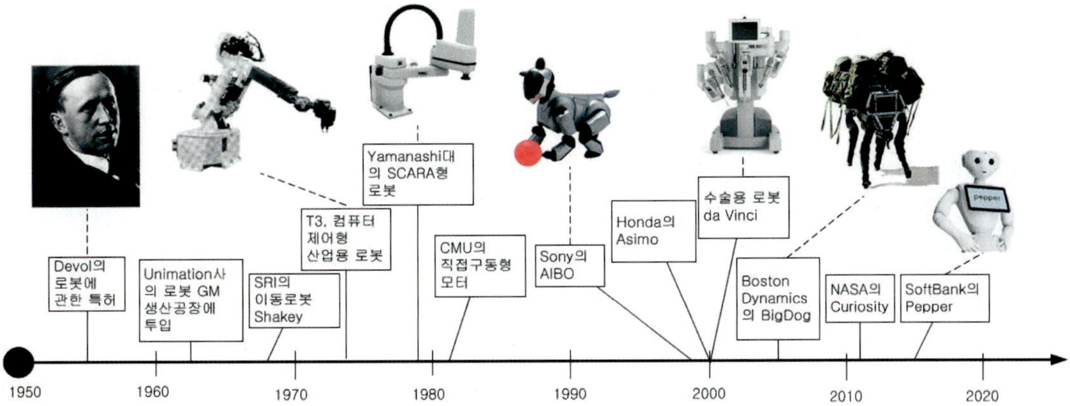

[그림 1.1] 로봇의 연대기

다[5]. 지능 로봇은 제4차 사업의 핵심적인 기술인 인공 지능, 빅 데이터, 드론, 자율 주행, 가상현실, 증강현실, 사물 인터넷, 양자 컴퓨터, 블록체인, 클라우드 컴퓨팅 기술 등과 밀접한 관계를 가지고 있으며, 이러한 기술의 발달은 로봇의 지능을 더욱 더 고도화시킬 것이다. 이러한 개별 기술들은 상호 긴밀한 관계를 가지고 있기 때문에 향후 기술적인 발전의 추이는 개별 기술 뿐 아니라 융합 기술의 발전의 중요성이 더욱 부각될 것이다. 또한 급속한 기술의 발전에 기반한 제4차 산업 혁명은 인류에게 과거의 산업 혁명보다 더욱 더 많은 변화를 가져다 줄 것이며, 이러한 변화에 능동적으로 대처하는 것은 매우 중요하다.

전반적으로 산업용 위주의 로봇이 생체공학, 인공지능, 전기전자공학, 재료공학, 컴퓨터공학, 기계공학 등과 같은 관련 산업 기술의 발달로 인하여, 인간과 감성을 통할 수 있는 지능형 로봇으로 발전하는 추세에 있다. 그림 1.1은 로봇의 간략한 연대기를 보여준다.

인공 지능 기술의 발달에 따라 조만간 여러 분야에서 인간을 능가하는 지능 로봇의 출현이 예상되는 바, 이러한 로봇을 통제하기 위한 법규 및 로봇 윤리에 관련된 연구가 필요하며, 현재 이에 대한 논의가 활발히 진행되고 있다. 1950년에는 Isaac Asimov[11]가 그의 단편소설 Runaround에서 로봇의 원칙(Laws of Robotics)을 다음과 같이 기술하였다.

1. 로봇은 인간을 다치게 해서는 안되며, 또한 로봇의 행동이 인간에게 해를 끼쳐서는 안 된다.
2. 로봇은 첫 번째 규칙의 범위 내에서 인간의 명령에 복종해야 한다.

---

5) 흔히 "다보스 포럼"이라 부르는 세계경제포럼의 2016년 회의에서 주창하였다.

3. 로봇은 위의 두 가지를 벗어나지 않는 범위 내에서 그 자신을 보호해야 한다.

이상의 원칙은 로봇 윤리에 대한 선언적인 의미를 가지고 있으나, 과학 기술의 발달에 따라 로봇과 인간과의 관계 정립이 필요한 고지능 로봇이 출현하면 이에 대한 적절한 보완을 위한 전문적인 연구가 필요하다. 또한 생명 공학의 발달로 인하여 로봇에 고지능을 부여하거나 로봇의 신체 일부에 생체를 이식할 수 있게 되면 인간과 로봇의 경계가 모호해질 수 있다. 따라서 로봇에 대한 기술적인 개발에 앞서서 로봇의 존재 및 이용에 대한 윤리적인 측면을 먼저 고려하여야 할 것이며, 인간과 로봇이 공존하는 시대에 대한 다각적인 연구도 필요할 것이다.

1.2 로봇의 응용 분야

로봇은 초인적인 능력을 가지고 사람이 하기 힘든 위험한 작업, 열악한 환경에서의 작업, 정밀 작업, 지루한 반복 작업과 인간에 대한 서비스 제공을 위한 인간 친화적인 일에 적합하도록 고안되었으며, 그 응용 분야는 [그림 1.2]에 나타난 것처럼 광범위하고, 향후 그 분야는 더욱 더 다양해질 것이다. 생산성 향상을 위한 기능 위주의 산업용 로봇에서 주변 관련 기술의 발달에 따라 지능형 로봇들이 다양한 분야에서 사용되어질 것이다. 로봇은 응용 분야에 따라 다음과 같이 분류할 수 있다.

[그림 1.2] 로봇의 응용 분야

[표 1.1] 로봇의 세계 시장 규모 추이

연도	2000	2005	2010	2015	2020	2025
시장 규모[달러]	74억	108억	151억	269억	429억(추정)	669억(추정)

자료 : Bank of America 2017

[1] 산업용 로봇

1974년 설립된 북미 로봇 산업 협회인 RIA(Robotic Industries Association)의 정의에 따르면 '산업용 로봇'이란 부품, 재료, 기구 등을 다루기 위해 고안된 재프로그래밍이 가능한 기계적인 장치'이다. 사회를 농경 사회에서 산업 사회로 전환시킨 산업 혁명을 거치고, 20세기 초 미국의 Ford 자동차 회사에서 시작된 자동화 생산라인으로 인하여 제품의 대량생산이 가능하게 되었으며, 그 후 산업이 발달함에 따라 대량 생산 생산라인에서 단순 반복 작업을 하는 로봇의 역할은 필수적인 것이 되었다.

자동화는 크게 경성 자동화(hard automation)와 연성 자동화(soft automation)로 구분할 수 있으며, 경성 자동화는 작업 대상물을 다루는 데 가장 적합한 전용 기계를 사용하기 때문에 작업 효율과 생산성이 높다는 장점이 있으며, 연성 자동화는 로봇과 같이 비교적 간단한 조작에 의해서 그 기능을 변환시킬 수 있는 기계를 사용하기 때문에 다양한 종류의 작업 대상물에 사용할 수 있다는 장점이 있다. 일반적으로 소품종 대량 생산에는 경성 자동화가, 다품종 소량 생산에는 연성 자동화가 많이 사용되고 있다. 특히 자동차, 스마트폰 등과 같이 사회에서 요구하는 제품의 라이프 사이클이 짧아짐에 따라 다품종 소량 생산 시대로 전환되면서 용도의 유연성이 뛰어난 로봇의 필요성은 더욱 더 증대되었다.

예제 1.1

제품 생산 공정에서 산업용 로봇을 사용하는 경우의 장단점에 관하여 서술하라.

장점 – ① 생산성이 높아진다.
② 인건비가 절감된다.
③ 균일하고 양질의 제품을 생산할 수 있다.
④ 작업 대상물의 종류에 대한 유연성이 있다.
⑤ 작업 환경이 개선된다.
⑥ 사람이 일하기 어려운 위험한 작업 환경에서도 사용할 수 있다.

단점 – 로봇 자체의 가격 외에도 이를 도입하여 설치하기 위한 작업 환경의 구조화에 필요한 비용 등 초기 투자가 많이 들어간다. 또한 작업자에 대한 로봇 사용 등에 대한 교육이 필요하다.

[표 1.2]는 산업용 로봇의 주요 국가별 시장 현황을 나타내고 있다. 과거에는 자동차 산업이 발전한 일본, 미국, 그리고 독일을 비롯한 유럽이 주요한 시장이었으나, 이제는 제조업이 발전하고 인건비가 급격히 상승한 중국이나 우리나라의 시장이 빠르게 커지고 있다.

[표 1.2] 산업용 로봇의 국가별 2019년 시장 현황

국가	중국	일본	미국	한국	독일	이탈리아	프랑스	대만	멕시코
연간 설치대수 [천대]	140.5	49.9	33.3	27.9	20.5	11.1	6.7	6.4	4.6

자료 : IFR World Robotics 2020 Report

현재 로봇 시장에서 가장 높은 비중을 차지하고 있는 산업용 로봇은 효율성을 높이기 위하여 독자적으로 사용되기보다는 다른 시스템에 연동되어 사용되는 경우가 많다. 산업용 로봇의 응용 분야로는 용접, 조립, 도장, 검사, 물품 이송, 부품 조작 등이 있으며, 그 용도는 더욱 넓어질 것으로 전망된다. 산업용 로봇의 용도에 대해 보다 구체적으로 알아보도록 한다.

(1) 용접용

용접 작업은 매우 노동집약적이고 작업 환경이 열악하며 위험하므로, 인간을 대신하여 용접용 로봇이 사용되고 있다. 단일 용도로는 산업용 로봇 중 가장 많은 로봇이 용접용으로 사용되고 있으며, 이는 로봇이 자동차 생산 공정에 널리 사용되고 있는 바와 관련이 있다. 반복적이며 지루한 3D 작업인 용접을 로봇이 고정밀, 고속, 장시간 작업함으로써 수작업에 의한 인건비를 절약할 수 있는 등 높은 생산성을 기대할 수 있다.

(2) 조립용

부품 조립은 산업체에서 개발에 가장 관심을 많이 가지는 분야 중 하나로서, 관련 분야 기술의 발달로 인하여 조립용 로봇은 단순히 두 개의 부품을 조립하는 단계에서 다른 모양의 여러 가지 부품을 동시에 조립할 수 있는 기술적인 단계에 도달하였다. 특히 효율적인 조립을 위해 여러 대의 로봇이 협조하여 작업을 하기도 한다. 특히 센서 및 기계 산업의 발달로 인하여, 반도체 등의 분야에서는 인간이 접근할 수 없었던 미크론(극소) 세계에서의 작업이 가능하게 되었다. 한편 선형 모터(linear motor)의 발달은 회전형 모터를 직선 운동으로 변환하는 대신 직접 직선 운동을 얻을 수 있도록 함으로써 운동의 변환을 위한 부가적 기계 장치가 필요 없어짐에 따라 유지 보수가 간단해졌다. 특히 직선 운동 작업의 정밀도와 신뢰성을 더욱 향상시킬 수 있게 되었다. Olivetti사의 Sigma는 1975년 최초로 조립용으로 사용된 로봇이었으며, 기구학적인 해석이 간단한 구조를 가진 SCARA형 로봇이 다른 형태의 로봇에 비해 조립 작업에 많이 사용된다.

(3) 도장용

로봇은 가전제품, 자동차, 가구, 선박 등의 도장에 많이 사용되며, 사람보다 더 균일한 도장을 할 수 있고, 재료의 낭비를 줄이고, 유해한 물질에 인간이 노출되는 것을 줄여줌으로써 간접적으로 작업 환경을 개선하는 효과가 있다. 일반적으로 도장용 도료는 인화성이 강하므로 전기식이나 유압식보다 비교적 발화의 위험이 적은 공기압 모터가 로봇의 구동기로 많이 사용된다.

(4) 검사용

검사용 로봇은 작업자가 검사하기 힘든 정밀 검사나 지루하고 반복적인 검사에 주로 사용된다. 검사용 로봇은 카메라, 레이저, 초음파, 자기 센서, RF(Radio Frequency) 센서 등과 같은 장비를 이용하여 부품의 위치를 알아내고 불량 여부를 파악하며, 제품을 기준에 따라 분류하는 작업을 한다. 향후 센서 기술의 향상으로 인해 값싼 고성능 센서가 생산되면 검사용 로봇의 용도가 더욱 확대될 것이다.

(5) 이송용

컨베이어 벨트에서 부품을 들어 올려서 제품을 조립하는 것과 같은 단순 반복 작업이나, 제품을 직접 운송하는 등의 이송 업무에 로봇이 유용하게 사용되고 있으며, 로봇 분야에서 이동 로봇이 차지하는 영역이 점차 확대되어가고 있는 추세이다. 특히 센서 기술 등의 발달과 더불어 이동 로봇이 단독 혹은 여러 대가 넓은 작업 공간을 효율적으로 운항하면서 이송 업무를 원활하게 수행할 수 있게 되었다. 특히 Amazon의 물류 창고에서 사용되는 이송용 로봇인 Kiva는 주문 처리율을 기존과 비교하여 획기적으로 개선하고 있는 것으로 알려져 있다.

(6) 기계 공작

기계 공작용 로봇은 작업에 필요한 도구가 장착된 공구단을 이용하여 높은 정밀도 및 반복적인 동작이 요구되는 작업을 수행한다. 각종 기계 공작에 필요한 적절한 도구를 보다 효율적으로 사용하기 위한 ATC(Automatic Tool Changer)의 발달은 기계 공작용 로봇의 유용성을 더욱 높이고 있다.

[2] 가정용 로봇

가정용 로봇(home service robot)은 인간과 같은 환경에서 작업하기 때문에 기술적인 제약이 많으며, 산업용 로봇에 비해 좁은 시장성으로 인하여 경제성이 낮아 그 생산 대수가 제한적이었으나, IT 산업의 발달로 인하여 앞으로 급속한 증가세가 기대되는 분야이다. 가정용 로봇은 타 분야 로봇보다 사용자와의 원활한 상호작용을 필요로 하며, 이를 위해 영상 인식 및 음성 인식 등과 같은 기술이 요구된다. 또한 홈네트워크와의 연동, 클라우드 컴퓨팅 기술환경 변화에 대한 학습 및 여러 요소 기술들을 통합하면 그 용도가 더욱 넓어질 것이다.

가정용 로봇의 대표적인 예로는 가사용 로봇, 방범용 로봇, 장난감 로봇, 실버 로봇 등이 있다. 1999년 5월, 일본의 SONY사에서 개발 · 상품화한 애완견 로봇 Aibo는 시판 20분 만에 3천 개가 팔릴 정도로 선풍적인 인기를 끌었으며, 그 지능을 더욱 높이는 연구를 한 결과, 초보적이나마 인간의 감정을 이해하고 로봇 자신의 의사를 전달하는 기능을 가지게 되었다. Aibo는 학습을 통한 진화 능력과 음성 및 시각 인식 능력, 그리고 자기 충전 능력을 가지고 있다. 가정용 로봇의 대표적인 예로써, 청소용 로봇이 현재 국내외적으로 상품화되어 있다. 미국의 iRobot사의 Roomba는 방의 크기에 따라 운동 양식을 선택할 수 있으며, 나선형 패턴으로 청소를 하고, 장애물 회피 및 추락 방지 기능이 있다. Boston Dynamics에서 개발한 4족 로봇인 Spot Mini는 지능이 뛰어나고 활동성이 좋아서 가정용, 건설용, 군사용 등 다양한 용도로 2020년도부터 일반에게 판매되기 시작하였다. 향후 이들 로봇들의 학습 능력, 적응 능력, 진화 능력 등이 보완되면 사람을 인식하고, 사람의 감정을 이해하며 이에 적절히 대응하는 행동을 할 수 있어 원만하게 인간과 공생할 수 있으리라 전망된다. 특히 과학의 발달로 인하여 인간의 수명이 길어짐에 따라, 노인들의 행동을 보조해주고 친구의 역할을 해주는 실버 도우미 로봇에 관한 연구가 활발히 진행 중이다. 국내 및 해외 선진국에서의 노령 인구 증가 추세를 고려하면, 향후 실버 도우미 로봇에 관한 사회적 필요성이 증대될 것이다.

(a) 강아지 로봇 Aibo(SONY)

(b) 청소용 로봇 ROOMBA(iROBOT)

[그림 1.3] 가정용 로봇의 예

[3] 의료용 로봇

의료용 로봇은 수술용, 간호용, 재활용 로봇 등으로 나눌 수 있으며, 사용자의 의지에 따라 움직일 수 있도록 개발된 의수족 등의 지능형 보조기도 넓은 의미에서는 의료용 로봇에 포함될 수 있다.

(1) 수술용

고성능, 고기능 로봇은 인간보다 훨씬 더 정밀한 작업이 가능하기 때문에 뇌수술과 같이 초정밀성이 요구되는 수술, 혹은 작업자가 위험한 방사능에 노출될 수 있는 방사선 치료 등과 같은 곳에 쓰이며, 향후 보다 다양한 분야에 사용될 것이다. 특히 값비싼 의료장비와 우수한 의료진을 공유할 수 있도록 하는 원격 진료에 대한 기술적인 발달은 수술자가 원격지에 있는 환자를 현실감있게 치료할 수 있게 하였으며, 일부 기술은 실용화 단계에 이르렀다.

(2) 간호 및 재활용

간호는 장시간 동안 환자에 대한 세심한 관심이 필요한 어려운 일이기 때문에 간호 인력의 수급에도 어려움이 많다. 이를 해결하기 위해 많은 병원에서는 환자의 이동을 도와주고, 환자의 상태를 항시 관찰하며 필요시 의료진에게 연락해주는 로봇이 사용되고 있다. 또한 환자의 심리 치료를 위해 인간과 친밀한 형태를 한 로봇이 사용되기도 한다. 기타 의수족용 로봇기기가 장애인들을 위하여 개발되고 있으나, 판매 시장이 비교적 좁고 상대적으로 고가이기 때문에 아직은 상업화에 해결해야할 문제가 있다. 그러나 이러한 문제점들은 관련 기술의 발달과 사회 복지적인 요구가 증대됨에 따라 해결될 것이다. 또

[그림 1.4] 심리 치료 로봇 Paro(NIAIST)

한 핵가족 사회의 진행과 더불어 간호용 로봇은 향후 그 용도가 훨씬 다양해지리라 기대된다. IT 기술의 발달과 더불어 가족 구성원의 건강을 수시로 검사하여 직간접적으로 전문 의사에게 도움을 얻을 수 있도록 하는 의료용 로봇도 등장하고 있다. [그림 1.4]는 일본의 NIAIST[6]에서 개발한 심리 치료용 로봇인 Paro의 모습이다. 사용자가 로봇에 접촉하면 로봇은 촉각 센서를 통하여 이를 감지하고, 어느 정도의 감정 표현이 가능하며, 이러한 로봇은 향후 애완용 동물을 대체할 가능성도 있다.

예제 1.2

[그림 1.4]에서 볼 수 있듯이, Paro는 아기 바다표범의 형태를 하고 있다. 개발자는 왜 강아지나 고양이와 같이 인간에 친숙한 반려동물의 형태로 로봇을 만들지 않았을지 생각해 보라.

인간은 개나 고양이 등과 같은 반려 동물의 행동 특성을 비교적 잘 알고 있기 때문에 이러한 형태로 만들어진 로봇이 인간이 기대하는(혹은 알고 있는) 것과 다르게 행동하면 금방 알아낼 수 있다. 이는 실제 반려 동물에서와 같이 로봇에게서 친근감을 느끼고 심리적인 안정감과 치료 효과를 얻고자 하는 목적에 저해되는 요소이지만, 현재의 기술로는 완벽하게 특정 동물의 행동을 모방할 수 있는 로봇을 개발하기가 쉽지 않다. Paro의 개발자인 Takanori Shibata 박사는 Paro를 바다표범 형태로 만든 이유 중의 하나가 이러한 공학적 한계에 기인한다고 언급한 바 있다. 즉, 그는 Paro를 개발하기 전에 고양이 형태의 로봇인 Tama를 개발한 바 있으나, 사람들이 실제 생명체가 아니고 기계임을 계속해서 인식하여 감정 교류가 저해되는 문제가 있었기 때문에 사람들이 비교적 그 행동 특성에 대해서 잘 알지 못하지

6) National Institute of Advanced Industrial Science and Technology

만 귀여운 동물을 선택하였다. 이와 같은 사실은 성공적인 공학적 해결책은 단순히 기기적 완성도뿐 만 아니라 심리적 예술적 철학적 측면과 특히 사용자의 입장을 고려하여야 한다는 점을 상기시킨다.

[4] 군사용 로봇

산업용이나 가정용 로봇은 양호한 환경에서 주로 사용되나, 군사용 로봇은 온도, 습도 등이 가혹한 환경에서 사용 가능해야 하므로 부품들도 일반적으로 내구성이 뛰어나고 환경에 강인한 것을 사용한다. 또한 군사용 로봇은 산업용 로봇과는 달리 험준한 지형에서의 활용을 고려해야 하므로 주행과 이동 방식에 대한 특별한 연구를 필요로 한다. 군사용 로봇은 다른 분야의 로봇과는 달리 윤리적인 문제의 해결이 동반되어져야 할 것이다.

(a) 정찰용(Global Hawk)

(b) 전투용(MUTT)

[그림 1.5] 군사용 로봇의 예

(1) 전투용

전투용 로봇은 그 형태와 용도가 매우 다양하며, 이들 로봇은 평화시에는 군인을 대신할 수 있기 때문에 병력의 감축 효과가 있고, 전쟁시에는 전투용, 정찰용, 재급유용, 지뢰 탐지용, 기타 위험한 상황에서 군인을 대체하여 사용되고 있다. 전투용 로봇의 제작 및 운용 비용은 전투 인력의 양성 비용에 비해 현저히 낮기 때문에 경제적인 면에서 장점이 있어서, 현재 무인 전투기, 무인 정찰기, 지뢰 탐지기 등과 같은 특수한 형태의 전투용 로봇이 실전 배치되어 있다. 그러나 전투용 로봇의 개발은 윤리적인 문제가 있기 때문에 연구 및 개발에 있어서 신중한 접근이 필요하다. 미래에는 무인 항공기에 의해서 수많은 전투용 로봇이 전장에 투하되어 로봇간의 원활한 협조 운동을 바탕으로 인간을 대신하여 전투를 하는 것도 예상할 수 있다.

(2) 폭발물 취급용

전장에서 로봇이 위험한 폭발물의 취급에 군인을 대신하여 사용되고 있다. 특히 전장에 매설된 지뢰는 전쟁 후 민간인에게도 안전에 있어 큰 위험 요소가 되고 있으며, 이러한 지뢰의 제거에 지뢰 제거 전용 로봇이 사용되고 있다.

(3) 감시용

감시용 로봇은 전장에서 경계 및 포로의 감시 등 인간이 수행하기에는 지루하여 지속성에 한계가 있는 분야에 사용되고 있다. 또 보안을 요하는 시설이나 장소에서 경비원을 대신하여 영상 처리 기술을 기반으로 하는 로봇이 활용되고 있다.

[5] 우주용 로봇

고갈되어지고 있는 지구에서의 자원을 보충하고, 미래 인류의 생존을 위한 외계 행성의 탐사에 많은 투자와 연구가 진행되고 있다. 지구와 다른 환경을 가지고 있는 우주 공간에서는 인간이 작업하기 어렵기 때문에 우주 탐사 및 우주선 수리 등에 로봇이 사용되고 있다. 궁극적으로는 이러한 작업에 인공지능 기술을 이용하는 매니퓰레이터나 이동로봇이 인간을 대신하게 될 것이다. 1976년에 화성에 착륙한 Viking I호는 화성의 토양 분석을 위해 특수 제작된 매니퓰레이터를 이용해서 화성의 샘플 토양 채집을 수행하였으며, 1982년에는 RMS(Remote Manipulatory System)가 우주왕복선 Columbia호에 탑재되어 과학 장비를 우주로 이송하는 데 사용되었다. NASA에서는 2004년 화성으로 화성 탐사용 로봇 Spirit과 Opportunity 쌍둥이 로봇을 보내고 화성의 흙과 바위의 성분을 분석하여 과거 화성에 물과 바다가 있었다는 것을 확인하는 근거를 제시하였으며, 2012년에는 3세대 화성 탐사 로봇인 Curiosity가 현장에서 다양한 과학 실험을 통하여 현재 및 과거의 화성에서의 생물의 존재 여부를 확인하였다. 2018년에는 화성 지질 탐사 로봇인 InSight 로봇이 개발되어 화성 지표면 내부까지 탐사하였다. 또한 2021년에는 NASA의 무인 로봇 헬리콥터인 Ingenuity가 대기밀도가 지구의 1%에 불과한 화성에서의 비행에 성공하였다. 이는 인류가 만든 동력 비행체가 지구 밖의 대기에서 비행한 첫 사례이다. 이외에도 우주 정거장 수리 등 정밀한 제어가 필요한 분야에 Canadam 등과 같은 로봇 팔이 사용되고 있다. 이 로봇은 7개의 관절을 가지고 있으며, 촉각 센서와 카메라가 장착되어 있고, 우주왕복선에서 통신 위성을 발사대로 옮기거나 고장난 위성을 수리하는 데 활용되고 있다. 중력 등과 같은 지구 고유의 환경 때문에 지구상에서 해결하기 힘든 문제의 해법을 찾거나 자원 탐사를 위하여 우주 개발은 더욱 더 활발히 진행될 것이며 향후 우주용 로봇의 활약이 기대된다.

(a) Insight(NASA, 2018)

(b) Curiosity(NASA, 2012)

[그림 1.6] 화성 탐사 로봇

[6] 기타 용도 로봇

지금까지 언급한 로봇 외에도 다양한 기능을 가진 로봇이 방사능 노출 지역, 유독 가스, 고온, 고압, 고전압, 유독 화학물, 화재 등으로 인하여 위험한 장소나 항공, 심해, 화산, 광산, 건설 현장 등과 같은 특별한 환경, 혹은 임업, 농업, 수산업 등과 같은 광범위한 분야에 많이 쓰이고 있다.

(1) 농축산용

세계 여러 나라에서 농약 살포 및 농작물 수확 등 다양한 농축산업적 목적으로 로봇이 도입되고 있다. 예를 들어, 호주에서는 양털을 깎는 로봇이 개발되어 유용하게 쓰이고 있다. 농업이나 목축업은 노동집약적 산업이므로 향후 생산성 향상을 위한 자동화가 진행되며 이에 따른 로봇의 활용이 계속 늘어날 전망이다.

(2) 해저 탐사용

지구 표면적의 70% 이상을 차지하고 있는 바다의 탐사 및 개발은 우주 공간 개발 못지않게 인류의 미래를 좌우하게 될 전망이다. 특히 육지에서의 자연 자원이 점점 고갈되어가고 있어 미래 자원의 보고인 해양에 대한 관심이 고조되고 있으며, 해저 개발을 위한 연구의 일환으로 해저 탐사용 로봇에 관한 연구가 진행되고 있다. 예를 들어 세계 굴지의 석유 회사들은 원격 조종 로봇을 이용해 수심 1,000m 이상에서 석유 탐사 작업을 시도하고 있다. 또한 해저 탐사용 로봇은 해저 자원 탐사뿐만 아니라 해저에 침몰한 선박 등의 탐사에도 사용되어, 1912년에 해저 4km에 침몰한 타이타닉호의 탐사 및 사진 촬영에 원격 조종 로봇이 사용된 것은 유명한 일이다. 그 외에도 수중 로봇은 원자로 내 수조의 균열을 탐지하는 등 인간이 수행하기에는 위험한 곳에 많이 사용되고 있다.

(3) 교육용

유아의 지능 개발에 도움을 주거나, 일반인들의 로봇에 대한 관심을 높이고, 로봇 동작 원리를 교육하기 위하여 다양한 형태의 교육용 로봇이 개발되고 있다. 대표적인 예로서 덴마크의 Lego사에서는 프로그램이 가능하여 다양한 기능들이 있는 제품들을 개발하여 시판하고 있다. 그 외에도 국내에서는 외국어 교육에 대한 시장의 수요를 고려하여 가정용 로봇에 교육 기능을 첨가한 제품을 개발하여 판매중이다.

지금까지 로봇을 응용 분야로 분류하였으나, 로봇의 응용 분야는 로봇의 형태와도 밀접한 관계가 있기 때문에 다음은 인간형 로봇 및 기타 특수 형태의 로봇에 대하여 간단히 언급하기로 한다.

[7] 인간형 로봇

인간형 로봇(humanoid robot)은 인간과 친숙한 형태 및 이동 구조를 가지고 있기 때문에 인간의 생활환경에 그대로 적용 가능한 장점이 있다. 이에 대한 지속적인 연구가 진행되고 있으며, 다음 세대 로봇의 대표적인 형태의 하나가 될 전망이다. 특히 인간형 로봇은 그 구조가 비교적 복잡하고 제어하기 힘든 2족 보행을 하기 때문에 보행에 대한 특별한 연구가 진행되고 있다. 일본의 자동차 제조사인 Honda는 오랜 연구 개발 작업 끝에 Asimo를 개발하였으며, 2009년에는 시속 9km의 보행 · 주행이 가능하도록 성능을 향상시켰다. 특히 Asimo는 상반신을 굽히거나 비틀어 균형을 잡을 수 있는 능력을 갖추고 있을 뿐만 아니라 미리 입력된 지도 정보와 복수의 감지기를 통해 실시간으로 주변 정보 등을 활용해 스스로 경로를 조정할 수도 있으며 장애물을 회피하면서 목적지까지 가는 능력을 가지고 있다. 일본의 소니에서도 다양한 기능을 가진 Curio(혹은 QRio)라는 소형(58cm의 키와 6.5kg의 무게)의 인간형 로봇을 판매하고 있다. Curio는 최초로 달릴 수 있는[7] 로봇으로 기네스 북 2005년판에 등재된 바 있다. Boston Dynamics사의 Atlas는 발바닥이 아닌 발꿈치와 발끝으로 걸을 수 있기 때문에 사람처럼 빠르고 자연스런 보행이 가능하며, 고난도의 다양한 동작 능력을 가지고 있다. [표 1.3]은 Atlas의 사양을 보여준다.

---

7) 여기서 "달린다(run)"는 두 발이 동시에 지면에서 떨어져 있는 경우가 발생한다로 정의한다.

[표 1.3] Atlas의 기본 사양

최초 생산일	2013년	무게	75kg
개발자	Boston Dynamics	관절	28개
키	150cm		

(a) Curio, Qrio(SONY, 2005)

(b) Pepper(SoftBank, 2017)

(c) Atlas(Boston Dynamics, 2016)

(d) Asimo(Honda, 2018)

[그림 1.7] 각종 인간형 로봇의 예

예제 1.3

로봇을 인간과 닮도록 만드는 것은 어떤 의미가 있는지, 그리고 산업용 로봇이나 청소용 로봇과 같이 특정한 기능에 충실하게 설계하지 않고, 왜 용도가 비교적 불확실한 인간형 로봇을 연구 및 개발하는지 생각해 보라.

인간은 오래 전부터 인간을 위해서 일하는 인간을 닮은 기계에 대한 막연한 꿈을 가지고 있었다는 것이 인간형 로봇을 연구하는 하나의 이유가 될 수 있다. 또한 자동차 회사인 Honda에서 제작한 인간을 닮은 로봇인 Asimo처럼 회사의 기술력 및 회사에 대한 홍보 효과와 개발을 통한 기술 축적도 하나의 목적이 된다. 한편 MIT의 AI Lab에서는 인공 지능형 휴머노이드 로봇인 Cog를 개발하면서 인간 형태의 로봇이 중요한 이유로 두 가지를 언급하고 있다. 첫째, 육체의 형태와 사람이 생각하는 바와 언어는 밀접한 관계가 있기 때문에 인간의 지능을 실현하기 위해서 인간의 모습을 한 하드웨어가 필요하다. 둘째, 로봇이 인간과 같이 작업하고 생활하는 환경이 도래할 때 인간은 당연히 비슷한 형태를 갖춘 대상과 더 쉽게 대화를 비롯한 상호작용을 할 수 있을 것이라는 점이다. 그러나 인간이 고지능 인간형 로봇과의 관계가 친밀해지면, 인간의 소외 문제는 더욱 더 심각해 질 수 있다. 즉, 인간형 로봇을 사용하는 사람들이 인간형 로봇과의 친밀감에 만족하여 더 이상 인간이 필요 없다고 느낀다면, 인간이 더 큰 소외감을 느낄지 아니면 현실 세계에서 정신적 · 심리적으로 소외감을 감소시킬 지는 연구해 보아야 할 부분이다. 즉, 인간과 로봇과의 현명한 공존에 대하여 고려해야 할 것이다.

[8] 기타 특수 형태의 로봇

앞에서 예시한 로봇 이외에도 특수한 기능을 수행하기 위하여 독특한 형태를 가진 로봇들이 많이 존재한다. 예를 들면, 고층 건물 청소용 로봇, 파이프 검사용 로봇, 곤충 로봇, 인체 내에서 활동하는 극소형 로봇 등과 같이 예측하기 어려운 용도에 사용되는 많은 특수한 형태의 로봇이 있다. 건설용 로봇을 사용하면 골조 공사에서부터 내 · 외장 공사에 이르기까지 많은 공정을 로봇이 작업할 수 있으므로 초고층 빌딩도 최소한의 인력을 동원하여 공사 기간을 단축하여 건설할 수 있다. 실제로, 벽면을 인식하여 충돌 없이 경로를 바꾸면서 바닥을 연마하는 로봇, 벽면을 따라가며 드릴을 뚫는 건물 벽 공사 로봇이 건설 현장에서 사용되고 있다. 한편 극소형 로봇의 예로서 스웨덴 Linkoping University에서 개발한 마이크로 로봇은 세포를 한 곳에서 다른 곳으로 옮기고 박테리아를 잡아낼 수 있는 능력을 가지고 있다. 그 외에도 미국의 Sandia National Laboratory에서 개발한 초소형 로봇은 무게 28g의 조그만 벌레 크기지만 카메라, 온도 센서까지 갖추고 있다.

(a) 개미 로봇(Festo)

(b) 뱀형 로봇

[그림 1.8] 각종 특수 형태 로봇

1.3 로봇의 분류

로봇은 형태와 가능 등의 측면에서 다양한 종류가 있으나, 현실적으로 가장 많이 사용되어 지고 있는 산업용 로봇 팔인 매니퓰레이터를 중심으로 분류해 보기로 한다. 여기서는 로봇을 편의상 구동 기술, 작업 영역, 제어법, 그리고 운동 제어법을 기준으로 분류하기로 한다. 이외에도 입력 정보, 표시 등에 의해서 고정 시퀀스 로봇, 가변 시퀀스 로봇, 플레이백 로봇, 수치 제어 로봇, 지능 로봇 등으로도 나눌 수 있다.

[표 1.4] 로봇의 분류 및 종류

분류법	종 류	비 고
구동 기술	• 전기 구동 로봇 • 유압 구동 로봇 • 공기압 구동 로봇	구동기(actuator)의 종류에 의한 분류
작업 영역	• 직교 좌표 로봇 • 원통 좌표 로봇 • 구좌표 로봇 • SCARA 로봇 • 다관절형 로봇	작업 공간에 따른 분류
제어법	• 서보 제어 로봇 • 비서보 제어 로봇	대부분의 로봇은 서보 제어 로봇
운동 제어법	• 점간 경로 로봇(point to point path) • 연속 경로 로봇(continuous path)	

[1] 구동기에 의한 분류

매니퓰레이터의 관절 구동기는 사용하는 동력원에 따라 전기식, 유압식, 공기압식 등으로 나눌 수가 있으며, [표 1.5]는 각 동력원의 특징을 설명하고 있다.

[표 1.5] 구동기 동력원의 특징

구 분	전기 구동	유압 구동	공기압 구동
구 조	제어장치와 동작 요소가 동시에 작용하면 복잡하다.	복잡하다.	간단하다.
가 격	저가이다.	고가이다.	약간 고가이다.
출 력	소출력에서 고출력까지 가능하다.	매우 고출력이다.	고출력이다.
청정도	깨끗하다.	오염이 있다.	깨끗하다.
안전성	과부하에 약하나, 기타에는 강하다.	발열이 크다. 과부하에 강하다.	과부하에 매우 강하다. 발열이 없다.
응답성	보통(저관성 서보 개발로 양호)이다.	좋다. (토크 관성비가 크다.)	나쁘다.
기 타	정확도가 높다. 반복성이 좋다. 유지 관리에 편하다. 설계가 쉽다. 저속 구동이다.	고속 구동이 가능하다. 잡음이 있다. 유지 관리가 필요하다. 설치에 넓은 면적이 필요하다.	정확도가 낮다. 반복성이 나쁘다. 유지 관리가 쉽다.

(1) 전기식 구동

전기식 구동 모터에는 구동부의 운동 형태에 따라 회전형 모터와 선형 모터가 있다.

1) 회전형 모터

로봇의 관절은 주로 DC 모터, AC 모터나 스텝핑(stepping) 모터와 같은 전기식 모터에 의해서 구동된다. [그림 1.9]는 저출력 정밀 구동을 위하여 사용되는 DC 모터의 구동 예를 보여준다. 정밀 제어를 위해 대부분의 경우 구동기의 상태를 피드백하여 제어하고 있으나, 근래에는 DC 모터의 장점을 가지며 브러시가 없어 유지 보수가 편리한 BLDC(Blushless DC) 모터의 사용이 증가하고 있다.

일반적으로 회전형 모터는 필요한 토크와 속도를 얻기 위해서 기어와 결합하여 사용된다. 이 경우, 부하의 관성 모멘트와 점성 마찰 백래시 등이 모터의 동적 변수에 영향을 주어 매니퓰레이터가 정확한 동작을 하기 어려운 원인이 되기 때문에 물림율이 크고, 감속비가 높고, 소형, 경량이며 백래시가 작고, 효율이 높은 하모닉(harmonic) 드라이브가 많이 사용된다. 그러나 하모닉 드라이브는 가격이 비교적 비싸고 물림율에 한계가 있다. [그림 1.10]은 하모닉 드라이브의 구조를 나타내고 있다.

직접 구동 모터는 관절 측에 직접 연결하기 때문에 기어에 의한 마찰 및 백래시가 없다는 장점이 있다. SCARA형 로봇인 Adept One은 구동기로 변속 기어가 없는 직접 구동 모터를 사용한 최초의 상업용 로봇이며, 따라서 공정 시스템이 깨끗해지고, 정밀하고, 고속 구동이 가능해졌다.

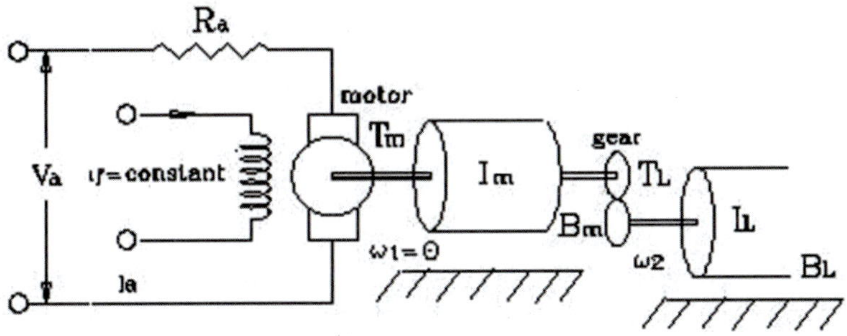

[그림 1.9] DC 모터의 구동 예 : I_m은 회전자의 관성, I_l는 부하의 관성, B_L은 부하의 마찰계수이며 로봇 구동에서 부하는 로봇 링크를 의미

[그림 1.10] 하모닉 드라이브의 구조

2) 선형 모터

선형 모터(linear motor)는 회전형 모터의 기본 구조를 직선상으로 전개하여 전기 에너지를 직선 운동 에너지로 직접 변환하는 추력 발생 장치로 정의할 수 있다. [그림 1.11]은 선형 모터의 구조와 외형을 보여 준다. 선형 모터는 회전형 모터에 비해서 고속성, 비접촉성, 직접 구동, 정숙성, 구조의 단순성, 유지 보수의 간편성 등이 뛰어나다. 특히 직선 운동이 필요한 경우에 선형 모터를 사용하면 통상의 회전형 모터를 채용할 때와는 달리 회전운동을 직선 운동으로 변환하는 기구부가 불필요한 장점이 있다. 선형 모터는 직교 좌표형 로봇 등에 사용되며, 점점 그 사용 범위가 확대되고 있다.

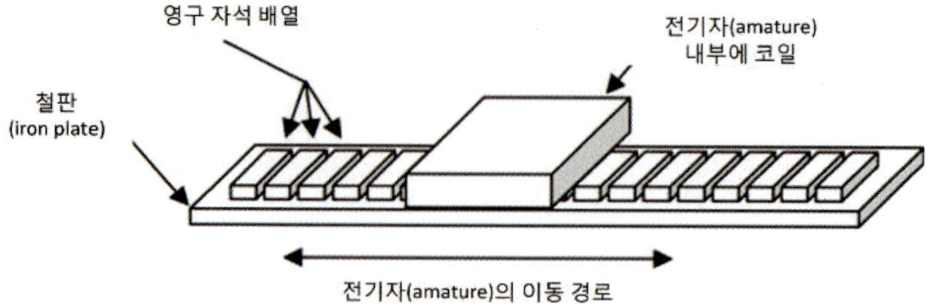

(a)

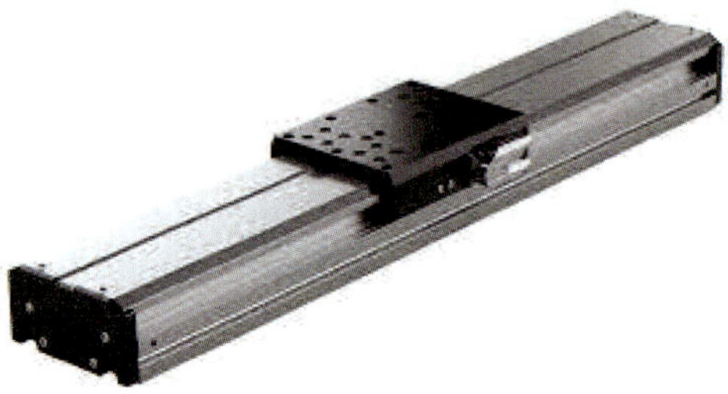

(b)

[그림 1.11] 선형 모터: (a) 구조, (b) 외형

예제 1.4

선형 모터의 장단점에 대하여 설명하라.

선형 모터의 장단점은 다음과 같다.

장점 – ① 회전형 모터의 회전 운동을 직선 변환 기구에 의한 직선 운동 변환 시스템과 비교하면 다음과 같다.

- 구조가 간단하며, 신뢰성이 높다(기어, 벨트 등 기계적인 변환 장치가 필요없다).
- 유지 보수가 간편하다.
- 전동 에너지의 손실이 적다.

② 기계적 백래시가 없어서 서브 마이크론 이하의 고속 고정밀 위치 제어가 가능하다.

③ 공극을 사이로 하여 가동부와 고정부가 비접착식 구동을 하므로 마찰이 없으며, 소음도 작다.

④ 큰 가감속도로 운전이 가능하다.

단점 – ① 가동부와 고정부 사이의 공극을 일정하게 유지하기 위한 지지 기구가 필요하며, 구조적으로 비교적 까다롭다.
② 단일 기계로서는 회전형에 비해 역률, 효율이 낮다.
③ 전체 구조가 개방적이며, 누설자속이 많다.

---

3) 유압식 구동

유압식(hydraulic) 모터는 매니퓰레이터가 전기식이나 공기압식 구동보다 큰 힘을 필요로 할 때 많이 쓰이며, 그 원리는 [그림 1.12]에 나타나 있는 것처럼 액체의 흐름에 의하여 동작을 한다. 유압식 구동은 저속에서 전기식보다 강력한 힘으로 더 원활히 시스템을 구동시킬 수 있다는 장점이 있다.

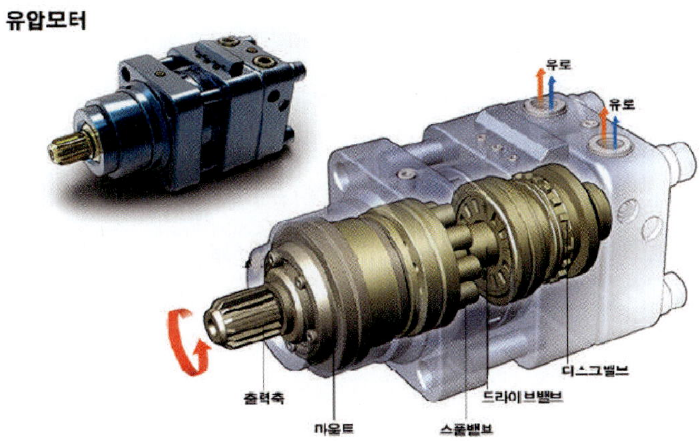

[그림 1.12] 유압식 구동의 구동 원리도

4) 공기압식 구동

공기압식(pneumatic) 모터는 유압식 모터와 비슷한 구조를 가졌으며, 특히 유연한 동작을 필요로 하는 곳이나 도장 등과 같이 화재의 위험이 있는 용도에 유용하게 쓰일 수 있다. DC 모터의 경우에는 브러시에서의 불꽃에 의해서, 유압식인 경우에는 고열로 인한 화재의 위험이 있는 경우에는 사용이 부적합하다. 공기압식 모터는 공기의 압축에 대한 유연성으로 인하여 시스템의 모델링과 정확한 위치 제어가 어려우나 이를 보완하기 위한 연구가 활발히 진행되고 있다. 또한 유압식에 비해 가격이 비교적 싸나 그 용도가 제한적인 단점이 있다.

[그림 1.13] 공기압식 모터

[2] 작업 영역의 형상에 의한 분류

작업 영역(work space)이란 매니퓰레이터의 공구단이 도달할 수 있는 3차원 공간 내 점들의 집합이라고 정의될 수 있다. 6축 매니퓰레이터의 경우, 베이스에서 첫 세 관절을 주축, 나머지 세 관절들의 축을 보조축이라고 하면, 일반적으로 주축에 의해서 매니퓰레이터의 작업 기구 위치가 정해지며 보조축에 의해서 그 자세가 정해진다. 작업 영역에 따른 매니퓰레이터의 분류는 주축의 움직임에 따라 생성되는 매니퓰레이터 작업 영역의 기하학적인 형태에 의해 직교 좌표형 로봇, 원통형 로봇, 구형 로봇, SCARA형 로봇, 다관절형 로봇 등으로 나눌 수 있다.

(1) 직교 좌표형 로봇

직교 좌표형 로봇(cartesian robot)은 관절 축 방향의 세 개의 직교하는 축을 가지고 있어서 작업 영역은 직육면체이다. 이동 기중기라 할 수 있는 갠트리(gantry) 로봇이 이에 속한다. 이 로봇은 정밀도와 정확성이 좋고, 장애물 회피가 비교적 용이하며, 관절의 움직임을 제어하기 쉽다는 장점이 있는 반면에 프레임이 크고 작업 공간이 제한되어 있으며, 직선 운동을 위한 기구학적인 설계가 복잡하고, 운용을 위해 넓은 바닥이 필요하다는 등의 단점이 있다. 특히 수치 제어(NC, Numerical Control) 방식을 취하기 쉽다는 특성이 있다. [그림 1.14]는 Panasonic사의 직교 좌표형 로봇을 보여 주고 있다. 그 밖의 대표적인 직교 좌표형 로봇의 예로 IBM의 RS－1과 Olivetti의 SIGMA 로봇 등이 있다.

[그림 1.14] 직교 좌표 로봇(Panasonic)

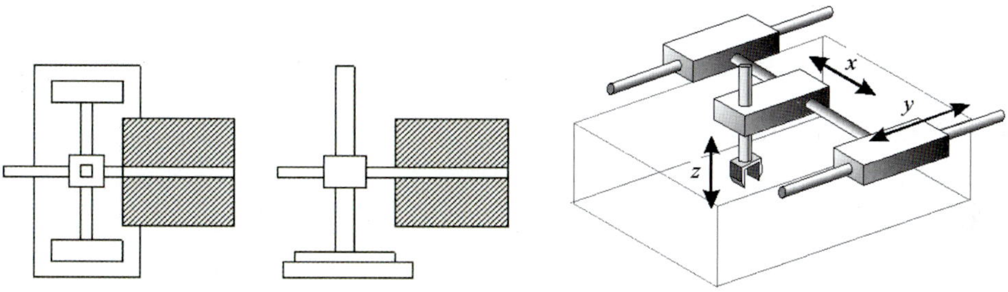

[그림 1.15] 작업 공간

(2) 원통형 로봇

원통형 로봇(cylindrical robot)은 [그림 1.16]에서처럼 직교 좌표 로봇의 첫 번째 관절이 회전 관절로 대치된 형태이며, 작업 영역은 원통형이다. 대표적인 예로서는 Prab 사의 Versation Model F6000 및 Stanford Arm 등이 있다. 이 로봇은 장애물 회피가 비교적 용이하고, 직교 좌표 로봇에 비해 기구학적인 설계가 간단하다는 장점이 있는 반면에 구조가 크고 직교 좌표 로봇에 비해 정확성과 정밀도가 떨어진다는 단점이 있다.

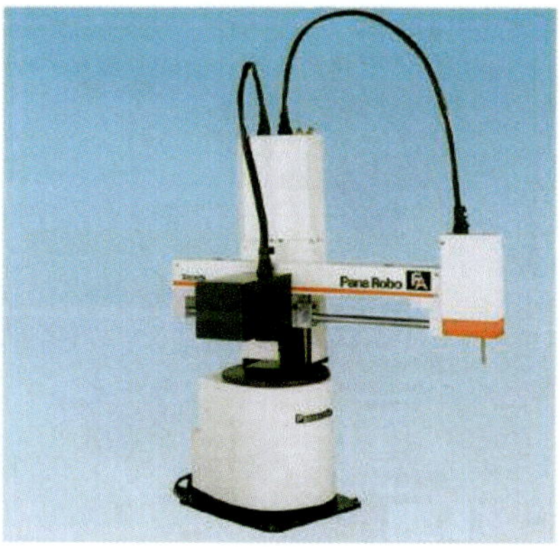

[그림 1.16] 원통형 로봇(Panasonic)

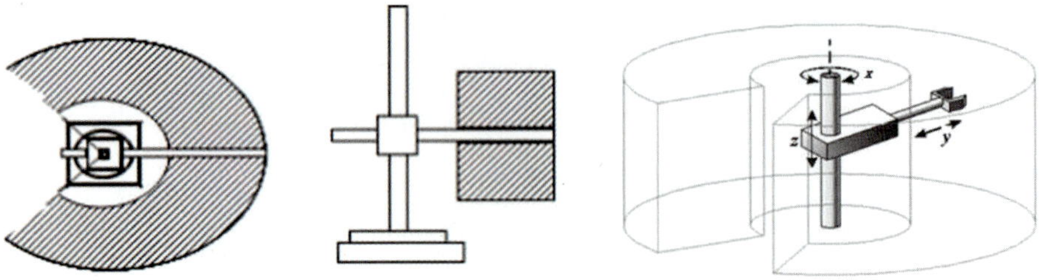

[그림 1.17] 원통형 로봇의 작업 공간

(3) 구형 로봇

구형 로봇(polar robot)은 원통형 로봇의 두 번째 관절이 회전 관절로 대체된 형태이며, [그림 1.18]에서 보는 것처럼 작업 영역이 구의 형태를 취하고 있다. 그 대표적인 예로는 Unimate사의 Unimate 2000B 등이 있다. 구형 로봇은 무게가 가볍고 구조가 간단하며 정밀도가 좋은 반면에, 장애물 회피에 제한이 있고 반지름에 비례하여 위치 오차가 크다는 단점이 있다.

[그림 1.18] 구형 로봇 Unimate 5000(Unimate)

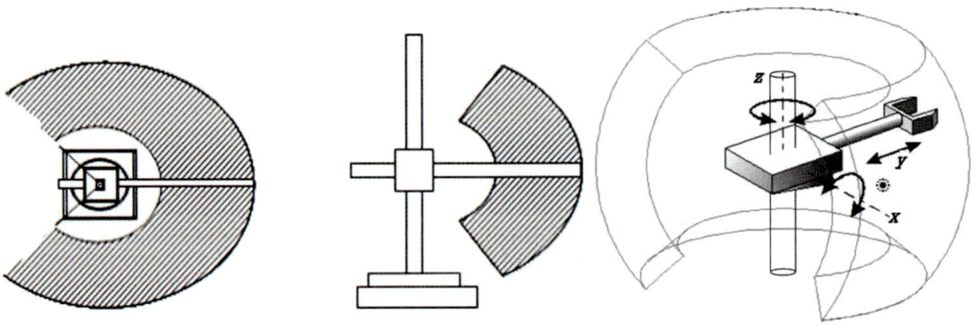

[그림 1.19] 구형 로봇의 작업 공간

(4) SCARA형 로봇

SCARA형 로봇(Selective Compliance Assembly Robot Arm)은 구형 로봇처럼 두 개의 회전 관절과 한 개의 미끄럼 관절을 가지고 있으나, [그림 1.20]에서 보는 것처럼 세 축이 모두 수직적인 형태를 가졌다. 이 로봇은 비교적 값이 싸고 빠르며 정밀한 동작이 필요한 곳에 사용되고 특히 조립 작업 등에 많이 쓰인다. 예로서는 U.S.Robot의 Maker 22 등이 있다.

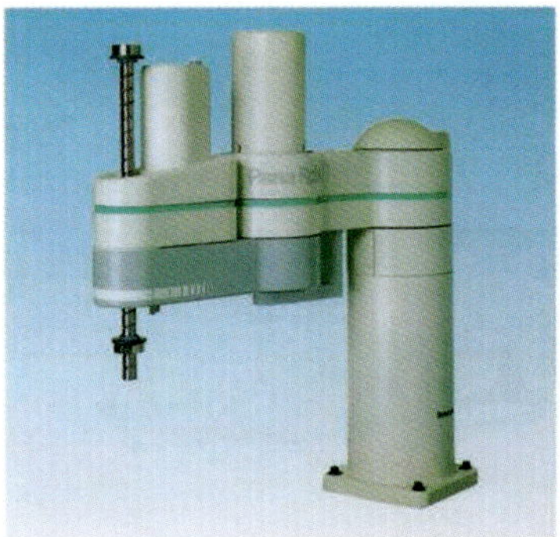

[그림 1.20] SCARA형 로봇(Panasonic)

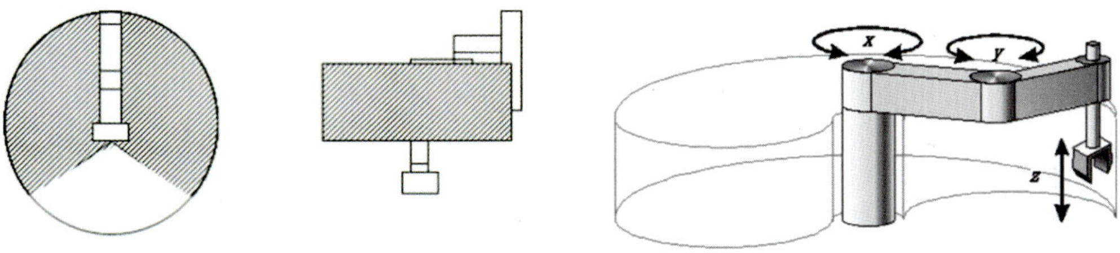

[그림 1.21] SCARA 로봇의 작업 공간

(5) 다관절형 로봇

다관절형 로봇(articulated robot)은 인간의 팔과 유사한 형태를 가졌고, 회전 관절형 로봇이라 불리기도 하며, 대표적인 예로는 PUMA 500/600 시리즈, Cincinnati Milacron의 T3 등이 있다. 이 로봇은 작업물로의 접근이 쉽고 다른 로봇과의 작업 영역에 호환성이 있다는 장점이 있으나, 정밀성과 정확성이 떨어지며 장애물 회피에 제한이 있고 진동이 심하고 교시(teaching)에 있어서 관절간의 계산이 복잡하다는 단점이 있다.

[표 1.6]은 로봇 형태별 관절 유형을 보여 주고 있으며, [표 1.7]에서는 장단점을 비교하여 요약하였다.

[표 1.6] 로봇 형태에 따른 관절 유형

로봇 형태	관절 1	관절 2	관절 3	전체 회전 관절 수
직교 좌표 로봇	P	P	P	0
원통 좌표 로봇	R	P	P	1
구 좌표 로봇	R	R	P	2
SCARA 로봇	R	R	P	2
다관절 로봇	R	R	R	3

P: prismatic joint, R: revolute(rotary) joint

[표 1.7] 로봇의 형태에 따른 장단점

로봇의 형태	장 점	단 점
직교 좌표형	1. 정밀도와 정확성이 높다. 2. 장애물 회피 및 충돌 방지가 용이하다. 3. 중력 하중에 무관하므로 관절 운동 제어가 쉽다.	1. 구조물이 크다. 2. 다른 형태의 로봇과 공동 작업을 하는데 어려움이 있다. 3. 직선 운동을 위해서 시스템이 기계적으로 복잡하다. 4. 넓은 공간을 필요로 한다.
원통형	1. 중력 방향의 하중에 거의 무관하다. 2. 충돌 회피가 용이하다. 3. 직교 좌표 로봇에 비해 기계적으로 덜 복잡하다.	1. 구조물이 크다. 2. 다른 형태의 로봇과 공동 작업을 하는데 어려움이 있다. 3. 직교형 로봇에 비해 정밀성과 정확도가 떨어진다.
구형	1. 무게가 가볍고 구조가 비교적 간단하다. 2. 많은 운동에 비해서 관절의 움직임이 적다. 3. 공동 작업 공간에서 다른 로봇과 공동 작업을 하기에 용이하다. 4. 위치 오차가 상호 독립적이므로 정확성이 높다.	1. 두 번째 및 세 번째 관절의 토크가 크고 가변이기 때문에 counter balance 문제가 발생한다. 2. 장애물 회피에 한계가 있다. 3. 회전 운동 오차가 반지름에 비례하므로 오차가 크다.
다관절형	1. 물체로의 접근성이 용이하다. 2. 공동 작업 공간에서 다른 로봇과 공동 작업을 하기에 용이하다.	1. 정밀도와 정확성이 낮다. 2. 관절 토크가 크고 변하기 때문에 counter balance 문제가 있다. 3. 장애물 회피에 어려움이 있다. 4. 관성 모멘트가 크다.

[3] 제어법에 의한 분류

로봇은 로봇의 축을 제어하는 방법에 의하여 서보 제어 로봇과 비서보 제어 로봇으로 나눌 수 있다.

(1) 서보 제어 로봇

서보 제어 로봇은 각 축의 위치, 속도 등과 같은 정보를 연속적으로 이용하여 정밀한 제어를 하기 때문에 비교적 큰 기억 용량을 필요로 한다. 또한 일반적으로 비서보 제어 로봇에 비하여 제어 및 기계적인 구조가 복잡하여 가격이 비싼 편이나 정밀도와 정확도가 높으므로 대부분의 산업용 로봇에서 이용되고 있다.

(2) 비서보 제어 로봇

비서보 제어 로봇은 비교적 간단한 형태의 로봇으로, 각 축의 초기 및 최종 위치만 주어지면 관절이 움직이는 과정에 대한 정보를 사용하지 않고 작동되므로 특별한 센서가 필요 없다는 장점이 있다. 일반적으로 프로그램에 의해서 매니퓰레이터의 액추에이터에 제어 신호가 전달되면 액추에이터가 작동하며 한계 스위치(limit switch) 등과 같은 장치에 의하여 정지되고, 이 신호가 오면 같은 방법에 의하여 연속적으로 다음 단계의 동작이 진행된다. 이러한 종류의 로봇은 그 구조가 간단하며 저가이기 때문에 소형, 혹은 비산업적인 로봇에 많이 사용된다. 비서보 제어 로봇에 사용되는 대표적인 구동기인 스테핑 모터는 출력은 상대적으로 작으나 디지털 제어에 적당하고 피드백이 필요 없는 특징이 있다.

[4] 제어 경로에 의한 분류

그 이외에도 공구단의 움직임을 제어하는 방법에 따라 점간 운동(point-to-point motion)과 연속 경로 운동(continuous path motion)으로 나눌 수 있으며, 응용 분야의 예에 대한 것은 [표 1.8]에 나타나 있다.

[표 1.8] 로봇의 운동 제어 형태

제어법	응용 분야
점간 제어	점 용접(spot welding), 이송
연속 경로 제어	분무칠, 아크 용접, 풀칠

1.4 로봇의 구조 및 성능

[1] 로봇의 구조

로봇의 일반적인 구성은 [그림 1.22]와 같다. 이 절에서는 로봇에서 비교적 중요한 부분인 매니퓰레이터, 제어기, 센서, 이동 장치에 대해서 다룬다.

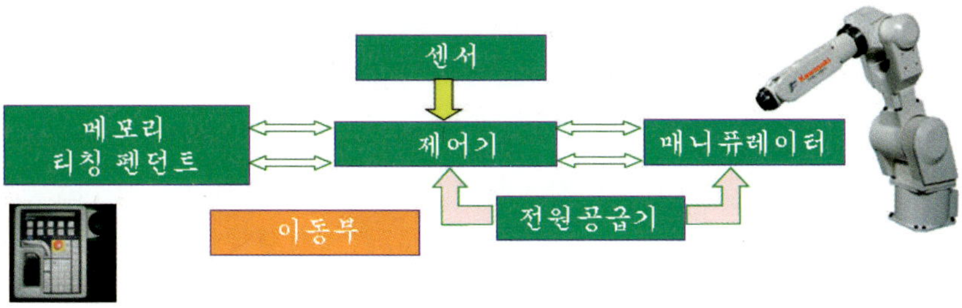

[그림 1.22] 로봇 시스템의 구성도

(1) 매니퓰레이터

대부분의 산업용 로봇인 매니퓰레이터는 직접 운동을 하는 관절(joint)과 관절에 연결된 링크(link)로 이루어져 있다. 관절은 일반적으로 회전 운동을 하는 회전 관절(revolute joint, rotary joint)과 직선 운동을 하는 직동 관절(translational joint, prismatic joint)로 나눌 수 있으며, 관절의 숫자는 매니퓰레이터의 자유도(Degree Of Freedom, DOF) 결정과 밀접한 관계가 있다. 일반적으로 매니퓰레이터는 작업 공간 내의 임의의 위치에서 임의의 자세를 취하기 위해서 적어도 6자유도가 필요하다. 즉, 공구단의 위치와 자세 결정을 위하여 각각 3관절씩 필요하다. 그러나 작업 종류에 따라 반드시 6자유도의 매니퓰레이터를 사용할 필요는 없으며, 주어진 작업을 원활히 수행할 수 있다면 낮은 자유도의 로봇을 사용하는 것이 기계적인 문제의 발생 소지가 적고, 제어가 간단하다는 장점이 있다. 또한 매니퓰레이터의 공구단이 장애물을 피하여 목표점에 도달하기 위해서 혹은 원하는 경로를 지나기 위해서는 더 많은 관절을 필요로 하는 경우가 있으며, 자유도가 7 이상인 매니퓰레이터를 여유 자유도를 갖는 매니퓰레이터(redundant manipulator)라고 한다. 그러나 주어진 작업에 따라 여유 자유도를 갖는 매니퓰레이터의 자유도는 달라질 수 있다. 이러한 매니퓰레이터는 관절의 숫자가 많기 때문에 일반 매니퓰레이터보다 제어가 매우 어려워지나, 앞에서 언급한 장점 때문에 이에 대한 연구가 활발히 진행되고 있다. [표 1.9]는 매니퓰레이터 관절의 베이스로부터의 단계별 역할을 나타내고 있다.

매니퓰레이터가 작업을 할 수 있는 영역은 매니퓰레이터의 공구단이 도달할 수 있는 영역을 뜻하며, 이를 작업 공간(work space) 혹은 작업 영역이라 한다. 그리고 이러한 영역은 공구단이 도달할 수 있는 도달 가능 영역(reachable workspace)과 임의의 자세[8]로 도달할 수 있는 임의 자세 도달 가능 영역(dextrous workspace)으로 나눌 수 있다. 임의 자세 도달 가능 영역은 당연히 도달 가능 영역의 부분 집합이다. 그리고 도달할 수 없는 공간 내 점들의 집합을 dead space라 한다. 예를 들면 베이스 내부의 점들은 dead space이다. 또한 베이스로부터 공구단이 도달할 수 있는 최대 거리를 매니퓰레이터의 리치(reach)라고 한다.

[표 1.9] 로봇 관절의 형태 및 기능

축	형 태	기 능
1-3	주축	공구단의 위치
4-6	보조축	공구단의 회전
7-n	여유축	장애물 회피

매니퓰레이터의 끝부분에 부착된 공구단을 3차원 공간 내에서 원하는 자세로 되게 하기 위해서는 서로 독립인 3축이 필요하며, Yaw-Pitch-Roll(YPR) 시스템은 공구단의 자세를 나타내는 대표적인 예이다. 이와 관련한 자세한 내용은 2장에서 다룬다.

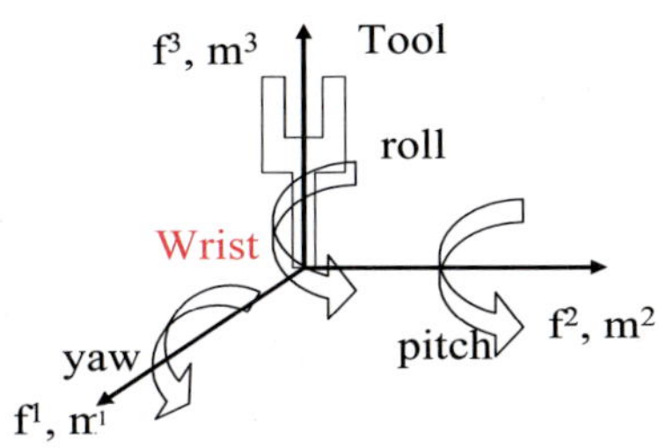

[그림 1.23] Yaw-Pitch-Roll(YPR) 시스템

매니퓰레이터의 형태는 여러 가지로 나눌 수 있으나 베이스에서 공구단까지의 관절 종류에 의해서도 구분할 수 있다. 하지만 모든 매니퓰레이터는 직동 관절 혹은 회전 관절로 연결된 링크의 집합으로 생각할 수 있다.

---

8) 여기서 자세란 매니퓰레이터의 끝 점이 임의의 점에 도달하는 방위(orientation)를 의미한다. 일반적으로 평면상, 혹은 공간 내의 한 점에 도달하기 위해서는 무수히 많은 방위가 존재하는데, 로봇의 구조에 따라 특정 방위로는 접근할 수 없는 경우가 생길 수 있다.

일반적으로 n개의 관절을 가진 직렬형 매니퓰레이터는 n자유도를 가지고 있다. 직렬형 구조에서 링크는 관절에 의해 연결된 개방 연쇄(open chain)를 이룬다. 반면에 가상현실 구현에서 비행기 및 자동차 시뮬레이터, haptic 장치, 상대적인 고하중 물체 운반 등의 용도에는 직렬형 로봇보다는 평행 다관절형 로봇이 사용된다. 이 경우에는 링크들이 닫힌 연쇄(closed chain) 형태를 이룬다. [그림 1.24]는 이들 두 종류의 링크 연결 구조 예를 보여 준다.

(a) F 시리즈(Kawasaki)　　(b) IRB 340(ABB)

[그림 1.24] 링크의 연결 구조: (a) 직렬형 매니퓰레이터, (b) 평행 관절형 매니퓰레이터

예제 1.5

[그림 1.25]와 같은 평면상의 2 DOF 매니퓰레이터에서 다음에 대하여 답하라.

(1) $l_1 = l_2$인 경우의 도달 가능 영역과 임의 자세 도달 가능 영역을 구하라.

(2) $l_2 > l_1$인 경우의 도달 가능 영역과 임의 자세 도달 가능 영역을 구하라.

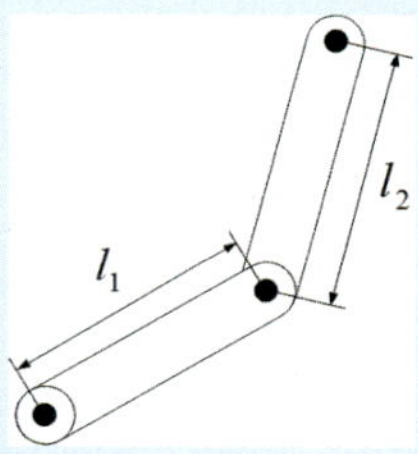

[그림 1.25] 2관절 평면 매니퓰레이터

(1) 도달 가능 영역 : 지름이 $l_1 + l_2$인 원의 내부

임의 자세 도달 가능 영역 : 원점

(2) 도달 가능 영역 : 바깥 지름이 $l_1 + l_2$이며, 안 지름이 $l_1 - l_2$인 도넛 형태

임의 자세 도달 가능 영역 : 없음

(2) 제어기

제어기(controller)란 로봇이 지시된 작업을 수행할 수 있도록 구동기를 조절하는 장치이며, 주로 시퀀서, 마이크로컨트롤러, 내장형 시스템 등이 사용될 수 있다. 다양한 시스템에서 원하는 작업을 수행하기 위해서 많은 제어법이 제안되었으며, 그 중에서 시스템의 출력 상태와 기준 입력 상태의 오차를 이용하여 제어하는 PID 제어 방법이 간단하고 비교적 성능이 좋기 때문에 가장 널리 사용되고 있다. 그 외에도 시스템의 변수가 잘 알려지지 않은 경우, 연속적으로 그 시스템의 응답으로부터 변수와 이득 등을 변화시켜서 제어하는 적응 제어, 시스템의 평가 함수를 최적화하면서 경계치 조건을 만족하여 제어하는 최적 제어, 시스템에 대한 동적 방정식이 필요없이 숙련된 작업자가 시스템이 행하는 것처럼 퍼지논리에 근거하여 제어하는 퍼지 제어, 시스템 변수가 급격히 변하는 경우 사용하는 가변 구조 제어, 인간의 신경망과 유사한 구조를 가지고 학습에 의해서 효율적으로 시스템을 제어하는 신경망 제어 등이 있다.

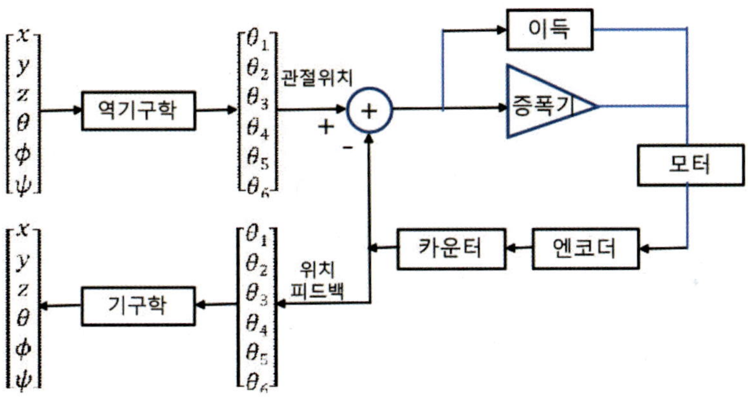

[그림 1.26] 위치 제어 루프의 간단한 구조 예(6 자유도)

(3) 센서 장치

센서 장치는 1970년대 초에 시스템의 상태를 제어계에 전달하기 위해 개발되기 시작하였으며, 그 후 주변 환경을 인식하고 적절히 반응하기 위한 다양한 센서가 개발되었다. 이러한 센서는 [그림 1.27]에 보인 바와 같이 로봇이 자신의 상태, 즉 관절 및 링크의 위치, 속도, 가속도, 힘, 토크 등을 알기 위해 내부에 설치하는 내부 센서(internal sensors)와 로봇 외부에 설치되며 외부의 상태, 즉 주위의 모습, 소리, 위치 등을 알기 위해서 사용되는 외부 센서(external sensors)로 나눌 수 있다. 내부 센서로는 마이크로스위치, 가속도계, 스트레인 게이지, 타코메터, 엔코더, 포텐셔미터, 레졸버, 자이로 등이 있으며, 외부 센서로는 전자 나침반, RF 센서, 촉각 센서, 시각 센서, 압력 변환기,

초음파 센서 등이 있다. 이러한 센서를 인간의 감각과 비교하면 [표 1.10]처럼 나타낼 수 있다. 이동 로봇의 경우에는 현재 로봇의 위치에 대한 정보를 얻기 위하여 GPS(Global Positioning System) 혹은 RFID(Radio Frequency Identification)를 사용하거나 정밀도를 높이기 위해 다른 센서와 정보를 융합하여 사용하는 경우가 많다. 이러한 센서는 작업이 보다 정밀하고, 무인화되어가는 현대 산업의 추세에 있어 가장 핵심적인 기술의 하나로 활발히 연구되고 있다. 특히 센서의 신뢰성을 높이고 생산 단가를 줄이기 위해 여러 센서를 하나의 칩에 포함한 SoC(System on Chip) 형태로 개발되어 사용되어 지고 있다.

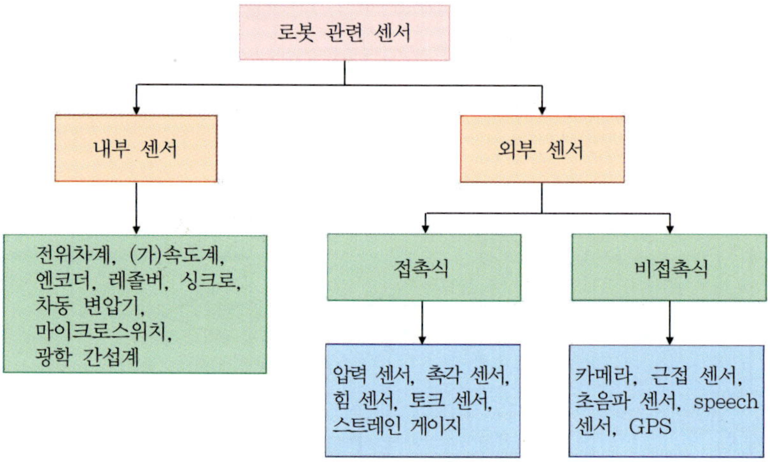

[그림 1.27] 로봇 센서의 분류

[표 1.10] 인간의 감각과 센서

5 감	센 서
시 각	광 센서, 이미지 센서
후 각	가스 센서
청 각	초음파 센서, 마이크로폰
미 각	화학 센서, pH 센서
촉 각	압력 센서, 온도 센서, 습도 센서, 접촉 센서

(4) 이동 장치

이동 로봇(mobile robot)인 경우에는 바퀴형, 차륜형, 다리형 등이 대표적인 이동 장치(locomotion)이며, 다리형인 경우에는 구조가 비교적 복잡하여 제어에 어려움이 있다. 그 밖에 특수한 형태의 이동 장치들이 있다.

기타 로봇의 중요한 부분으로 에너지 변환부가 있으며, 이는 로봇 구동부에 필요한 에너지를 공급하는 부분이고, 서보 모터인 경우는 전력 증폭기, 유압식 혹은 공기압식인 경우는 원격 컴프레셔 등이 있다.

[2] 로봇의 성능

로봇의 성능을 나타내는 지표는 여러 가지가 있으나, 여기서는 그 중 대표적인 몇 개에 대하여 알아보기로 한다.

(1) 가반 용량 및 속도

로봇의 가반 용량(payload) 및 속도는 산업용 로봇의 경우에는 생산성과 직결되어 있으므로 로봇의 성능을 나타내는 가장 중요한 지표가 된다. 가반 용량의 예를 들면, Minimover 5 Microbot인 경우는 2.2kg, GCA-XR6의 경우는 4,928kg 정도이며, 속도는 Westinghouse Series 4000의 경우 92mm/sec, SCARA 로봇인 경우 9,000mm/sec 정도이다.

(2) 도달 거리 및 스트로크

로봇의 도달 거리(reach)란 로봇이 작업 공간 내에서 도달할 수 있는 최대 거리를 의미하며, 수직 도달 거리와 수평 도달 거리가 있다. 또한 스트로크(stroke)는 손목(wrist)이 도달할 수 있는 반지름을 의미하며, 수평 스트로크와 수직 스트로크가 있다. 일반적으로 스트로크와 도달 거리는 다음과 같은 관계가 있다.

$$stroke \leq reach$$

(3) 반복성, 정밀성, 정확성

반복성(repeatability)이란 로봇의 공구단이 반복적으로 같은 위치에 놓이게 되는 능력을 의미하며, 이는 로봇의 기구적 정밀성(precision)에 의하여 결정된다. 정확성(accuracy)이란 로봇이 작업 공간 내에서 공구단을 임의의 위치에 얼마나 가깝게 위치시킬 수 있는가에 관한 것을 나타낸다. 예를 들어 로봇을 A점과 B점 사이를 왕복 운동하게 했을 때 로봇이 이전에 가 본적이 있는 A점 혹은 B점에 얼마나 가깝게 다시 접근할 수 있는가 하는 것은 반복도의 문제이며, 단지 좌표로만 표현되는 어떤 위치에 로봇을 보낼 때 로봇이 그 점에 얼마나 가깝게 접근할 수 있는가 하는 것은 정확도의 문제이다.

즉, 반복도는 교시된 점(taught point)에 대한 개념이며, 정확도는 계산된 점(computed point)에 대한 개념이다. 따라서 로봇의 정확도는 반복도 보다 좋을 수 없다. PUMA 560의 경우 반복도는 ±0.1mm정도이고, 정확도는 이 값보다 나빠진다. [그림 1.28]은 정밀성(혹은 반복성)과 정확성과의 차이를 과녁에 도달하는 다수의 위치 점들로 보여 준다. 즉, 정밀도는 특정 위치에 얼마나 반복적으로 되돌아 갈 수 있는지의 기기 특성이며, 정확도는 목표위치(그림에서는 과녁의 중심)에 얼마나 가깝게 도달하는지를 나타내는 특성이다.

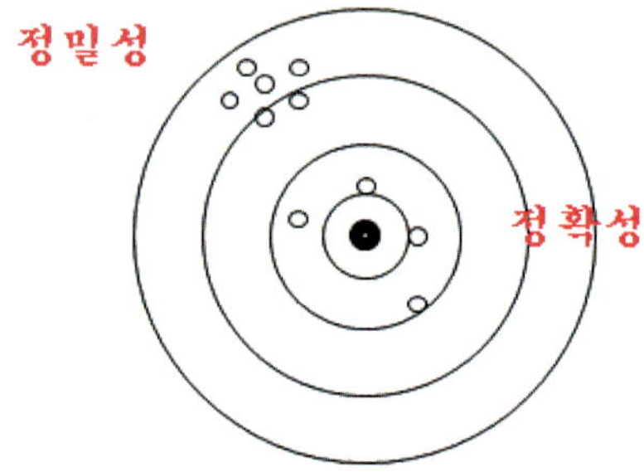

[그림 1.28] 정밀성 및 정확성

1.5 로봇 관련 연구 분야

로봇 관련 연구 분야는 매우 다양하지만 여기서는 대표적인 연구 분야를 개략적으로 소개한다.

(1) 소재

현재까지의 로봇 소재는 주로 강성체 재료를 사용하였으나, 소재 기술의 발달과 로봇의 용도가 다양해짐에 따라서 유연체 로봇, 인공 근육, 인공 피부, 극소형 구동기 등이 사용되어 지고 있다.

(2) 구동기

로봇 용도가 다양해 짐에 따라 기존의 전기식, 유압식, 공압식 구동기 외에도 electroactive ceramic, 형상 기억 합금, electroactive polymer와 같은 스마트 재료, 탄소 나노 구동기, 원자력 구동기 등이 사용되기 시작하였다. 특히 micro robot 등과 같은 극소형 로봇이나, 특수 용도로 사용되는 로봇의 구동기로는 용도에 적합한 구동기의 사용이 요구되어 지고 있다.

(3) 인공지능

감각 센서로 얻은 데이터를 이용하여 로봇이 지능적인 동작을 하도록 하기 위해서는 인공지능에 관한 연구가 필수적이다. 이러한 인공지능의 연구 분야는 (1) 센서 데이터로 얻은 지식을 나타내는 법, (2) 문제 해결을 위하여 이러한 지식을 이용하는 법, (3) 로봇을 현 상황에 어떻게 적용하느냐 하는 등이 있다. 로봇 관련 기술 중 인공지능의 비중은 높아져 가고 있는데, 역으로 로봇이 인공지능 기술을 적용할 수 있는 대표적인 기기이기도 하다. 한편 지금까지 지능 로봇을 위해 개발된 기술은 자율주행이 가능한 지능형 자동차의 개발에 활용되고 있다.

(4) 통신

로봇의 응용 분야가 다양해 짐에 따라 로봇간의 통신, 혹은 로봇이 외부와의 통신을 위한 기술이 필요하며, 로봇 기술 분야 중에서 중요한 부분을 차지하게 되었다. 일반적으로는 ZigBee, Bluetooth, WiFi 등의 통신 방법이 사용되고 있으며, 보안 문제 등을 해결하는 방법으로 양자 통신이 연구되어지고 있다.

(5) 센서

로봇의 성능이 고도화됨에 따라 센서의 중요성이 증대되고 있으며, 고기능, 고성능의 다양한 센서가 사용되고 있다. 특히 센서는 로봇의 인공지능에 데이터를 제공해주는 역할을 하기도 한다. 센서는 반도체 기술의 발전에 따라 소형, 고성능, 저가로 생산되어 지고있다.

로봇은 4차 산업 혁명 시대에 있어서 공장의 생산 자동화를 통한 생산성 향상에서 중요한 역할을 하고 있지만, 향후 새로운 기능과 제품을 고안하여 시장을 개척하는 것은 로봇 산업의 향후 발전에 중요한 추진력이 될 것이다. 로봇은 산업용에서 개인용 로봇 즉, 가정에서의 가사도우미, 병원에서의 수술과 같은 비생산적 영역에서 그 활용의 폭이 넓어지고 있으며, 인간이 갈망하는 이상적인 미래 세계에 가까이 가기 위해서는 더욱 많은 기술 개발과 노력, 그리고 혁신적인 아이디어가 필요하다.

연습문제

01. 다음 용어들을 간략하게 설명하라.
(1) 자유도, (2) 작업 공간, (3) 매니퓰레이터, (4) 반복성, (5) 가반용량

02. [그림 1.9]의 동작 원리를 설명하라.

03. 로봇을 이용하여 공간 내의 물체를 위치시키는 경우, 로봇의 주축과 보조축의 역할에 대하여 설명하라.

04. [그림 1.1]의 로봇의 연대표를 자세하게 보충하고, 연대표의 내용 중 세 가지 정도를 골라서 심층 조사한 후 보고서를 작성하라.

05. 원자력 발전소에 있어서 로봇의 용도에 대하여 기술하라.

06. 홈네트워크와 연계하여 로봇이 가정에서 어떻게 사용될 수 있는지 설명하라.

07. 로봇이 심리 치료에 어떤 역할을 할 수 있는지 설명하라.

08. 인간형 로봇은 바퀴형 로봇에 비하여 어떠한 장점이 있는지 말하고, 그 용도에 대하여 설명하라.

09. 회전 운동 모터와 직선 운동 모터의 차이점을 간략히 서술하라.

10. 유압식 구동기의 동작 원리를 설명하라.

11. 로봇을 작업 영역에 의하여 분류한 후 아래의 표를 완성하라.

분 류	대표적인 예	장 점	단 점	관절의 형태
직교 좌표형 로봇				
원통형 로봇				
구형 로봇				
SCARA형 로봇				
다관절형 로봇				

12. 평행 관절형 로봇의 장단점을 서술하라. 또 활용 분야의 예를 제시하라.

13. 작업 영역(공간)에 대한 상대적인 개념으로 dead space는 무엇인지 설명하라.

14. 직접 구동 모터의 원리 및 장단점에 대해 설명하라.

15. 로봇의 정밀성과 정확성의 차이에 대하여 설명하라.

과 제

01. 향후 인간과 로봇이 공존하는 인간의 생활 모습에 관련된 도서를 읽거나 영화를 보고, 감상문을 작성하고, 감상문의 내용을 요약하여 MS PPT로 발표용 요약 자료를 만들어라.

02. 사이보그(Cyborg)는 뇌를 제외한 수족이나 장기 등을 교체한 개조 인간이라고 할 수 있으며, 안드로이드(Android)는 외모와 지능까지도 인간과 유사한 인조인간을 의미한다. 이러한 사이보그와 안드로이드가 인간과 공존할 경우 발생할 사회적 문제에 대하여 서술하라.

03. 군사용 로봇은 아시모프의 제1법칙을 위반하여 살상용으로 사용될 수 있다. 군사용 로봇 개발의 윤리적 문제에 대하여 설명하라.

04. 로봇 산업의 현황에 대해 다음 중 하나를 조사하고 보고서를 작성하라. 보고서에는 참고한 문헌이나 웹사이트를 반드시 표기하여야 한다. 참고문헌의 표기 형식은 이 책의 참고문헌에서 사용한 형식을 준용하라.

(1) 국내 로봇 산업의 현황에 대해 조사하라.

(2) 국외 로봇 산업과 시장 현황에 대해 조사하라.

05. 지능형 로봇은 우리나라가 지정한 차세대 10대 성장 동력 산업 중 하나이다. 만약 여러분이 단독 혹은 팀을 만들어 로봇 관련 벤처를 설립한다고 할 때, 국가로부터 어떤 지원을 받을 수 있는지와 관련 규정이나 법령, 산업 표준 등도 아울러 조사하라.

06. 로봇과 관련된 최근의 국내외 특허를 1건 조사한 후 그 내용을 요약하라.

참고문헌

1. J. J. Craig, Introduction to Robotics Mechanics & Control, Addison-Wesley, 1986.
2. Y. Koren, Robotics for Engineers, McGraw-Hill Book, 1985.
3. R. P. Paul, Robot Manipulator-Mathematics, Programming and Control, MIT Press, 1982.
4. M. W. Spong and M. Vidyasagar, Robot Dynamics and Control, John Wiley & Sons, 1989.
5. H. Asada and J. J. E. Slotine, Robot Analysis and Control, John Wiley & Sons, 1986.
6. J. A. Rehg, Introduction to Robotics, A System Approach, Prentice-Hall, 1985.
7. P. G. Ranky and C. Y. Ho, Robot Modelling, Springer-Verlag, 1985.
8. M. Brady, J. M. Hollerbach, T. L. Johnson, T. L. Perez and M. T. Mason, Robot Motion: planning and control, MIT Press, 1982.
9. M. Brady, R. Paul, Robotics Research, MIT Press, 1984.
10. A. J. Koivo, Fundamentals for Control of Robot Manipulators, Wiley & Sons. 1989.
11. I. Asimov, The Complete Robot, Doubleday & Co., 1982.
12. R. Pfeifer and J. Bongard, How the Body Shapes the Way We Think: A New View of Intelligence, MIT Press, 2007.

02

강체의 위치와 방향

2.1 2차원 회전변환 행렬
2.2 2차원 동차변환 행렬
2.3 연속 변환
2.4 상사 변환
2.5 변환방정식
2.6 3차원 회전 행렬
2.7 3차원 동차변환 행렬

이 장에서는 로봇 공학을 이해하기에 앞서 강체의 위치와 방향을 표시하는 방법을 다룬다. 고정 좌표계에 대한 강체의 상대적인 위치와 방향은 강체 좌표계의 동차변환 행렬로 표시할 수 있다. 동차변환 행렬은 회전행렬과 위치벡터로 구성되어 있다. 2차원 회전변환 행렬과 동차변환을 이용하여 기본적인 개념을 설명한 다음 이를 3차원으로 확장하여 설명한다.

The secret of genius is to carry the sprit of the child into old age, which means never losing your enthusiasm.

— Aldous Huxley —

02 CHAPTER 강체의 위치와 방향

2.1 2차원 회전변환 행렬

로봇은 작업 대상물을 집고, 옮기고, 다른 곳에 고정시키고, 공구로 작업을 하는 등의 정적 상태의 조작뿐 아니라, 작업 대상물이 컨베이어에 실려 움직일 때 로봇도 움직이면서 작업대상물에 요구되는 여러 가지 작업을 해야 한다. 이를 위해서는 로봇과 작업 대상물과의 상대적인 위치와 방향을 알아야 한다. 따라서 이 장에서는 강체(rigid body)의 연결체인 로봇과 대상 작업물의 상대 위치와 방향을 계산하는 수학적 표현 방법에 대해 다루기로 한다. 관련 개념을 쉽게 이해할 수 있도록 우선 2차원에서 기본적인 개념을 학습하고, 이어 3차원으로 그 개념들을 확장하고자 한다.

[그림 2.1]에서 {1}좌표계에서 고정된 점 q를 생각하자. 여기서 θ만큼의 좌표축의 회전이 생기면 점 q는 점 p 로 이동하였다고 볼 수 있다. 최초의 좌표계 {1}과 회전된 좌표계 {2}에서, 좌표계 회전의 결과로 얻어지는 p점의 위치를 다음과 같은 관계식으로 표현할 수 있다.

$$p_x^1 = l\cos(\alpha+\theta) = l\cos\alpha\ \cos\theta - l\sin\alpha\ \sin\theta = p_x^2\cos\theta - p_y^2\sin\theta \qquad (2.1.a)$$

$$p_y^1 = l\sin(\alpha+\theta) = l\sin\alpha\ \cos\theta + l\cos\alpha\ \sin\theta = p_y^2\cos\theta + p_x^2\sin\theta$$

여기서 (p_x^1, p_y^1) 는 {1} 좌표계에서 본 p의 위치이다. {2}좌표계에 고정되어 있는 p 점은 $p^2=(p_x^2, p_y^2)$ 로 표시하며, {1} 좌표계에 고정되어 있는 초기 위치 $q^1 = (q_x^1, q_y^1)$ 과 같으므로 $p^2 = q^1$ 이다.

위의 식을 행렬로 표현하면 다음과 같다.

$$\begin{bmatrix} p_x^1 \\ p_y^1 \end{bmatrix} = \begin{bmatrix} \cos\theta \\ \sin\theta \end{bmatrix} p_x^2 + \begin{bmatrix} -\sin\theta \\ \cos\theta \end{bmatrix} p_y^2 = \begin{bmatrix} \cos\theta & -\sin\theta \\ \sin\theta & \cos\theta \end{bmatrix} \begin{bmatrix} p_x^2 \\ p_y^2 \end{bmatrix}$$

$$p^1 = R_2^1(\theta)\ p^2 \qquad (2.1.b)$$

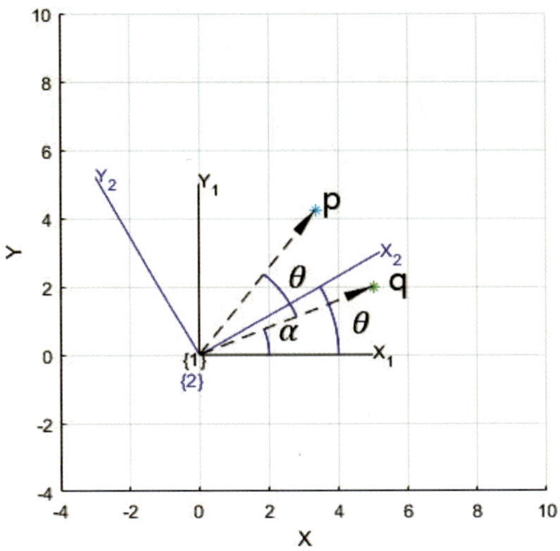

[그림 2.1] 좌표계의 회전으로 인한 고정점의 회전

여기서 (2×2) 크기의 회전 행렬 $R_2^1(\theta)$는 좌표축 관점에서 보면 식 (2.2)과 같이 {1} 좌표계에서 본 {2} 좌표축의 방향벡터{x_2^1, y_2^1}로 구성된 행렬을 의미한다.

$$R_2^1(\theta) = \begin{bmatrix} \cos\theta & -\sin\theta \\ \sin\theta & \cos\theta \end{bmatrix} = \begin{bmatrix} x_2^1 & y_2^1 \end{bmatrix} \tag{2.2}$$

식 (2.2)의 회전 행렬 R는 다음과 성질을 가지고 있다.

1) R 의 행벡터는 서로 수직이다. 즉, $x_2^1 \cdot y_2^1 = 0$
2) R 의 행벡터의 크기는 1 이다. 즉, $\| x_2^1 \| = \| y_2^1 \| = 1$
3) R 의 역행렬은 R 의 전치행렬(transpose)과 같다. 즉, $R^{-1} = R^T$

행렬 $R_2^1(\theta)$을 {1} 좌표계에서 본 {2}좌표계를 본 행렬이라면, 역행렬 $R_1^2(\theta)$란 {2}좌표계에서 본 {1}좌표계의 행렬을 의미한다. $R_2^1(\theta)$는 {1}좌표계를 {2}좌표계를 θ만큼 회전된 결과라면 $R_1^2(\theta)$는 {2}좌표계를 {1}좌표계로 $-\theta$ 만큼 회전한 것이 되므로, $R_1^2(\theta)$는 $R_2^1(\theta)$행렬의 전치(transpose)와 같다.

$$R_1^2(\theta) = [R_2^1(\theta)]^{-1} = R_2^1(-\theta) = \begin{bmatrix} \cos\theta & \sin\theta \\ -\sin\theta & \cos\theta \end{bmatrix} = R_2^1(\theta)^T \tag{2.3.a}$$

식(2.1.b)로부터 역행렬 또는 전치행렬과 p^1을 이용해 p^2를 구할 수 있다.

$$p^2 = [R_2^1(\theta)]^{-1} p^1 = R_2^1(\theta)^T p^1 = R_1^2(\theta) p^1 \tag{2.3.b}$$

식 (2.1.b)와 (2.3.a), (2.3.b)로부터 일반적인 회전행렬 변환식은 다음과 같이 표현할 수 있다.

$$p^i = R^i_j(\theta)\ p^j \tag{2.4.a}$$

$$[R^i_j]^{-1} = [R^i_j]^T = R^j_i \tag{2.4.b}$$

$R^{-1}R = I$ 과 조건 3)을 이용하여 다음의 관계를 얻는다

4) R의 전치행렬과 R의 곱은 단위행렬이다.

$$R^T R = R R^T = I \tag{2.5}$$

5) 다음 식과 같이 2차원 회전행렬의 좌표축의 방향이 오른손 법칙을 따르면 det(R) = 1 이고, 왼손 법칙을 따르면 det(R) = − 1 된다. 오른손 법칙을 따르는 회전행렬은 항상 det(R) = 1 이 되어야 한다.

$$R_r = [x \quad y] = \begin{bmatrix} C_\theta & -S_\theta \\ S_\theta & C_\theta \end{bmatrix} \qquad R_l = [y \quad x] = \begin{bmatrix} -S_\theta & C_\theta \\ C_\theta & S_\theta \end{bmatrix}$$

$$\det(R_r) = \quad 1 \qquad\qquad \det(R_l) = \quad -1$$

여기서 cosθ 는 C_θ로, sinθ는 S_θ로 간략히 표현하였다.

예제 2.1

[그림 2.1]에서 {1} 좌표계에 고정된 점 q^1=(5, 2)를 생각하자. 그리고 {1}좌표계를 θ =30^0 회전한 좌표계를 {2}라고 하자.

1) 좌표계 {1}의 회전에 따라 점 q가 회전하여 생기는 점을 p라 할 때, 이를 {1}좌표계에서 본 위치 p^1를 구하라.

2) {2}좌표계를 기준으로 볼 때 q점, q^2, 의 위치를 구하라.

{1} 좌표계에 고정된 점 q와 {2} 좌표계에 고정된 점 p는 같으므로, $p^2 = q^1$이다.

1) $\begin{bmatrix} p^1_x \\ p^1_y \end{bmatrix} = R^1_2(\theta)\begin{bmatrix} p^2_x \\ p^2_y \end{bmatrix} = \begin{bmatrix} \cos(\pi/6) & -\sin(\pi/6) \\ \sin(\pi/6) & \cos(\pi/6) \end{bmatrix}\begin{bmatrix} 5 \\ 2 \end{bmatrix} = \begin{bmatrix} \frac{5\sqrt{3}}{2} - 1 \\ \frac{5}{2} + \sqrt{3} \end{bmatrix}$

2) $\begin{bmatrix} q_x^2 \\ q_y^2 \end{bmatrix} = R_1^2(\theta) \begin{bmatrix} q_x^1 \\ q_y^1 \end{bmatrix} = \begin{bmatrix} \cos(\pi/6) & \sin(\pi/6) \\ -\sin(\pi/6) & \cos(\pi/6) \end{bmatrix} \begin{bmatrix} 5 \\ 2 \end{bmatrix} = \begin{bmatrix} \frac{5\sqrt{3}}{2} + 1 \\ -\frac{5}{2} + \sqrt{3} \end{bmatrix}$

2.2 2차원 동차변환 행렬

각도 θ만큼 회전운동 후 x와 y축을 따라 (m, n) 만큼 병진(translation) 운동을 하면

$$\begin{bmatrix} p_x^1 \\ p_y^1 \end{bmatrix} = \begin{bmatrix} \cos\theta & -\sin\theta \\ \sin\theta & \cos\theta \end{bmatrix} \begin{bmatrix} p_x^2 \\ p_y^2 \end{bmatrix} + \begin{bmatrix} m \\ n \end{bmatrix} \qquad (2.6.a)$$

으로 표현되며, 이를 벡터와 행렬 형태로 나타낼 수 있다.

$$p^1 = R_2^1 \ p^2 + d_{12}^1 \qquad (2.6.b)$$

2차원에서 1차 방정식 $y = ax + b$는 $ax + b - y = 0$ 으로도 표현되며, 이 방정식을 벡터형태로 표현하면 다음 식과 같고

$$[a \quad -1 \quad b] \begin{bmatrix} x \\ y \\ 1 \end{bmatrix} = 0$$

이를 동차 방정식 (homogeneous equation)이라 부르고, $\tilde{p} = [x \ y \ 1]^T$ 를 동차 좌표(homogeneous coordinate)라고 한다.

동차좌표를 이용하여 식 (2.6.a)의 회전과 병진 운동을 (3×3) 크기의 동차 변환행렬 형태로 표현할 수 있다.

$$\begin{bmatrix} p_x^1 \\ p_y^1 \\ 1 \end{bmatrix} = \begin{bmatrix} \cos\theta & -\sin\theta & m \\ \sin\theta & \cos\theta & n \\ 0 & 0 & 1 \end{bmatrix} \begin{bmatrix} p_x^2 \\ p_y^2 \\ 1 \end{bmatrix} \qquad (2.7.a)$$

$$\widetilde{p^1} = T_2^1(\theta, d) \ \widetilde{p^2} \qquad (2.7.b)$$

여기서 동차변환(homogeneous transformation) 행렬 $T_2^1(\theta, d)$는 다음 식과 같이 회전행렬과 병진벡터로 구성된다.

$$T_2^1(\theta, d_{12}^1) = \begin{bmatrix} R_2^1(\theta) & d_{12}^1 \\ 0 & 1 \end{bmatrix} \tag{2.8}$$

$$R_2^1(\theta) = \begin{bmatrix} \cos\theta & -\sin\theta \\ \sin\theta & \cos\theta \end{bmatrix}, \qquad d_{12}^1 = \begin{bmatrix} m \\ n \end{bmatrix} \tag{2.9}$$

동차변환행렬도 식(2.4.a)와 같이 일반식으로 나타내면 다음과 같다.

$$\widetilde{p^i} = T_j^i(\theta, d_{ij}^i)\widetilde{p^j} \tag{2.10.a}$$

$$T_j^i(\theta, d_{ij}^i) = \begin{bmatrix} R_j^i(\theta) & d_{ij}^i \\ 0 & 1 \end{bmatrix} \tag{2.10.b}$$

예제 2.2

점 p(2, 1)을 z축에 대하여 90° 회전하고 (x, y) 방향으로 각각 (−2, 2)만큼 이동하였을 때의 위치를 행렬을 이용하여 계산하라.

움직이는 좌표계에 고정된 점 p(2, 1)을 z축에 대하여 + 90°회전하고 다시 원점을 계 {0}에서 (−2, 2)만큼 병진이동하여 좌표계 {2}를 얻으면 움직이는 좌표계에 고정된 점 p의 위치는 다음과 같이 구할 수 있다.

$$\begin{bmatrix} C_{90} & -S_{90} & -2 \\ S_{90} & C_{90} & 2 \\ 0 & 0 & 1 \end{bmatrix}\begin{bmatrix} 2 \\ 1 \\ 1 \end{bmatrix} = \begin{bmatrix} 0 & -1 & -2 \\ 1 & 0 & 2 \\ 0 & 0 & 1 \end{bmatrix}\begin{bmatrix} 2 \\ 1 \\ 1 \end{bmatrix} = \begin{bmatrix} -3 \\ 4 \\ 1 \end{bmatrix}$$

위의 계산결과는 [그림 2.2]에서 확인할 수 있다.

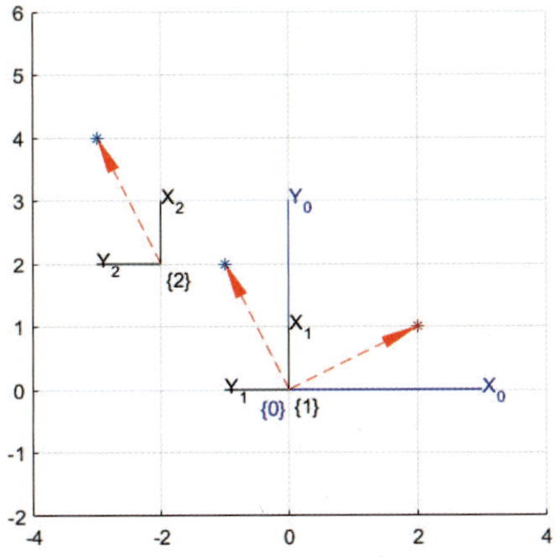

[그림 2.2] 2×2 동차변환행렬에 의한 벡터의 회전과 병진

이제는 역동차변환 행렬을 구해보자. 식 (2.7)로부터 p^2는 회전행렬의 역을 이용하여 구할 수 있는데 회전행렬은 역이 전치와 같으므로 식 (2.11)과 같다.

$$p^2 = (R_2^1)^T p^1 - (R_2^1)^T d_{12}^1 \tag{2.11}$$

이를 동차변환 행렬로 표현할 수 있다.

$$\widetilde{p^2} = (T_2^1)^{-1}\ \widetilde{p^1} = T_1^2\ \widetilde{p^1} \tag{2.12}$$

따라서 식 (2.11)과 식 (2.12)를 비교하여 동차변환의 역행렬을 다음과 같이 표현할 수 있다.

$$(T_2^1)^{-1} = \begin{bmatrix} (R_2^1)^T & -(R_2^1)^T d_{12}^1 \\ 0 & 1 \end{bmatrix} \tag{2.13}$$

역동차변환의 일반식은 회전변환과 같은 형태를 가진다.

$$\widetilde{p^j} = (T_j^i)^{-1}\ \widetilde{p^i} = T_i^j\ \widetilde{p^i} \tag{2.14.a}$$

$$[T_j^i(\theta, d_{ij}^i)]^{-1} = \begin{bmatrix} R_j^i(\theta)^T & d_{ij}^j \\ 0 & 1 \end{bmatrix} \tag{2.14.b}$$

$$d_{ij}^j = -R_j^i(\theta)^T\ d_{ij}^i \tag{2.14.c}$$

예제 2.3

좌표계 {1}을 (4, 3)만큼 이동하고 이동한 좌표계에서 90^0회전하여 좌표계 {2}가 되었다면

(1) 좌표계 {2}의 점 $\mathbf{p}^2 = (1,\ 1)$를 좌표계 {1}에서 본 좌표 $\mathbf{p}^1$ 을 구하라.

(2) $\mathbf{p}^1$ 으로부터 역 동차변환행렬을 이용하여 다시 $\mathbf{p}^2$를 구하라.

(1) [그림 2.3]에서 동차변환 T_2^1는 기하학적으로 {1} 좌표계에서 본 {2} 좌표계의 방향과 위치로부터 구할 수 있다.

$$T_2^1 = \begin{bmatrix} x_2^1 & y_2^1 & d_2^1 \\ 0 & 0 & 1 \end{bmatrix} = \begin{bmatrix} 0 & -1 & 4 \\ 1 & 0 & 3 \\ 0 & 0 & 1 \end{bmatrix}$$

p^1는 식 (2.7.b)로부터 다음과 같이 구한다.

$$\widetilde{p^1} = T_2^1 \widetilde{p^2} = \begin{bmatrix} 0 & -1 & 4 \\ 1 & 0 & 3 \\ 0 & 0 & 1 \end{bmatrix} \begin{bmatrix} 1 \\ 1 \\ 1 \end{bmatrix} = \begin{bmatrix} 3 \\ 4 \\ 1 \end{bmatrix}$$

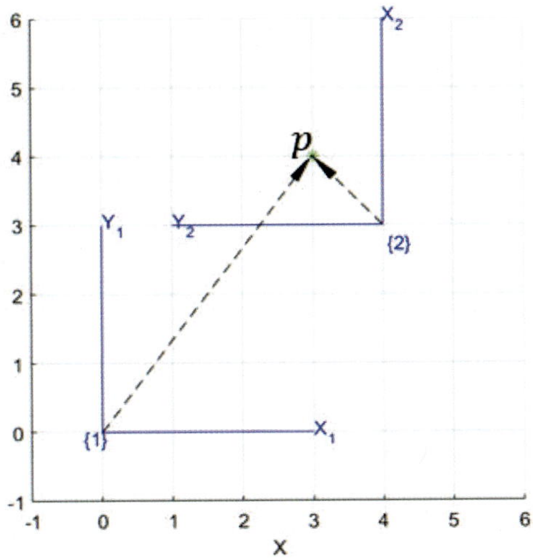

[그림 2.3] 2차원 행렬 역변환

(2) 동차변환의 역행렬을 식 (2.13)을 이용하여 구한다.

$$T_1^2 = (T_2^1)^{-1} = \begin{bmatrix} (R_2^1)^T & -(R_2^1)^T d_{12}^1 \\ 0 & 1 \end{bmatrix} = \begin{bmatrix} 0 & 1 & -3 \\ -1 & 0 & 4 \\ 0 & 0 & 1 \end{bmatrix}$$

$$d_{12}^2 = -(R_2^1)^T d_{12}^1 = -\begin{bmatrix} 0 & 1 \\ -1 & 0 \end{bmatrix} \begin{bmatrix} 4 \\ 3 \end{bmatrix} = \begin{bmatrix} -3 \\ 4 \end{bmatrix}$$

역행렬 T_1^2을 이용하여 p^1으로부터 p^2을 구하면 처음의 값 (1, 1)과 같음을 확인할 수 있다.

$$\widetilde{p^2} = (T_2^1)^{-1} \widetilde{p^1} = T_1^2 \widetilde{p^1} = \begin{bmatrix} 0 & 1 & -3 \\ -1 & 0 & 4 \\ 0 & 0 & 1 \end{bmatrix} \begin{bmatrix} 3 \\ 4 \\ 1 \end{bmatrix} = \begin{bmatrix} 1 \\ 1 \\ 1 \end{bmatrix}$$

2.3 연속 변환

2차원 회전행렬의 연속변환은 [그림 2.4]에서 보는 바와 같이 변환순서에 무관하다.

$$R_2^1(\theta_1)\ R_3^2(\theta_2) = \begin{bmatrix} C_1 & -S_1 \\ S_1 & C_1 \end{bmatrix}\begin{bmatrix} C_2 & -S_2 \\ S_2 & C_2 \end{bmatrix} = \begin{bmatrix} C_{12} & -S_{12} \\ S_{12} & C_{12} \end{bmatrix} \tag{2.15}$$

$$R_3^2(\theta_2)\ R_2^1(\theta_1) = \begin{bmatrix} C_2 & -S_2 \\ S_2 & C_2 \end{bmatrix}\begin{bmatrix} C_1 & -S_1 \\ S_1 & C_1 \end{bmatrix} = \begin{bmatrix} C_{12} & -S_{12} \\ S_{12} & C_{12} \end{bmatrix}$$

하지만 병진이동을 포함된 동차변환행렬은 변환순서에 따라 그 결과가 달라진다. 식 (2.16)과 같이 $T_1 \neq T_2$ 이다.

$$T_1 = transl(d)rot(\theta) = \begin{bmatrix} I & d \\ 0 & 1 \end{bmatrix}\begin{bmatrix} R(\theta) & 0 \\ 0 & 1 \end{bmatrix} = \begin{bmatrix} R(\theta) & d \\ 0 & 1 \end{bmatrix} \tag{2.16.a}$$

$$T_2 = rot(\theta)transl(d) = \begin{bmatrix} R(\theta) & 0 \\ 0 & 1 \end{bmatrix}\begin{bmatrix} I & d \\ 0 & 1 \end{bmatrix} = \begin{bmatrix} R(\theta) & R(\theta)d \\ 0 & 1 \end{bmatrix} \tag{2.16.b}$$

따라서 동차변환에서 좌표계의 회전과 병진의 순서를 결정하는 것이 중요하다.

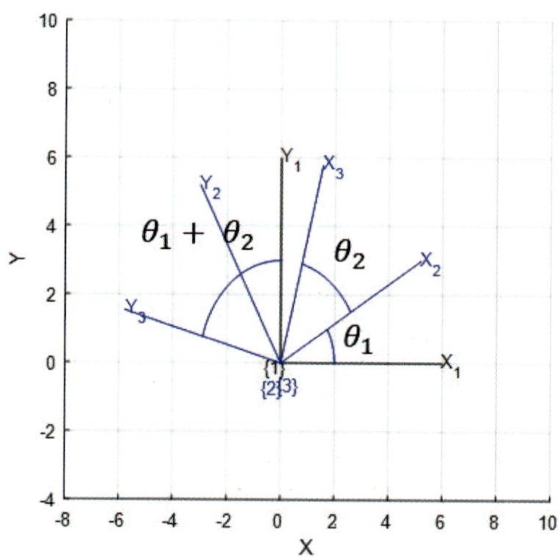

[그림 2.4] 회전행렬의 연속변환

예제 2.4

(1) $T_1 = transl(-2,2)rot(90^0)$를 고정좌표계를 기준으로 변환시키는 경우와 이동좌표계를 기준으로 변환시키는 경우 각각의 움직임을 그려라.

(2) $T_2 = rot(90^0)transl(-2,2)$를 고정좌표계를 기준으로 변환시키는 경우와 이동좌표계를 기준으로 변환시키는 경우 각각의 움직임을 그려라.

(1) $T_1 = transl(-2,2)rot(90^0)$ 는 다음과 같은 행렬로 표시되며 이 값을 얻기 위하여서는 어느 변환을 먼저 하는지에 대한 의문이 있다.

$$T_1 = \begin{bmatrix} 1 & 0 & -2 \\ 0 & 1 & 2 \\ 0 & 0 & 1 \end{bmatrix}\begin{bmatrix} 0 & -1 & 0 \\ 1 & 0 & 0 \\ 0 & 0 & 1 \end{bmatrix} = \begin{bmatrix} 0 & -1 & -2 \\ 1 & 0 & 2 \\ 0 & 0 & 1 \end{bmatrix}$$

[그림 2.5 (a)]에서 먼저 좌표계 {0}를 기준으로 $rot(90^0)$한 후 좌표계 {1}를 얻은 후, 다시 고정좌표계의 $\{x_0,\ y_0\}$를 기준으로 $transl(-2,\ 2)$하여 좌표계 {2}를 얻었다. [그림 2.5 (b)]는 먼저 좌표계 {0}을 기준으로 $transl(-2,\ 2)$하고, 그 결과로 나타나는 이동좌표계 {1}을 기준으로 $rot(90^0)$하면 좌표계 {2}가 얻어진다.
이상의 논의에서 고정좌표계를 기준인 경우 오른쪽에서 왼쪽으로 연속변환을 수행하고, 이동좌표계 기준인 경우는 왼쪽에서 오른쪽으로 연속변환을 하게 되면 그 결과가 동일하다는 것을 알 수 있다.

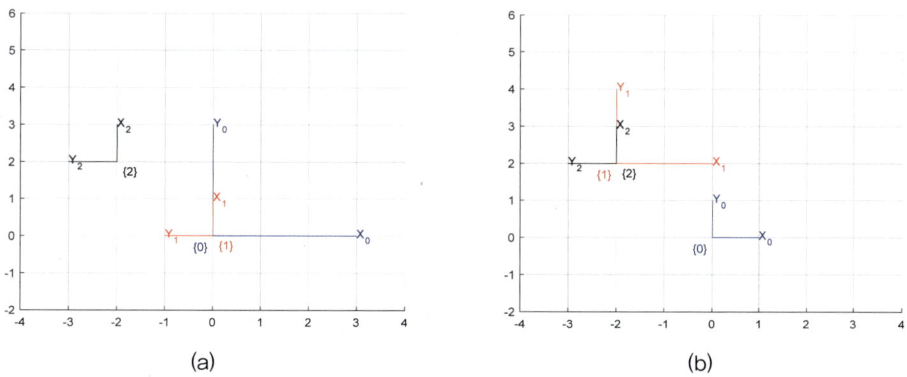

[그림 2.5] (a) 고정좌표 기준 변환, (b)이동좌표계 기준 변환

(b) $T_2 = rot(90^0)\,transl(-2,2)$

$$= \begin{bmatrix} 0 & -1 & 0 \\ 1 & 0 & 0 \\ 0 & 0 & 1 \end{bmatrix}\begin{bmatrix} 1 & 0 & -2 \\ 0 & 1 & 2 \\ 0 & 0 & 1 \end{bmatrix} = \begin{bmatrix} 0 & -1 & -2 \\ 1 & 0 & -2 \\ 0 & 0 & 1 \end{bmatrix}$$

이 경우에도 (1)에서와 같은 방법으로 연속변환을 수행하면 된다.

[그림 2.6(a)]와 같이 $transl(-2, 2)$ 후 고정좌표계 $\{x_0 y_0\}$기준으로 $rot(90^0)$ 하거나, [그림 2.6(b)]와 같이 $rot(90^0)$ 후 이동좌표계 $\{x_1 y_1\}$기준으로 $transl(-2, 2)$ 하면 동차변환행렬의 기하학적 의미와 일치한다.

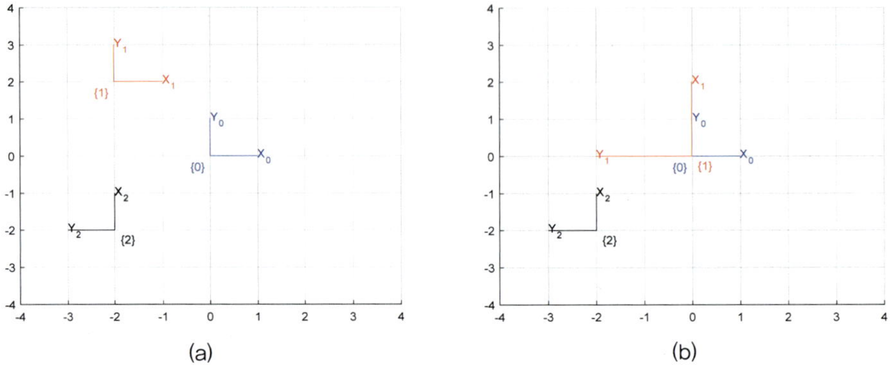

[그림 2.6] (a) 고정좌표 기준 변환, (b) 이동좌표계 기준 변환

[예제 2.4]에서는 두 번 연속된 변환을 다루었고, 이는 다음 식으로 쓸 수 있다.

$$
\begin{aligned}
T_2^0 = T_1^0 T_2^1 &= \begin{bmatrix} R_1^0 & d_{01}^0 \\ 0 & 1 \end{bmatrix} \begin{bmatrix} R_2^1 & d_{12}^1 \\ 0 & 1 \end{bmatrix} \\
&= \begin{bmatrix} R_1^0 R_2^1 & R_1^0 d_{12}^1 + d_{01}^0 \\ 0 & 1 \end{bmatrix} \\
&= \begin{bmatrix} R_2^0 & d_{02}^0 \\ 0 & 1 \end{bmatrix}
\end{aligned}
$$

이를 임의의 n번의 변환에 대한 일반적인 경우로 확장하여 기술하면 아래와 같다.

$$
T_n^0 = T_1^0 \, T_2^1 \, ... \, T_n^{n-1} = \begin{bmatrix} R_n^0 & d_{0n}^0 \\ 0 & 1 \end{bmatrix} \tag{2.17.a}
$$

여기서 회전변환행렬은 연속적을 곱하면 되지만

$$
R_n^0 = R_1^0 \, R_2^1 \, ... \, R_n^{n-1} \tag{2.17.b}
$$

좌표계 원점간 위치벡터 d_{ij}^i는 동일한 좌표계로 만들어야 합할 수 있다.

$$
\begin{aligned}
d_{0n}^0 &= d_{01}^0 + R_1^0 d_{12}^1 + ... + R_n^0 \, d_{n-1,n}^n \\
&= d_{01}^0 + \quad d_{12}^0 \; + ... + \quad d_{n-1,n}^0
\end{aligned} \tag{2.17.c}
$$

예제 2.5

$T_1^0 = transl(2,1)rot(\pi/2)$ 이고, $T_2^1 = transl(3,1)\,rot(\pi/2)$ 일 때, 변환 과정 중에 생성되는 좌표계 {0}, {1}, {2}를 그려라. 그리고 $p^2 = [3\ \ 2]^T$일 때 p^0, p^1, d_{12}^0, d_{02}^0 을 구하라.

식 (2.17)로부터 계산된 값들을 [그림 2.7]에서 확인할 수 있다.

$$T_2^0 = T_1^0 T_2^1 = transl(2,1)rot(\pi/2)\ transl(3,1)rot(\pi/2)$$

$$= \begin{bmatrix} 0 & -1 & 2 \\ 1 & 0 & 1 \\ 0 & 0 & 1 \end{bmatrix} \begin{bmatrix} 0 & -1 & 3 \\ 1 & 0 & 1 \\ 0 & 0 & 1 \end{bmatrix} = \begin{bmatrix} -1 & 0 & 1 \\ 0 & -1 & 4 \\ 0 & 0 & 1 \end{bmatrix}$$

$$d_{01}^0 = \begin{bmatrix} 2 \\ 1 \end{bmatrix}, \quad d_{12}^1 = \begin{bmatrix} 3 \\ 1 \end{bmatrix}$$

이므로

$$\widetilde{p^1} = T_2^1 \widetilde{p^2} = \begin{bmatrix} 1 \\ 4 \\ 1 \end{bmatrix}, \quad \widetilde{p^0} = T_2^0 \widetilde{p^2} = \begin{bmatrix} -2 \\ 2 \\ 1 \end{bmatrix}$$

$$d_{12}^0 = R_1^0 d_{12}^1 = \begin{bmatrix} -1 \\ 3 \end{bmatrix}, \quad d_{02}^0 = d_{01}^0 + d_{12}^0 = \begin{bmatrix} 1 \\ 4 \end{bmatrix}$$

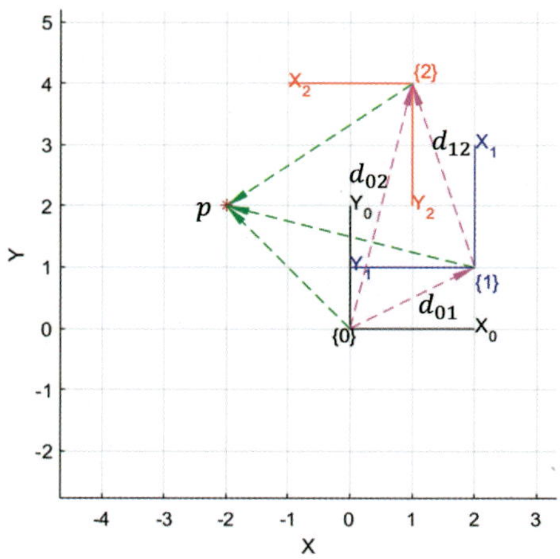

[그림 2.7] 좌표변환에 의한 위치 표시법

2.4 상사 변환

[그림 2.8]에서 보는 바와 같이, {1} 좌표계를 기준으로 p_1^1에서 p_2^1로 이동하는 변환이 D^1이고, {0} 좌표계를 기준으로 p_1^0에서 p_2^0로 이동하는 변환을 D^0이라 하면 아래 식을 얻는다.

$$p_2^1 = D^1 \; p_1^1 \tag{2.18}$$

$$p_2^0 = D^0 \; p_1^0 \tag{2.19}$$

식 (2.19)의 p_1^0 와 p_2^0를 식 (2.18)의 p_1^1과 p_2^1를 이용하여 구하면, 두 좌표계 사이의 변환 T_1^0를 이용하여 다음 식을 얻는다.

$$p_1^0 = T_1^0 \; p_1^1 \tag{2.20}$$

$$p_2^0 = T_1^0 \; p_2^1 \tag{2.21}$$

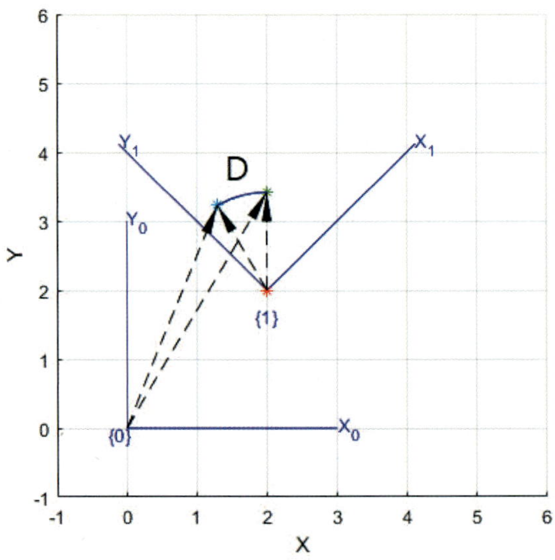

[그림 2.8] 고정좌표계와 이동좌표계의 변환

식(2.20)과 (2.21)을 이용하여 식 (2.19)를 다시 쓰면

$$T_1^0 \; p_2^1 = D^0 \; T_1^0 \; p_1^1 \tag{2.22.a}$$

$$p_2^1 = (T_1^0)^{-1} D^0 \ T_1^0 \ p_1^1 \tag{2.22.b}$$

이므로, 식 (2.18)과 식 (2.22.b)로부터 {1}좌표계에서 두 점 사이의 변환 D^1을 {0}좌표계에서 변환 D^0 과의 관계를 T_1^0로 표현할 수 있음을 보여준다.

$$D^1 = (T_1^0)^{-1} D^0 \ T_1^0 = T_0^1 \ D^0 \ (T_0^1)^{-1} \tag{2.23.a}$$

이러한 관계식을 상사변환(similarity transformation)이라 부른다. 식 (2.23.a)로 부터 아래와 같은 관계식도 얻을 수 있다.

$$D^0 = (T_0^1)^{-1} D^1 \ T_0^1 = T_1^0 \ D^1 \ (T_1^0)^{-1} \tag{2.23.b}$$

식 (2.23.a)와 식 (2.23.b)의 관계식을 [그림 2.9]로 나타낼 수 있다. 여기서 식 (2.18) ~ (2.21)의 식들을 관계를 그림으로 나타내며 D^1과 D^0 과의 관계는 두 화살표 방향이 반대이면 역행렬을 사용한다고 기억하면 된다.

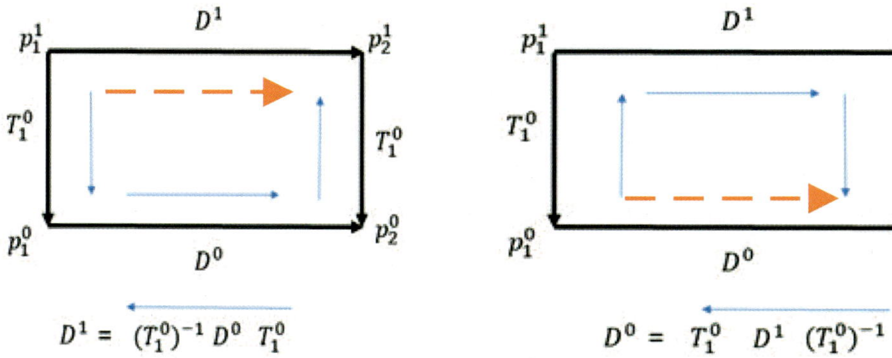

[그림 2.9] 고정좌표계와 이동좌표계의 상사변환 관계도

예제 2.6

[그림 2.10]과 같이 $T_1^0 = transl(2,3)rot(\pi/2)$로 변환된 {1} 좌표계의 점 $p_1^1 = [1 \ 1]$을 $D^1 = rot(\pi/2)$회전하여 점 p_2^1를 얻는다. 그렇다면 p_1^0, p_2^1, p_2^0 값은 얼마인가?

$$T_1^0 = \begin{bmatrix} 0 & -1 & 2 \\ 1 & 0 & 3 \\ 0 & 0 & 1 \end{bmatrix}, \ D^1 = \begin{bmatrix} 0 & -1 & 0 \\ 1 & 0 & 0 \\ 0 & 0 & 1 \end{bmatrix}, \ \widetilde{p_1^1} = \begin{bmatrix} 1 \\ 1 \\ 1 \end{bmatrix}$$ 이므로

$$\widetilde{p_1^0} = T_1^0 \ \widetilde{p_1^1} = \begin{bmatrix} 1 \\ 4 \\ 1 \end{bmatrix}, \qquad \widetilde{p_2^1} = D^1 \ \widetilde{p_1^1} = \begin{bmatrix} -1 \\ 1 \\ 1 \end{bmatrix}$$

$$D^0 = T_1^0 \; D^1 \; (T_1^0)^{-1} \;=\; \begin{bmatrix} 0 & -1 & 5 \\ 1 & 0 & 1 \\ 0 & 0 & 1 \end{bmatrix},$$

$$\widetilde{p_2^0} = D^0 \widetilde{p_1^0} = \begin{bmatrix} 1 \\ 2 \\ \; \end{bmatrix}$$

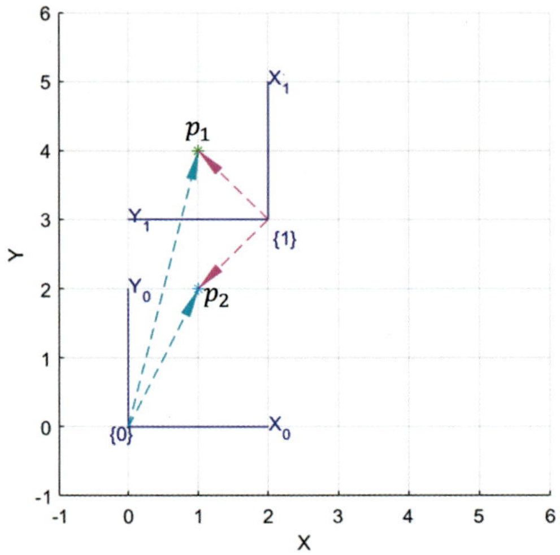

[그림 2.10]

이와 같은 상사변환을 이용하면 왜 이동좌표계 기준이면 연속변환이 왼쪽에서 오른쪽으로 곱해지고, 고정좌표계 기준이면 오른쪽에서 왼쪽으로 곱해지는지를 알 수 있다. $transl(x,y)\, rot(\theta)$에서 $transl(x,y)$ 한 후 이동좌표계로 $rot(\theta)$하게 되면 왼쪽에서 오른쪽으로 곱해가지만, 고정좌표계로 $rot(\theta)$하게 되면 $D^1 = (T_1^0)^{-1} D^0 \;\; T_1^0$ 관계식을 이용하여 곱하므로 $transl(x,y)\,[\,(transl(x,y))^{-1} \;\; rot(\theta) \;\; transl(x,y)] = rot(\theta) \;\; transl(x,y)$ 와 같이 오른쪽에서 왼쪽으로 곱해 가게 된다

예제 2.7

$transl(2,2)$ **변환후 이동좌표계로** $rot(\pi/4)$, **고정좌표계로** $rot(\pi/2)$, **다시 이동좌표계로** $transl(-1\;,2)$ **하게 되면 최종 동차변환행렬을 구하라**

이동좌표계를 기준으로 한 연속변환은 오른쪽에, 고정좌표계를 기준으로 한 연속변환은 왼쪽에 변환식을 곱하면 된다는 것을 알고 있다. 따라서 문제에서 주어진 4번의 연속 변환식은

다음과 같이 쓸 수 있다.

$$T_1^0 = transl(2,2)$$

$$T_2^0 = transl(2,2)\,\underline{rot(\pi/4)}$$

$$T_3^0 = \underline{rot(\pi/2)}\,transl(2,2)\,rot(\pi/4)$$

$$T_4^0 = rot(\pi/2)\,transl(2,2)\,rot(\pi/4)\,\underline{transl(-1,2)}$$

$$= \begin{bmatrix} -1/\sqrt{2} & -1/\sqrt{2} & -(2+1/\sqrt{2}) \\ 1/\sqrt{2} & -1/\sqrt{2} & 2-3/\sqrt{2} \\ 0 & 0 & 1 \end{bmatrix}$$

최종좌표계 {4}를 [그림 2.11]에서 확인할 수 있다.

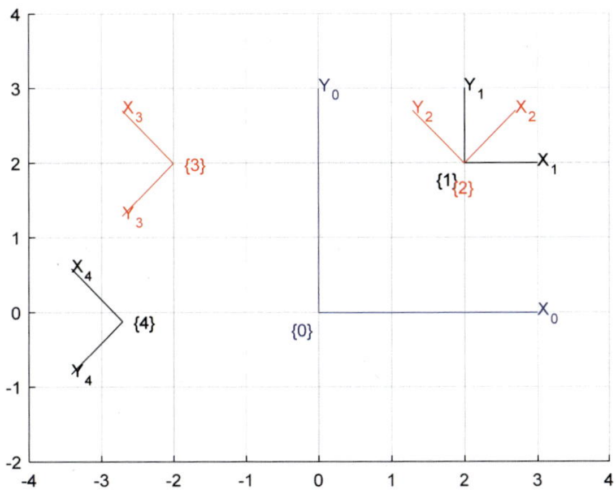

[그림 2.11] 고정좌표계 및 이동좌표계 복합 변환

2.5 변환방정식

강체의 이동은 강체 좌표계를 새로운 위치로 연속적으로 이동시키는 일련의 변환들로 나타난다. 예를 들어 [그림 2.12]은 로봇이 작업물을 잡으려는 상황을 묘사하고 있다. 좌표계는 작업공간의 기준이 되는 고정 좌표계 {W}, 로봇 좌표계 {R}, 로봇 손목 좌표계 {H}, 로봇 말단장치(end-effector) 좌표계 {E}, 작업물의 베이스 좌표계 {B}로 표현된

다. 여기서 로봇 말단장치로의 동차변환행렬 T_E^W 는 두 개의 서로 다른 경로를 통하여 표현할 수 있다.

$$T_E^W = T_R^W \, T_H^R \, T_E^H = T_B^W \, T_E^B \tag{2.24}$$

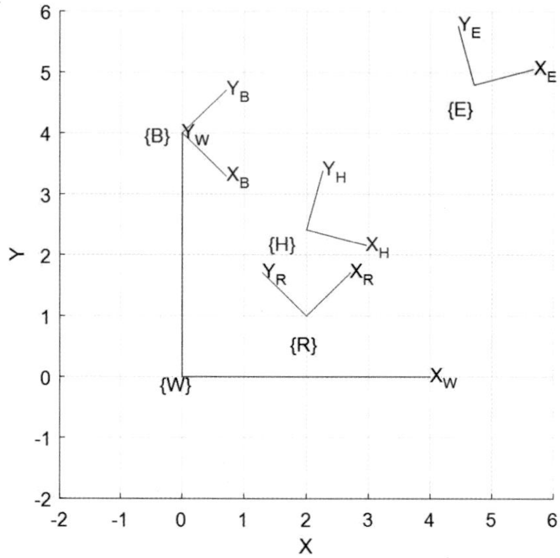

[그림 2.12] 강체 간의 상대변환

식 (2.24) 변환들은 [그림 2.13]과 같이 방향이 표시된 변환 그래프(transform graph)로 묘사될 수 있다.

이것은 닫힌 그래프이므로 그래프상의 어떤 변환도 다른 변환들의 항으로 나타낼 수 있다. 식 (2.24)에서 로봇 기준좌표계 {R}과 로봇 손목 좌표계 {H}와의 변환, T_H^R , 를 계산하기 위해서는 역행렬들을 양변의 앞과 뒤에 곱하면 결과적으로 다음 식과 같게 된다.

$$(T_R^W)^{-1}(T_R^W \, T_H^R \, T_E^H)(T_E^H)^{-1} = (T_R^W)^{-1}(T_B^W \, T_E^B)(T_E^H)^{-1}$$

$$T_H^R = T_R^{W-1} \, T_B^W \, T_E^B \, T_E^{H-1} \tag{2.25.a}$$

이 관계식들을 검정하기 위하여서 역행렬을 제거하면 동일한 결과를 확인할 수 있다.

$$T_H^R = T_W^R \, T_B^W \, T_E^B \, T_H^E \tag{2.25.b}$$

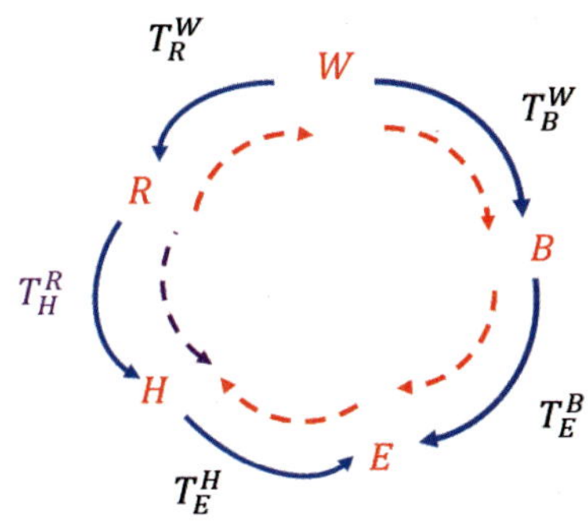

[그림 2.13] 변환그래프

[그림 2.13]의 변환그래프에서 각 구간들은 변환을 의미하며, 구하고자 하는 $\mathrm{T}_{\mathrm{H}}^{\mathrm{R}}$ 의 꼬리로부터 시작해서 $\mathrm{T}_{\mathrm{H}}^{\mathrm{R}}$ 의 머리에 도착할 때까지 순서대로 그래프를 따라서 변환 항목을 적어가면 동일한 결과 식 (2.25)을 구할 수 있다. 이때 만약 방향이 화살표와 반대로 움직인다면 역변환으로 표시하여야 한다. 이와 같이 변환 그래프의 사용하면 변환 행렬 간의 관련 식들을 간단히 계산할 수 있다.

예제 2.8

[그림 2.14]에서 물체 B와 로봇 말단장치 H사이의 변환행렬 T_H^B를 변환그래프를 이용하여 구하라.

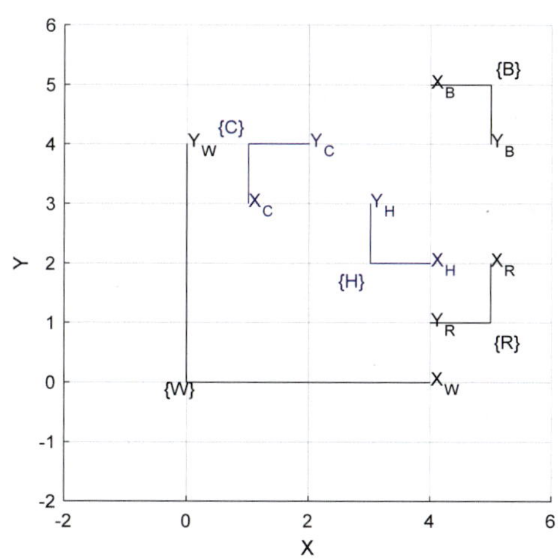

[그림 2.14] 강체들의 상대변환 상태

$$T_R^W = \begin{bmatrix} 0 & -1 & 5 \\ 1 & 0 & 1 \\ 0 & 0 & 1 \end{bmatrix}, \quad T_H^R = \begin{bmatrix} 0 & 1 & 1 \\ -1 & 0 & 2 \\ 0 & 0 & 1 \end{bmatrix}$$

$$T_C^W = \begin{bmatrix} 0 & 1 & 1 \\ -1 & 0 & 4 \\ 0 & 0 & 1 \end{bmatrix}, \quad T_B^C = \begin{bmatrix} 0 & 1 & -1 \\ -1 & 0 & 4 \\ 0 & 0 & 1 \end{bmatrix}$$

이므로 다음 변환그래프를 이용하여 유도할 수 있다. 즉,

$$\mathrm{T}_{\mathrm{C}}^{\mathrm{W}}\ \mathrm{T}_{\mathrm{B}}^{\mathrm{C}}\ \mathrm{T}_{\mathrm{H}}^{\mathrm{B}} = \mathrm{T}_{\mathrm{R}}^{\mathrm{W}}\ \mathrm{T}_{\mathrm{H}}^{\mathrm{R}}$$

로부터 원하는 변환 T_H^B를 아래와 같이 구한다.

$$\mathrm{T}_{\mathrm{H}}^{\mathrm{B}} = (\mathrm{T}_{\mathrm{B}}^{\mathrm{C}})^{-1}\ (\mathrm{T}_{\mathrm{C}}^{\mathrm{W}})^{-1}\ \mathrm{T}_{\mathrm{R}}^{\mathrm{W}}\ \mathrm{T}_{\mathrm{H}}^{\mathrm{R}} = \begin{bmatrix} -1 & 0 & 2 \\ 0 & -1 & 3 \\ 0 & 0 & 1 \end{bmatrix}$$

2.6 3차원 회전 행렬

[그림 2.15]는 3차원의 좌표축의 단위벡터를 나타내며, x, y, z 각 축에 대한 3차원 회전행렬은 다음과 같다.

$$\mathrm{rot}(x,\ \phi) = \begin{bmatrix} 1 & 0 & 0 & 0 \\ 0 & \cos\phi & -\sin\phi & 0 \\ 0 & \sin\phi & \cos\phi & 0 \\ 0 & 0 & 0 & 1 \end{bmatrix} \tag{2.26.a}$$

$$\mathrm{rot}(y,\ \theta) = \begin{bmatrix} \cos\theta & 0 & \sin\theta & 0 \\ 0 & 1 & 0 & 0 \\ -\sin\theta & 0 & \cos\theta & 0 \\ 0 & 0 & 0 & 1 \end{bmatrix} \tag{2.26.b}$$

$$\mathrm{rot}(z,\ \psi) = \begin{bmatrix} \cos\psi & -\sin\psi & 0 & 0 \\ \sin\psi & \cos\psi & 0 & 0 \\ 0 & 0 & 1 & 0 \\ 0 & 0 & 0 & 1 \end{bmatrix} \tag{2.26.c}$$

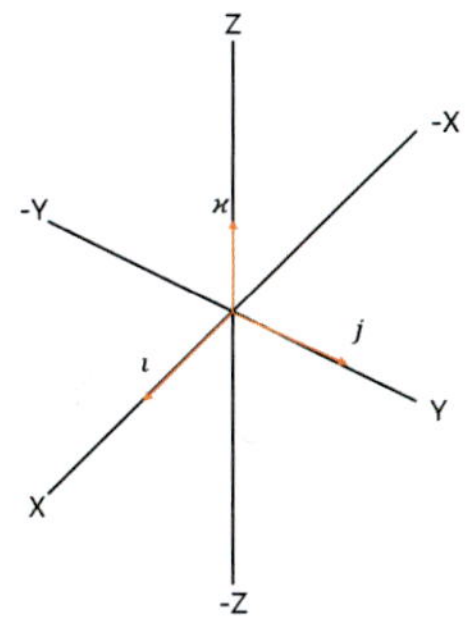

[그림 2.15] 3차원 좌표축 단위벡터 $\{i, j, k\}$는 각각 x, y, z축의 단위 벡터이다.

식 (2.26)의 각 축 회전 행렬의 기하학적 의미는 [그림 2.16]에서 보는 바와 같이 회전축을 고정하고 움직인 나머지 축의 방향벡터를 나타낸다.

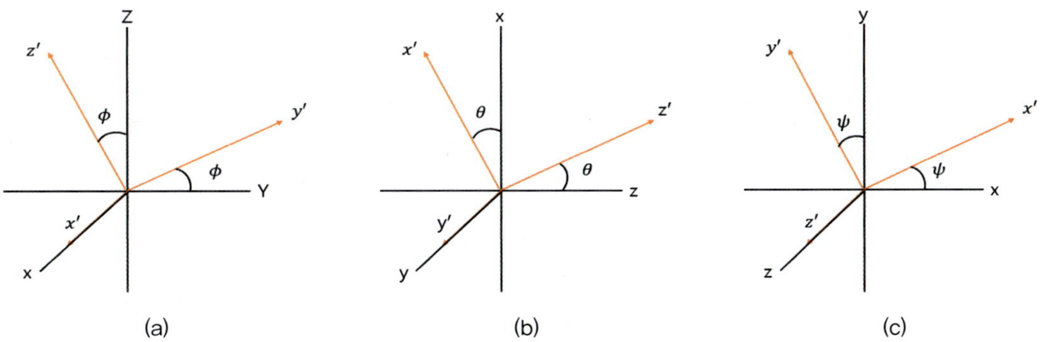

[그림 2.16] x, y, z 축에 대한 회전행렬의 방향벡터: (a) x축을 중심으로한 회전, (b) y축을 중심으로한 회전, (c) z축을 중심으로한 회전. dot(′) 표시는 이동좌표계를 나타낸다

일반적인 3차원 회전 행렬은 같은 축이 연속하지 않는 3번의 회전 조합으로 표현할 수 있으며, 그 경우의 수는 12개이다.

$$\begin{array}{llll} XYX & XYZ & XZY & XZX \\ YXY & YXZ & YZX & YZY \\ ZXY & ZXZ & ZYX & ZYZ \end{array} \tag{2.27}$$

이 중에서 가장 많이 사용하는 것은 ZYX의 롤-피치-요우(roll-pitch-yaw)와 ZYZ 오일러 각(Euler Angle) 이다.

3차원 회전 행렬의 성질은 2.1절의 2차원 회전 행렬의 성질을 가지지만 항상 z축을 중심으로 평면상에서 회전하는 2차원 회전행렬과 달리 3차원 회전행렬은 회전축 순서가 달라지면 회전변환 행렬이 달라진다.

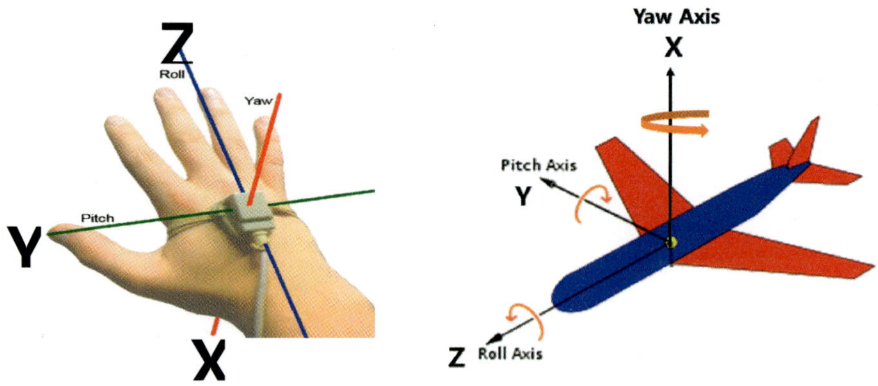

[그림 2.17] 롤-피치-요우 각도(Roll-Pitch-Yaw angle)

$$rot(x,\phi)rot(y,\theta) \neq rot(y,\theta)rot(x,\phi) \tag{2.28}$$

[1] 롤-피치-요 변환 행렬

직교 좌표계에서 강체의 방향을 나타내기 위해 [그림 2.17]과 같이 z, y, x축 순서로 회전하는 롤-피치-요우(Roll-Pitch-Yaw) 변환을 많이 사용한다.

그 변환 행렬은 식 (2.29)과 같이 표현된다.

$$\begin{aligned} R &= \mathrm{rot}(z,\phi)\mathrm{rot}(y,\theta)\mathrm{rot}(x,\psi) \\ &= \begin{bmatrix} C_\phi C_\theta & C_\phi S_\theta S_\psi - S_\phi C_\psi & C_\phi S_\theta C_\psi + S_\phi S_\psi \\ S_\phi C_\theta & S_\phi S_\theta S_\psi + C_\phi C_\psi & S_\phi S_\theta C_\psi - C_\phi S_\psi \\ -S_\theta & C_\theta S_\psi & C_\theta C_\psi \end{bmatrix} = \begin{bmatrix} x_x & y_x & z_x \\ x_y & y_y & z_y \\ x_z & y_z & z_z \end{bmatrix} \end{aligned} \tag{2.29}$$

식 (2.29)로부터 θ, ψ, ϕ를 구할 수 있다.

$$\begin{aligned} x_z &= -S_\theta & \theta &= -\sin^{-1}(x_z) \\ x_y &= S_\phi C_\theta & \phi &= \sin^{-1}(x_y/C_\theta) \\ y_z &= C_\theta S_\psi & \psi &= \sin^{-1}(y_z/C_\theta) \end{aligned} \tag{2.30}$$

위 식의 해는 사용에 있어 두 가지 문제가 있다. 각도 $\theta = \pm\pi/2$가 되면 ψ, ϕ각을 구할 수 없으며, $\theta \neq \pm\pi/2$인 경우에도 ψ, ϕ각이 어느 사분면에 놓일 것인지 알 수 없다. 이 문제들을 해결하기 위하여서는 주어진 값들이 어느 사분면에 위치하여야 하는지 알아야 한다. 이를 해결하기 위하여서는 1개의 변수를 가지는 atan 함수와 달리 식 (2.31)와 같이 2개의 변수를 가지는 atan2 함수를 이용하면 [그림 2.18]에서 보는 바와 같이 사분면에 해당하는 유일한 값을 구할 수 있다.

$$\phi = \text{atan2}(y,\ x) = \tan^{-1}\left(\frac{y}{x}\right),\ (-\ \pi \leqq \phi \leqq \pi) \tag{2.31.a}$$

$$atan2(y,x) = \begin{cases} atan(y/x) & \text{if } x > 0 & (I, IV) \\ atan(y/x) + \pi & \text{if } x < 0,\ y \geq 0 & (II) \\ atan(y/x) - \pi & \text{if } x < 0,\ y < 0 & (III) \\ \pi/2 & \text{if } x = 0,\ y > 0 & \\ -\pi/2 & \text{if } x = 0,\ y < 0 & \\ 0 & \text{if } x = 0,\ y = 0 & \end{cases} \tag{2.31.b}$$

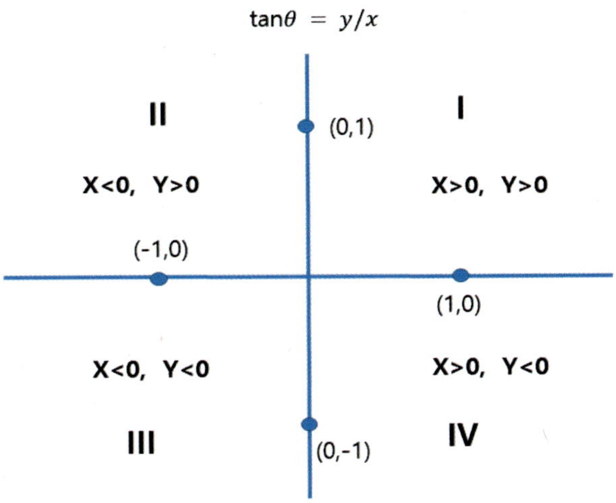

[그림 2.18] $atan2(y, x)$ 사분면

예제 2.9

주어진 값에 대한 atan 함수와 atan2 함수의 값들을 구하라

atan2(y, x)를 이용하면 그 각도가 어느 사분면에 있는지 알 수 있지만 Atan (y/x)를 이용하면 어느 사분면에 있는지 알 수가 없다.

atan2(1, 1) = 45°,	atan(1/ 1) = 45°
atan2(−1, 1) = −45°,	atan(−1/ 1) = −45°,
atan2(1, −1) = $-45^o + 180^o = 135°$,	atan(1/−1) = −45°,
atan2(−1, −1) = $45^o - 180^o = -135°$,	atan(−1/−1) = 45°,
atan2(1, 0) = 90°,	atan(1/ 0) = 90°
atan2(0, 1) = 0°	atan(0/ 1) = 0°

atan2(−1, 0) = −90° atan(−1/ 0) = −90°

atan2(0, −1) = 180° atan(0/−1) = 0°

식 (2.29)에서 atan2 함수를 사용하여 피치 방향각 θ값을 구할 수 있다.

$$C_\phi C_\theta = x_x$$
$$S_\phi C_\theta = x_y$$
$$-S_\theta = x_z$$

$$\theta = \text{atan2}(-x_z,\ \sqrt{x_x^2 + x_y^2}\ ) \tag{2.32}$$

이제 나머지 두 개의 각도 ϕ와 ψ는 θ 의 값에 따라 다른 방법으로 구해진다.

(1) 만약 $\theta \neq \pm\frac{\pi}{2}$ 이면, 다음과 같이 구할 수 있다.

$$\phi = \text{atan2}(x_y,\ x_x) \tag{2.33}$$

$$\psi = \text{atan2}(y_z,\ z_z) \tag{2.34}$$

(2) 만약 $\theta = \frac{\pi}{2}$ $(x_z = -1)$이면, $C_\theta = 0$ 이므로 식 (2.29)을 다음과 같이 표현된다.

$$R = \text{rot}(z,\phi)\text{rot}(y,\theta)\text{rot}(x,\psi) \tag{2.35}$$

$$= \begin{bmatrix} 0 & C_\phi S_\psi - S_\phi C_\psi & C_\phi C_\psi + S_\phi S_\psi \\ 0 & S_\phi S_\psi + C_\phi C_\psi & S_\phi C_\psi - C_\phi S_\psi \\ -1 & 0 & 0 \end{bmatrix}$$

$$= \begin{bmatrix} 0 & S(\psi-\phi) & C(\psi-\phi) \\ 0 & C(\psi-\phi) & -S(\psi-\phi) \\ -1 & 0 & 0 \end{bmatrix}$$

따라서

$$\psi - \phi = \text{atan2}(y_x,\ y_y) \tag{2.36}$$

이므로 이를 만족시키는 해는 무수히 많지만, $\phi = 0$ 이라고 가정하면 다음과 같이 나머지 각도 ψ를 구할 수 있다.

$$\psi = \text{atan2}(y_x,\ y_y) \tag{2.37}$$

(3) 만약 $\theta = -\frac{\pi}{2}$ $(x_z = 1)$ 이면, 위와 같은 방법으로

$$R = \begin{bmatrix} 0 & -S(\psi+\phi) & -C(\psi+\phi) \\ 0 & C(\psi+\phi) & -S(\psi+\phi) \\ 1 & 0 & 0 \end{bmatrix} \tag{2.38}$$

이므로

$$\phi + \psi = \text{atan2}(-y_x,\ y_y) \tag{2.39}$$

이고, $\phi = 0$이라고 가정하면,

$$\psi = atan2(-y_x,\ y_y) \tag{2.40}$$

이다.

예제 2.10

회전행렬이 예제 2.11과 같을 경우에 롤-피치-요우 방향 각들을 구하여라.

$$\begin{bmatrix} x_x\, y_x\, z_x \\ x_y\, y_y\, z_y \\ x_z\, y_z\, z_z \end{bmatrix} = \begin{bmatrix} 0 & 0 & 1 \\ 1 & 0 & 0 \\ 0 & 1 & 0 \end{bmatrix}$$

y축 회전각 : $\theta = \text{atan2}(-0, 1) = 0°$

θ가 $\pm 90°$가 아니므로 식 (2.33)과 식 (2.34)를 이용하여 나머지 각을 구한다.

x축 회전각 : $\phi = \text{atan2}(1,\ 0) = 90°$

z축 회전각 : $\psi = \text{atan2}(1,\ 0) = 90°$

예제 2.11

회전행렬이 다음과 같을 경우 롤-피치-요우 방향 각들을 구하여라.

$$\begin{bmatrix} x_x & y_x & z_x \\ x_y & y_y & z_y \\ x_z & y_z & z_z \end{bmatrix} = \begin{bmatrix} 0 & 1 & 0 \\ 0 & 0 & 1 \\ 1 & 0 & 0 \end{bmatrix}$$

y축 회전각 : $\theta = \text{atan2}(-1,\ 0) = -90°$

$\theta = -90°$이므로 식 (2.40)를 이용하여 나머지 각을 구한다.

x축 회전각 : $\phi = 0°$ 로 가정하면

z축 회전각 : $\psi = -\text{atan2}(1,\ 0) = -90°$

---

[2] Z-Y-Z 오일러 회전행렬

회전 변환에 많이 사용되는 다른 방법으로 식 (2.41)과 같이 Z-Y-Z 오일러 각도 (Euler angle)가 있다. 이 회전 변환은 대부분 로봇의 손목이 [그림 2.19]와 같이 ZYZ 회전을 가지는 구조이기 때문에 로봇에서 많이 사용된다..

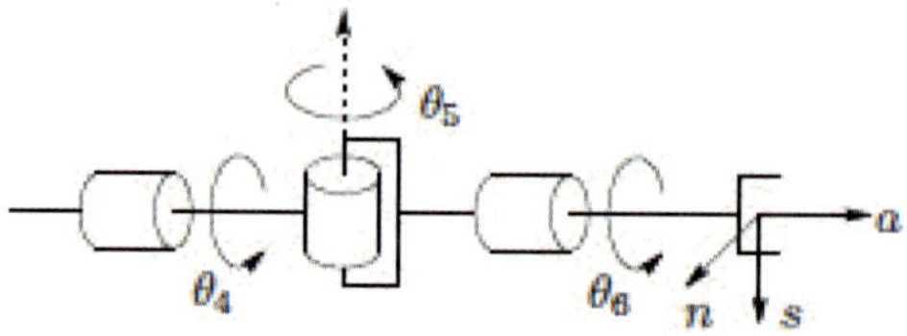

[그림 2.19] ZYZ 회전을 가지는 로봇 손목

$$R = \mathrm{Euler}(\phi,\ \theta,\ \psi) = \mathrm{rot}(z,\ \phi)\mathrm{rot}(y,\ \theta)\mathrm{rot}(z,\ \psi) \tag{2.41}$$

$$= \begin{bmatrix} C_\phi C_\theta C_\psi - S_\phi S_\psi & -C_\phi C_\theta S_\psi - S_\phi C_\psi & C_\phi S_\theta \\ S_\phi C_\theta C_\psi + C_\phi S_\psi & -S_\phi C_\theta S_\psi + C_\phi C_\psi & S_\phi S_\theta \\ -S_\theta C_\psi & S_\theta S_\psi & C_\theta \end{bmatrix}$$

Z-Y-Z 오일러 각도를 사용할 때, 회전 행렬로부터 3개의 독립적인 회전각도를 구해 보자. 이 절차는 2.6의 [1]의 방법과 유사하다.

먼저 $\sin\theta \neq 0(\ \theta \neq 0°,\ \theta \neq \pi)$이면

$$\theta = \mathrm{atan2}(\sqrt{x_z^2 + y_z^2}\ ,\ z_z) \tag{2.42.a}$$

$$\phi = \mathrm{atan2}(z_y,\ z_x) \tag{2.42.b}$$

$$\psi = \mathrm{atan2}(y_z,\ -x_z) \tag{2.42.c}$$

이다.

한편 $\theta = 0°\ (z_z = 1)$이면 앞 절과 같이

$$\phi + \psi = \mathrm{atan2}(-y_x,\ x_x) \tag{2.43}$$

이다.

만약 $\theta = \pi\ (z_z = -1)$이면,

$$\phi - \psi = \mathrm{atan2}(y_x,\ x_x) \tag{2.44}$$

이다. 식 (2.43)과 (2.44)에서 $\psi = 0^0$로 가정하면 유일 해를 구할 수 있다.

예제 2.12

회전행렬이 다음과 같을 경우 ZYZ 오일러 방향 각들을 구하여라.

$$\begin{bmatrix} x_x & y_x & z_x \\ x_y & y_y & z_y \\ x_z & y_z & z_z \end{bmatrix} = \begin{bmatrix} 0 & 1 & 0 \\ 0 & 0 & 1 \\ 1 & 0 & 0 \end{bmatrix}$$

y축 회전각 : $\theta = \text{atan2}(1,\ 0) = 90°$

z축 회전각 : $\phi = \text{atan2}(1,0) = 90°$

z축 회전각 : $\psi = \text{atan2}(0,-1) = 180°$

예제 2.13

회전행렬이 다음과 같을 경우 ZYZ 오일러 방향 각들을 구하여라.

$$\begin{bmatrix} x_x & y_x & z_x \\ x_y & y_y & z_y \\ x_z & y_z & z_z \end{bmatrix} = \begin{bmatrix} -1 & 0 & 0 \\ 0 & 1 & 0 \\ 0 & 0 & -1 \end{bmatrix}$$

y축 회전각 : $\theta = \text{atan2}(0,-1) = 180°$ 이므로

z축 회전각 : $\psi = 0°$ 로 가정하면

z축 회전각 : $\phi = -\text{atan2}(0,1) = 0°$

---

[3] 축과 각도 회전행렬

앞 절에서의 방법들과 달리 필요시 임의의 ω축에 대한 회전각 θ으로 회전 행렬 $R(\omega,\theta)$을 표현할 수도 있다. [그림 2.20]에서 보는 바와 같이 3차원 공간상의 한 점 p를 임의의 축 ω를 중심으로 회전하면 p벡터의 속도는 식 (2.45)와 같고 이를 반대칭(skew-symmetric)행렬 $[\omega]$을 사용하여 행렬식으로 나타낼 수 있다.

$$\begin{aligned} \dot{p} &= \omega \times p \\ &= [\omega]\, p \end{aligned} \tag{2.45}$$

여기서 반대칭(skew-symmetric)행렬 $[\omega]$는 다음과 같이 정의된다.

$$[\omega] = \begin{bmatrix} 0 & -\omega_z & \omega_y \\ \omega_z & 0 & \omega_x \\ -\omega_y & \omega_x & 0 \end{bmatrix} \tag{2.46}$$

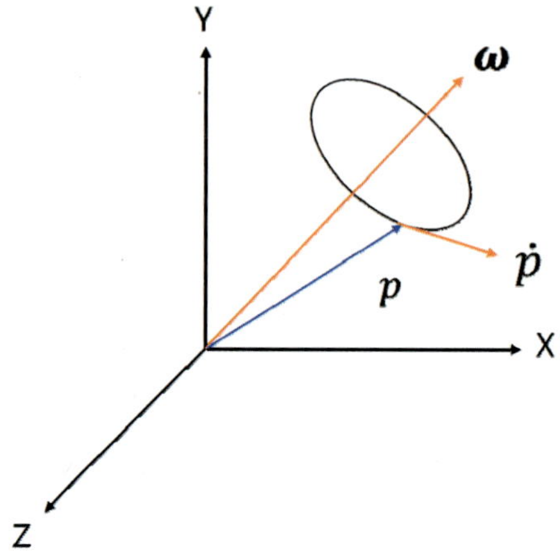

[그림 2.20] ω축을 중심으로 회전하는 벡터 $\boldsymbol{p}$의 속도벡터 $\dot{p}$

이 반대칭행렬은 다음과 같이 벡터의 외적계산에 많이 사용되고 있다.

$$\vec{a}\times\vec{b} = \begin{bmatrix} a_x \\ a_y \\ a_z \end{bmatrix} \times \begin{bmatrix} b_x \\ b_y \\ b_z \end{bmatrix} = [\boldsymbol{a}]\begin{bmatrix} b_x \\ b_y \\ b_z \end{bmatrix}$$

$$= \begin{bmatrix} 0 & -a_z & a_y \\ a_z & 0 & a_x \\ -a_y & a_x & 0 \end{bmatrix} \begin{bmatrix} b_x \\ b_y \\ b_z \end{bmatrix} = \begin{bmatrix} a_y b_z - a_z b_y \\ a_z b_x - a_x b_z \\ a_x b_y - a_y b_x \end{bmatrix}$$

행렬식 (2.45)의의 해는 벡터의 초기 위치 $p(0)$를 이용하여 해를 구할 수 있다.

$$p(\theta(t)) = e^{[\omega]\theta(t)}\ p(0) \tag{2.47.a}$$

식 (4.27.a)은 벡터를 초기위치 $p(0)$에서 임의의 축 ω를 중심으로 θ만큼 회전한 것이므로 회전행렬로 나타낼 수 있다.

$$p(\theta) = R(\omega,\theta)\ p(0) \tag{2.47.b}$$

위의 두 식으로부터

$$\begin{aligned} R(\omega,\theta) &= e^{[\omega]\theta} \\ &= I + [\omega]\theta + \frac{([\omega]\theta)^2}{2!} + \frac{([\omega]\theta)^3}{3!} + \frac{([\omega]\theta)^4}{4!} + \frac{([\omega]\theta)^5}{5!} + \cdots \end{aligned} \tag{2.48}$$

이며, 반대칭행렬 성질인

$$[\omega]^3 + [\omega] = 0 \tag{2.49}$$

을 이용하면

$$\begin{aligned} e^{[\omega]\theta} &= I + (\theta - \frac{\theta^3}{3!} + \frac{\theta^5}{5!} - \dots)[\omega] + (\frac{\theta^2}{2!} - \frac{\theta^4}{4!} + \frac{\theta^6}{6!} + \dots)[\omega]^2 \\ &= I + \sin\theta[\omega] + (1-\cos\theta)[\omega]^2 \end{aligned} \tag{2.50}$$

이다. 여기서 $\nu_\theta = 1 - \cos\theta$ 로 표시하면,

$$R(\omega,\theta) = \begin{bmatrix} \omega_x\omega_x\nu_\theta + C_\theta & \omega_x\omega_y\nu_\theta - \omega_z S_\theta & \omega_x\omega_z\nu_\theta + \omega_y S_\theta \\ \omega_x\omega_y\nu_\theta + \omega_z S_\theta & \omega_y\omega_y\nu_\theta + C_\theta & \omega_y\omega_z\nu_\theta - \omega_x S_\theta \\ \omega_x\omega_z\nu_\theta - \omega_y S_\theta & \omega_y\omega_z\nu_\theta + \omega_x S_\theta & \omega_z\omega_z\nu_\theta + C_\theta \end{bmatrix} \tag{2.51}$$

이므로, 회전행렬의 대각합(trace) 으로부터 회전각 θ을 구할 수 있다.

$$\begin{aligned} trace(R) &= 3C_\theta + (\omega_x^2 + \omega_y^2 + \omega_z^2)\nu_\theta \\ &= 1 + 2C_\theta \end{aligned} \tag{2.52.a}$$

$$C_\theta = \frac{tr(R) - 1}{2} \tag{2.52.b}$$

또한, 식 (2.51)로부터

$$\begin{aligned} r_{32} - r_{23} &= 2\omega_x S_\theta \\ r_{13} - r_{31} &= 2\omega_y S_\theta \\ r_{21} - r_{12} &= 2\omega_z S_\theta \end{aligned} \tag{2.53.a}$$

만약 $S_\theta \neq 0$ $(\theta \neq 0,\ \pi)$ 이면

$$\begin{bmatrix} \omega_x \\ \omega_y \\ \omega_z \end{bmatrix} = \frac{1}{2S_\theta} \begin{bmatrix} r_{32} - r_{23} \\ r_{13} - r_{31} \\ r_{21} - r_{12} \end{bmatrix} \tag{2.53.b}$$

이며, 이 벡터관계식을 식 (2.54)와 같이 행렬관계식로 나타내면 임의의 ω축을 구할 수 있다.

$$[\omega] = \frac{1}{2S_\theta}(\ R - R^T\ ) \tag{2.54}$$

만약 $\theta = 0$ 이면 회전하지 않고, $\theta = \pi$ ($tr(R) = -1$)이면 식 (2.50)으로 부터

$$\begin{aligned} R &= I + \sin\pi[\omega] + (1-\cos\pi)[\omega]^2 \\ &= I + 2[\omega]^2 \\ &= I + 2(\omega\omega^T - I) \\ &= 2\omega\omega^T - I \end{aligned} \tag{2.55}$$

이므로, 회전속도벡터 ω는 식 (2.56)과 같이 (R+I)/2 행렬의 대각항의 제곱근으로 구할 수 있다.

$$\omega\omega^T = \frac{R+I}{2} \tag{2.56.a}$$

$$\begin{bmatrix} \omega_x\omega_x & \omega_y\omega_x & \omega_z\omega_x \\ \omega_x\omega_y & \omega_y\omega_y & \omega_z\omega_y \\ \omega_x\omega_z & \omega_y\omega_z & \omega_z\omega_z \end{bmatrix} = \frac{R+I}{2} \tag{2.56.b}$$

$$\begin{bmatrix} \omega_x \\ \omega_x \\ \omega_x \end{bmatrix} = \sqrt{diag(\frac{R+I}{2})} = \sqrt{\frac{r_{ii}+1}{2}} \tag{2.56.c}$$

예제 2.14

회전행렬이 예제 2.11과 같을 경우 회전 축과 각도를 구하여라.

$$\begin{bmatrix} x_x & y_x & z_x \\ x_y & y_y & z_y \\ x_z & y_z & z_z \end{bmatrix} = \begin{bmatrix} 0 & 1 & 0 \\ 0 & 0 & 1 \\ 1 & 0 & 0 \end{bmatrix}$$

$\cos\theta = \dfrac{tr(R)-1}{2} = \dfrac{0-1}{2}$ 이므로 $\theta = \pm 120^o$

여기서, $\theta = +120^o$ 이면

$$\begin{aligned} [\omega] &= \frac{1}{2S_\theta}(R - R^T) \\ &= \frac{1}{\sqrt{3}}(\begin{bmatrix} 0 & 1 & -1 \\ -1 & 0 & 1 \\ 1 & -1 & 0 \end{bmatrix}) \end{aligned}$$

이므로

$$\omega = \frac{-1}{\sqrt{3}}\begin{bmatrix} 1 \\ 1 \\ 1 \end{bmatrix}$$

이 되고, $\theta = -120^o$ 이면

$$\omega = \frac{1}{\sqrt{3}}\begin{bmatrix}1\\1\\1\end{bmatrix}$$

이 된다. ω축의 방향이 달라지고 각도가 반대가 되므로 두 개의 해는 같은 회전이 된다.

2.7 3차원 동차변환 행렬

2.2절에서 다룬 2차원 동차변환행렬과 같이, 3차원 공간에서 좌표계의 이동과 회전을 하나의 행렬로 동시에 나타내기 위해서 다음과 같은 4×4 행렬로 나타낼 수가 있다.

$$T = \left[\begin{array}{c:c} \text{회전행렬} & \text{병진행렬} \\ (3\times3) & (3\times1) \\ \hdashline 0 & 1 \\ (1\times3) & (1\times1) \end{array}\right] \tag{2.57}$$

벡터 $d_x\hat{i} + d_y\hat{j} + d_z\hat{k}$ 방향으로 순수 병진 운동만 있다면 4×4 병진변환 행렬은 다음과 같다.

$$\text{Trans}(d_x, d_y, d_z) = \begin{bmatrix}1 & 0 & 0 & d_x\\0 & 1 & 0 & d_y\\0 & 0 & 1 & d_z\\0 & 0 & 0 & 1\end{bmatrix} \tag{2.58}$$

2차원 동차변환행렬와 같이 3차원 동차변환행렬에서도 좌표계의 변환이 순차적으로 이어질 경우에 행렬의 순서에 따라 식 (2.59)와 식 (2.60)의 결과는 다르다.

$$\text{transl}(d_x,\ d_y,\ d_z)\ \text{rot}(z,\ \phi) = \begin{bmatrix}\cos\phi & -\sin\phi & 0 & d_x\\ \sin\phi & \cos\phi & 0 & d_y\\ 0 & 0 & 1 & d_z\\ 0 & 0 & 0 & 1\end{bmatrix} \tag{2.59}$$

$$\text{rot}(z,\ \phi)\text{transl}(d_x,\ d_y,\ d_z) = \begin{bmatrix}\cos\phi & -\sin\phi & 0 & d_x\cos\phi - d_y\sin\phi\\ \sin\phi & \cos\phi & 0 & d_x\sin\phi + d_y\cos\phi\\ 0 & 0 & 1 & d_z\\ 0 & 0 & 0 & 1\end{bmatrix} \tag{2.60}$$

하지만 특별한 경우로서 병진 축과 회전 축이 같을 경우에는 순서에 무관하다. 예를 들면 위의 예제에서 z축을 중심으로 회전과 병진이 동시에 일어나면 $p_x = p_y = 0$ 가 되므로 두 결과가 같다는 것을 알 수 있다. 이는 볼트 축을 따라 병진과 회전을 하는 너트 운동과 같은 원리이다.

예제 2.15

(1) 좌표계에 고정된 점 p = $[0\ \ 0\ \ 0.5]^T$를 고정좌표계를 기준으로 {y축 병진, x축 회전, z축 병진, y축 회전}의 순서로 {3, 90˚, 2, 90˚} 만큼씩 이동하면서 이동 점를 구하라.
(2) 고정좌표계를 기준으로 {y축 회전, x축 병진, z축 회전, y축 병진}의 순서로 {90˚, 2, 90˚, 3} 만큼씩 이동하면서 이동 점를 구하라.

(1) 고정좌표계를 기준으로 변환하면 왼쪽으로 변환행렬을 곱해 나가므로, 다음의 변환식을 얻을 수 있다. 여기서 T1이 가장 먼저 일어나는 변환이고, T4가 가장 늦게 일어나는 변환이다.

$$T_4^0 = \mathrm{rot}(y,\ 90^\circ)\mathrm{transl}(0, 0, 2)\mathrm{rot}(x,\ 90^\circ)\mathrm{transl}(0,\ 3, 0)$$

$$= T4\ T3\ T2\ T1$$

$$= \begin{bmatrix} 0 & 0 & 1 & 0 \\ 0 & 1 & 0 & 0 \\ -1 & 0 & 0 & 0 \\ 0 & 0 & 0 & 1 \end{bmatrix} \begin{bmatrix} 1 & 0 & 0 & 0 \\ 0 & 1 & 0 & 0 \\ 0 & 0 & 1 & 2 \\ 0 & 0 & 0 & 1 \end{bmatrix} \begin{bmatrix} 1 & 0 & 0 & 0 \\ 0 & 0 & -1 & 0 \\ 0 & 1 & 0 & 0 \\ 0 & 0 & 0 & 1 \end{bmatrix} \begin{bmatrix} 1 & 0 & 0 & 0 \\ 0 & 1 & 0 & 3 \\ 0 & 0 & 1 & 0 \\ 0 & 0 & 0 & 1 \end{bmatrix}$$

주어진 점 p의 변환 결과는 [그림 2.21]과 같으며, 이동시 발생하는 점의 위치 p_i는 동차변환행렬을 이용하여 다음과 같이 계산한다.

$$p_0 = [0\ \ 0\ \ 0.5\ \ 1]^T$$
$$p_1 = (T1)\,p_0 = [0\ \ \ 3\ \ \ 0.5\ \ 1]^T$$
$$p_2 = (T2)\,T1\ p_0 = [0\ \ -0.5\ \ \ 3\ \ \ 1]^T$$
$$p_3 = (T3)\,T2\ T1\ p_0 = [0\ \ -0.5\ \ \ 5\ \ \ 1]^T$$
$$p_4 = (T4)\,T3\ T2\ T1\ p_0 = [5\ \ -0.5\ \ \ 0\ \ \ 1]^T$$

(2) 이동좌표계를 기준으로하는 상대변환에서는 행렬들을 순서에 따라 우측에 곱셈하므로, 아래의 변환식을 얻을 수 있다. 여기서 T1은 최초의 변환이고, T4는 최종 변환이다.

$$T_4^0 = \mathrm{rot}(y,\ 90^\circ)\mathrm{transl}(0, 0, 2)\mathrm{rot}(x,\ 90^\circ)\mathrm{transl}(0,\ 3, 0)$$

$$= T1\ T2\ T3\ T4$$

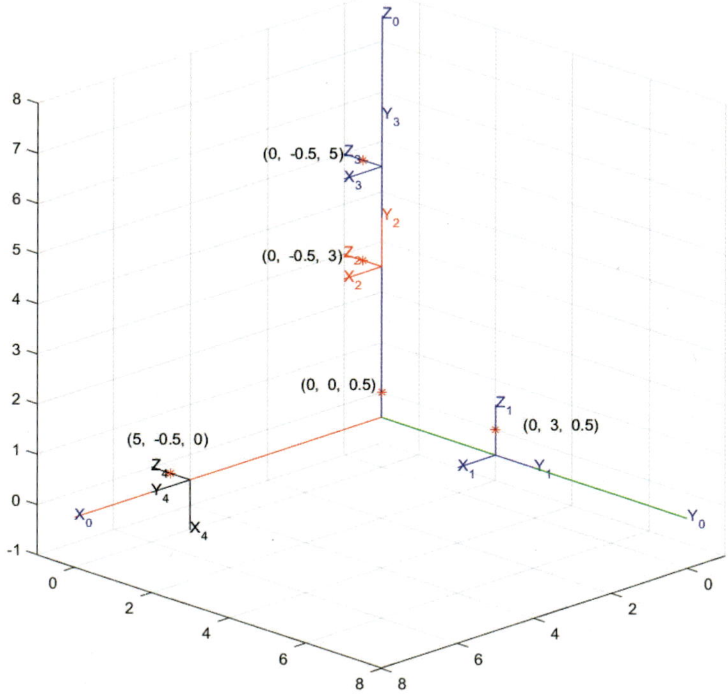

[그림 2.21] 절대변환 : 고정 좌표계를 기준으로 한 변환

위 식을 (1)의 식과 비교해 보면 같은 식에 대해 곱하는 순서만 바뀌었다는 것을 알 수 있다.

이동좌표계에 대하여 수행한 점 p의 변환 결과는 아래와 같다. 변환의 과정은 [그림 2.22]에 보인 바와 같다. [그림 2.21]과 비교해 보면 최종점과 좌표계는 같지만 중간점과 좌표계들은 다르다는 것을 알 수 있다.

$$p_0 = [0 \quad 0 \quad 0.5 \quad 1]^T$$
$$p_1 = (T1)\,p_0 = [0.5 \quad 0 \quad\ 0 \quad 1]^T$$
$$p_2 = T1\,(T2)\,p_0 = [2.5 \quad 0 \quad\ 0 \quad 1]^T$$
$$p_3 = T1\,T2\,(T3)\,p_0 = [2 \ -0.5 \quad 0 \quad 1]^T$$
$$p_4 = T1\,T2\,T3(\,T4)\,p_0 = [5 \ -0.5 \quad 0 \quad 1]^T$$

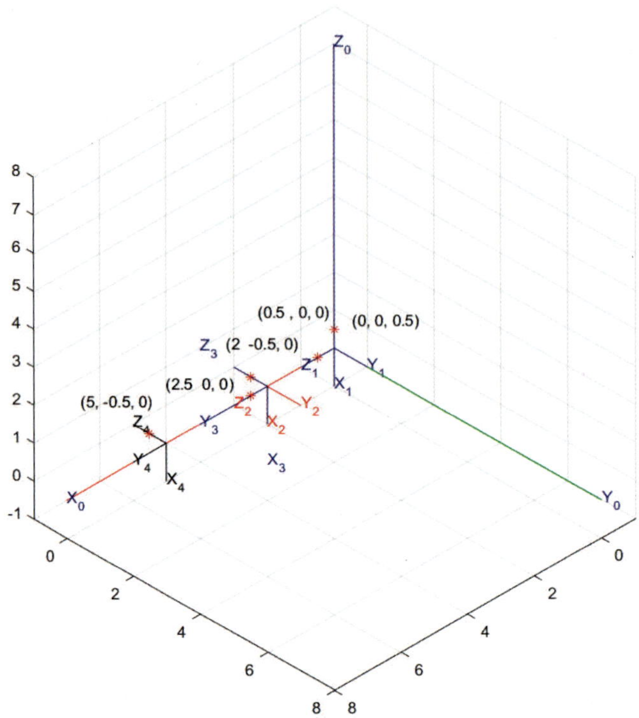

[그림 2.22] 상대변환 : 이동 좌표계를 기준으로 한 변환

연습문제

01. [그림 2.23]에서

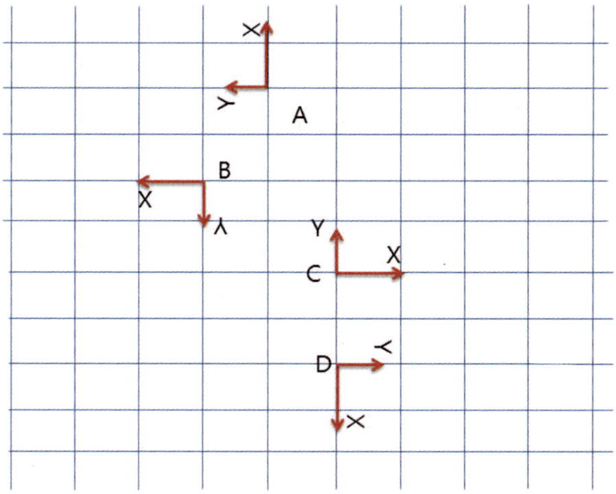

[그림 2.23]

(1) 변환행렬 T_A^B, T_B^C, T_A^D를 구하라.

(2) 변환행렬 T_D^B, T_D^C를 T_B^D, T_D^C의 역행렬을 이용하여 구하라.

02. $T_1^0 = transl(1,1)rot(30^0)$, $T_2^1 = transl(1/2, \sqrt{3}/2)rot(60^0)$ 일 때

(1) 평면 상의 좌표계 {2}에서의 한 점 p =[1 1] 를 좌표계 {1}과 좌표계 {0}에서 본 p^1, p^0들을 구하고

(2) 각 좌표계 원점간의 거리 d_{02}^0, d_{12}^1, d_{02}^1 구하고

(3) 좌표계를 그려서 각 값들을 확인하라.

03. 원점좌표계를 절대좌표로 transl(2,1), 상대좌표로 rot(pi/2), 절대좌표로 rot(−pi/2), 상대좌표로 transl(−1,3) 로 이동하였을 경우

(1) 최종 동차변환행렬을 구하고,

(2) 각과정을 그림으로 확인하라.

04. [그림 2.24]에서

(1) 변환행렬, T_A^O, T_B^O, T_C^O를 구하라.

여기서 O_A, O_A O_B, O_C 의 위치는 각각 (0,0,0), (0,2,2), (2,4,0), (2,4,3) 이다.

(2) 변환행렬 T_O^B, T_A^C를 역행렬을 이용하여 구하라.

(3) A좌표와 B좌표가 서로 강체로 연결되어 있다면 A좌표가 C좌표로 이동하면 B 점은 어느 위치로 이동하나?

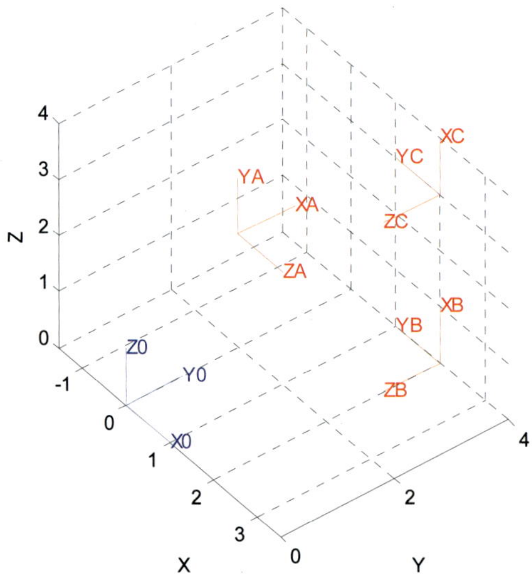

[그림 2.24]

05. [그림 2.25]와 같은 좌표계를 보고 아래 물음들에 답하라.

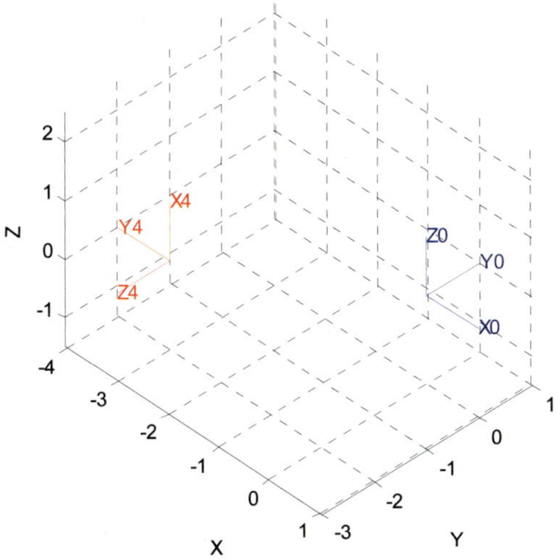

[그림 2.25]

(1) O_0, O_4의 위치는 각각 (0,0,0), (−3,−2,0)이다. T_4^0와 T_0^4값을 구하라.

T_4^0가 되기 위하여 다음 식에서 값을 구하라?

(2) $T_4^0 = transl(p_x, p_y, p_z) * Rot(z,\ \phi) * Rot(y,\ \theta) * Rot(z,\ \psi)$

(3) $T_4^0 = transl(p_x, p_y, p_z) * Rot(z,\ \phi) * Rot(y,\ \theta) * Rot(x,\ \psi)$

06. [그림 2.26]에서

(1) 변환행렬 T_A^W, T_B^W, T_A^B를 구하라.

(2) C^W = [3, 4, 2] 일 경우 강체가 roty(−90)*rotz(90) 회전하게 되면 C^W가 어느 위치로 이동하나?

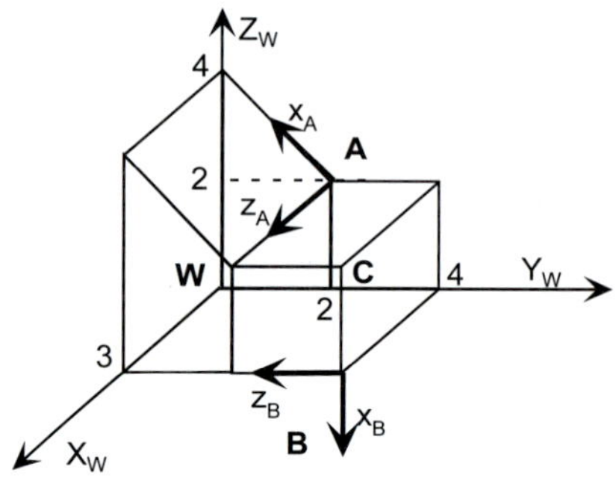

[그림 2.26]

07. [그림 2.27]과 같은 로봇의 작업공간에서 기준좌표계 {W}와 로봇 말단장치의 위치와 방위를 나타내는 좌표계 {E}가 표시되어 있다.

(a) {W}와 {E} 사이의 변환 T_E^W를 구하여라.

(b) {W}와 {E} 사이의 회전각은?

(c) {E} 좌표계에서의 한 점 $q^E = [0\ 0\ 40]^T$의 {W}에서의 좌표는?

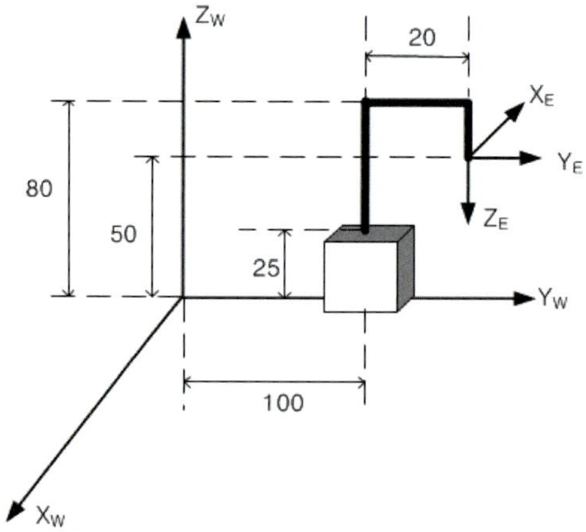

[그림 2.27]

08. 강체를 [그림 2.28]과 같이 (a) 위치에서 (b) 위치로 움직이고자 한다.

(1) A_a점에 임의의 좌표계를 설정하고 A_b점의 좌표계를 설정하라.

(2) 최종변환행렬 T_c^0, T_b^0, T_b^0을 구하라.

(3) 고정좌표계를 이용하여 병진과 회전의 각 과정을 그려라.

(4) 이동좌표계를 이용하여 병진과 회전의 각 과정을 그려라.

(5) (a)의 B_a^0 점의 위치를 (b)의 B_b^0 점으로 이동하기 위한 동차변환행렬 T_{ab}을 이용하여 구하라.

$$B_b^0 = T_{ab} B_a^0$$

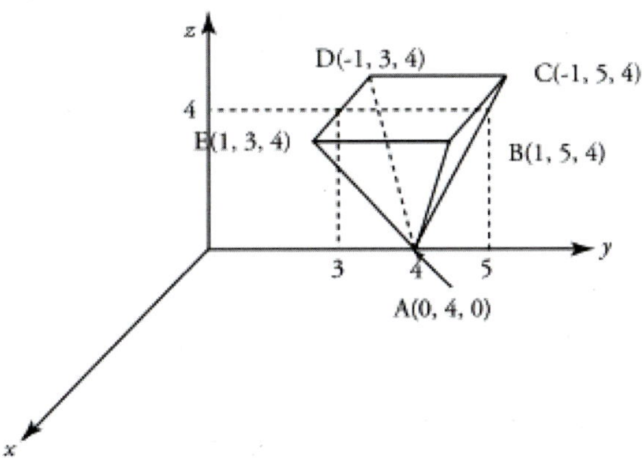

(a) 첫 번째 위치

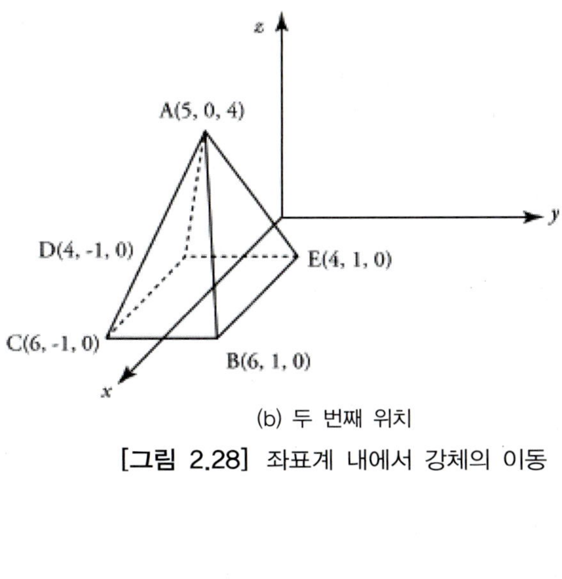

(b) 두 번째 위치

[그림 2.28] 좌표계 내에서 강체의 이동

09. [그림 2.29]와 같은 로봇시스템에서

(1) 각 좌표간의 변환행렬, T_1^0, T_0^1, T_3^2을 구하라.

(2) 카메라에서 본 block 간의 변환행렬, T_2^3 을 구하라.

(3) 로봇기초에서 로봇끝점간의 변환행렬이 T_E^0이 다음과 같을 때, 로봇끝점과 block 간의 변환행렬, T_2^E을 구하라.

$$T_E^0 = \begin{bmatrix} 0 & 0 & 1 & 1 \\ 1 & 0 & 0 & 3 \\ 0 & -1 & 0 & 5 \\ 0 & 0 & 0 & 1 \end{bmatrix}$$

여기서 각 축의 원점위치는 $O_1 = [0, 1.5, 1]$, $O_2 = [-2, 2.5, 1]$, $O_3 = [-1, 2.0, 4]$

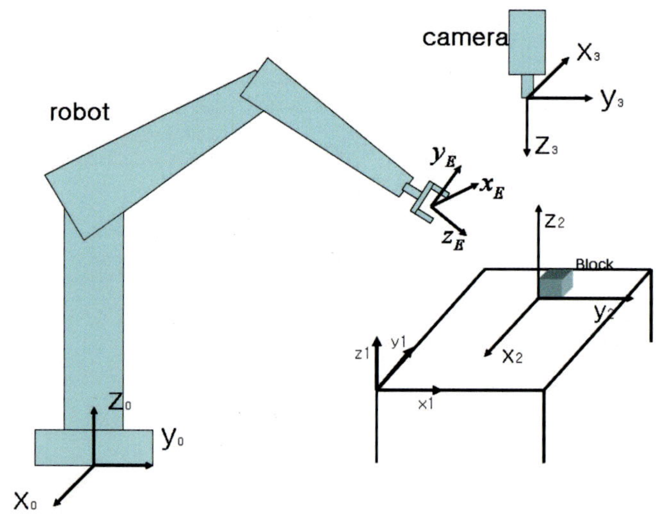

[그림 2.29]

03

로봇 기구학

3.1 관절의 종류
3.2 DH 파라미터
3.3 로봇의 정기구학
3.4 역 기구학
3.5 작업 영역

로봇은 여러 개의 링크가 직동이나 회전 관절로 연결 되어 구성되어 있다. 3장에서는 로봇 관절과 링크 변수가 결정되면 로봇이 어떠한 자세(위치와 방향)를 취할 수 있는 지를 알 수 있는 순 기구학(forward Kinematics)에 대하여 논의하고 이를 아용하여 로봇의 작업영역을 구할 수 있다. 또한, 역으로 원하는 위치와 방향을 얻기 위해 로봇 각 팔의 관절 변수 값을 결정하는 역 기구학(Inverse Kinematics)을 구하는 방법에 대하여서도 논의하고자 한다.

偶 成

少年易老學難成，一寸光陰不可輕.
未覺池塘春草夢，階前梧葉已秋聲.

– 朱子 –

03 CHAPTER 로봇 기구학

3.1 관절의 종류

링크를 서로 연결하기 위하여서는 필요한 자유도에 따라 [그림 3.1]과 같이 여러 가지 형태의 관절(joint) 이 있을 수 있다. 그러나 사람의 팔과 달리 로봇의 관절은 기구설계의 간편성 때문에 회전 관절(revolute or rotary joint)과 직동 관절(prismatic joint)과 같은 1 자유도 관절이 주로 사용되고 있다.

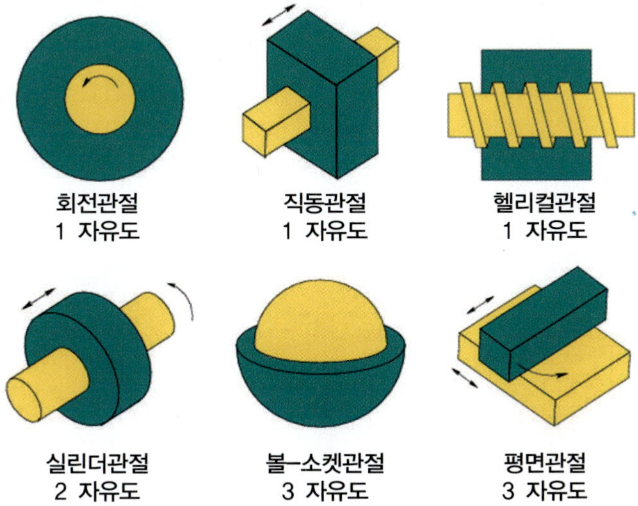

[그림 3.1] 관절의 형태

또한 [그림 3.2]와 같이 연속되는 두 개의 로봇 링크가 연결되는 형태가 관절 축과 출력 링크(output link)가 서로 평행하는 경우와 직교하는 경우로 나뉠 수 있다.

[그림 3.2]의 직동관절에서 (a)는 직동축과 출력 링크가 평행하는 경우이며, b)는 서로 수직하는 경우이다. 회전관절에서 c)와 e)는 회전축과 출력링크가 서로 수직한 경우이며, d)는 서로 평행하는 경우이다.

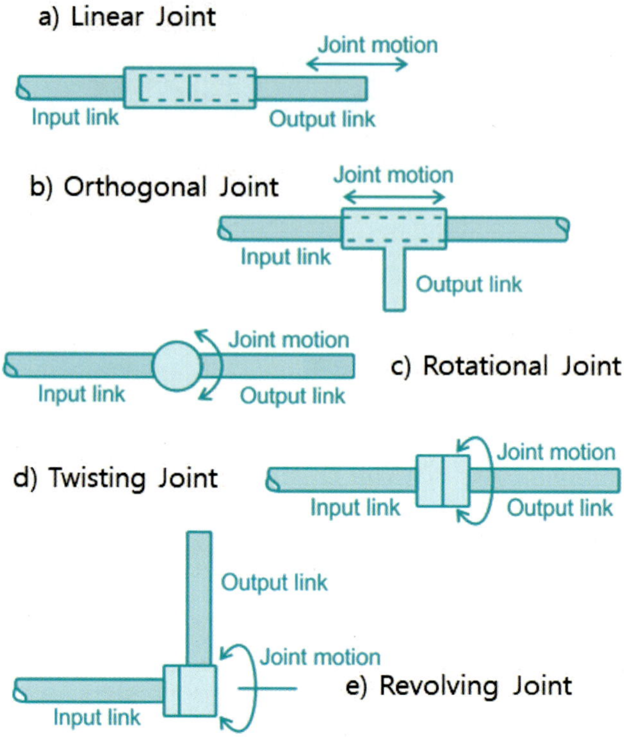

[그림 3.2] 관절축과 출력링크의 연결형태 [1]

이처럼 관절의 형태와 연결 상태에 따라 [그림 3.3]과 같이 다양한 형태의 로봇이 만들어질 수 있다.

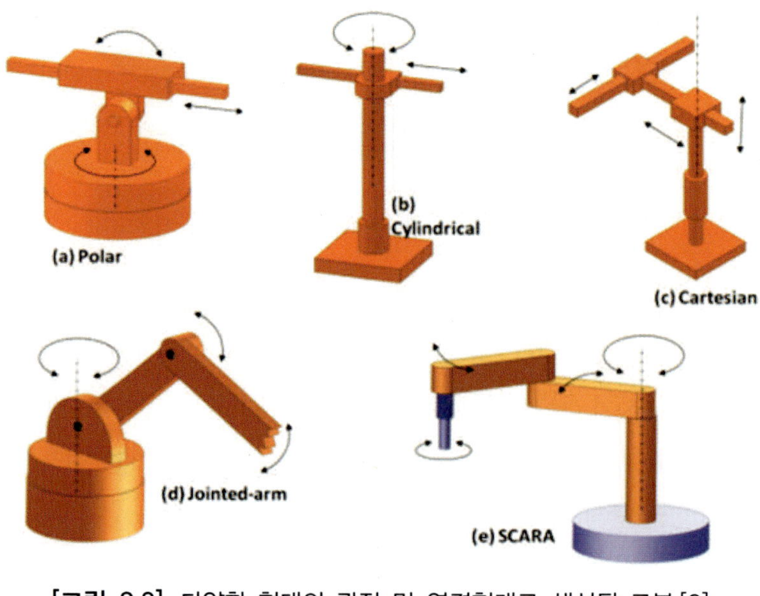

[그림 3.3] 다양한 형태의 관절 및 연결형태로 생성된 로봇 [2]

3.2 DH 파라미터

로봇은 링크들의 조합으로 이루어져 있다. 따라서 인접하는 두 링크 간의 동차변환행렬을 구하는 것이 중요하다. 3차원에서는 두 좌표간의 동차변환행렬을 정의하기 위하여 위치와 방향을 결정할 수 있는 6개의 변수가 필요하다. 하지만 로봇공학에서는 Denavit-Hartenburg(DH) 가 제시한 4개의 변수로 구성된 방법을 많이 사용되고 있다.

링크 j의 좌표계를 링크의 시작점에 두느냐 아니면 끝점에 두느냐에 따라 동차변환행렬이 달라질 수 있다. [그림 3.4]는 링크 j의 끝쪽 조인트 $j+1$에 $\{x_j y_j z_j\}$좌표계를 두는 **전통적 DH 방법**이고, [그림 3.5]는 링크 j의 시작쪽 조인트 j에 $\{x_j y_j z_j\}$좌표계를 두는 **수정된 DH 방법**이다 [3].

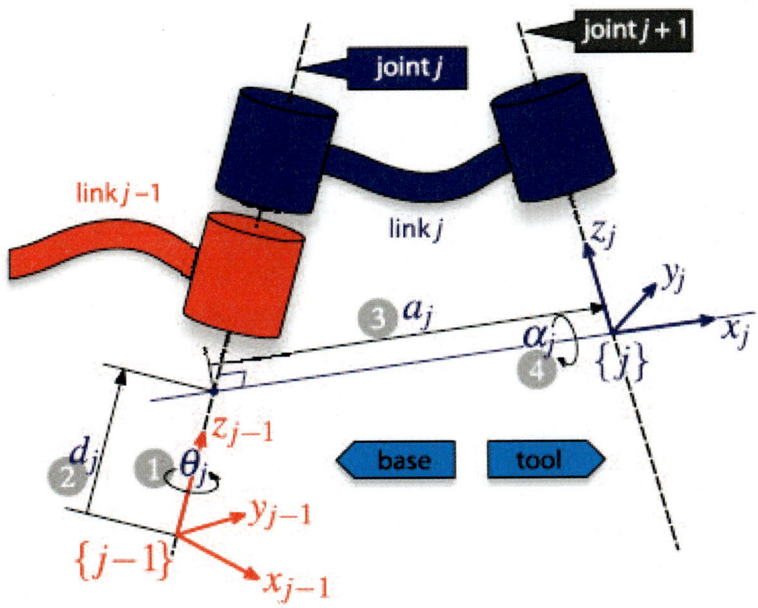

[그림 3.4] 전통적 DH 파라미터 [3]

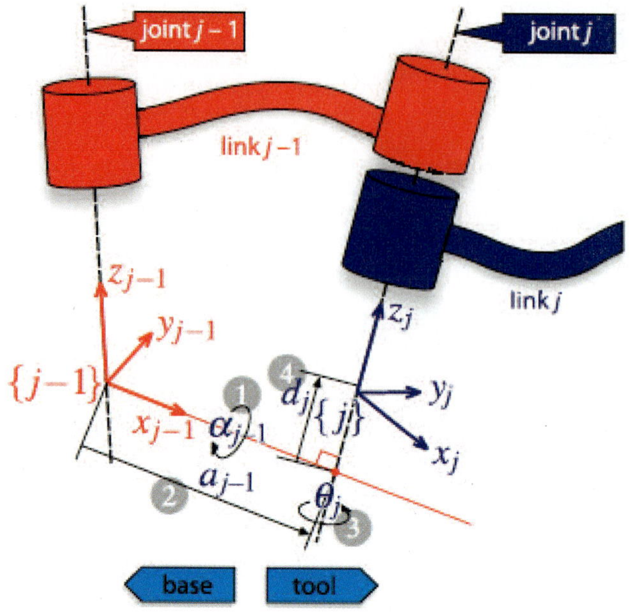

[그림 3.5] 수정된 DH 파라미터 [3]

[1] 전통적 DH 방법

이 방법은 [그림 3.4]과 같이 링크의 형상을 정의하기 위하여 관절 j 축와 관절 j+1 축에 각각 $\{x_{j-1}y_{j-1}z_{j-1}\}$좌표계와 $\{x_jy_jz_j\}$좌표계를 표시할 수 있다.

$\{x_{j-1}y_{j-1}z_{j-1}\}$좌표계와 $\{x_jy_jz_j\}$좌표계 간의 동차변환행렬을 정의하기 위해서 DH 방법에서는 관절 운동을 정의하는 2개의 **관절 파라미터**와 링크의 형상을 정의하기 위한 2개의 **링크 파라미터**가 필요하다.

z_{j-1} **축**을 기준으로 2개의 **관절 파라미터**(joint parameter)를 이용하여 관절 j 의 운동을 정의할 수 있다.

관절 각도 (joint angle, θ_j)는

z_{j-1} **축**을 중심으로 x_{j-1}축이 x_j축으로 회전하는 각도이고,

관절 간격 (joint distance, d_j)은

z_{j-1} **축**을 따라 x_{j-1}축이 x_j축과 교차하기 위해 이동해야 하는 거리이다.

여기서 회전 관절(revolute joint)에서는 θ_j가 변수이고, 직동 관절(prismatic joint)에서는 d_j가 변수이다.

x_j축을 기준으로 2개의 **링크 파라미터**(link parameter)를 이용하여 관절 {j}와 관절 {j+1}을 연결시키는 링크의 형상을 정의할 수 있다.

링크 비틀림 각도(link twist angle, α_j)는

$\boldsymbol{x_j}$축을 중심으로 z_{j-1}축이 z_j축이 회전해야 하는 각도이고,

링크 길이(link length, a_j)는

$\boldsymbol{x_j}$축을 따라 z_{j-1}축이 z_j축과 교차하기 위해 이동해야 하는 거리이다.

관절 파라미터와 달리 링크 파라미터는 항상 상수이다. 산업용 로봇에서 링크 비틀림 각도는 일반적으로 $\pm 90°$ 또는 $0°$이다.

위의 4 개의 DH 파라미터를 이용하여 [그림 3.4]에서 $\{x_{j-1}y_{j-1}z_{j-1}\}$좌표계와 $\{x_jy_jz_j\}$ 좌표계 사이의 동차변환행렬은 이동좌표계 기준으로 관절 $\boldsymbol{z_{j-1}}$ 축과 링크 $\boldsymbol{x_j}$ 축 순서로 곱해진다.

$$T_j^{j-1} = Rot(z_{j-1},\ \theta_j)Trans(z_{j-1},\ d_j)Trans(x_j,\ a_j)Rot(x_j,\ \alpha_j) \tag{3.1.a}$$

$$= \begin{bmatrix} C_\theta & -S_\theta & 0 & 0 \\ S_\theta & C_\theta & 0 & 0 \\ 0 & 0 & 1 & d \\ 0 & 0 & 0 & 1 \end{bmatrix} \begin{bmatrix} 1 & 0 & 0 & a \\ 0 & C_\alpha & -S_\alpha & 0 \\ 0 & S_\alpha & C_\alpha & 0 \\ 0 & 0 & 0 & 1 \end{bmatrix}$$

$$= \begin{bmatrix} C_\theta & -S_\theta C_\alpha & S_\theta S_\alpha & aC_\theta \\ S_\theta & C_\theta C_\alpha & -C_\theta S_\alpha & aS_\theta \\ 0 & S_\alpha & C_\alpha & d \\ 0 & 0 & 0 & 1 \end{bmatrix} \tag{3.1.b}$$

여기서 θ_j와 d_j는 z_{j-1}축에 대하여 정의되고 a_j과 α_j는 x_j축에 대하여 정의되기 때문에 같은 축을 중심으로 회전 및 이동함으로 순서에 무관하다.

3차원 공간상 좌표계의 위치와 방향을 나타내기 위하여서는 6개의 파라미터가 필요하지만 DH의 방식에 의하면 4개의 파라미터 θ_j, d_j, a_j, α_j 만으로 나타낼 수 있는 이유는 DH 방식은 [그림 3.6]에서 보는 바와 같이 x_j축이 z_{j-1}축에 직각이며 서로 만나다고 가정하기 때문이다 [4]. 따라서 $x_j \cdot z_{j-1} = 0$ 인 구속조건과

$$0 = x_j \cdot z_{j-1} = [x_x\ x_y\ x_z]\begin{bmatrix} 0 \\ 0 \\ 1 \end{bmatrix} = x_z = T^{j-1_j}(3,1) \tag{3.2}$$

좌표간의 거리벡터 $p_{j-1,j}$가 z_{j-1}축과 x_j축의 평면상에 존재한다는 구속조건으로 인해

$$p_{j-1,j} = dz_{j-1} + lx_j = d\begin{bmatrix} 0 \\ 0 \\ 1 \end{bmatrix} + a\begin{bmatrix} c_\theta \\ s_\theta \\ 0 \end{bmatrix} = \begin{bmatrix} ac_\theta \\ as_\theta \\ d \end{bmatrix} = T_j^{j-1}(1:3,4) \tag{3.3}$$

4개의 값만으로 식 (3.1)과 같은 형태의 동차변환행렬이 만들어진다. 이 방법에서는 y

축방향의 운동은 고려하지 않고 있다.

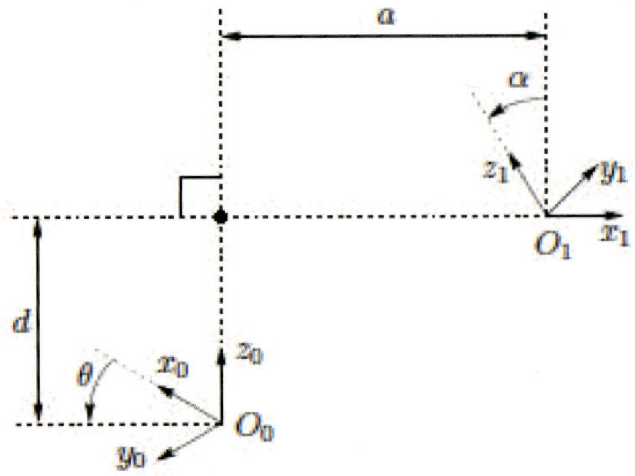

[그림 3.6] 2가지 구속조건을 만족하는 좌표계 설정

[2] 수정된 DH 방법

수정된 DH 파라미터는 관절 j 축에 $\{x_j y_j z_j\}$좌표계를 두는 경우이다. 관절 {j} 과 관절 {j+1} 대신 [그림 3.5]에서는 관절 {j−1}과 관절{j}을 정의 하였다 [3].

수정된 DH의 4개 파라미터는 [그림 3.5]에서 보는 바와 같이 먼저 링크 x_{j-1} 축 중심으로 변환한 후 관절 z_j축을 중심으로 변환한다.

링크 비틀림 각도(link twist angle, α_{j-1})는

x_{j-1}축을 중심으로 z_{j-1}축이 z_j축으로 회전해야 하는 각도이다.

링크 길이(link length, a_{j-1})는

x_{j-1}축을 따라 z_{j-1}축이 z_j축과 교차하기 위해 이동해야 하는 거리이다.

관절 각도(joint angle, θ_j)는

z_j축을 기준으로 x_{j-1}축이 x_j축으로 회전하는 각도이다.

관절 간격(joint distance, d_j)은

z_j축을 따라 x_{j-1}축이 x_j축과 교차하기 위해 이동해야 하는 거리이다.

따라서 $\{x_{j-1} y_{j-1} z_{j-1}\}$좌표계에서 $\{x_j y_j z_j\}$좌표로 변환하기 위해서는 식 (3.4)와 같은 동차변환행렬이 필요하다.

$$T_j^{j-1} = Trans(x_{j-1}, a_{j-1}) Rot(x_{j-1}, \alpha_{j-1}) Rot(z_j, \theta_j) Trans(z_j, d_j) \qquad (3.4.a)$$

$$= \begin{bmatrix} 1 & 0 & 0 & a \\ 0 & C_\alpha & -S_\alpha & 0 \\ 0 & S_\alpha & C_\alpha & 0 \\ 0 & 0 & 0 & 1 \end{bmatrix} \begin{bmatrix} C_\theta & -S_\theta & 0 & 0 \\ S_\theta & C_\theta & 0 & 0 \\ 0 & 0 & 1 & d \\ 0 & 0 & 0 & 1 \end{bmatrix}$$

$$= \begin{bmatrix} C_\theta & -S_\theta & 0 & a \\ S_\theta C_\alpha & C_\theta C_\alpha & -S_\alpha & -dS_\alpha \\ S_\theta S_\alpha & C_\theta S_\alpha & C_\alpha & dC_\alpha \\ 0 & 0 & 0 & 1 \end{bmatrix} \tag{3.4.b}$$

예제 3.1

[그림 3.7]의 $R_z R_z$형 2링크 로봇의 전통적 DH 파라미터와 수정된 DH 파라미터를 구하라.

[그림 3.7]에서 보는바와 같이 전통적 DH 방법은 링크 끝에 좌표계 { j }를 정의하는 반면, 수정된 DH 방법은 링크의 시작점에 좌표계 { j }를 정의한다. 각각의 DH 파라미터는 [표 3.1]과 [표 3.2]와 같다.

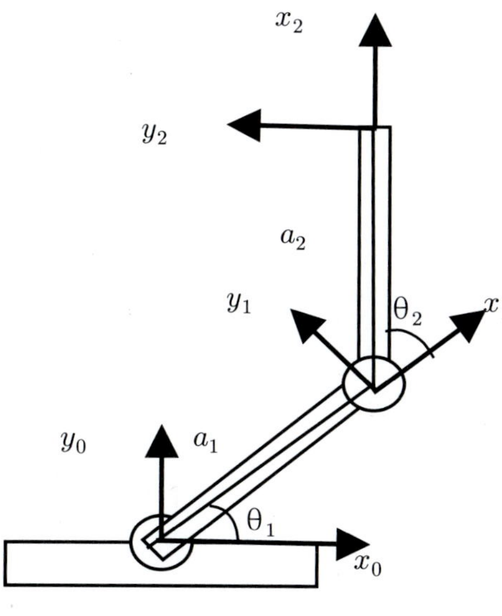

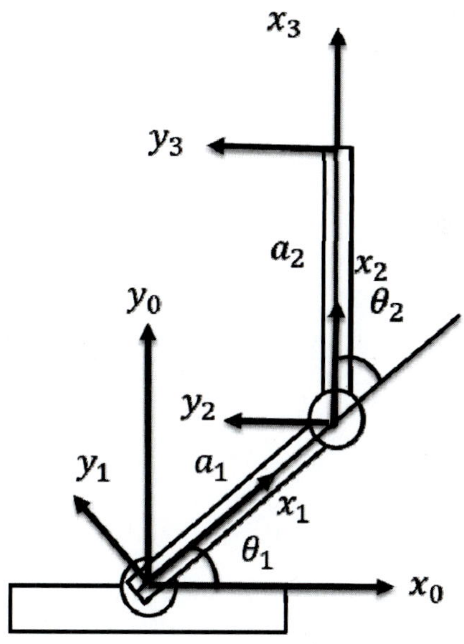

[그림 3.7] $R_z - R_z$형 로봇의 (a) 전통적 DH (b) 수정된 DH 파라미터

수정된 DH 방법은 관절{ j } 에 좌표계 { j }를 정의하기 때문에 좀 더 직관적이기는 하지만 링크의 끝점을 정의하기 위하여서는 [표 3.2]에서 보는 바와 같이 마지막에서

끝점의 위치를 정의하기 위해 파라미터 a_2가 필요하다.

[표 3.1] R_zR_z형 로봇: 전통적 DH 파라미터

링 크	θ	d	a	α	변 수
1	θ_1	0	a_1	0	θ_1
2	θ_2	0	a_2	0	θ_2

[표 3.2] R_zR_z형 로봇: 수정된 DH 파라미터

링 크	θ	d	a	α	변 수
1	θ_1	0	0	0	θ_1
2	θ_2	0	a_1	0	θ_2
3	0	0	a_2	0	

전통적 DH 방법의 동차변환행렬은

$$T_2^0 = \begin{bmatrix} C_1 & -S_1 & 0 & a_1C_1 \\ S_1 & C_1 & 0 & a_1S_1 \\ 0 & 0 & 1 & 0 \\ 0 & 0 & 0 & 1 \end{bmatrix} \begin{bmatrix} C_2 & -S_2 & 0 & a_2C_2 \\ S_2 & C_2 & 0 & a_2S_2 \\ 0 & 0 & 1 & 0 \\ 0 & 0 & 0 & 1 \end{bmatrix} \tag{3.5}$$

$$= \begin{bmatrix} C_{12} & -S_{12} & 0 & a_1C_1 + a_2C_{12} \\ S_{12} & C_{12} & 0 & a_1S_1 + a_2S_{12} \\ 0 & 0 & 1 & 0 \\ 0 & 0 & 0 & 1 \end{bmatrix}$$

이고, 수정된 DH 방법의 동차변환행렬은

$$T_3^0 = \begin{bmatrix} C_1 & -S_1 & 0 & 0 \\ S_1 & C_1 & 0 & 0 \\ 0 & 0 & 1 & 0 \\ 0 & 0 & 0 & 1 \end{bmatrix} \begin{bmatrix} C_2 & -S_2 & 0 & a_1C_2 \\ S_2 & C_2 & 0 & a_1S_2 \\ 0 & 0 & 1 & 0 \\ 0 & 0 & 0 & 1 \end{bmatrix} \begin{bmatrix} 1 & 0 & 0 & a_2 \\ 0 & 1 & 0 & 0 \\ 0 & 0 & 1 & 0 \\ 0 & 0 & 0 & 1 \end{bmatrix} \tag{3.6}$$

$$= \begin{bmatrix} C_{12} & -S_{12} & 0 & a_1C_1 + a_2C_{12} \\ S_{12} & C_{12} & 0 & a_1S_1 + a_2S_{12} \\ 0 & 0 & 1 & 0 \\ & & & \end{bmatrix}$$

이다.

두 방법의 동차변환행렬이 같다는 것을 알 수 있다. 따라서, 일반적으로는 계산이 많은 수정된 DH 방법보다 전통적 DH 방법이 많이 사용되고 있다.

3.3 로봇의 정기구학

[그림 3.4]과 같은 전통적 DH 방법에서 아래와 같은 순서로 로봇 각 링크의 좌표계를 정의하는 것을 권장한다.

1) **링크 번호 설정**

로봇의 기초(base)를 링크 0이라고 정의하고 마지막 링크까지 링크의 번호를 1에서 n까지 매긴다.

2) **관절 번호 설정**

관절 j는 링크 j－1과 링크 j를 연결시켜준다.

3) **링크 좌표계 설정**

각 링크 $\{j\}$의 좌표계$\{x_i y_i z_i\}$는 바깥쪽 관절 $\{j+1\}$ 에 설치한다.

4) **z_{j-1}축 설정**

- 직동 관절(prismatic joint)의 경우 z_{j-1}축 방향은 그 관절에서 멀어지는 방향이다.
- 회전 관절(revolute joint)의 경우 z_{j-1}축 방향은 회전과 같은 방향으로 정해진다.
- 관절 j에 z_{j-1}축을 설정한다.

5) **x_j축 설정**

- z_{j-1}축과 z_j축이 평행하면 x_j축은 링크의 중앙선과 일치한다.
- z축이 교차하면 x_j축은 z_{j-1}축의 벡터 외적($z_{j-1} \times z_j$) 방향이다.

6) **y_j축의 방향설정**

$y_j = z_j \times x_j$을 이용하여 정한다.

7) **마지막 n번째의 좌표계는 n－1번째의 좌표계와 동일하게 놓는다.**

8) **영점 위치(zero position) 설정**

- 로봇의 영점 위치는 모든 관절 변수가 0인 위치이다.
- 회전 관절(revolute joint)에는 좌표계의 모든 x_j축이 같은 방향이 되도록 영점

위치로 잡으면 θ_j값을 0으로 할 수 있다. 하지만 x_{j-1}축과 x_j축이 같은 방향이 아니면 그 움직인 회전량만큼의 각도를 초기 값으로 추가하여야 한다.

- 직동 관절(prismatic joint)에는 z_{j-1}축상 임의의 거리에 영점 위치를 잡아도 된다.

위의 방법으로 좌표계를 정한 후 각 링크의 DH 파라미터를 정한다.

링크들이 직렬로 연결된 로봇의 기초에서 끝점까지의 변환 행렬인 로봇 정기구학은 식 (3.7)의 행렬의 곱으로 나타낼 수 있다.

$$T_n^0 = T_1^0\, T_2^1\, T_3^2 \,\dots\, T_n^{n-1} \tag{3.7}$$

예제 3.2

$\boldsymbol{R_z R_y}$ 형 로봇의 정 기구학을 구하라.

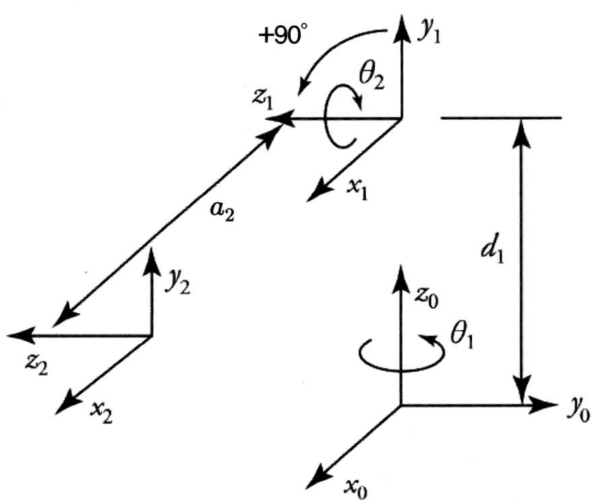

[그림 3.8] R_zR_y형 로봇

[표 3.3] R_zR_y형 로봇

링 크	θ	d	a	α	변 수
1	θ_1	d_1	0	90°	θ_1
2	θ_2	0	a_2	0	θ_2

$$T_2^0 = \begin{bmatrix} C_1 & 0 & S_1 & 0 \\ S_1 & 0 & -C_1 & 0 \\ 0 & 1 & 0 & d_1 \\ 0 & 0 & 0 & 1 \end{bmatrix} \begin{bmatrix} C_2 & -S_2 & 0 & a_2C_2 \\ S_2 & C_2 & 0 & a_2S_2 \\ 0 & 0 & 1 & 0 \\ 0 & 0 & 0 & 1 \end{bmatrix}$$

$$= \begin{bmatrix} C_1C_2 & -C_1S_2 & S_1 & a_2C_1C_2 \\ S_1C_2 & -S_1S_2 & -C_1 & a_2S_1C_2 \\ S_2 & C_2 & 0 & d_1+a_2S_2 \\ 0 & 0 & 0 & 1 \end{bmatrix} \tag{3.8}$$

예제 3.3

$\boldsymbol{R_zP_y}$ 형 로봇의 정 기구학을 구하라.

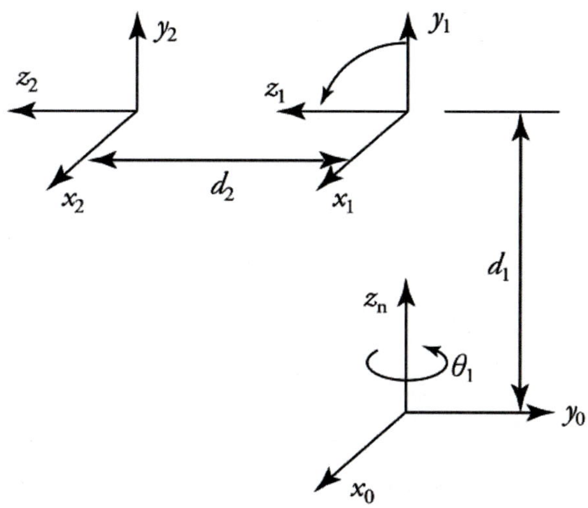

[그림 3.9] R_zP_y형 로봇

[표 3.4] R_zP_y형 로봇

링 크	θ	d	a	α	변 수
1	θ_1	d_1	0	90°	θ_1
2	θ_2	d_2	0	0	d_2

$$
\begin{aligned}
T_2^0 &= \begin{bmatrix} C_1 & 0 & S_1 & 0 \\ S_1 & 0 & -C_1 & 0 \\ 0 & 1 & 0 & d_1 \\ 0 & 0 & 0 & 1 \end{bmatrix} \begin{bmatrix} 1 & 0 & 0 & 0 \\ 0 & 1 & 0 & 0 \\ 0 & 0 & 1 & d_2 \\ 0 & 0 & 0 & 1 \end{bmatrix} \\
&= \begin{bmatrix} C_1 & 0 & S_1 & d_2 S_1 \\ S_1 & 0 & -C_1 & -d_2 C_1 \\ 0 & 1 & 0 & d_1 \\ 0 & 0 & 0 & 1 \end{bmatrix}
\end{aligned} \tag{3.9}
$$

예제 3.4

$R_z R_y P_z$ 형 구형 팔(spherical arm) 로봇의 정 기구학을 구하라.

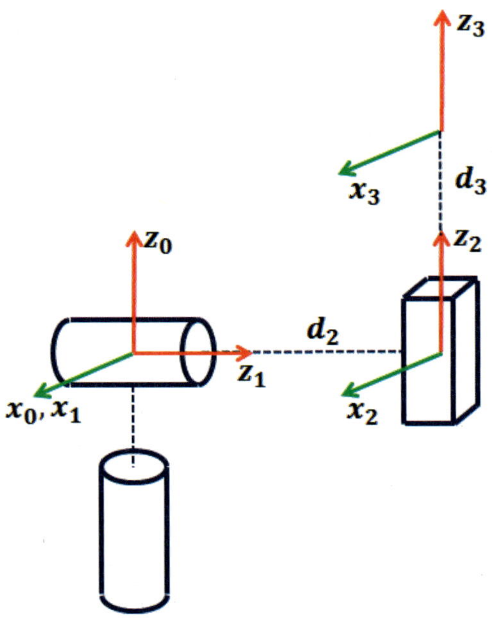

[그림 3.10] $R_z R_y P_z$ 형 로봇

[표 3.5] $R_z R_y P_z$ 형 로봇

링 크	θ	d	a	α	변 수
1	θ_1	d_1	0	-90°	θ_1
2	θ_2	d_2	0	90°	θ_2
3	0	d_3	0	0	d_3

$$T_2^0 = \begin{bmatrix} C_1 & 0 & -S_1 & 0 \\ S_1 & 0 & C_1 & 0 \\ 0 & -1 & 0 & 0 \\ 0 & 0 & 0 & 1 \end{bmatrix} \begin{bmatrix} C_2 & 0 & S_2 & 0 \\ S_2 & 0 & -C_2 & 0 \\ 0 & 1 & 0 & d_2 \\ 0 & 0 & 0 & 1 \end{bmatrix} \begin{bmatrix} 1 & 0 & 0 & 0 \\ 0 & 1 & 0 & 0 \\ 0 & 0 & 1 & d_3 \\ 0 & 0 & 0 & 1 \end{bmatrix}$$

$$= \begin{bmatrix} c_1c_2 - s_1 & c_1s_2 & c_1s_2d_3 - s_1d_2 \\ s_1c_2 & c_1 & s_1s_2 & s_1s_2d_3 + c_1d_2 \\ -s_2 & 0 & c_2 & c_2d_3 \\ 0 & 0 & 0 & 1 \end{bmatrix} \tag{3.10}$$

하지만, [그림 3.11]에서 보는 바와 같이 x_i 축들이 모두 같은 방향으로 향하도록 초기 위치를 선정하지 않으면 [그림 3.10]과 비교하여 x_2축이 90° 회전하였기 때문에 θ_2를 $\theta_2 + 90^0$로 변경하여야 한다.

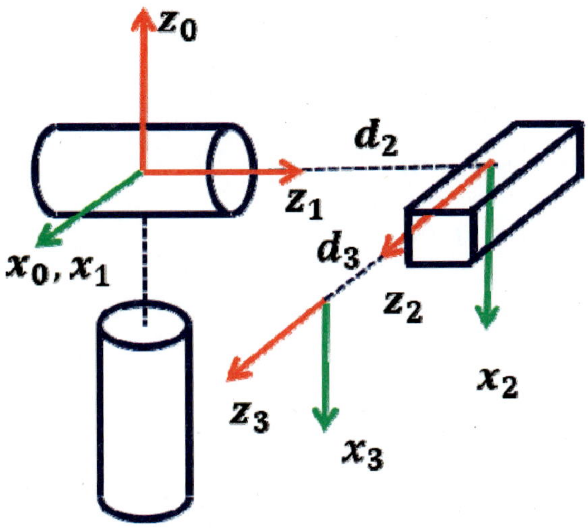

[그림 3.11] $R_zR_yP_z$ 형 로봇의 다른 초기 자세

[표 3.6] $R_zR_yP_z$ 형 로봇

링 크	θ	d	a	α	변 수
1	θ_1	d_1	0	-90°	θ_1
2	$\theta_2 + 90^0$	d_2	0	90°	θ_2
3	0	d_3	0	0	d_3

$$T_3^0 = \begin{bmatrix} C_1 & 0 & -S_1 & 0 \\ S_1 & 0 & C_1 & 0 \\ 0 & -1 & 0 & 0 \\ 0 & 0 & 0 & 1 \end{bmatrix} \begin{bmatrix} -S_2 & 0 & C_2 & 0 \\ C_2 & 0 & S_2 & 0 \\ 0 & 1 & 0 & d_2 \\ 0 & 0 & 0 & 1 \end{bmatrix} \begin{bmatrix} 1 & 0 & 0 & 0 \\ 0 & 1 & 0 & 0 \\ 0 & 0 & 1 & d_3 \\ 0 & 0 & 0 & 1 \end{bmatrix}$$

$$= \begin{bmatrix} -c_1 s_2 & -s_1 & c_1 c_2 & c_1 c_2 d_3 - s_1 d_2 \\ -s_1 s_2 & c_1 & -s_1 c_2 & s_1 c_2 d_3 + c_1 d_2 \\ -c_2 & 0 & -s_2 & -s_2 b_3 \\ 0 & 0 & 0 & 1 \end{bmatrix} \tag{3.11}$$

모든 변수들을 0으로 놓으면 유도된 동차변환행렬이 그림의 초기위치(home position)와 일치하는지 비교하면 DH 변수가 옳게 정의되었는지를 확인할 수 있다.

예를 들면, [그림 3.10]에서 초기위치는 $\theta_1 = 0$, $\theta_2 = 0$ 일 때

$$T_3^0 = \begin{bmatrix} 1 & 0 & 0 & 0 \\ 0 & 1 & 0 & d_2 \\ 0 & 0 & 1 & d_3 \\ 0 & 0 & 0 & 1 \end{bmatrix}$$

이므로 [그림 3.10]과 일치한다는 것을 알 수 있고,

[그림 3.11]에서 $\theta_1 = 0$, $\theta_2 = 0$ 일 때

$$T_3^0 = \begin{bmatrix} 0 & 0 & 1 & d_3 \\ 0 & 1 & 0 & d_2 \\ -1 & 0 & 0 & 0 \\ 0 & 0 & 0 & 1 \end{bmatrix}$$

이므로 [그림 3.11]과 일치한다는 것을 알 수 있다.

3.4 역 기구학

3.3 절에서는 로봇 관절 값이 주어지면 로봇 끝점의 위치와 방향을 구하는 정 기구학(Forward Kinematics)에 대해 알아보았다. 이 절에서는 반대로 로봇 끝점의 위치와 방향이 주어지면 이 자세를 구하기 위한 각 관절 변수의 값을 구하는 역 기구학(Inverse Kinematics)에 대해 알아 보겠다.

예를 들면 [그림 3.12]와 같은 회전관절과 직동관절로 이루어진 극좌표형 2자유도 로봇에서 관절변수 (θ, r)를 주어지면 식 (3.12)를 이용하여 끝점 위치 (x, y)를 결정하는

것을 정기구학이라 하며, 끝점 위치 (x,y)가 주어지면 식 (3.13)을 이용하여 관절변수 (r,θ)를 결정하는 것을 역기구학이라 한다.

$$x = r\cos\theta, \quad y = r\sin\theta \tag{3.12}$$

$$r = \sqrt{x^2+y^2}, \quad \theta = atan2(y,x) \tag{3.13}$$

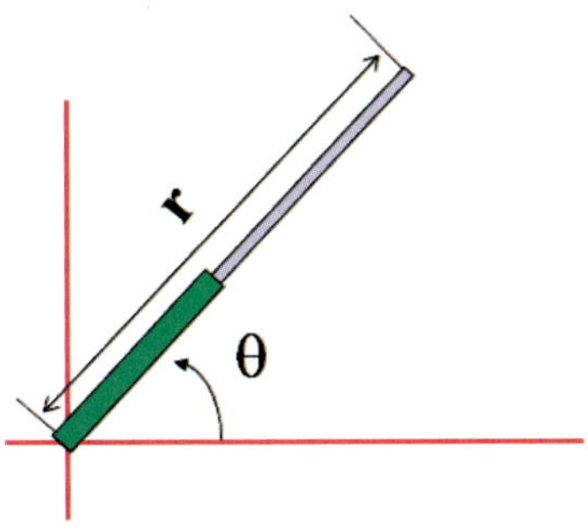

[그림 3.12(a)] 극좌표형 로봇

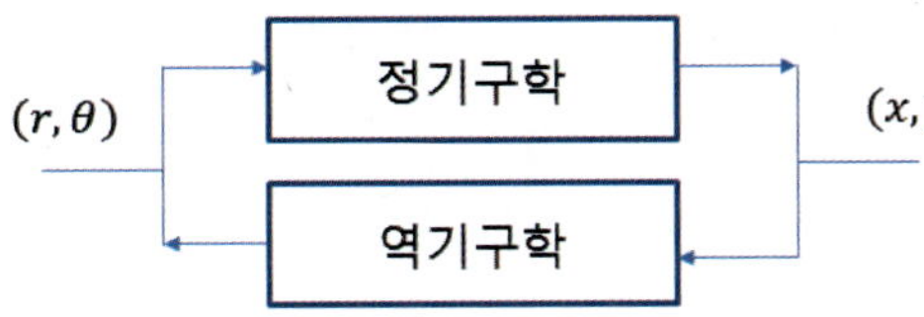

[그림 3.12(b)] 정기구학, 역기구학

역기구학 해를 구하는 방법은 유일한 것이 아니고 여러 가지 방법이 있는데 여기서는 여러 가지 형태 로봇의 역 기구학 예제를 통하여 설명하고자 한다.

예제 3.5

R_zR_y 형 로봇의 역 기구학 해를 구하라.

R_zR_y 형 로봇에서

$$T_2^0 = \begin{bmatrix} C_1C_2 & -C_1S_2 & S_1 & a_2C_1C_2 \\ S_1C_2 & -S_1S_2 & -C_1 & a_2S_1C_2 \\ S_2 & C_2 & 0 & d_1+a_2S_2 \\ 0 & 0 & 0 & 1 \end{bmatrix} = \begin{bmatrix} x_x & y_x & z_x & p_x \\ x_y & y_y & z_y & p_y \\ x_z & y_z & z_z & p_z \\ 0 & 0 & 0 & 1 \end{bmatrix} \tag{3.14}$$

(p_x, p_y)로부터 θ_1을 구하고, 이를 이용하여 θ_2를 구할 수 있지만,

$$\frac{p_y}{p_x} = \frac{a_2S_1C_2}{a_2C_1C_2}$$

$$\theta_1 = atan2(p_y, p_x) \tag{3.15}$$

$$C_2 = p_x/a_2C_1 \tag{3.16}$$
$$S_2 = (p_z-d_1)/a_2$$

$C_1 \neq 0$ 이라는 조건을 만족하여야 한다.

하지만 T_1^0의 역행렬을 양변에 곱하면 다음과 같으므로

$$(T_1^0)^{-1}\, T_2^0 = T_2^1$$

$$\begin{bmatrix} x_x C_1 + x_y S_1 & y_x C_1 + y_y S_1 & z_x C_1 + z_y S_1 & p_x C_1 + p_y S_1 \\ x_z & y_z & z_z & p_z - d_1 \\ x_x S_1 - x_y C_1 & y_x S_1 - y_y C_1 & z_x S_1 - z_y C_1 & p_x S_1 - p_y C_1 \\ 0 & 0 & 0 & 1 \end{bmatrix}$$

$$= \begin{bmatrix} C_2 & -S_2 & 0 & a_2 C_2 \\ S_2 & C_2 & 0 & a_2 S_2 \\ 0 & 0 & 1 & 0 \\ 0 & 0 & 0 & 1 \end{bmatrix} \tag{3.17}$$

식 (3.17)으로부터 식 (3.16)의 $C_1 \neq 0$ 이라는 조건 없이 θ_2를 구할 수 있다.

$$p_x C_1 + p_y S_1 = a_2 C_2$$

$$p_z - d_1 = a_2 S_2$$

$$\theta_2 = atan2(p_z - d_1,\ p_x C_1 + p_y S_1) \tag{3.18}$$

예제 3.6

$R_z R_z$형 로봇의 역 기구학 해를 구하라.

$R_z R_z$형 로봇의 좌표 변환 행렬은 식 (3.5)과 같으므로

$$T_2^0 = \begin{bmatrix} C_{12} & -S_{12} & 0 & a_1 C_1 + a_2 C_{12} \\ S_{12} & C_{12} & 0 & a_1 S_1 + a_2 S_{12} \\ 0 & 0 & 1 & 0 \\ 0 & 0 & 0 & 1 \end{bmatrix} = \begin{bmatrix} x_x & y_x & z_x & p_x \\ x_y & y_y & z_y & p_y \\ x_z & y_z & x_z & p_z \\ 0 & 0 & 0 & 1 \end{bmatrix} \tag{3.5}$$

식 (3.5)의 다음 관계식으로부터

$$p_x = a_1 C_1 + a_2 C_{12} \tag{3.19}$$

$$p_y = a_1 S_1 + a_2 S_{12}$$

θ_2를 구할 수 있다.

$$p_x^2 + p_y^2 = a_1^2 + a_2^2 + 2 a_1 a_2 C_2$$

$$C_2 = \frac{p_x^2 + p_y^2 - (a_1^2 + a_2^2)}{2a_1 a_2} \tag{3.20}$$

그리고 $S_2 = \pm\sqrt{1 - {C_2}^2}$ 이므로 다음과 같다.

$$\theta_2 = atan2(S_2, C_2) \tag{3.21}$$

S_2의 값이 양 또는 음이 될 수 있으므로 [그림 3.13]과 같이 두 개의 θ_2값이 존재하고 각각에 대하여 θ_1값이 존재한다.

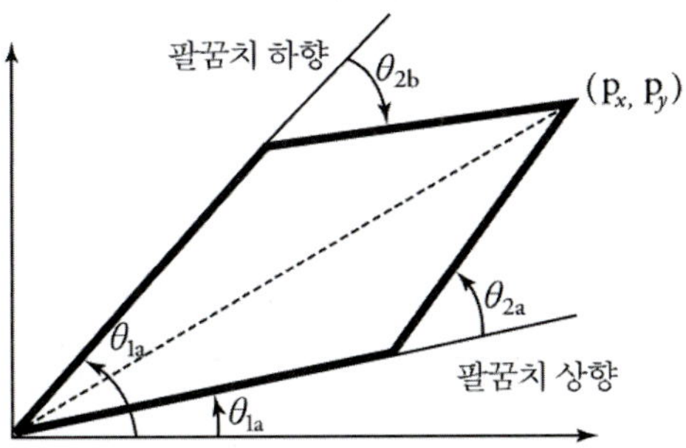

[그림 3.13] 두 개의 해

구해진 θ_2값과 Cramer rule을 이용하여 θ_1을 구할 수 있다.

$$p_x = (a_1 + a_2 C_2)C_1 - (a_2 S_2)S_1 \tag{3.22.a}$$

$$p_y = (a_2 S_2)C_1 + (a_1 + a_2 C_2)S_1$$

$$\theta_1 = atan2(\, p_y(a_1 + a_2 C_2) + p_x(a_2 S_2)\,,\quad p_x(a_1 + a_2\, C_2) - p_y(a_2\, S_2)) \tag{3.22.b}$$

위의 역 기구학을 [그림 3.14]와 같이 평면 기하학적으로도 구할 수 있다.

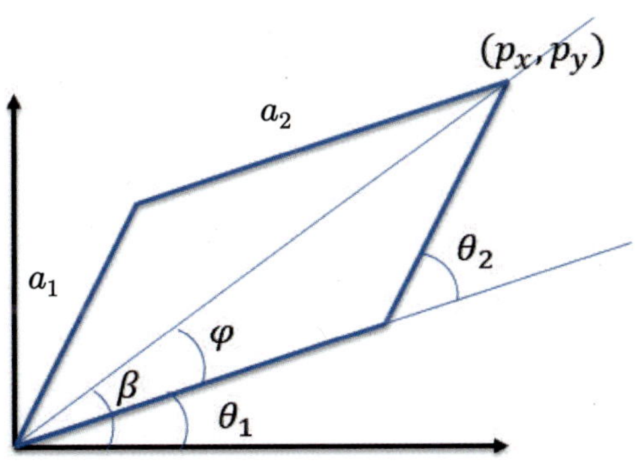

[그림 3.14] $R_z - R_z$형 로봇의 2중 해

삼각함수 코사인법칙에 따라

$$p_x^2 + p_y^2 = a_1^2 + a_2^2 - 2a_1a_2\cos(\pi - \theta_2) \tag{3.23}$$

이고, $\cos(\pi - \theta_2) = -\cos\theta_2$ 이므로

$$\cos\theta_2 = \frac{(x^2 + y^2) - (a_1^2 + a_2^2)}{2a_1a_2} \tag{3.24}$$

을 구할 수 있고 이 값은 식 (3.20)과 같으므로 2개의 θ_2값을 구할 수 있다. ψ각과 β각도 [그림 3.14]에서 기하학적 관계로부터 구할 수 있으므로

$$\tan\psi = \frac{a_2S_2}{a_1 + a_2C_2} \tag{3.25}$$

$$\beta = atan2(p_y,\ p_x) \tag{3.26}$$

β값을 이용하여 θ_1값을 식 (3.27)로부터 구할 수 있다.

$$\theta1 = \beta \pm \psi \tag{3.27}$$

여기서 +부호는 $\theta_2 < 0$(elbow-down) 자세이고, −부호는 $\theta_2 > 0$(elbow-up) 자세이다.

일반적인 형태의 6축 로봇에서는 해석적인 역 기구학 해를 구하기 어렵다. 하지만 세 개의 연속적인 회전 관절 축이 한 점에서 교차하는 구형 손목(spherical wrist)을 가진 로봇에서는 손목의 위치와 끝점의 방향을 분리하여 계산할 수 있다. 따라서 로봇 끝점의 위치를 p_e라고 하면, 손목의 위치는 식 (3.28)과 같이 구할 수 있다.

$$p = p_e - d_6\, z_6 \tag{3.28}$$

손목의 위치, p를 이용하여 초반 3개의 로봇 관절 변수 $(q_1,\ q_2,\ q_3)$에 대한 역 기구학을 계산할 수 있다. 그리고 끝점의 방향행렬 R_6^3로부터 후반 3개의 로봇 관절 변수 $(q_4,\ q_5,\ q_6)$에 대한 역 기구학을 계산할 수 있다.

예제 3.3

[그림 3.10]의 $R_z R_y P_z$형 구형 팔(spherical arm) 로봇의 역 기구학 해를 구하라.

구형 팔의 변환 행렬은 식 (3.29)와 같고

$$T_3^0 = \begin{bmatrix} c_1c_2 & -s_1 & c_1s_2 & c_1s_2d_3 - s_1d_2 \\ s_1c_2 & c_1 & s_1s_2 & s_1s_2d_3 + c_1d_2 \\ -s_2 & 0 & c_2 & c_2d_3 \\ 0 & 0 & 0 & 1 \end{bmatrix} \tag{3.29}$$

주어진 손목 위치 (p_x, p_y, p_z)로부터 관절 변수 $(\theta_1, \theta_2, d_3)$를 구하고자 한다.
우선, 손목 위치 (p_x, p_y, p_z)를 {1}좌표축에 대하여 나타내면

$$(T_1^0)^{-1} T_3^0 = T_2^1 T_3^2 \tag{3.30}$$

식 (3.30) 양변의 4열의 벡터로부터 다음과 같은 항등식을 유도할 수 있다.

$$\begin{bmatrix} p_x c_1 + p_y s_1 \\ -p_z \\ -p_x s_1 + p_y c_1 \end{bmatrix} = \begin{bmatrix} d_3 s_2 \\ -d_3 c_2 \\ d_2 \end{bmatrix} \tag{3.31}$$

다음과 같은 삼각함수 관계식을 이용하여

$$t = \tan\frac{\theta_1}{2}, \quad c_1 = \frac{1-t^2}{1+t^2}, \quad s_1 = \frac{2t}{1+t^2} \tag{3.32}$$

식 (3.31)의 세 번째 식을 식 (3.32)에서 정의된 t의 함수로 표현하여 근을 구하면

$$-p_x s_1 + p_y c_1 = d_2 \tag{3.33}$$

$$(d_2 + p_y)t^2 + 2p_x t + (d_2 - p_y) = 0 \tag{3.34.a}$$

$$t = \frac{-p_x \pm \sqrt{p_x^2 + p_y^2 - d_2^2}}{d_2 + p_y} \tag{3.34.b}$$

그 해로부터 θ_1을 구할 수 있다

$$\theta_1 = 2\,atan2(-p_x \pm \sqrt{p_x^2 + p_y^2 - d_2^2}\,, d_2 + p_y\,) \tag{3.35}$$

구형 팔의 θ_1는 2 개의 해를 가진다.
관절 변수 θ_1를 알고 있으면 식 (3.31)의 1, 2행 으로부터 관절 변수 θ_2를 구할 수 있다.

$$\frac{p_x\, c_1 + p_y\, s_1}{-\, p_z} = \frac{d_3 s_2}{-\, d_3 c_2} \tag{3.36}$$

$$\theta_2 = atan2\,(\, p_x\, c_1 + p_y\, s_1,\ p_z\,) \tag{3.37}$$

마지막으로, 식 (3.31)의 1, 2행을 제곱하여 더하면 관절 변수 d_3를 구할 수 있다.

$$d_3 = \sqrt{(p_x c_1 + p_y s_1)^2 + p_z^2} \tag{3.38}$$

일반적으로 직동관절은 $d_3 > 0$인 경우만 가능하므로 +값만 취하였다.
역기구학 알고리즘의 순서도는 다음과 같다.

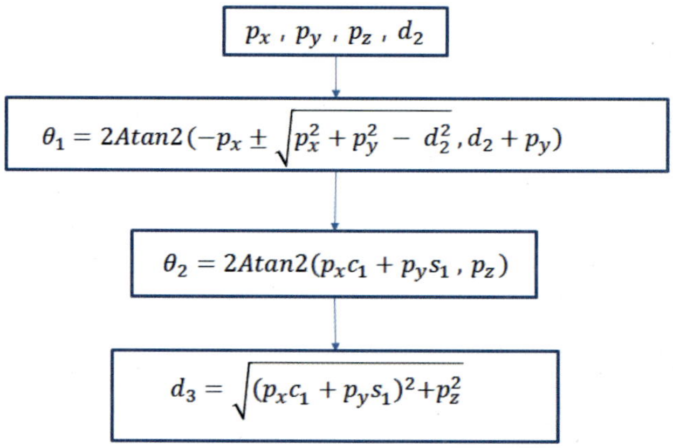

[그림 3.15] $R_z R_y P_z$형 로봇의 역 기구학 알고리즘 순서도

3.5 작업 영역

작업 영역(Workspace)은 관절 제한 값에 의존한다. 관절 제한 값이 없는 평면 2링크 로봇의 작업 영역은 [그림 3.16(a)]와 같이 구멍이 있는 디스크와 같다. 디스크의 외경은 a_1+a_2이며, 내경은 $|a_1-a_2|$이다. 링크 길이 a_1과 a_2가 같지 않은 이상, 상대적 길이에 관계가 없이 구멍이 있는 디스크 형태이다. 하지만 관절 제한 값($0 < \theta_1 < 90°$, $0 < \theta_2 < 180°$)이 존재하면 [그림 3.16(b)]와 같이 구멍 난 디스크의 일부분만 작업 영역이 된다.

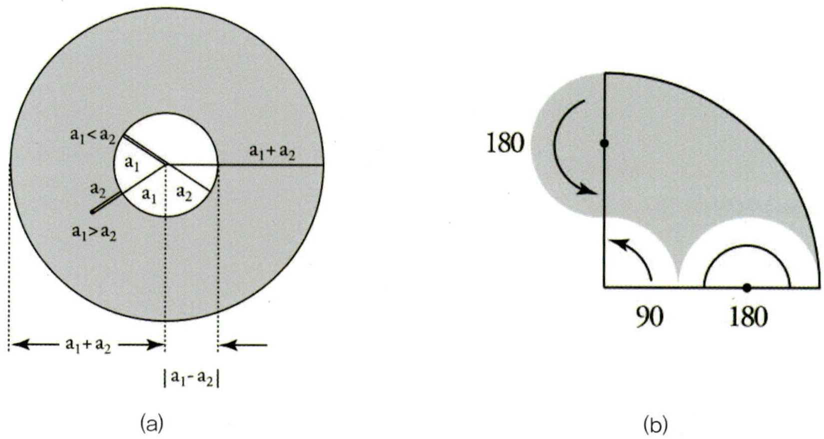

[그림 3.16] 2축 로봇의 작업 영역

관절의 작동범위의 제한으로 인하여 산업용 로봇의 작업영역이 [그림 3.17]와 같이 표시된다.

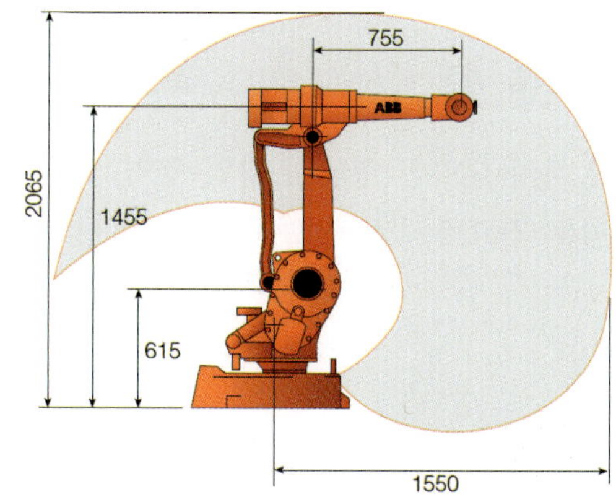

[그림 3.17] ABB IRB 로봇의 작업 영역

예제 3.8

R_zR_z형 로봇에서 관절 제한 값이 있을 경우에 $(q_{1m}<q_1<q_{1M},\ q_{2m}<q_2<q_{2M})$ 이 있을 경우에 작업영역을 구하라.

[그림 3.18]과 같이 관절 제한 값$(q_{1m}<q_1<q_{1M},\ q_{2m}<q_2<q_{2M})$이 있으면 외곽 꼭지점 a, b, e, f를 이용하여 직사각형 내의 모든 점들에 대응하는 작업영역을 구할 수 있다. 하지만 c, d점을 경계로 링크의 자세가 변하게 된다. 즉, $q_2>0$에서는 팔꿈치 아래(elbow－

down) 자세이며, q_2 〈 0에서는 팔꿈치 위(elbow－up) 자세이다. [그림 3.18]은 작업 영역을 나타낸 것으로 A, B, C, D, E, F는 관절 평면의 a, b, c, d, e, f의 대응점이다. BCDEFHB는 전체 작업 영역이며, ABCDA는 팔꿈치 아래(elbow－down) 작업 영역이며, CDEFC는 팔꿈치 위(elbow－up) 작업 영역이고, ADCHA는 두 자세가 공동으로 작업할 수 있는 영역이다.

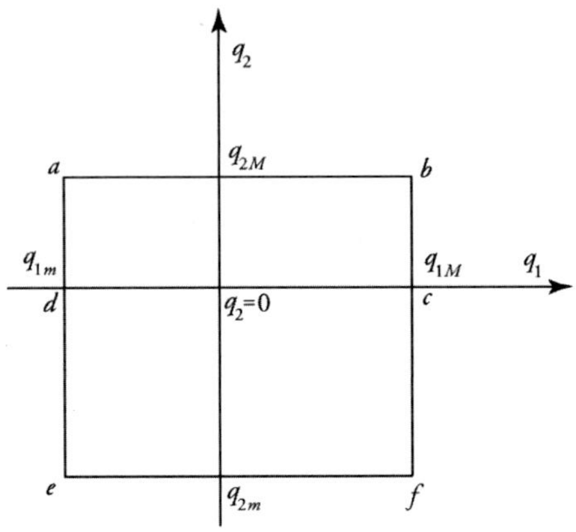

[그림 3.18] 2축 로봇의 작업 범위

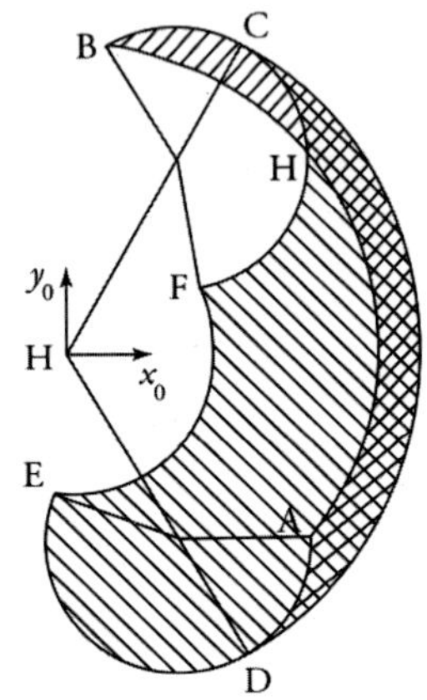

[그림 3.19] 2축 로봇의 작업 영역

회전 및 직동 관절을 이용하여 다양한 형태의 작업 영역을 가진 로봇을 만들 수 있다. 1.3절에서 직교 좌표형, 원통 좌표형, 극 좌표형, SCARA형 로봇들의 작업 영역을 볼 수 있다.

연습문제

01. P_zR_y형 로봇의 DH 파라미터와 좌표 변환행렬을 구하라.

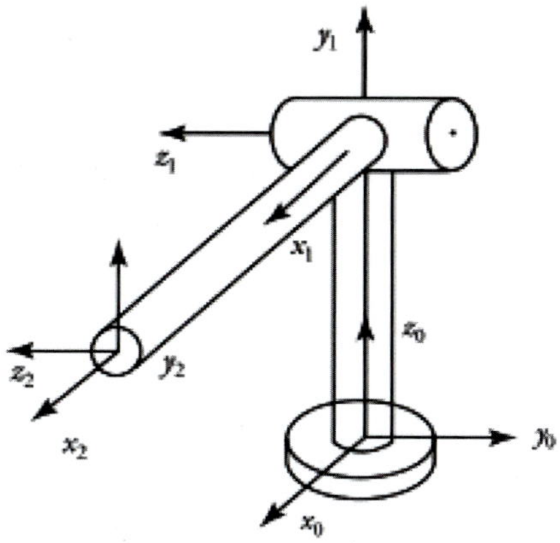

[그림 3.20] P_zR_y형 로봇

02. P_zP_y형 로봇의 DH 파라미터와 좌표 변환행렬을 구하라.

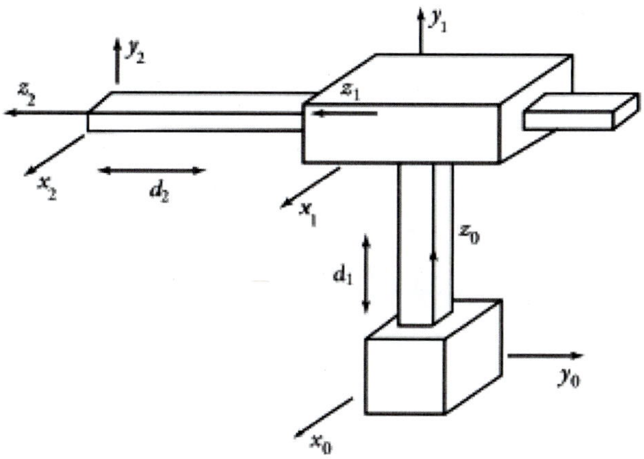

[그림 3.21] P_zP_y형 로봇

03. $R_zR_zR_z$ 로봇의 DH 파라미터와 좌표 변환행렬을 구하라.

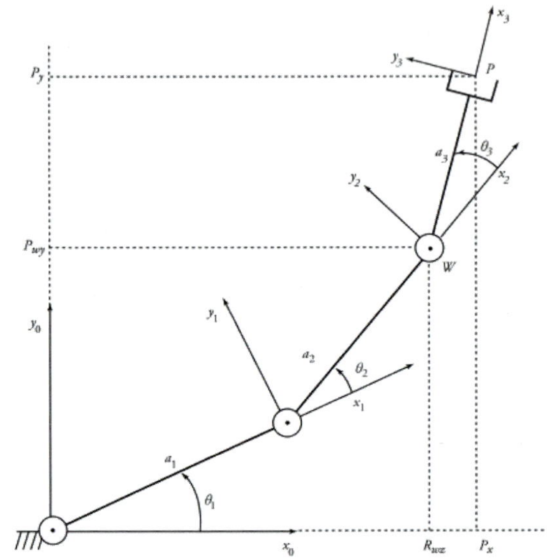

[그림 3.22] 3링크 평면 로봇 : $R_zR_zR_z$

04. $R_zR_zR_z$ 로봇의 DH 파라미터와 좌표 변환행렬을 구하라.

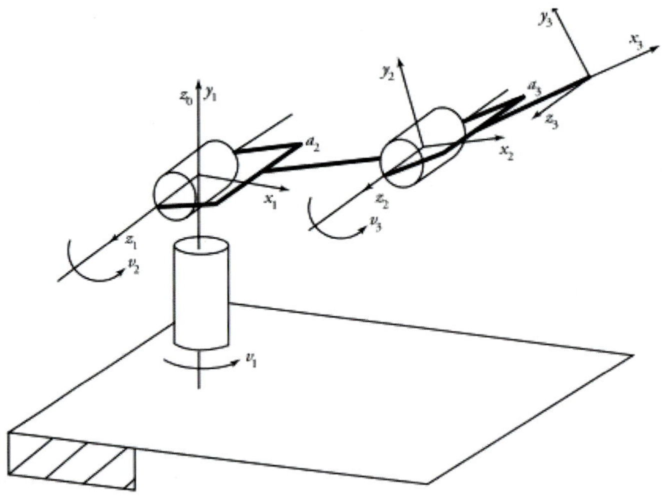

[그림 3.23] 팔꿈치형 팔(Elbow Arm) : $R_zR_uR_u$

05. $R_zR_zR_z$ 로봇의 DH 파라미터와 좌표 변환행렬을 구하라.

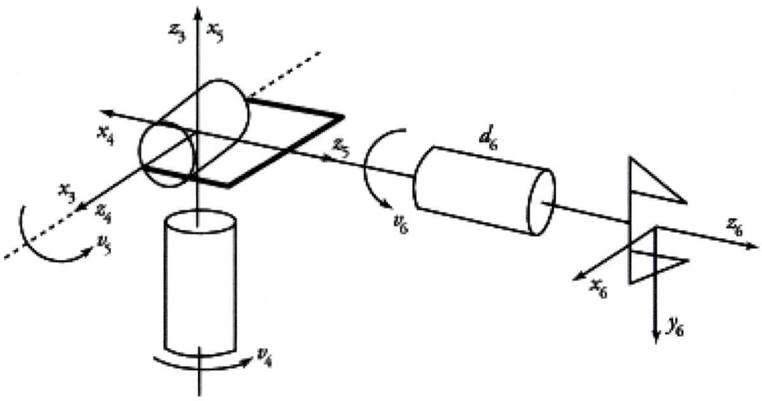

[그림 3.24] 구형 손목(spherical wrist) : $R_zR_xR_z$

06. SCARA 로봇의 DH 파라미터와 좌표 변환행렬을 구하라.

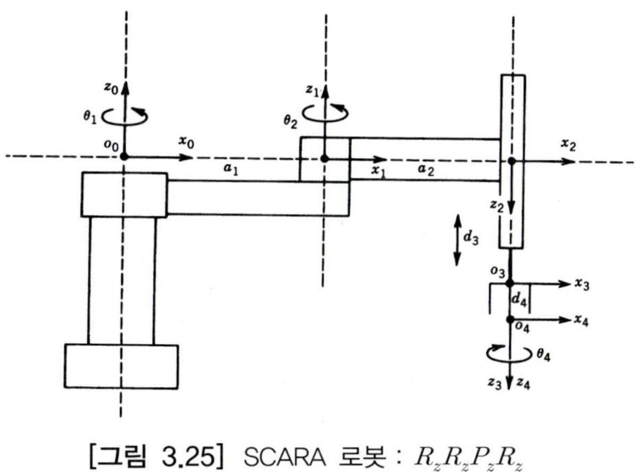

[그림 3.25] SCARA 로봇 : $R_zR_zP_zR_z$

07. 스탠포드 로봇의 DH 파라미터와 좌표 변환행렬을 구하라.

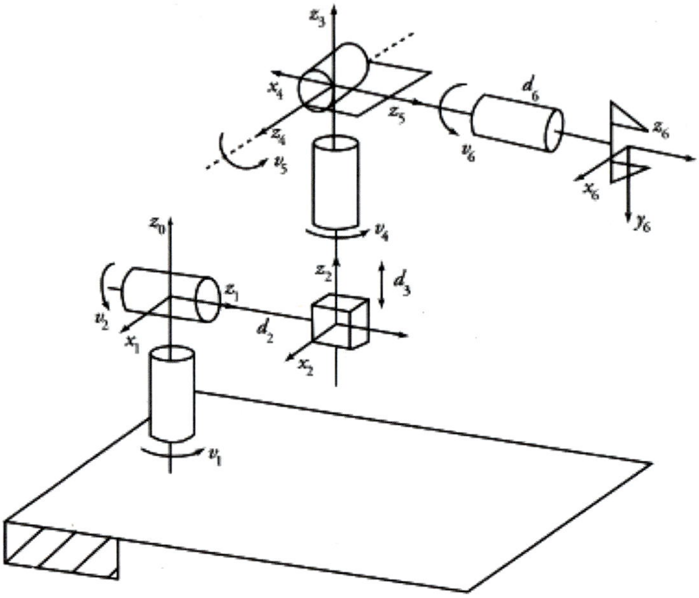

[그림 3.26] 스탠포드 로봇 : $R_z R_y P_z R_z R_x R_y$

08. 다음과 같은 링크 파라미터들로부터

(1) 관절의 각 좌표축을 그려라.

(2) T_6^0를 구하고 $\theta_i = 0$ 일 때 (1)과 같은지를 확인하라.

관절 i	θ_i	d_i	ℓ_i	a_i
1	θ_1	0	l_1	$\pi/2$
2	θ_2	0	l_2	
3	θ_3	0	l_3	$\pi/2$
4	θ_4	d_4	0	$-\pi/2$
5	θ_5	0	0	$\pi/2$
6	θ_6	d_6	0	

09. R_zP_y, P_zR_y, P_zP_y형 로봇에 대한 역 기구학 해를 구하라.

10. 3링크 평면 로봇의 역 기구학 해를 구하라.

11. SCARA 로봇의 역 기구학 해를 구하라.

12. 다음과 같은 $R_zR_zR_x$ 형태의 3축 로봇에서

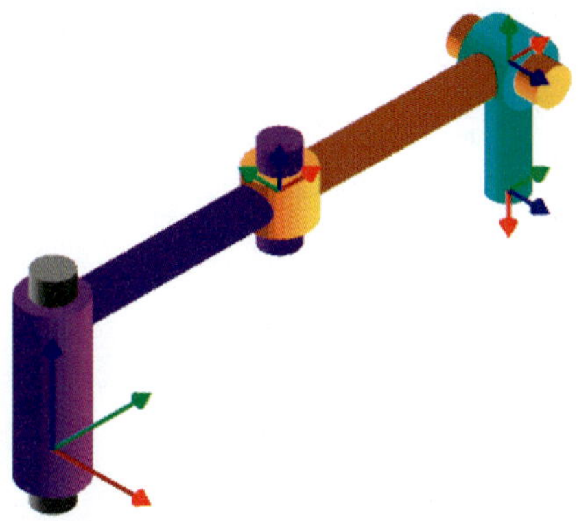

[그림 3.27] $R_zR_zR_x$형의 3축 로봇

(1) 각축의 좌표축 $x_iy_iz_i$을 표시하고, 각 링크의 θ_i ,d_i ,α_i .l_i 를 구하라.

(2) 각 링크의 동차변환 행렬 T_1^0, T_2^1, T_3^2 를 구하라

(3) $\theta_1 = \pi/2$, $\theta_2 = 0$, $\theta_3 =- \pi/2$ 일 때 로봇 기준 좌표계와 로봇 끝점 좌표계간의 동차변환 행렬 T_3^0를 구하라.

(4) 끝점 방향을 RPY 행태의 $Rot(z,\phi)Rot(y,\theta)Rot(x,\psi)$의 각 ϕ,θ,ψ 를 구하라.

(5) 끝점 방향을 Euler 형태의 $Rot(z,\phi)Rot(y,\theta)Rot(z,\psi)$의 각 ϕ,θ,ψ 를 구하라.

13. $R_zP_yR_y$ 로봇

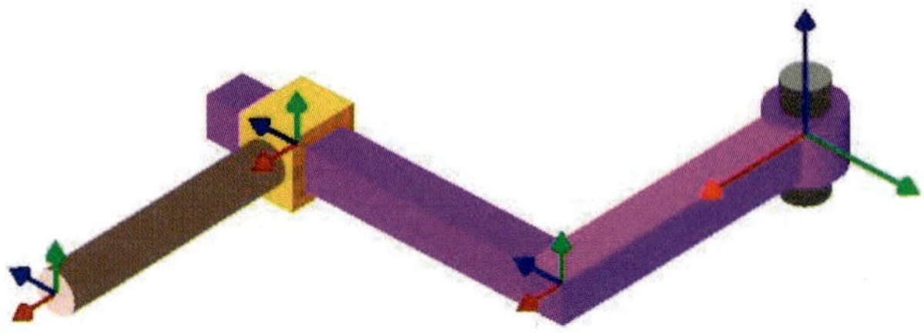

[그림 3.27] $R_zR_zR_x$형의 3축 로봇

여기서 관절변수는 θ_1, d_2, θ_3 이고, 링크변수는 $a_1 = 2.0$, $a_3 = 2.0$ 이다.

(1) $R_zP_yR_y$로봇의 좌표축을 완성하고 각 링크의 θ, d, α. a 값을 구하라.

(2) 각 링크의 T_1^0, T_2^1, T_3^2, T_3^0을 구하라.

(3) $\theta_1 = 0°$, $d_2 = 2$, $\theta_3 = 0°$일 때 T_3^0 값을 이용하여 DH 파라미터가 올바른지 확인하고,

$\theta_1 = 30°$ $d_2 = 2$, $\theta_3 = 60°$일 때 끝점의 위치가

$[p_x, p_y, p_z] = [3\sqrt{3}/2 + 1, \ 3/2 - \sqrt{3}, \ \sqrt{3}]$ 인 것을 확인하라.

(4) Inverse Kinematics 공식을 유도하여 θ_1, d_2, θ_3 값을 검증하여 역기구학 공식을 확인하라.

참고문헌

1. Robot Classification and Specification, Testbook Edu Solutions Pvt. Ltd.
2. Robotics Guide, Trybotic
3. Peter Corke, "ROBOTICS, VISION & CONTROL", 2nd Ed. 2017
4. Mark W. Spong, "Robot Modeling and Control", 2nd Ed., 2020.

04

자코비안 : 속도와 정역학

4.1 2차원 벡터의 미분
4.2 3차원 회전행렬의 미분
4.3 링크의 선속도와 각속도
4.4 자코비안
4.5 기구학적 특이점
4.6 로봇 정역학
4.7 속도와 힘 변환
4.8 조작성

4장에서는 관절 속도와 로봇 끝점의 선속도 및 각속도와의 관계를 나타내는 자코비안(Jacobian) 행렬을 벡터와 회전행렬의 미분을 이용하여 유도하였다. 자코비안을 이용하면 끝점 속도 이외에 로봇의 특이점(singularity), 정역학(statics), 조작성(manipulability) 등을 구할 수 있다.

There is nothing like a dream
to create the future.
– Victor Hugo –

04 CHAPTER 자코비안 : 속도와 정역학

4.1 2차원 벡터의 미분

2차원 평면에서 링크를 회전하게 되면 링크의 끝점 속도 $\dot{r}_{01}$ 는 링크 벡터 r_{01} 을 미분하여 식 (4.2)와 같이 회전축 벡터 ω_{01} 와 링크벡터의 외적으로 구할 수 있다.

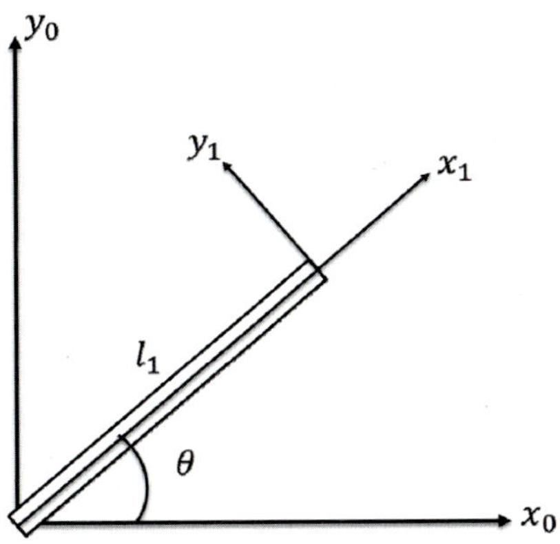

[그림 4.1] 1 링크 속도 벡터

$$r_{01} = l_1 \; \boldsymbol{x}_1^0 = l_1 \begin{bmatrix} C_\theta \\ S_\theta \end{bmatrix} \tag{4.1}$$

$$\begin{aligned} \dot{r}_{01} &= l_1 \dot{\theta} \begin{bmatrix} -S_\theta \\ C_\theta \end{bmatrix} = l_1 \dot{\theta} \; \boldsymbol{y}_1^0 \\ &= \dot{\theta} z_1^0 \times l_1 \boldsymbol{x}_1^0 \\ &= \omega_{01} \times r_{01} \end{aligned} \tag{4.2}$$

한편, 끝점 속도 $\dot{r}_{01}$ 벡터는 회전행렬의 미분을 이용하여 식(4.4)로 표현된다.

$$r_{01} = l_1 \boldsymbol{x}_1^0 = l_1 R_1^0 \boldsymbol{x}_1^1 \tag{4.3}$$

$$\dot{r}_{01} = l_1 \dot{R}_1^0 \; \boldsymbol{x}_1^1 \tag{4.4}$$

식(4.2)와 (4.3)으로부터 속도 벡터를 식(4.5)와 같이 표현할 수 있다

$$\dot{\boldsymbol{r}}_{01} = \boldsymbol{\omega}_{01} \times \boldsymbol{r}_{01} = \boldsymbol{\omega}_{01} \times (l_1 R_1^0 \boldsymbol{x}_1^1) \tag{4.5}$$

$$= l_1 (\boldsymbol{\omega}_{01} \times R_1^0) \boldsymbol{x}_1^1$$

따라서 (4.4)와 (4.5)을 비교하면 다음과 같이 회전 행렬의 미분식을 얻을 수 있다.

$$\dot{R}_1^0 = \boldsymbol{\omega}_{01} \times R_1^0 \tag{4.6}$$

예제 4.1

$R_z R_z$ 형 로봇의 속도 관계식을 구하라.

3장에서 $R_z R_z$형 2링크 로봇의 동차변환행렬은 식(3.8)과 같다.

$$T_2^0 = \begin{bmatrix} C_{12} & -S_{12} & 0 & a_1 C_1 + a_2 C_{12} \\ S_{12} & C_{12} & 0 & a_1 S_1 + a_2 S_{12} \\ 0 & 0 & 1 & 0 \\ 0 & 0 & 0 & 1 \end{bmatrix}$$

여기서 로봇 끝점의 위치는 2차원 평면상에서 움직이고, 방향벡터는 두 각도의 합이므로

$$p_x = a_1 C_1 + a_2 C_{12}$$

$$p_y = a_1 S_1 + a_2 S_{12}$$

$$\phi_z \equiv \theta_1 + \theta_2$$

이를 미분하면

$$\dot{p}_x = -a_1 S_1 \dot{\theta}_1 - a_2 S_{12} (\dot{\theta}_1 + \dot{\theta}_2)$$

$$\dot{p}_y = -a_1 C_1 \dot{\theta}_1 + a_2 C_{12} (\dot{\theta}_1 + \dot{\theta}_2)$$

$$\dot{\phi}_z = \dot{\theta}_1 + \dot{\theta}_2$$

이고, 이를 벡터와 행렬로 표시하면 다음과 같이 끝점의 선속도 및 각속도와 관절 각속도와의 관계식을 유도할 수 있다.

$$\begin{bmatrix} \dot{p}_x \\ \dot{p}_y \\ \dot{\phi}_z \end{bmatrix} = \begin{bmatrix} -a_1S_1 - a_2S_{12} & -a_2S_{12} \\ a_1C_1 + a_2C_{12} & +a_2C_{12} \\ 1 & 1 \end{bmatrix} \begin{bmatrix} \dot{\theta}_1 \\ \dot{\theta}_2 \end{bmatrix}$$

여기서 끝점의 선속도 및 각속도는 관절 각속도 $\dot{\theta}_1, \dot{\theta}_2$ 뿐만 아니라 관절자세 θ_1, θ_2에 따라 변한다는 것을 알 수 있다.

예제 4.2

R_zR_y 형 로봇의 속도 관계식을 구하라.

R_zR_y형 2링크 로봇의 동차변환행렬은 다음과 같다.

$$T_2^0 = \begin{bmatrix} C_1C_2 & -C_1S_2 & S_1 & a_2C_1C_2 \\ S_1C_2 & -S_1S_2 & -C_1 & a_2S_1C_2 \\ S_2 & C_2 & 0 & d_1 + a_2S_2 \\ 0 & 0 & 0 & 1 \end{bmatrix}$$

여기서 로봇 끝점의 위치 벡터와 방향이 3차원적으로 움직인다는 것을 알 수 있다. 먼저 위치벡터가 다음과 같으므로

$$p_x = a_2C_1C_2$$

$$p_y = a_2S_1C_2$$

$$p_z = d_1 + a_2S_2$$

이를 미분하면

$$\dot{p}_x = a_2(-S_1C_2\dot{\theta}_1 - C_1S_2\dot{\theta}_2)$$

$$\dot{p}_y = a_2(\ C_1C_2\dot{\theta}_1 - S_1S_2\dot{\theta}_2)$$

$$\dot{p}_z = a_2(C_2\dot{\theta}_2)$$

되고, 이를 벡터와 행렬로 표시하면 다음과 같이 끝점의 선속도와 관절 각속도와의 관계식을 유도할 수 있다.

$$\begin{bmatrix} \dot{p}_x \\ \dot{p}_y \\ \dot{p}_z \end{bmatrix} = \begin{bmatrix} -a_1 S_1 C_2 & -a_2 C_1 S_2 \\ a_1 C_1 C_2 & -a_2 S_1 S_2 \\ 0 & a_2 C_2 \end{bmatrix} \begin{bmatrix} \dot{\theta}_1 \\ \dot{\theta}_2 \end{bmatrix}$$

한편, 회전행렬은 $R_z R_z$형 로봇과 달리 $R_z R_y$형 로봇은 3차원 운동을 하므로 끝점의 각속도 관계식은 다음의 3차원 회전행렬 R_3^0의 미분을 통하여 유도할 수 있다.

$$R_3^0 = \begin{bmatrix} C_1 C_2 & -C_1 S_2 & S_1 \\ S_1 C_2 & -S_1 S_2 & -C_1 \\ S_2 & C_2 & 0 \end{bmatrix}$$

끝점의 각속도 관계식은 3차원 회전행렬 R_3^0의 미분을 통하여 유도할 수 있다.

4.2 3차원 회전행렬의 미분

임의의 축 $\boldsymbol{k}$에 대한 회전 행렬 $R(\boldsymbol{k}, \theta)$는 시간의 함수이므로 시간에 대하여 미분하면

$$\dot{R}(\boldsymbol{k}, \theta) = \frac{dR(\boldsymbol{k}, \theta)}{dt} = \dot{\theta} \ \frac{dR(\boldsymbol{k}, \theta)}{d\theta} \tag{4.7}$$

이고, $dR(\boldsymbol{k}, \theta)/d\theta$ 은 구하기 위하여 회전행렬의 직교성 식(4.8.a)을 θ에 대하여 미분하여 구할 수 있다.

$$R(\boldsymbol{k}, \theta) R^T(\boldsymbol{k}, \theta) = I \tag{4.8.a}$$

$$\frac{dR(\boldsymbol{k}, \theta)}{d\theta} R^T(\boldsymbol{k}, \theta) + R(\boldsymbol{k}, \theta) \frac{dR^T(\boldsymbol{k}, \theta)}{d\theta} = O \tag{4.8.b}$$

행렬 $S(\boldsymbol{k})$를 다음과 같이 정의하고

$$S(\boldsymbol{k}) = \frac{dR(\boldsymbol{k}, \theta)}{d\theta} R^T(\boldsymbol{k}, \theta) \tag{4.9}$$

식(4.8.b)에 대입하면 식 (4.10)와 같이 비대칭(skew-symmetric) 행렬의 성질을 가진다는 것을 알 수 있다.

$$S(\boldsymbol{k}) + S(\boldsymbol{k})^T = O \tag{4.10}$$

식 (4.9)애서 $R(\boldsymbol{k}, \theta)^T = R(\boldsymbol{k}, \theta)^{-1}$이므로 다음 식을 얻을 수 있다.

$$\frac{dR(\boldsymbol{k},\theta)}{d\theta} = S(\boldsymbol{k})\ R(\boldsymbol{k},\theta) \tag{4.11}$$

따라서, 식(4.7)의 회전행렬의 미분은 비대칭행렬 $S(\boldsymbol{\omega})$을 이용하여 표현된다.

$$\dot{R}(\boldsymbol{k},\theta) = \dot{\theta}\,S(\boldsymbol{k})\,R(\boldsymbol{k},\theta) = S(\boldsymbol{\omega})\ R(\boldsymbol{k},\theta) \tag{4.12}$$

여기서, 임의 축의 회전벡터 $\boldsymbol{\omega} = \dot{\theta}\,\boldsymbol{k} = [\omega_x\ \omega_y\ \omega_z]^T$를 이용하여 $\dot{\theta}\,S(\boldsymbol{k})$를 $S(\boldsymbol{\omega})$로 표시하고 이를 행렬로 표현하면 다음과 같다.

$$S(\boldsymbol{\omega}) = [\omega] = \begin{bmatrix} 0 & -\omega_z & \omega_y \\ \omega_z & 0 & \omega_x \\ -\omega_y & \omega_x & 0 \end{bmatrix} \tag{4.13}$$

예제 4.3

$R(z,\alpha) = \begin{bmatrix} c_\alpha & -s_\alpha & 0 \\ s_\alpha & c_\alpha & 0 \\ 0 & 0 & 1 \end{bmatrix}$ 이고, $\omega_z = \dot{\alpha}\begin{bmatrix} 0 \\ 0 \\ 1 \end{bmatrix}$ 이면, 식 (4.12)의 관계식 $\dot{R}(z,\alpha)\,R^T(z,\alpha) = S(\omega_z)$ 임을 확인하라.

$$\dot{R}(z,\alpha)\,R^T(z,\alpha) = \begin{bmatrix} -\dot{\alpha}s_\alpha & -\dot{\alpha}c_\alpha & 0 \\ \dot{\alpha}c_\alpha & -\dot{\alpha}s_\alpha & 0 \\ 0 & 0 & 0 \end{bmatrix}\begin{bmatrix} c_\alpha & s_\alpha & 0 \\ -s_\alpha & c_\alpha & 0 \\ 0 & 0 & 1 \end{bmatrix}$$

$$= \dot{\alpha}\begin{bmatrix} 0 & -1 & 0 \\ 1 & 0 & 0 \\ 0 & 0 & 0 \end{bmatrix} = \begin{bmatrix} 0 & -\dot{\alpha} & 0 \\ \dot{\alpha} & 0 & 0 \\ 0 & 0 & 0 \end{bmatrix} = S(\omega_z)$$

회전행렬의 미분을 식(4.2)의 벡터 미분을 이용하여도 구할 수 있다.

$$R(t) = [\boldsymbol{x}(t)\ \ \boldsymbol{y}(t)\ \ \boldsymbol{z}(t)]$$

$$\begin{aligned} \dot{R}\ (t) &= [\dot{\boldsymbol{x}}(t)\ \ \dot{\boldsymbol{y}}(t)\ \ \dot{\boldsymbol{z}}(t)] \\ &= [\boldsymbol{\omega}(t)\times\boldsymbol{x}(t)\ \ \boldsymbol{\omega}(t)\times\boldsymbol{y}(t)\ \ \boldsymbol{\omega}(t)\times\boldsymbol{z}(t)] \\ &= \boldsymbol{\omega}(t)\times R(t) \end{aligned} \tag{4.14}$$

식(4.12)과 (4.14)를 비교하면 비대칭(skew-symmetric) $S(\omega)$행렬은 식(4.15)와 같이 벡터외적을 행렬로 변환시키는 성질을 가지며

$$\omega \times R(\boldsymbol{k}, \theta) = S(\boldsymbol{\omega})\ R(\boldsymbol{k}, \theta) \tag{4.15}$$

추가적인 성질들은 다음과 같다.

$$S(c_1\boldsymbol{\omega}_1 + c_2\boldsymbol{\omega}_2) = c_1 S(\boldsymbol{\omega}_1) + c_2 S(\boldsymbol{\omega}_2) \tag{4.16}$$

$$R\ S(\boldsymbol{\omega})\ R^T = S(R\ \boldsymbol{\omega}) \tag{4.17}$$

식 (4.17)은 회전행렬의 다음 성질을 이용하여 증명할 수 있다.

$$R(\omega \times b) = R\omega \times Rb \tag{4.18}$$

$$\begin{aligned} R\,S(\omega)\,R^T b &= R\ (\omega \times R^T b) \\ &= (R\ \omega) \times (RR^T b) \\ &= (R\ \omega) \times b \\ &= S(R\ \omega)\, b \end{aligned} \tag{4.19}$$

예제 4.4

$R(z, \pi/4) = \begin{bmatrix} 1/\sqrt{2} & -1/\sqrt{2} & 0 \\ 1/\sqrt{2} & 1/\sqrt{2} & 0 \\ 0 & 0 & 1 \end{bmatrix}$ 이고, $\boldsymbol{a} = \begin{bmatrix} 0 \\ 0 \\ 1 \end{bmatrix}$, $\boldsymbol{b} = \begin{bmatrix} 1 \\ 0 \\ 0 \end{bmatrix}$ 이면

$R(a \times b) = Ra \times Rb$ 임을 확인하라.

$$\boldsymbol{a} \times \boldsymbol{b} = S(\boldsymbol{a})\boldsymbol{b} = \begin{bmatrix} 0 & -1 & 0 \\ 1 & 0 & 0 \\ 0 & 0 & 0 \end{bmatrix} \begin{bmatrix} 1 \\ 0 \\ 0 \end{bmatrix} = \begin{bmatrix} 0 \\ 1 \\ 0 \end{bmatrix}$$

$$R\boldsymbol{a} = \begin{bmatrix} 0 \\ 0 \\ 1 \end{bmatrix}, \quad R\boldsymbol{b} = \begin{bmatrix} 1/\sqrt{2} \\ 1/\sqrt{2} \\ 0 \end{bmatrix}$$

$$R\,(\boldsymbol{a} \times \boldsymbol{b}) = \begin{bmatrix} -1/\sqrt{2} \\ 1/\sqrt{2} \\ 0 \end{bmatrix}$$

$$R\boldsymbol{a} \times R\boldsymbol{b} = S(R\boldsymbol{a})\,R\boldsymbol{b} = \begin{bmatrix} 0 & -1 & 0 \\ 1 & 0 & 0 \\ 0 & 0 & 0 \end{bmatrix} \begin{bmatrix} 1/\sqrt{2} \\ 1/\sqrt{2} \\ 0 \end{bmatrix} = \begin{bmatrix} -1/\sqrt{2} \\ 1/\sqrt{2} \\ 0 \end{bmatrix}$$

예제 4.5

$R_z R_y$형 로봇의 회전행렬의 미분 값을 구하라.

$R_z R_y$형 로봇의 회전행렬을

$$R = \begin{bmatrix} C_1 C_2 & -C_1 S_2 & S_1 \\ S_1 C_2 & -S_1 S_2 & -C_1 \\ S_2 & C_2 & 0 \end{bmatrix}$$

미분하여

$$\dot{R} = \begin{bmatrix} -S_1 C_2 & S_1 S_2 & C_1 \\ C_1 C_2 & -C_1 S_2 & S_1 \\ 0 & 0 & 0 \end{bmatrix} \dot{\theta}_1 + \begin{bmatrix} -C_1 S_2 & -C_1 C_2 & 0 \\ -S_1 S_2 & -S_1 C_2 & 0 \\ C_2 & -S_2 & 0 \end{bmatrix} \dot{\theta}_2$$

식(4.12)와 식(4.13)에 대입하면

$$\begin{aligned} S(\omega) &= \dot{R} R^T \\ &= \begin{bmatrix} 0 & -1 & 0 \\ 1 & 0 & 0 \\ 0 & 0 & 0 \end{bmatrix} \dot{\theta}_1 + \begin{bmatrix} 0 & 0 & -C_1 \\ 0 & 0 & -S_1 \\ C_1 & S_1 & 0 \end{bmatrix} \dot{\theta}_2 \end{aligned}$$

$$S\left(\begin{bmatrix} \omega_x \\ \omega_y \\ \omega_z \end{bmatrix}\right) = S\left(\begin{bmatrix} 0 \\ 0 \\ 1 \end{bmatrix}\right) \dot{\theta}_1 + S\left(\begin{bmatrix} S_1 \\ -C_1 \\ 0 \end{bmatrix}\right) \dot{\theta}_2$$

끝점의 각속도와 관절 각속도와의 관계식을 유도할 수 있다.

$$\begin{bmatrix} \omega_x \\ \omega_y \\ \omega_z \end{bmatrix} = \begin{bmatrix} 0 & S_1 \\ 0 & -C_1 \\ 1 & 0 \end{bmatrix} \begin{bmatrix} \dot{\theta}_1 \\ \dot{\theta}_2 \end{bmatrix}$$

4.3 링크의 선속도와 각속도

[그림 4.2]에서 보는 바와 같이 p_{i-1}와 p_i는 기준 좌표계에서 본 $\{i-1\}$ 좌표계와 $\{i\}$ 좌표계의 원점 위치 벡터이다. 그리고 $r_{i-1,i}^{i-1}$는 $\{i-1\}$ 좌표계에서 본 $\{i-1\}$ 좌표계와 $\{i\}$ 좌표계 원점사이의 거리이다. 여기서 위 첨자가 없는 경우는 기준 좌표계를 의미한다.

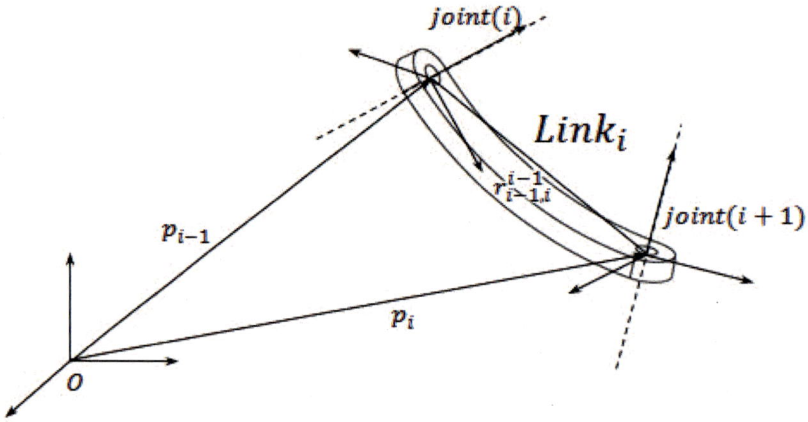

[그림 4.2] 링크 i좌표계[1]

[그림 4.2]로부터 다음을 얻을 수 있다.

$$\begin{aligned} p_i &= p_{i-1} + r_{i-1,i} \\ &= p_{i-1} + R_{i-1} r_{i-1,i}^{i-1} \end{aligned} \tag{4.20}$$

식 (4.20)로부터 링크 i의 선속도 $\dot{p}_i$는 다음과 같이 $\{i-1\}$좌표계의 선속도 $\dot{p}_{i-1}$와 좌표간의 상대속도 $\dot{r}_{i-1,i}$와 회전에 의한 선속도, $\omega_{i-1} \times r_{i-1,i}$로 구성되어 있다.

$$\begin{aligned} \dot{p}_i &= \dot{p}_{i-1} + R_{i-1}\, \dot{r}_{i-1,i}^{i-1} + (\omega_{i-1} \times R_{i-1})\, r_{i-1,i}^{i-1} \\ &= \dot{p}_{i-1} + \dot{r}_{i-1,i} + \omega_{i-1} \times r_{i-1,i} \end{aligned} \tag{4.21}$$

한편, 회전 행렬의 다음 관계식을 이용하여

$$R_i = R_{i-1} R_i^{i-1} \tag{4.22}$$

이를 미분하고 식 (4.13)을 이용하면 다음과 같다.

$$\dot{R}_i = \dot{R}_{i-1} R_i^{i-1} + R_{i-1} \dot{R}_i^{i-1}$$

$$S(\omega_i)R_i = S(\omega_{i-1})R_i + R_{i-1}S(\omega_{i-1,i}^{i-1})R_i^{i-1} \tag{4.23}$$

여기서 $\omega_{i-1,i}^{i-1}$는 $\{i-1\}$좌표계에서 본 $\{i\}$좌표계와 $\{i-1\}$좌표계 간의 회전 속도를 나타낸다.

식 (4.23)의 둘째 항을 R의 직교성과 식 (4.17)의 성질을 이용하면 다음과 같다.

$$\begin{aligned} R_{i-1}S(\omega_{i-1,i}^{i-1})R_i^{i-1} &= R_{i-1}S(\omega_{i-1,i}^{i-1})R_{i-1}^T R_{i-1}R_i^{i-1} \\ &= R_{i-1}S(\omega_{i-1,i}^{i-1})R_{i-1}^T R_i \\ &= S(R_{i-1}\omega_{i-1,i}^{i-1})R_i \end{aligned} \tag{4.24}$$

그러므로 식 (4.23)은 다음과 같다.

$$S(\omega_i)R_i = S(\omega_{i-1})R_i + S(R_{i-1}\omega_{i-1,i}^{i-1})R_i \tag{4.25}$$

식 (4.25)로부터 링크 i의 각속도는 이전 링크의 각속도 ω_{i-1}와 현재 링크의 각속도 $\omega_{i-1,i}$의 합으로 표현된다.

$$\begin{aligned} \omega_i &= \omega_{i-1} + R_{i-1}\omega_{i-1,i}^{i-1} \\ &= \omega_{i-1} + \omega_{i-1,i} \end{aligned} \tag{4.26}$$

식 (4.21)과 식 (4.26)은 관절 i의 형태에 따라 다르게 표현된다.

직동(Prismatic) 관절인 경우에는 회전이 없고 관절 i의 z축 단위 벡터인 z_{i-1}축을 따라 직선운동만 있으므로

$$\omega_{i-1,i} = 0 \tag{4.27}$$

$$\dot{r}_{i-1,i} = \dot{d}_i z_{i-1} \tag{4.28}$$

이다. 따라서, 식 (4.21)과 식 (4.26)은 다음과 같다.

$$\omega_i = \omega_{i-1} \tag{4.29}$$

$$\dot{p}_i = \dot{p}_{i-1} + \dot{d}_i z_{i-1} + \omega_i \times r_{i-1,i} \tag{4.30}$$

그리고 **회전(Revolute) 관절**인 경우에는 회전운동에 의해 선속도가 발생하므로

$$\omega_{i-1,i} = \dot{\theta}_i z_{i-1} \tag{4.31}$$

$$\dot{r}_{i-1,i} = w_{i-1,i} \times r_{i-1,i} \tag{4.32}$$

이므로 식 (4.21)과 식 (4.26)은 다음과 같다.

$$\omega_i = \omega_{i-1} + \dot{\theta}_i z_{i-1} \tag{4.33}$$

$$\begin{aligned} \dot{p}_i &= \dot{p}_{i-1} + \omega_{i-1,i} \times r_{i-1,i} + \omega_{i-1} \times r_{i-1,i} \\ &= \dot{p}_{i-1} + \omega_i \times r_{i-1,i} \end{aligned} \tag{4.34}$$

예제 4.6

식 (4.33)과 (4.34)를 이용하여 $R_z R_z$형 로봇의 선속도 및 각속도를 구하라.

$$\omega_1 = \omega_0 + \dot{\theta}_1 z_0 = \dot{\theta}_1 z_0 \qquad (\because \omega_0 = 0)$$

$$\omega_2 = \omega_1 + \dot{\theta}_2 z_1 = \dot{\theta}_1 z_0 + \dot{\theta}_2 z_1$$

$$\dot{p}_1 = \dot{p}_0 + \omega_1 \times r_{0,1} = \omega_1 \times r_{0,1} \qquad (\because \dot{p}_0 = 0)$$

$$\begin{aligned} \dot{p}_2 &= \dot{p}_1 + \omega_2 \times r_{1,2} \\ &= (\dot{\theta}_1 z_0) \times r_{0,1} + (\dot{\theta}_1 z_0 + \dot{\theta}_2 z_1) \times r_{1,2} \\ &= \dot{\theta}_1 z_0 \times r_{0,2} + \dot{\theta}_2 z_1 \times r_{1,2} \end{aligned}$$

위의 수식을 벡터와 행렬로 나타내면

$$\begin{bmatrix} \dot{p}_2 \\ \omega_2 \end{bmatrix} = \begin{bmatrix} z_0 \times r_{0,2} & z_1 \times r_{1,2} \\ z_0 & z_1 \end{bmatrix} \begin{bmatrix} \dot{\theta}_1 \\ \dot{\theta}_2 \end{bmatrix}$$

예제 4.7

$R_z P_y$형 로봇의 선속도 및 각속도를 구하라.

$\omega_1 = \dot{\theta}_1 z_0$

2번째 축은 직동관절이므로

$\omega_2 = \omega_1 + 0 = \dot{\theta}_1 z_0$

$$\dot{p}_1 = \dot{p}_0 + \omega_1 \times r_{0,1} = \dot{\theta}_1 z_0 \times r_{0,1}$$

$$\begin{aligned}\dot{p}_2 &= \dot{p}_1 + \dot{d}_2 z_1 + \omega_2 \times r_{1,2} \\ &= \dot{\theta}_1 z_0 \times r_{0,1} + \dot{d}_2 z_1 + \dot{\theta}_1 z_0 \times r_{1,2} \\ &= \dot{\theta}_1 z_0 \times r_{0,2} + \dot{d}_2 z_1\end{aligned}$$

위의 수식을 벡터와 행렬로 나타내면

$$\begin{bmatrix}\dot{p}_2 \\ \omega_2\end{bmatrix} = \begin{bmatrix} z_0 \times r_{0,2} & z_1 \\ z_0 & 0\end{bmatrix}\begin{bmatrix}\dot{\theta}_1 \\ \dot{d}_2\end{bmatrix}$$

4.4 자코비안

n 자유도의 로봇에서 관절변수 벡터 q가 변함에 따라 로봇 끝점의 위치 d_0^n 와 방향 R_0^n이 변하며 식(4.35)의 동차변환행렬로 표현된다.

$$\mathrm{T}_{\mathrm{n}}^{0}(\mathrm{q}) = \begin{bmatrix} R(q)_n^0 & d(q)_n^0 \\ 0 & 1\end{bmatrix} \tag{4.35}$$

여기서 $q = [q_1, \ldots., q_n]^{\mathrm{T}}$는 관절 변수의 벡터이고 n은 로봇 링크의 수이다.

한편, 식(4.36) 같이 관절 속도벡터 $\dot{q} = [\dot{q}_1, \ldots, \dot{q}_n]^{\mathrm{T}}$가 변함에 따라 로봇 끝점의 선속도 및 각속도가 변하는 관계는 식(4.36)과 같다.

$$\xi = \begin{bmatrix}\dot{p}_n \\ \omega_n\end{bmatrix} = J(q)\,\dot{q} \tag{4.36}$$

여기서 (6×n) 행렬 $J(q)$를 로봇의 기하학적 자코비안(geometric Jacobian)이라 부르며 관절 변수 q의 함수이다. 이 행렬은 선속도 J_L $(3\times n)$ 행렬과 각속도 J_A $(3\times n)$ 행렬로 구성된다.

$$J(q) \;=\; \begin{bmatrix} J_L(q) \\ J_A(q) \end{bmatrix} \tag{4.37}$$

자코비안 행렬은 예제 4.6과 4.7에서 보는 바와 같이 직동관절과 회전관절의 경우 다음 식을 사용하여 간략히 구할 수 있다.

$$\begin{bmatrix} J_{Li} \\ J_{Ai} \end{bmatrix} = \begin{cases} \begin{bmatrix} z_{i-1} \\ 0 \end{bmatrix} & \text{직동 관절} \quad (4.38.\text{a}) \\ \begin{bmatrix} z_{i-1}\times r_{i-1,n} \\ z_{i-1} \end{bmatrix} & \text{회전 관절} \quad (4.38.\text{b}) \end{cases}$$

여기서 $r_{i-1,n}$ 은 $\{i-1\}$관절 축좌표 원점에서 $\{n\}$ 관절 축좌표 원점까지의 거리이며, 모든 값들은 기준좌표계 {0}에서 본 값들이다.

식 (4.38)의 관계식을 그림으로 설명하면, 직동관절의 경우 [그림 4.3]과 같이 끝점의 선속도는 직동관절 z_{i-1}축과 같은 방향으로 움직이고 끝점의 각속도는 영향을 받지 않는다. 한편, 회전관절의 경우 [그림 4.4]과 같이 끝점의 선속도는 회전관절 z_{i-1}축과 직각 방향으로 움직이고 끝점의 각속도는 회전하는 z_{i-1}축 방향으로 움직인다.

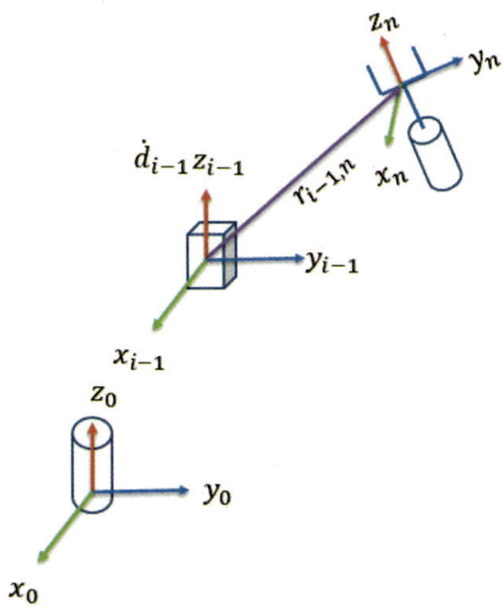

[그림 4.3] 직동관절(Prismatic Joint)

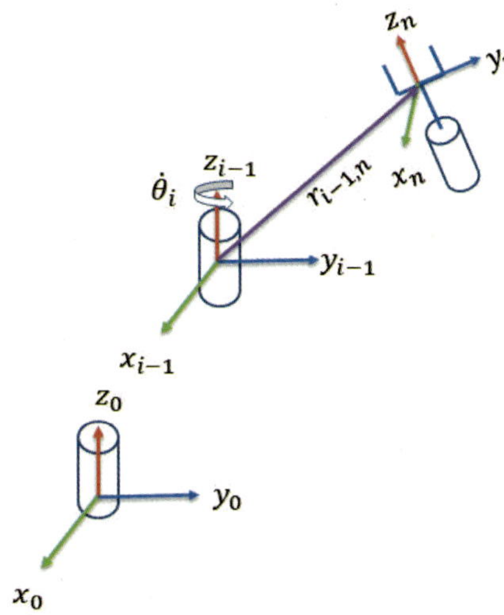

[그림 4.4] 회전관절(Revolute Joint)

예제 4.8

R_zR_z형 로봇의 자코비안을 식 (4.38)을 이용하여 구하라.

식 (4.38)을 이용한 경우는 다음과 같다.

$$J(q) = \begin{bmatrix} z_0 \times r_{0,2} & z_1 \times r_{1,2} \\ \hline z_0 & z_1 \end{bmatrix} = \begin{bmatrix} -(a_1S_1 + a_2S_{12}) & -a_2S_{12} \\ (a_1C_1 + a_2C_{12}) & a_2C_{12} \\ 0 & 0 \\ \hline 0 & 0 \\ 0 & 0 \\ 1 & 1 \end{bmatrix}$$

여기서 각 값은 다음과 같다.

$$z_0 = z_1 = \begin{bmatrix} 0 \\ 0 \\ 1 \end{bmatrix}, \qquad r_{0,2} = \begin{bmatrix} a_1C_1 + a_2C_{12} \\ a_1S_1 + a_2S_{12} \\ 0 \end{bmatrix}$$

$$r_{1,2} = R_1^0\, r^{1_{1,2}} = \begin{bmatrix} C_1 & -S_1 & 0 \\ S_1 & C_1 & 0 \\ 0 & 0 & 1 \end{bmatrix} \begin{bmatrix} a_2C_2 \\ a_2S_2 \\ 0 \end{bmatrix} = \begin{bmatrix} a_2C_{12} \\ a_2S_{12} \\ 0 \end{bmatrix}$$

예제 4.9

$R_z\,R_y$형 로봇의 자코비안을 식 (4.38)을 이용하여 구하라.

$$J(q) = \begin{bmatrix} z_0 \times r_{0,2} & z_1 \times r_{1,2} \\ \hline z_0 & z_1 \end{bmatrix}$$

3장의 식(3.8)로부터

$$r_{0,2} = \begin{bmatrix} a_2C_1C_2 \\ a_2S_1C_2 \\ d_1 + a_2S_2 \end{bmatrix}, \qquad r_{1,2} = R_1^0\, r^{1_{1,2}} = \begin{bmatrix} C_1 & 0 & S_1 \\ S_1 & 0 & -C_1 \\ 0 & 1 & 0 \end{bmatrix} \begin{bmatrix} a_2C_2 \\ a_2S_2 \\ 0 \end{bmatrix} = \begin{bmatrix} a_2C_1C_2 \\ a_2S_1C_2 \\ a_2S_2 \end{bmatrix}$$

$$z_0 = \begin{bmatrix} 0 \\ 0 \\ 1 \end{bmatrix}, \quad z_1 = R_1^0 z_0 = \begin{bmatrix} C_1 & 0 & S_1 \\ S_1 & 0 & -C_1 \\ 0 & 1 & 0 \end{bmatrix} \begin{bmatrix} 0 \\ 0 \\ 1 \end{bmatrix} = \begin{bmatrix} S_1 \\ -C_1 \\ 0 \end{bmatrix}$$

$$z_0 \times r_{0,2} = \begin{bmatrix} 0 \\ 0 \\ 1 \end{bmatrix} \times \begin{bmatrix} a_2 C_1 C_2 \\ a_2 S_1 C_2 \\ d_1 + a_2 S_2 \end{bmatrix} = \begin{bmatrix} -a_2 S_1 C_2 \\ a_2 C_1 C_2 \\ 0 \end{bmatrix}$$

$$z_1 \times r_{1,2} = \begin{bmatrix} S_1 \\ -C_1 \\ 0 \end{bmatrix} \times \begin{bmatrix} a_2 C_1 C_2 \\ a_2 S_1 C_2 \\ a_2 S_2 \end{bmatrix} = \begin{bmatrix} -a_2 C_1 S_2 \\ -a_2 S_1 S_2 \\ a_2 C_1^2 C_2 + a_2 S_1^2 C_2 \end{bmatrix}$$

$$J = \begin{bmatrix} -a_2 S_1 C_2 & -a_2 C_1 S_2 \\ a_2 C_1 C_2 & -a_2 S_1 S_2 \\ 0 & a_2 C_2 \\ \hline 0 & S_1 \\ 0 & -C_1 \\ 1 & 0 \end{bmatrix}$$

이 값은 예제 4.2와 4.5에서 구한 값들과 같다는 것을 알 수 있다.

4.5 기구학적 특이점

관절 속도로부터 로봇 끝점 속도는 다음과 같이 구한다.

$$\xi = J\dot{q} \tag{4.39}$$

한편 로봇 끝점 속도를 얻기 위한 각 관절 속도는 자코비안 J 역행렬을 이용하여 구한다. 여기서 J 는 $(n \times n)$ 정방행렬인 경우만 고려하고 비정방행렬은 여기에서 언급하지 않았다.

$$\dot{q} = J^{-1}\xi = \frac{adj(J)}{det(J)}\xi \tag{4.40}$$

하지만 $det(J)$가 0에 가까이 가면 $\dot{q}$이 무한대가 된다. 따라서 $det(J) = 0$이 되는 점을 기구학적 특이점(kinematic singularity)이라고 부른다.

기구학적 특이점은 다음 특성을 가진다.

1. 특이점에서 로봇의 이동성이 감소되는 자세를 나타낸다. 즉, 끝점이 어느 방향으로는 움직일 수 없게 된다.
2. 특이점 자세에서는 역 기구학에 대해 무한히 많은 해가 존재한다.
3. 특이점 근처에서는 작업 공간에서의 작은 속도는 관절 공간에서의 큰 속도를 만든다.

특이점은 다음과 같이 분류된다.

[1] 경계 특이점

경계 특이점(boundary singularity)은 [그림 4.5]와 같이 로봇이 최대로 뻗어있거나 접혀져 있을 경우에 나타난다. 이와 같은 경계 특이점은 작업 공간의 경계로 로봇을 움직이지 않으면 쉽게 피할 수 있다.

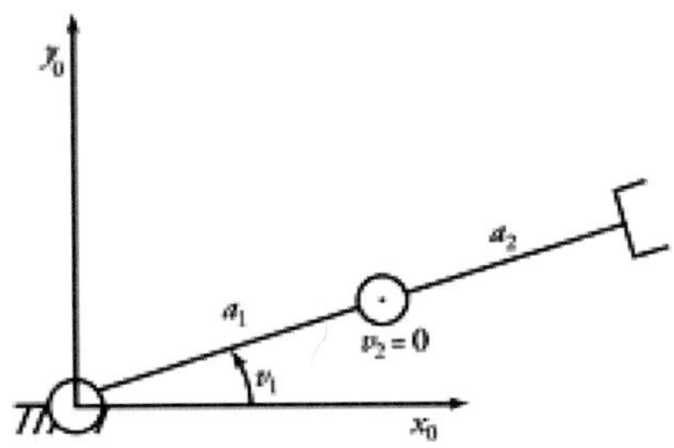

[그림 4.5] 2링크 로봇의 경계 특이점

예를 들면 RzRz형 로봇에서 자코비안은 다음과 같다.

$$J = \begin{bmatrix} -a_1S_1 - a_2S_{12} & -a_2S_{12} \\ a_1C_1 + a_2C_{12} & a_2C_{12} \end{bmatrix} \tag{4.41}$$

그 행렬식(determinant)은 다음과 같다.

$$\det(J) = a_1a_2S_2 \tag{4.42}$$

링크길이 $a_1,$ a_2는 0이 아니므로 행렬식이 0이 되는 각도는 다음과 같다.

$$\theta_2 = 0 \quad \text{or} \quad \theta_2 = \pi \tag{4.43}$$

[2] 내부 특이점

내부 특이점(Internal singularity)은 작업 공간 내부에서 일어난다. 이와 같은 내부 특이점은 문제를 발생시키므로 미리 내부 특이점을 알아내 피할 수 있도록 프로그래밍하여야 한다.

[그림 4.6]과 같이 팔꿈치형 팔(elbow arm)과 구형 손목(spherical wrist)을 가진 관절형 로봇 (articulated robot)인 경우 자코비안은 다음과 같이 구한다.

$$J = \begin{bmatrix} z_0 \times r_{0,6} & z_1 \times r_{1,6} & z_2 \times r_{2,6} & z_3 \times r_{3,6} & z_4 \times r_{4,6} & z_5 \times r_{5,6} \\ \hline z_0 & z_1 & z_2 & z_3 & z_4 & z_5 \end{bmatrix}$$

$$= \begin{bmatrix} J_{11} & J_{12} \\ \hline J_{21} & J_{22} \end{bmatrix} \tag{4.44}$$

구형 손목인 경우에 손목의 4, 5, 6축이 한 점에서 만나므로 J_{12}는 (3×3) 영(zero) 행렬이므로 로봇 팔과 로봇 손목의 행렬식이 분리된다.

$$\det(J) = \det(J_{11})\det(J_{22}) \tag{4.45}$$

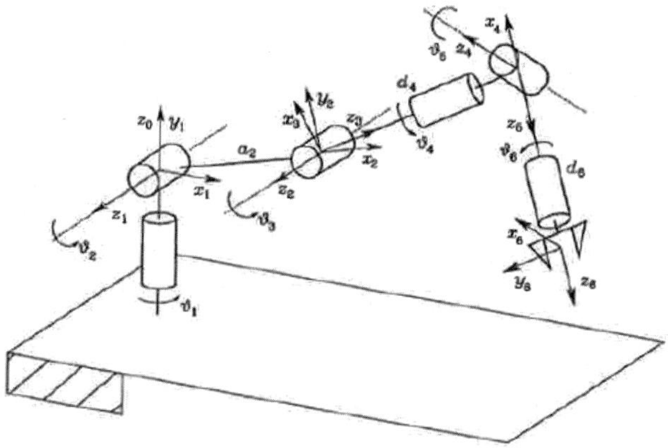

[그림 4.6] 6축 관절식 로봇 (articulated robot)

그러므로 식 (4.45)을 이용하여 팔 특이점(arm singularity) 과

$$\det(J_{11}) = 0 \tag{4.46}$$

손목 특이점(wrist singularity)을 구할 수 있다.

$$\det(J_{22}) = 0 \tag{4.47.a}$$

따라서 손목 특이점(wrist singularity)은 [그림 4.8]과 같이 z_3과 z_5가 평행할 경우에 발생한다. 이 경우 θ_4와 θ_6가 서로 반대 방향으로 움직이면 끝점의 회전이 일어나지 않는다.

$$\det(J_{22}) = \begin{vmatrix} -S_5C_6 & S_6 & 0 \\ S_5S_6 & C_6 & 0 \\ C_5 & 0 & 1 \end{vmatrix} = -S_5({C_6}^2 + {S_6}^2) = -S_5 \tag{4.47.b}$$

$\theta_5 = 0 \qquad \theta_5 = \pi$

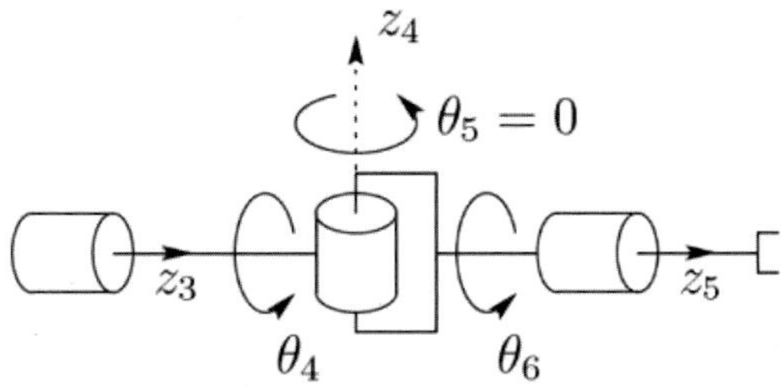

[그림 4.8] 손목 특이점[2]

팔 특이점(Arm singularity)은 $\det(J_{11})$의 계산이 복잡함으로 그 결과만 제시하면

$$\det(J_{11}) = -a_2a_3S_3(a_2C_2 + a_3C_{23}) \tag{4.48}$$

행렬식이 첫 번째 관절 변수에 의존하지 않는다는 것을 알 수 있다.

$a_2 \neq 0$, $a_3 \neq 0$인 경우에, 행렬식은 $S_3 = 0$인 경우와 $(l_2C_2 + l_3C_{23}) = 0$인 경우에 0이 된다. [그림 4.9]와 같은 $S_3 = 0$ $(\theta_3 = 0, \pi)$인 경우를 팔꿈치 특이점(elbow singularity)이라고 한다.

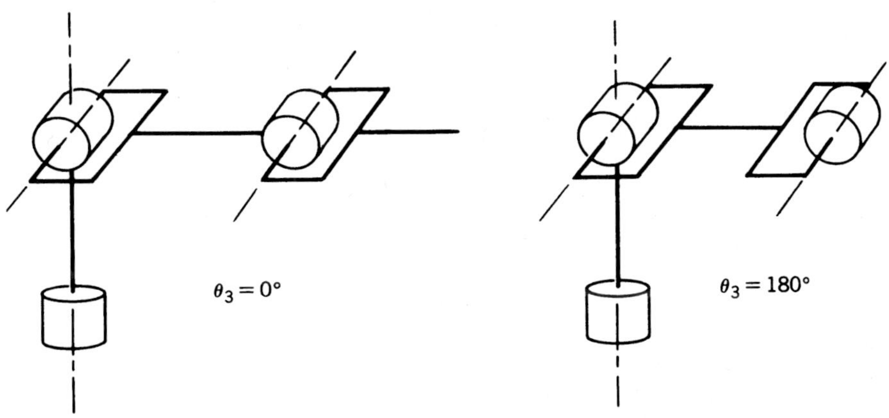

[그림 4.9] 팔꿈치 특이점[2]

[그림 4.10]과 같은 $a_2C_2 + a_3C_{23} = 0$인 경우를 어깨 특이점(shoulder singularity)이라고 한다. 이 경우 손목위치가 1축 선상에 있으므로 θ_1의 회전이 손목 위치를 변경시키지 않으므로 한 점에 대하여 많은 해를 가지게 된다.

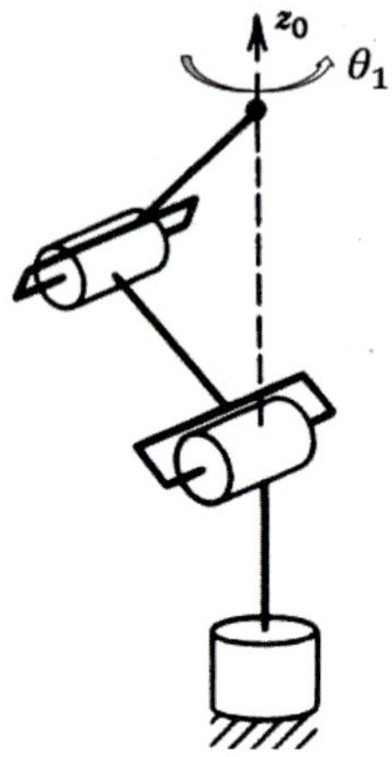

[그림 4.10] 어깨 특이점[2]

4.6 로봇 정역학

로봇 정역학(Statics)의 목적은 로봇 끝점에 가해진 일반 힘(힘과 모멘트)과 관절에 가해진 일반 힘(직동 관절인 경우에 힘, 회전 관절 경우에 토크)과의 관계를 구하는 것이다.

τ는 $(n\times1)$ 관절의 힘과 관절 토크 벡터이고 γ는 $(r\times1)$ 끝점에 가해지는 힘과 모멘트 벡터이다.

관절에서의 일은 토크와 조인트변수와의 곱이며, 끝점에서의 일은 끝점 힘과 모멘트 벡터 γ와 끝점 변위 d 의 곱이므로

$$\delta W_\tau = \tau^T\delta q \qquad (4.49.a)$$

$$\delta W_\gamma = \gamma^T\delta d \qquad (4.49.b)$$

자코비안 식으로부터 미소변위의 끝점 변위 δd와 관절각도 δq를 이용하면

$$\xi = J(q)\,\dot{q} \qquad (4.50)$$

$$\delta d/dt = J(q)\ \delta q/dt$$

정적 평형 상태에서는 관절과 끝점의 일이 같으므로

$$\delta W_\tau = \delta W_\gamma$$

$$\tau^T \delta q = \gamma^T J(q)\, \delta q$$

다음과 같은 관계식을 유도할 수 있다.

$$\tau = J^T(q)\gamma \tag{4.51}$$

예제 4.10

R_zR_z형 평면 로봇의 정역학을 구하라.

{0}좌표계로 표시된 로봇 끝점에 가해진 힘 벡테 γ^0에 대한 각 관절의 토크는 다음과 같다.

$$\begin{bmatrix}\tau_1\\ \tau_2\end{bmatrix} = \begin{bmatrix}-a_1S_1 + a_2S_{12} & a_1C_1 + a_2C_{12}\\ -a_2S_{12} & a_2C_{12}\end{bmatrix}\begin{bmatrix}f_x{}^0\\ f_y{}^0\end{bmatrix}$$

$$= (J^0)^T\gamma^0$$

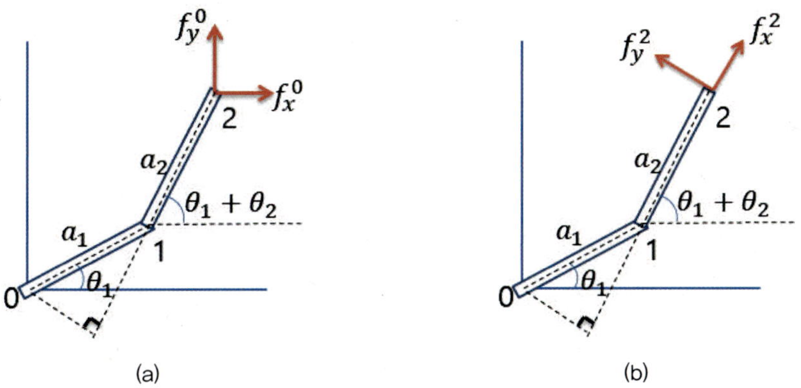

[그림 4.11] (a) 좌표계 0에 대한 힘 (b) 좌표계 0에 대한 힘

{2}좌표계로 표시된 힘 γ^2에 대한 각 관절의 토크는 다음과 같다.

$$\begin{bmatrix}\tau_1\\ \tau_2\end{bmatrix} = \begin{bmatrix}a_1S_2 & a_1C_2 + a_2\\ 0 & a_2\end{bmatrix}\begin{bmatrix}f_x^2\\ f_y^2\end{bmatrix} = (J^2)^T\gamma^2$$

그리고 {0}좌표계와 {2}좌표계 간의 자코비안은 다음과 같은 관계가 있다.

$$J^2 = R_0^2 J^0 = \begin{bmatrix} C_{12} & S_{12} \\ -S_{12} & C_{12} \end{bmatrix} \begin{bmatrix} -(a_1 S_1 + a_2 S_{12}) & -a_2 S_{12} \\ (a_1 C_1 + a_2 C_{12}) & a_2 C_{12} \end{bmatrix} = \begin{bmatrix} a_1 S_2 & 0 \\ a_1 C_2 + a_2 & a_2 \end{bmatrix}$$

4.7 속도와 힘 변환

대부분의 경우 [그림 4. 12]와 같이 로봇의 끝점(end effector)에서 일정한 거리를 두고 부착된 공구(tool)를 이용하여 작업을 하게 된다.

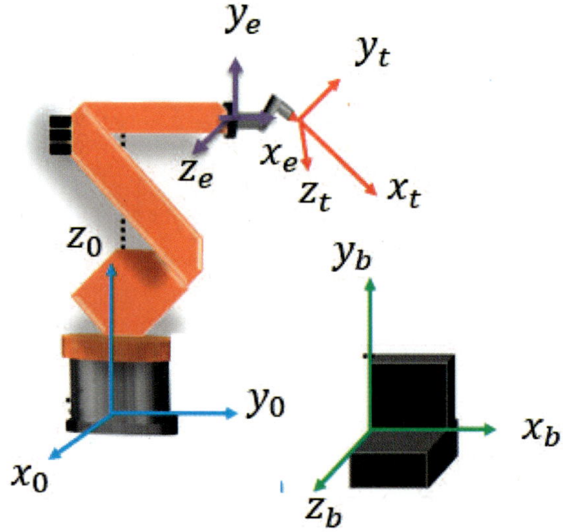

[그림 4.12] 공구가 부착된 로봇시스템

이 경우 일반적으로 로봇 끝점에서 측정된 속도 및 힘으로부터 공구 끝의 속도나 힘을 계산할 필요성이 있다. [그림 4.12]에서 $\{x_0\ y_0\ z_0\}$는 로봇기준 좌표계이고, $\{x_e\ y_e\ z_e\}$은 로봇 끝점이면서 공구의 시작점인 좌표계이고 $\{x_t\ y_t\ z_t\}$는 공구 끝점에 부착된 좌표계이다.

두 좌표계간의 변환 행렬 T_t^e 다음과 같다.

$$T_t^e = \begin{bmatrix} R_t^e & p_{et}^e \\ 0 & 1 \end{bmatrix} \tag{4.52}$$

공구 좌표계의 속도 벡터 ξ_t^t와 힘 벡터 γ_t^t을 끝점 좌표계의 속도 ξ_e^e와 힘 γ_e^e벡터 변환하는 식이 필요하다.

먼저 각속도 관계식은 공구가 강체이므로 같은 각속도로 회전하게 된다.

$$\omega_t^0 = \omega_e^0 \tag{4.53}$$

이를 기준좌표계가 아닌 각각 {t}, {e} 좌표계로 표시하면 다음과 같다.

$$\begin{aligned} &\omega_t^0 = \omega_e^0 \\ &R_e^0 R_t^e \omega_t^t = R_e^0 \omega_e^e \\ &\omega_t^t = R_e^t \omega_e^e \end{aligned} \tag{4.54}$$

이번에는 선속도 관계식을 같은 방식으로 구하면 다음과 같다

$$\begin{aligned} \dot{p}_t^o &= \dot{p}_e^o + \omega_e^o \times p_{et}^e \\ R_e^0 R_t^e \dot{p}_t^t &= R_e^0 \dot{p}_e^e - S(R_e^0 p_{et}^e)(R_e^0 w_e^e) \\ &= R_e^0 \dot{p}_e^e - R_e^0 S(p_{et}^e)(R_e^0)^T (R_e^0 w_e^e) \\ \dot{p}_t^t &= R_e^t \dot{p}_e^e - R_e^t S(p_{et}^e) w_e^e \end{aligned} \tag{4.55}$$

식(4.54)과 (4.55)를 이용하여 로봇 끝점 좌표계에서 공구 끝점 좌표계로의 속도 변환의 관계식을 행렬식으로 표현하면 다음과 같다.

$$\begin{bmatrix} \dot{p}_t^t \\ \omega_t^t \end{bmatrix} = \begin{bmatrix} R_e^t & -R_e^t S(p_{et}^e) \\ O & R_e^t \end{bmatrix} \begin{bmatrix} \dot{p}_e^e \\ \omega_e^e \end{bmatrix} \tag{4.56.a}$$

$$\xi_t^t = \begin{bmatrix} R_e^t & -R_e^t S(p_{et}^e) \\ O & R_e^t \end{bmatrix} \xi_e^e \tag{4.56.b}$$

여기서 두 좌표계간의 속도를 변환하는 행렬 A_{te} 을 Adjoint 행렬이라고 부르며 이를 이용하여 식을 일반식으로 표현하면 다음과 같다.

$$\xi_t^t = A_{te}\, \xi_e^e \tag{4.56.c}$$

또한 A_{te} 행렬의 역변환은 다음과 같으므로

$$A_{te}^{-1} = \begin{bmatrix} R_e^t & -R_e^t S(p_{et}^e) \\ O & R_e^t \end{bmatrix}^{-1} = \begin{bmatrix} R_t^e & S(p_{et}^e) R_t^e \\ O & R_t^e \end{bmatrix} \tag{4.57}$$

ξ_e^e 는 다음과 같이 구한다.

$$\xi_e^e = \begin{bmatrix} R_t^e & S(p_{et}^e) R_t^e \\ O & R_t^e \end{bmatrix} \xi_t^t \tag{4.58}$$

속도 기구학과 정역학의 대칭성(kineto−statics duality)에 의하여 한 좌표계에서 다른 좌표계로의 힘 변환(force transformation)의 관계식은 다음과 같이 표현된다.

$$\gamma_e^e = A_{te}^T \gamma_t^t \tag{4.59}$$

행렬식에서

$$\begin{bmatrix} A & B \\ C & D \end{bmatrix}^T = \begin{bmatrix} A^T & C^T \\ B^T & D^T \end{bmatrix} \tag{4.60}$$

이며 비대칭성 $S+S^T=0$의 성질이 이용하면

$$B^T = [-R_e^t S(p_{et}^e)]^T = S(p_{et}^e)R_e^t$$

이므로

$$\begin{bmatrix} f_e^e \\ m_e^e \end{bmatrix} = \begin{bmatrix} R_t^e & O \\ S(p_{et}^e)R_t^e & R_t^e \end{bmatrix} \begin{bmatrix} f_t^t \\ m_t^t \end{bmatrix} \tag{4.61}$$

여기서 f는 힘을, m은 토크를 의미한다.

예제 4.11

공구 좌표계 T에서 작용하는 힘 벡터가 로봇 끝점 좌표계 E에 미치는 힘 벡터를 구하라.

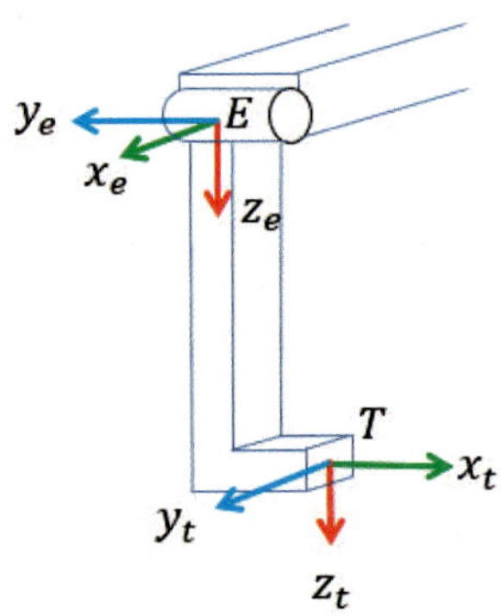

[그림 4.13] 좌표 간의 힘 변환

로봇 끝점 E과 핸드 끝점 T와의 좌표 변환은 다음과 같다.

$$T_t^e = \begin{bmatrix} 0 & 1 & 0 & 0 \\ -1 & 0 & 0 & -2 \\ 0 & 0 & 1 & 10 \\ 0 & 0 & 0 & 1 \end{bmatrix}$$

핸드 끝점에 걸리는 힘과 모멘트가 다음과 같을 경우를 보자.

$$f^{t} = [50 \;\; 0 \;\; -20]^{T}$$

$$m^{t} = [0 \;\; -30 \;\; 40]^{T}$$

E 좌표계에 걸리는 힘과 모멘트는 식 (4.61)을 이용하면 다음과 같다.

$$\begin{bmatrix} f^{e} \\ m^{e} \end{bmatrix} = \begin{bmatrix} R_t^e & O \\ S(p_{et}^e)R_t^e & R_t^e \end{bmatrix} \begin{bmatrix} f^{t} \\ m^{t} \end{bmatrix}$$

$$R_t^e = \begin{bmatrix} 0 & 1 & 0 \\ -1 & 0 & 0 \\ 0 & 0 & 1 \end{bmatrix}, \qquad S(p_{et}^e) = \begin{bmatrix} 0 & -10 & -2 \\ 10 & 0 & 0 \\ 2 & 0 & 0 \end{bmatrix}$$

$$\begin{bmatrix} f^{e} \\ m^{e} \end{bmatrix} = \begin{bmatrix} 0 \\ -50 \\ -20 \\ 510 \\ 0 \\ 40 \end{bmatrix}$$

4.8 조작성

주어진 작업을 수행하기 적합한 로봇의 자세를 결정하거나 로봇 구조를 설계하는 데 필요한 지수가 조작성(Manipulability)이다.

식 (4.62)과 같은 관절 속도 영역에서 단위원 내의 점에 의해 발생되는 작업 공간에서의 속도는 자코비안 J를 이용하면 식(4.63)과 같고 관절 속도 영역의 단위원이 작업 공간 속도 영역에서는 타원으로 매핑(mapping)된다.

$$\dot{q}^{T}\dot{q} = 1 \tag{4.62}$$

$$\xi^{T}(J(q)\;J^{T}(q))^{-1}\xi = 1 \tag{4.63}$$

타원의 장축 방향으로 끝점은 빠른 속도로 움직이고, 단축 방향으로는 느린 속도로 움직인다. 그리고 타원이 원에 가까이 감으로서 끝점이 모든 방향으로 잘 움직일 수 있다는 것을 의미한다. 여기서 타원 주축 방향은 행렬 $J\,J^{T}$의 고유 벡터(eigenvector)에 의하여 구해지고 축의 크기는 J의 특이값(singular value)에 의하여 구해진다.

타원의 체적은 다음과 같이 구한다.

$$m(q) = \sqrt{\det(J(q)\ \ J^T(q))} \tag{4.64}$$

이 값을 조작성 치수(manipulability measure)라고 부른다.

여유도(redundancy)가 없는 로봇이라면 이 값은 다음과 같이 간략화 될 수 있다.

$$m(q) = |\det(J(q))| \tag{4.65}$$

특이점에서는 조작성 지수 m가 0이 된다는 것을 알 수 있다. 그러므로 이 값을 이용하면 특이점으로부터 얼마나 떨어져 있는가를 알 수 있다.

예제 4.12

R_zR_z형 로봇의 조작성 치수를 구하라.

R_zR_z형 로봇에서, 조작성 지수를 구하면 다음과 같다.

$$m(q) = |\det(J(q))| = a_1 a_2 |S_2|$$

그러므로 이 값은 $\theta_2 = \pm\pi/2$일 때 최대가 되므로 이 자세에서 조작성이 가장 좋다는 것을 알 수 있다.

예제 4.12에서 사람의 팔을 사용하는 방법에 대하여 설명할 수 있다. [그림 4.15(a)]는 $a_1 = a_2 = 1$일 때 여러 가지 자세일 때의 속도 조작성 타원을 그린 것이다.

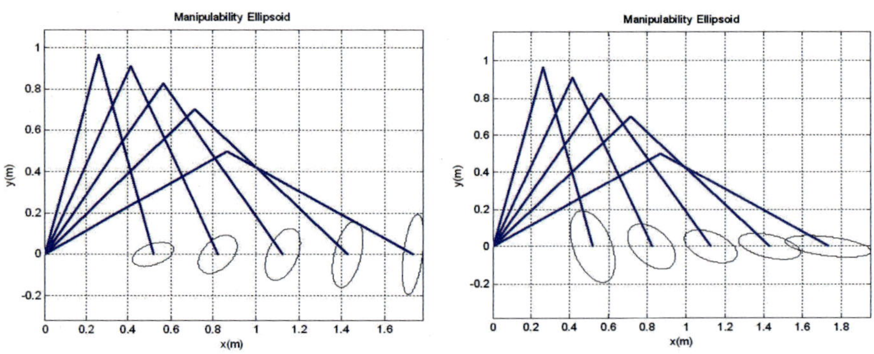

[그림 4.14] 2링크 평면 로봇의 (a) 속도 조작성 (b) 힘 조작성 타원

여기서, 팔이 90°가 될 때 조작성이 원에 가깝게 되면서 조작성지수가 최대가 된다는 것을 볼 수 있다.

기구학과 정역학의 대칭성(kineto-statics duality)을 이용하면 관절 토크 공간의 원과 끝점 공간의 타원은 다음과 같이 표현된다.

$$\tau^T \tau = 1 \tag{4.66}$$

$$\gamma^T (J(q)\ J^T(q)) \gamma = 1 \tag{4.67}$$

이것은 주어진 자세에서 주어진 관절 토크에 의하여 발생되는 끝점의 힘의 조작성을 나타낸다.

식 (4.63)과 식 (4.67)을 비교하면, JJ^T는 서로 역수 관계이므로 [그림 4.15(b)]에서 보는 바와 같이 힘 조작성 타원의 장단축 방향은 속도 조작성 타원의 장단축 방향과 서로 직각을 이룬다는 것을 알 수 있다.

연습문제

01. 3장의 로봇들에 대한 자코비안과 특이점을 구하라.

1) 그림 3.9, 3.10, 3.20, 3.22

2) 그림 3.23 ~ 3.28

02. 다음 RzRxPy로봇에서

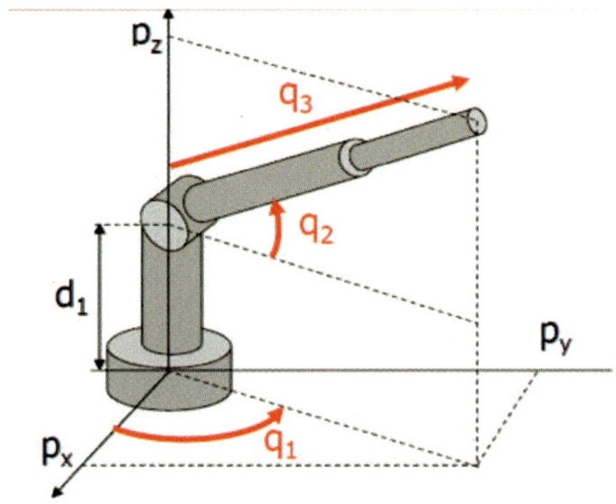

[변수 : $q_{1,}$, q_2, q_3]

(1) RzRxPy의 좌표축을 완성하고 각 링크의 θ, d, α. a 값을 구하라.

(2) 각 링크의 T_1^0, T_2^1, T_3^2, T_3^0을 구하라.

(3) $q_1 = 0°$, $q_2 = 0°$, $q_3 = 1$일 때 T_3^0 값을 이용하여 DH 파라미터가 올바른지 확인하고, $d_1 = 3$, $q_1 = 45°$, $q_2 = 60°$, $q_3 = 2$ 일 때 끝점의 위치가 $[p_x, p_y, p_z] = [-1/\sqrt{2}, 1/\sqrt{2}, 3+\sqrt{3}]$됨을 확인하라.

(4) Inverse Kinematics공식을 유도하고, 3)의p_x p_y p_z 을 이용하면 $q_1 = 45°$, $q_2 = 60°$, $q_3 = 2$ 됨을 검증하라.

(5) 다음 식을 이용하여 자코비안 J 을 구하라.

$$J = \begin{bmatrix} z_0 \times r_{0,3} & z_1 \times r_{1,3} & z_2 \\ z_0 & z_1 & 0 \end{bmatrix}$$

다음 문제들은 (3)의 자세에서의 값들을 이용하라

(6) $\dot{q}_1 = 2$, $\dot{q}_2 = 1$, $\dot{q}_3 = -1$ rad/sec일 때
로봇끝점 속도v 와 각속도ω는 얼마인가?

(7) 만약 끝점의 속도 $v_e = [1; 0; 0]$ 즉 x 방향으로만 속도를 내기 위하여 필요한 조인트 각속도 $\dot{q}$은 얼마인가?

(8) 로봇 끝점에 걸리는 힘과 모멘트 $\gamma^3 = [f\ ;\ m]$ =[5; 0; 20; 0, 30, 10] 일 때 로봇 각 조인트에 걸리는 토크는 얼마인가 ?

03. 다음과 같은 건설중기에서

(1) 위 로봇의 좌표축을 완성하고 각 링크의 θ, d, α. l 값을 구하라.
[변수 : θ_1, θ_2, d_3]

(2) 각 링크의 Homogeneous Transformation matrix T_1^0, T_2^1, T_3^2을 구하라.

(3) $\theta_1 = 0°$, $\theta_2 = 0°$, $d_3 = 5$일 때 끝점의 위치를 구하라.

(4) (3)번의 위치에서의 자코비안을 구하라.

(5) (3)번의 위치에서 $\dot{\theta}_1 = 1\,\text{rad/s}$, $\dot{\theta}_2 = 2\,\text{rad/s}$, $\dot{d}_3 = 4\,\text{m/s}$일 때 끝점의 속도를 구하라.

(6) (3)번의 위치에서 로봇 끝 $X_3Y_3Z_3$축에 걸리는 힘과 모멘트가 $\gamma=[f,m]$ =[50, 10, 0, 20, 30, 0] 일 때 각 조인트에 걸리는 토크와 힘은 얼마인가?

(7) (3)번의 위치에서 로봇 끝에 부착된 힘/모멘트 센서에서 측정된 힘과 모멘트가 다음과 같을 때, 운전수 회전축 $X_0Y_0Z_0$에 걸리는 힘과 모멘트는 얼마인가?

$F_E^E=[10 \quad 0 \quad 40]^T \qquad M_E^E=[0 \quad 10 \quad 20]^T$

(8) 이 로봇에서 Arm Singularity가 발생하는가? 발생한다면 어떤 자세에서 발생하는가?

04. 공구 끝점에 걸리는 힘과 모멘트는 다음과 같을 때

$f^T=[0\,50 \quad 200]^T,\ m^T=[0-300 \quad 0]^T$

로봇 끝점 좌표 E에 미치는 일반 힘을 구하라.

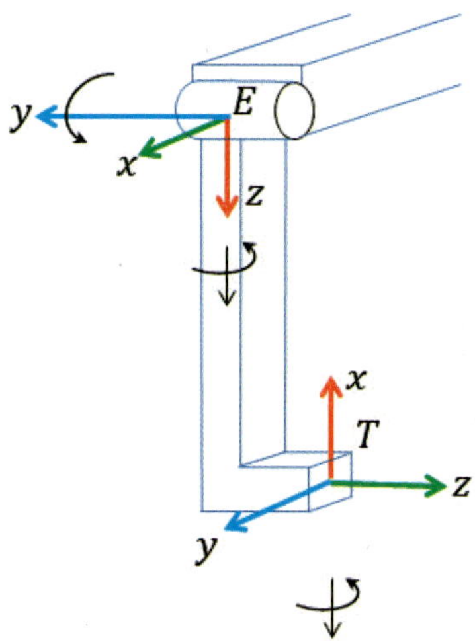

$$T_t^e=\begin{bmatrix} 0 & 1 & 0 & 0 \\ 0 & 0 & -1 & -3 \\ -1 & 0 & 0 & 8 \\ 0 & 0 & 0 & 1 \end{bmatrix}$$

참고문헌

1. L.Sciavicco, B. Scilliano, "Modelling and Control of Robot Manipulators", Springer, 2000.
2. Mark W. Spong, "Robot Modeling and Control", 2nd Ed., 2020.

05

동역학

5.1 오일러-라그랑지 방법
5.2 뉴턴-오일러 방법
5.3 운동 방정식의 물리적 의미
5.4 역 동역학

이 장에서는 관절 토크와 로봇 팔의 운동 간의 관계를 나타내는 운동 방정식을 구하고자 한다. 이 운동 방정식을 이용하여 로봇에 사용될 모터의 용량을 결정할 수 있고, 제어기를 설계할 수 있다. 운동 방정식을 구하기 위해 일반적으로 많이 사용되고 있는 두 가지 방법에는 라그랑지 방식(Lagrangian formulation)과 뉴턴-오일러 방식(Newton-Euler formulation)이 있다. 따라서 각 방법에 대하여 설명하고 RzRz형 로봇의 예를 들어 두 가지 방법의 차이를 설명하고자 한다. 또한, 운동 방정식의 물리적 의미를 설명하고 역 동역학 방정식도 설명하고자 한다.

After all manner of professors have done their best for us, the place we are to get knowledge is in books. The true university of these days is a collection of books.

– Albert Camus –

05
CHAPTER

동역학

5.1 오일러-라그랑지 방법

5.1.1 오일러-라그랑지 동역학 방정식

로봇의 동역학을 유도하기 위하여 대표적으로 두 가지 방식이 많이 사용되고 있다. 첫 번째 방식인 오일러-라그랑지 방식(Euler-Lagrangian formulation)은 동역학에 대한 에너지 방식의 접근법이고 두 번째 방식인 뉴턴-오일러(Newton-Euler formulation) 방식은 뉴턴의 운동 제 2법칙인 힘의 평형 방정식을 이용한 접근법이다. 두 방식 모두 같은 동역학 방정식을 만들어 낸다.

이 장에서는 우선 운동에너지와 위치에너지를 이용한 오일러-라그랑지 방식에 대하여 설명하고자 한다. 운동하는 물체에는 2개의 에너지, 운동에너지 $T(q, \dot{q})$ 와 위치에너지 $U(q)$가 존재한다. n개의 링크로 구성된 로봇에 대하여 각 링크의 운동 에너지와 위치 에너지의 차이를 라그랑지안 L로 정의할 수 있다.

$$L(q_i, \dot{q}_i) = T(q_i, \dot{q}_i) - U(q_i) \quad (i=1, \cdots, n) \tag{5.1}$$

여기서 $q_i,$ $\dot{q}_i$은 로봇 i 관절의 위치 및 속도를 나타낸다.

식(5.2)의 라그랑지 운동 방정식을 이용하여 식(5.3)과 같은 운동 에너지와 위치 에너지로 표현되는 n개의 링크로 구성된 로봇의 운동방정식으로 나타낼 수도 있다.

$$\frac{d}{dt}\left(\frac{\partial L}{\partial \dot{q}_i}\right) - \frac{\partial L}{\partial q_i} = Q_i \quad (i=1, \cdots, n) \tag{5.2}$$

$$\frac{d}{dt}\left(\frac{\partial T}{\partial \dot{q}_i}\right) - \frac{\partial T}{\partial q_i} + \frac{\partial U}{\partial q_i} = Q_i \tag{5.3}$$

여기서 Q_i는 i번째 관절에 작용하는 일반 힘이다.

예제 5.1

[그림 5.1]와 같이 질량이 m이고 무게중심 관성모멘트가 J_c인 링크가 점 A에 고정된 1축 로봇의 동역학 방정식을 구하라.

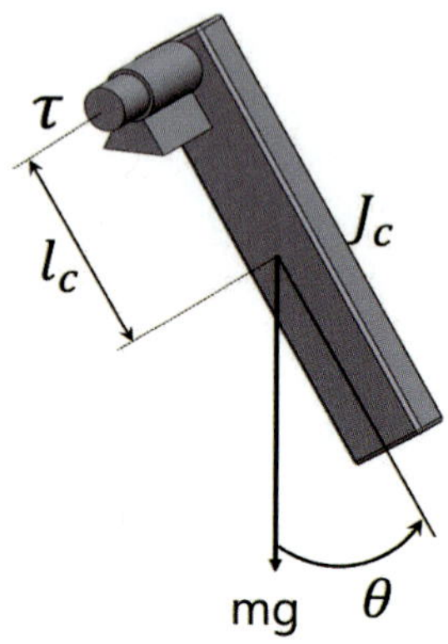

[그림 5.1] 1 링크 로봇시스템

여기서 θ, l_c은 각각 링크의 각도와 회전중심에서 무게중심 까지의 길이며, τ 은 모터에 가해지는 토크이다.

무게중심의 위치와 속도 벡터는 다음과 같다.

$$r_c = l_c \sin\theta \, i + l_c \cos\theta \, j$$

$$v_c = l_c \cos\theta \, \dot{\theta} \, i - l_c \sin\theta \, \dot{\theta} \, j$$

이 시스템에서 운동 에너지와 위치 에너지는 다음과 같다.

$$T = \frac{1}{2} m v_c^2 + \frac{1}{2} J_c \dot{\theta}^2$$

$$= \frac{1}{2} m (l_c^2 \cos^2\theta + l_c^2 \sin^2\theta) \, \dot{\theta}^2 + \frac{1}{2} J_c \, \dot{\theta}^2$$

$$= \frac{1}{2} (m {l_c}^2 + J_c) \, \dot{\theta}^2$$

$$U = m g l_c (1 - \cos\theta)$$

여기서, g은 중력가속도이다.

$$\frac{d}{dt} \frac{\partial T}{\partial \dot{\theta}} = \frac{d}{dt} [(m {l_c}^2 + J_c) \, \dot{\theta}] = (m {l_c}^2 + J_c) \, \ddot{\theta}$$

$$\frac{\partial T}{\partial \theta} = 0$$

$$\frac{\partial U}{\partial \theta} = m g l_c \sin\theta$$

이므로, 이를 식 (5.3)에 적용하면 다음의 동역학운동 방정식이 구해진다.

$$(m l_c{}^2 + J_c)\ \ddot{\theta}\ +\ m g l \sin\theta = \ \tau$$

5.1.2 자코비안을 이용한 운동방정식 유도

식 (5.3)을 n 링크를 가진 로봇에 직접 적용하면 n이 증가할수록 계산량이 많아 지기 때문에 이 절에서는 4장에서 배운 자코비안을 이용하여 좀 더 간략하게 운동 방정식을 유도할 수 있는 방법을 알아 보고자 한다.

전체 링크의 운동 에너지는 다음과 같이 각 링크 운동 에너지의 합이다.

$$T = \sum_{i=1}^{n} T_i \tag{5.4}$$

[그림 5.2]에서의 링크 i의 운동 에너지는 다음과 같다.

$$T_i = \frac{1}{2} m_i v_{ci}^T v_{ci} + \frac{1}{2} \omega_i^T I_i \omega_i \tag{5.5}$$

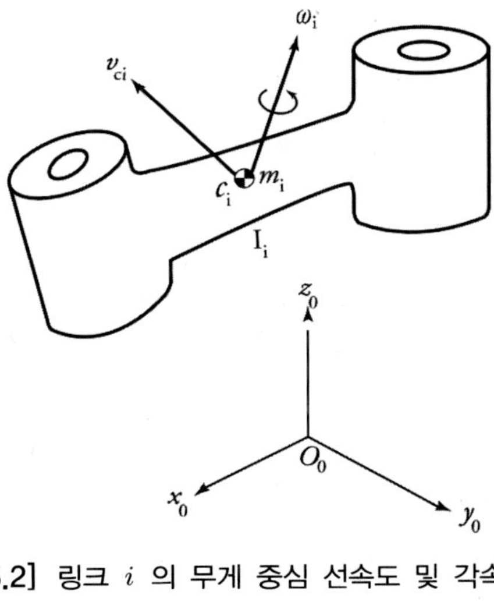

[그림 5.2] 링크 i 의 무게 중심 선속도 및 각속도[2]

여기서 m_i는 링크 i의 질량이고, I_i는 기준 좌표계로 표현된 무게 중심에서의 질량관성 모멘트이며, v_{ci}, ω_i는 각각 링크 i의 무게 중심의 선속도 및 각속도이다. 첫 번째 항은 질량 m_i의 직선 운동에 의한 운동 에너지이며, 두 번째 항은 무게 중심에 대한 회전으로 인해 발생하는 운동 에너지이다.

여기서 사용된 선속도와 각속도는 기준 좌표계에 대한 것으로 4장의 자코비안을 사용하면 다음과 같이 관절 속도로 나타낼 수 있다.

$$v_{ci} = J_{L1}^{(i)} q_1 + \cdot\cdot\cdot + J_{Lj}^{(i)} q_i = J_L^{(i)} \dot{q} \tag{5.6}$$

$$\omega_i = J_{A1}^{(i)} q_1 + \cdot\cdot\cdot + J_{Aj}^{(i)} q_i = J_A^{(i)} \dot{q}$$

여기서 $J_{Li}^{(i)}$은 링크 i의 자코비안 행렬의 j번째 열 선형 운동벡터이며, $J_{Ai}^{(i)}$은 링크 i의 자코비안 행렬의 j번째 열 회전 운동벡터이다.

$$J_L^{(i)} = [J_{L1}^{(i)} \cdot\cdot\cdot J_{Li}^{(i)}\ 0 \cdot\cdot\cdot 0] \tag{5.7}$$

$$J_A^{(i)} = [J_{A1}^{(i)} \cdot\cdot\cdot J_{Ai}^{(i)}\ 0 \cdot\cdot\cdot 0]$$

여기서, 링크 i의 운동은 관절 1에서 관절 i까지에만 의존하기 때문에 i의 열 이상의 벡터는 0이 된다.

식 (5.6)을 식 (5.5)에 대입하면 다음과 같다.

$$T = \frac{1}{2}\sum_{i=1}^{n}(m_i \dot{q}^T J_L^{(i)T} J_L^{(i)} \dot{q} + \dot{q}^T J_A^{(i)T} I_i J_A^{(i)} \dot{q}) = \frac{1}{2}\dot{q}^T H(q)\dot{q} \tag{5.8}$$

여기서 H는 $(n \times n)$ 행렬인 로봇 질량 관성 행렬이며 다음과 같이 m_i, I_i 및 자코비안으로부터 간단하게 구할 수 있다.

$$H(q) = \sum_{i=1}^{n}(m_i J_L^{(i)T} J_L^{(i)} + J_A^{(i)T} I_i J_A^{(i)}) \tag{5.9}$$

이 값은 (3×3)인 각 링크의 관성 행렬과 다르다. 링크의 관성 행렬은 상수인데 반하여 로봇 질량관성 행렬은 로봇 팔의 자세에 따라 달라지는 순간적인 질량 특성을 나타낸다.

식 (5.8)의 운동 에너지를 스칼라 형태로 표현하면 다음과 같다.

$$T = \frac{1}{2}\sum_{i=1}^{n}\sum_{j=1}^{n} H_{ij}\dot{q}_i\dot{q}_j \tag{5.10}$$

여기서 H_{ij}는 로봇 관성 행렬 H의 $[i, j]$항을 나타낸다.

위치 에너지는 중력이 있을 경우 기준 평면으로부터 링크 i의 무게 중심을 이동시키는 데 필요한 일을 말한다. g는 기준 좌표계에 대한 중력 가속도로 (3×1)벡터이며 위치 에너지는 다음과 같다.

$$U=\sum_{i=1}^{n}m_i\ g^T\ r_{o,ci} \tag{5.11}$$

여기서 링크 i무게 중심의 위치 벡터 $r_{o,ci}$는 로봇의 자세에 따라 변한다.

일반 힘(generalized force)은 중력 및 관성력 이외에 로봇 링크에 작용하는 모든 힘 및 모멘트를 말한다. 일반 힘은 이 힘들에 의한 가상일로부터 다음과 같이 구할 수 있다.

$$\delta Work=Q^T\delta q \tag{5.12}$$

전체 운동 에너지와 위치 에너지를 이용하여 다음과 같이 라그랑지 운동 방정식을 유도할 수 있다.

식 (5.3)의 첫 번째 항은 다음과 같이 쓸 수 있다.

$$\begin{aligned}\frac{d}{dt}\left(\frac{\partial T}{\partial \dot{q}_i}\right)&=\frac{d}{dt}\left(\sum_{j=1}^{n}H_{ij}\dot{q}_j\right)\\&=\sum_{j=1}^{n}H_{ij}\ddot{q}_j+\sum_{j=1}^{n}\frac{dH_{ij}}{dt}\dot{q}_j\\&=\sum_{j=1}^{n}H_{ij}\ddot{q}_j+\sum_{j=1}^{n}\sum_{k=1}^{n}\frac{\partial H_{ij}}{\partial q_k}\dot{q}_j\dot{q}_k\end{aligned} \tag{5.13}$$

여기서H_{ij}의 시간 미분은 다음과 같이 유도되었다.

$$\frac{dH_{ij}}{dt}=\sum_{k=1}^{n}\frac{\partial H_{ij}}{\partial q_k}\frac{dq_k}{dt}=\sum_{k=1}^{n}\frac{\partial H_{ij}}{\partial q_k}\dot{q}_k \tag{5.14}$$

식 (5.3)의 두 번째 항은 다음과 같다.

$$\frac{\partial T}{\partial q_i}=\frac{\partial}{\partial q_i}\left(\frac{1}{2}\sum_{j=1}^{n}\sum_{k=1}^{n}H_{jk}\dot{q}_j\dot{q}_k\right)=\frac{1}{2}\sum_{j=1}^{n}\sum_{k=1}^{n}\frac{\partial H_{jk}}{\partial q_i}\dot{q}_j\dot{q}_k \tag{5.15}$$

중력항 G_i는 위치 에너지로부터 구할 수 있다.

$$G_i=\frac{\partial U}{\partial q_i}=\sum_{j=1}^{n}m_j\ g^T\frac{\partial r_{o,cj}}{\partial q_i}=\sum_{j=1}^{n}m_j\ g^T J_{Li}^{(j)} \tag{5.16}$$

무게 중심 위치 벡터 $r_{o,cj}$를 q_i에 대하여 편미분하면 j번째 링크의 자코비안 행렬 $J_L^{(j)}$의 i번째 열벡터와 같다.

따라서 위의 식들을 식 (5.3)에 대입하면 다음과 같다.

$$\sum_{j=1}^{n} H_{ij}\ddot{q}_i + \sum_{j=1}^{n}\sum_{k=1}^{n} h_{ijk}\dot{q}_j\dot{q}_k + G_i = Q_i \quad (i=1, \ \dots, \ n) \tag{5.17}$$

여기서

$$h_{ijk} = \frac{\partial H_{ij}}{\partial q_k} - \frac{1}{2}\frac{\partial H_{jk}}{\partial q_i} \tag{5.18}$$

$$G_i = \sum_{j=1}^{n} m_j g^T J_{Li}^{(j)} \tag{5.19}$$

이다.

식 (5.17)의 첫 번째 항은 상호작용 토크를 포함한 관성 토크이며, 두 번째 항은 원심력과 콜리오리스 힘이며, 마지막 항은 중력에 의한 토크이다.

식 (5.17)를 행렬 행태로 쓰면 다음과 같다.

$$H(q)\ddot{q} + C(q,\dot{q})\dot{q} + G(q) = Q \tag{5.20}$$

2 링크 로봇의 동역학 방정식에 식 (5.20)을 적용하여 행렬 형태로 나타내면 다음과 같다.

$$\begin{bmatrix} H_{11} & H_{12} \\ H_{21} & H_{22} \end{bmatrix}\begin{bmatrix} \ddot{\theta}_1 \\ \ddot{\theta}_2 \end{bmatrix} + \begin{bmatrix} c_1(\theta,\dot{\theta}) \\ c_2(\theta,\dot{\theta}) \end{bmatrix} + \begin{bmatrix} G_1 \\ G_2 \end{bmatrix} = \begin{bmatrix} \tau_1 \\ \tau_2 \end{bmatrix} \tag{5.21}$$

여기서

$$c_1 = \begin{bmatrix} \dot{\theta}_1 & \dot{\theta}_2 \end{bmatrix}\begin{bmatrix} 0 & h_{112} \\ h_{121} & h_{122} \end{bmatrix}\begin{bmatrix} \dot{\theta}_1 \\ \dot{\theta}_2 \end{bmatrix} = h_{111}\dot{\theta}_1^2 + (h_{112} + h_{121})\dot{\theta}_1\dot{\theta}_2 + h_{122}\dot{\theta}_2^2 \tag{5.22}$$

$$c_2 = \begin{bmatrix} \dot{\theta}_1 & \dot{\theta}_2 \end{bmatrix}\begin{bmatrix} h_{211} & h_{212} \\ h_{221} & 0 \end{bmatrix}\begin{bmatrix} \dot{\theta}_1 \\ \dot{\theta}_2 \end{bmatrix} = h_{211}\dot{\theta}_1^2 + (h_{212} + h_{221})\dot{\theta}_1\dot{\theta}_2 + h_{222}\dot{\theta}_2^2 \tag{5.23}$$

예제 5.2

RzRz 형태 로봇의 운동 방정식을 오일러-라그랑지 방법을 이용하여 구하라.

무게 중심의 속도는 자코비안을 이용하여 J_L, J_A를 구하면 다음과 같다.

$$v_{c1} = \begin{bmatrix} -l_{c1}S_1 & 0 \\ l_{c1}C_1 & 0 \end{bmatrix}\begin{bmatrix} \dot{\theta}_1 \\ \dot{\theta}_2 \end{bmatrix} = J_L^{(1)}\dot{q}$$

$$v_{c2} = \begin{bmatrix} -l_1S_1 - l_{c2}S_{12} & -l_{c2}S_{12} \\ l_1C_1 + l_{c2}C_{12} & l_{c2}C_{12} \end{bmatrix} \begin{bmatrix} \dot{\theta}_1 \\ \dot{\theta}_2 \end{bmatrix} = J_L^{(2)}\dot{q}$$

$$\omega_1 = \dot{\theta}_1 = [1 \quad 0] \begin{bmatrix} \dot{\theta}_1 \\ \dot{\theta}_2 \end{bmatrix} = J_A^{(1)}\dot{q}$$

$$\omega_2 = \dot{\theta}_1 + \dot{\theta}_2 = [1 \quad 1] \begin{bmatrix} \dot{\theta}_1 \\ \dot{\theta}_2 \end{bmatrix} = J_A^{(2)}\dot{q}$$

이 값들을 식 (5.9)에 대입하면 로봇 관성 텐서는 식(5.24) 같이 대칭행렬이고 H_{22}는 상수이고 나머지 항은 θ_2의 함수이다.

$$H = m_1 J_L^{(1)T} J_L^{(1)} + I_1 J_A^{(1)T} J_A^{(1)} + m_2 J_L^{(2)T} J_L^{(2)} + I_2 J_A^{(2)T} J_A^{(2)}$$

$$H = \begin{bmatrix} m_1 l_{c1}^2 + I_1 + m_2(l_1^2 + l_{c2}^2 + 2l_1 l_{c2} C_2) + I_2 & m_2 l_1 l_{c2} C_2 + m_2 l_{c2}^2 + I_2 \\ m_2 l_1 l_{c2} C_2 + m_2 l_{c2}^2 + I_2 & m_2 l_{c2}^2 + I_2 \end{bmatrix} \tag{5.24}$$

$$= \begin{bmatrix} H_{11}(\theta_2) & H_{12}(\theta_2) \\ H_{21}(\theta_2) & H_{22} \end{bmatrix}$$

식 (5.18)를 이용하여 원심력과 코리오스 힘은 다음과 같이 구할 수 있다.
여기서, H_{22}는 상수이고 나머지 항은 θ_2의 함수이므로

$$\frac{\partial H_{11}}{\partial q_1} = \frac{\partial H_{12}}{\partial q_1} = \frac{\partial H_{21}}{\partial q_1} = \frac{\partial H_{22}}{\partial q_1} = \frac{\partial H_{22}}{\partial q_2} = 0$$

이 된다. 따라서, 식 (5.18)의 h_{ijk}는 $h = m_2 l_1 l_{c2} S_2$ 값으로 간략화 될 수 있다,

$$h_{111} = \frac{\partial H_{11}}{\partial q_1} - \frac{1}{2}\frac{\partial H_{11}}{\partial q_1} = 0$$

$$h_{112} = \frac{\partial H_{11}}{\partial q_2} - \frac{1}{2}\frac{\partial H_{12}}{\partial q_1} = -2m_2 l_1 l_{c2} S_2 = -2h$$

$$h_{121} = \frac{\partial H_{12}}{\partial q_1} - \frac{1}{2}\frac{\partial H_{21}}{\partial q_1} = 0$$

$$h_{122} = \frac{\partial H_{12}}{\partial q_2} - \frac{1}{2}\frac{\partial H_{22}}{\partial q_1} = -m_2 l_1 l_{c2} S_2 = -h$$

$$h_{211} = \frac{\partial H_{21}}{\partial q_1} - \frac{1}{2}\frac{\partial H_{11}}{\partial q_2} = m_2 l_1 l_{c2} S_2 = h$$

$$h_{212} = \frac{\partial H_{21}}{\partial q_2} - \frac{1}{2}\frac{\partial H_{12}}{\partial q_2} = -m_2 l_1 l_{c2} S_2 + \frac{1}{2} m_2 l_1 l_{c2} S_2 = -\frac{1}{2} h \quad (5.25)$$

$$h_{221} = \frac{\partial H_{22}}{\partial q_1} - \frac{1}{2}\frac{\partial H_{21}}{\partial q_2} = \frac{1}{2} m_2 l_1 l_{c2} S_2 = \frac{1}{2} h$$

$$h_{222} = \frac{\partial H_{22}}{\partial q_2} - \frac{1}{2}\frac{\partial H_{22}}{\partial q_2} = 0$$

마지막 항인 중력 항은 식 (5.19)을 이용하면 다음과 같다.

$$G_1 = g^T[m_1 J_{L1}^{(1)} + m_2 J_{L1}^{(2)}] = -(m_1 l_{c1} g_o C_1 + m_2 g_o (l_{c2} C_{12} + l_1 C_1)) \quad (5.26)$$

$$G_2 = g^T[m_1 J_{L2}^{(1)} + m_2 J_{L2}^{(2)}] = -(m_2 l_{c2} g_o C_{12})$$

여기서, 중력은 $-y$방향으로 작용하므로 다음과 같다.

$$g = \begin{bmatrix} 0 \\ -g_o \end{bmatrix}$$

따라서 최종 운동 방정식은 다음과 같다

$$H_{11}\ddot{\theta}_1 + H_{12}\ddot{\theta}_2 - h\dot{\theta}_2^2 - 2h\dot{\theta}_1\dot{\theta}_2 + G_1 = \tau_1 \quad (5.27)$$

$$H_{22}\ddot{\theta}_2 + H_{12}\ddot{\theta}_1 + h\,\dot{\theta}_1^2 \qquad + G_2 = \tau_2 \quad (5.28)$$

5.2 뉴턴-오일러 방법

5.2.1 링크 가속도

4장의 링크 i의 속도로 부터

$$\omega_i = \begin{cases} \omega_{i-1} + \dot{\theta}_i z_{i-1} & \text{회전 관절} \quad (4.33) \\ \omega_{i-1} & \text{직동 관절} \quad (4.29) \end{cases}$$

$$\dot{p}_i = \begin{cases} \dot{p}_{i-1} + \omega_i \times r_{i-1,i} & \text{회전 관절} \quad (4.34) \\ \dot{p}_{i-1} + \omega_i \times r_{i-1,i} + \dot{d}_i z_{i-1} & \text{직동 관절} \quad (4.30) \end{cases}$$

이를 미분하면 링크 i의 가속도 및 각 가속도는 다음과 같다.

$$\dot{\omega}_i = \begin{cases} \dot{\omega}_{i-1} + \ddot{\theta}_i z_{i-1} + \omega_{i-1} \times (\dot{\theta}_i z_{i-1}) & \text{회전 관절} \\ \dot{\omega}_{i-1} & \text{직동 관절} \end{cases} \tag{5.29}$$

$$\ddot{p}_i = \begin{cases} \ddot{p}_{i-1} + \dot{\omega}_i \times r_{i-1,i} + \omega_i \times (\omega_i \times r_{i-1,i}) & \text{회전 관절} \\ \ddot{p}_{i-1} + \dot{\omega}_i \times r_{i-1,i} + \omega_i \times (\omega_i \times r_{i-1,i}) & \text{직동 관절} \\ + \ddot{d}_i z_{i-1} + 2\omega_i \times (\dot{d}_i z_{i-1}) & \end{cases} \tag{5.30}$$

식 (5.30)은 식 (4.34), (4.30)으로부터 다음과 같이 유도할 수 있다.
회전관절의 경우

$$\ddot{p}_i = \ddot{p}_{i-1} + \dot{\omega}_i \times r_{i-1,i} + \omega_i \times \dot{r}_{i-1,i} \tag{5.31a}$$

$$= \ddot{p}_{i-1} + \dot{\omega}_i \times r_{i-1,i} + \omega_i \times (\omega_i \times r_{i-1,i})$$

직동관절의 경우

$$\begin{aligned} \ddot{p}_i &= \ddot{p}_{i-1} + \ddot{d}_i z_{i-1} + \dot{d}_i \dot{z}_{i-1} + \dot{\omega}_i \times r_{i-1,i} + \omega_i \times \dot{r}_{i-1,i} \\ &= \ddot{p}_{i-1} + \ddot{d}_i z_{i-1} + \dot{d}_i (\omega_i \times z_{i-1}) + \dot{\omega}_i \times r_{i-1,i} + \omega_i \times (\dot{d}_i z_{i-1} + \omega_i \times r_{i-1,i}) \\ &= \ddot{p}_{i-1} + \ddot{d}_i z_{i-1} + 2\dot{d}_i (\omega_i \times z_{i-1}) + \dot{\omega}_i \times r_{i-1,i} + \omega_i \times (\omega_i \times r_{i-1,i}) \end{aligned} \tag{5.31b}$$

여기서 $r_{i-1,i}$와 $r_{i,i+1}$은 기준 좌표계에 대한 위치 벡터이다.
앞으로 선가속도 $\ddot{p}_i$를 a_i로 표시할 수도 있다.

5.2.2 순차적 뉴턴-오일러 동역학 방정식

뉴턴-오일러 방법은 힘과 모멘트를 이용하는 뉴턴의 제 2법칙에 의해 유도된다. 이 방정식은 각 링크에 작용하는 모든 힘과 모멘트를 고려한다. [그림 5.3]에서 링크 i에 작용하는 모든 힘과 모멘트를 나타냈다.

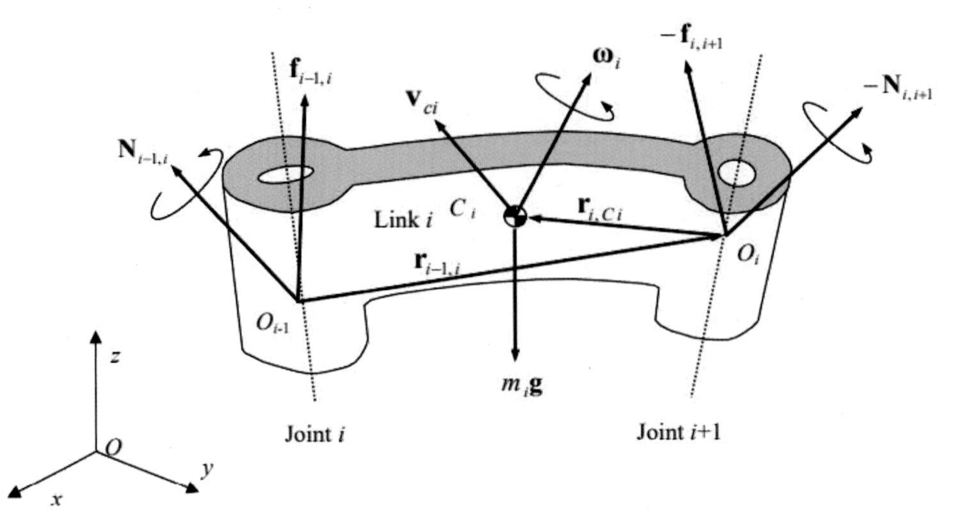

[그림 5.3] 링크 i의 자유 물체도[1]

강체의 운동 방정식은 무게 중심에 대한 직선 운동과 회전 운동으로 나타낼 수 있다. 직선 운동은 뉴턴 방정식으로, 회전 운동은 오일러 방정식으로 나타낸다.

[그림 5.3]에서 뉴턴 운동 방정식을 힘의 정적 평형을 이용하여 구하면 다음과 같다.

$$\Sigma F_{ci} = m_i a_{ci} \tag{5.32}$$

$$f_{i-1,i} - f_{i,i+1} + m_i g = m_i a_{ci} \quad (i = n, n-1, \cdots, 1)$$

여기서, $f_{i-1,i}$, $f_{i,i+1}$은 각각 링크 $i-1$, $i+1$이 링크 i에 미치는 반력이다. $m_i a_{ci}$는 관성력이며 a_{ci}는 무게중심의 가속도이다. $m_i\, g$는 무게 중심에 작용하는 중력에 의한 힘이다.

그리고 [그림 5.4]에서 모멘트의 평형식으로부터 오일러(Euler) 방정식을 다음과 같이 구한다.

$$\Sigma M_c = I\,\dot{\omega}_i \tag{5.33}$$

$$N_{i-1,i} - N_{i,i+1} + r_{i,ci} \times f_{i,i+1} - r_{i-1,ci} \times f_{i-1,i} = I_i\,\dot{\omega}_i \quad (i = n, n-1, \cdots, 1)$$

여기서 $N_{i-1,i}$, $N_{i,i+1}$은 각각 링크 $i-1$, $i+1$이 링크 i에 미치는 모멘트이다. $r_{i,ci}$, $r_{i-1,ci}$는 $i-1$, i 링크좌표계에서 링크 i의 무게중심까지의 거리이다.

$$N_{i-1,i} = \tau_i \;,\; N_{i,i+1} = \tau_{i+1}$$

$$f_{i-1,i} = f_i \;,\; f_{i,i+1} = f_{i+1}$$

식 (5.32)과 식 (5.33)은 다음과 같이 반복형으로 표현할 수 있다.

$$f_i = f_{i+1} - m_i g + m_i a_{ci} \qquad (i = n,\ n-1,\ \ldots, 1) \tag{5.34}$$

$$\tau_i = \tau_{i+1} - r_{i,ci} \times f_{i+1} + r_{i-1,ci} \times f_i + I_i \dot{\omega}_i \qquad (i = n,\ n-1,\ \cdots, 1) \tag{5.35}$$

뉴턴-오일러 방법은 [그림 5.4]에서 보는 바와 같이 기구학(kinematics)은 식 (5.29)~(5.30)로부터 기준 좌표계로부터 로봇 끝점 방향으로 순차적으로 구할 수 있고, 동역학(dynamics)은 식 (5.34)~(5.35)으로부터 로봇 끝점에서 기준 좌표계 방향으로 역순으로 구한다.

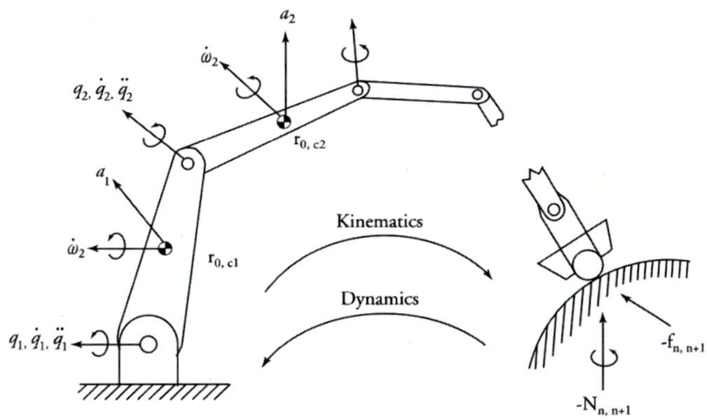

[그림 5.4] 기구학 및 동역학식의 반복적 계산법

예제 5.3

RzRz 형태 로봇의 운동 방정식을 뉴턴-오일러 방정식을 이용하여 구하라.

모든 축이 회전 관절이므로 무게 중심의 속도 및 가속도는 식 (4.33)~(4.34)와 (5.29)~(5.30)을 이용하여 첫 번째 관절부터 끝 관절까지 순차적으로 구한다.

$$z_0 = z_1 = \begin{bmatrix} 0 \\ 0 \\ 1 \end{bmatrix},\ r_{0,c1} = l_{c1}\begin{bmatrix} C_1 \\ S_1 \\ 0 \end{bmatrix},\ r_{1,c2} = l_{c2}\begin{bmatrix} C_{12} \\ S_{12} \\ 0 \end{bmatrix},\ g = g_0\begin{bmatrix} 0 \\ -1 \\ 0 \end{bmatrix}$$

$$\omega_1 = \omega_0 + \dot{\theta}_1 z_0 = \dot{\theta}_1 z_0$$

$$\omega_2 = \omega_1 + \dot{\theta}_2 z_1 = \dot{\theta}_1 z_0 + \dot{\theta}_2 z_1$$

$$\dot{\omega}_1 = \dot{\omega}_0 + \ddot{\theta}_1 z_0 + \omega_0 \times (\dot{\theta}_1 z_0) \tag{5.36}$$

$$= \ddot{\theta}_1 \begin{bmatrix} 0 \\ 0 \\ 1 \end{bmatrix}$$

$$\dot{\omega}_2 = \dot{\omega}_1 \quad + \ddot{\theta}_2 z_1 \quad + \omega_1 \times (\dot{\theta}_2 z_1) \tag{5.37}$$

$$= \ddot{\theta}_1 z_0 \ + \ddot{\theta}_2 z_1 \quad + \dot{\theta}_1 z_0 \times \dot{\theta}_2 z_1$$

$$= (\ddot{\theta}_1 + \ddot{\theta}_2) \begin{bmatrix} 0 \\ 0 \\ 1 \end{bmatrix}$$

각 링크의 무게 중심에서의 가속도를 구할 수 있다.

$$a_{c1} = a_0 + \dot{\omega}_1 \times r_{0,c1} + \omega_1 \times (\omega_1 \times r_{0,c1}) \tag{5.38}$$

$$= l_{c1}\ddot{\theta}_1 \begin{bmatrix} -S_1 \\ C_1 \\ 0 \end{bmatrix} - l_{c1}\dot{\theta}_1^2 \begin{bmatrix} C_1 \\ S_1 \\ 0 \end{bmatrix}$$

$$a_{c2} = a_1 + \dot{\omega}_2 \times r_{1,c2} + \omega_2 \times (\omega_2 \times r_{1,c2}) \tag{5.39}$$

$$= (l_1\ddot{\theta}_1 \begin{bmatrix} -S_1 \\ C_1 \\ 0 \end{bmatrix} - l_1\dot{\theta}_1^2 \begin{bmatrix} C_1 \\ S_1 \\ 0 \end{bmatrix}) + l_{c2}(\ddot{\theta}_1 + \ddot{\theta}_2) \begin{bmatrix} -S_{12} \\ C_{12} \\ 0 \end{bmatrix} - l_{c2}(\dot{\theta}_1 + \dot{\theta}_2)^2 \begin{bmatrix} C_{12} \\ S_{12} \\ 0 \end{bmatrix}$$

다음으로 각 관절에 작용하는 반력은 속도 및 가속도와 달리 식(5.34)~(5.35)을 이용하여 끝점에서부터 순차적으로 구해 나간다. 여기서, 끝점에 가해지는 외부 토크와 힘은 $\tau_3 = 0$, $f_3 = 0$ 이라고 가정한다.

$$f_2 = f_3 - m_2 g + m_2 a_{c2} \tag{5.40}$$

$$= \ -m_2 g + m_2 a_{c2}$$

$$f_1 = f_2 - m_1 g + m_1 a_{c1} \tag{5.41}$$

$$= \ -(m_1 + m_2) g + m_1 a_{c1} + m_2 a_{c2}$$

그러면, 관절 2의 토크는 식(5.35)을 이용하여 구할 수 있다.

$$\boldsymbol{\tau_2} = \tau_3 - r_{2,c2} \times f_3 + r_{1,c2} \times f_2 + I_2 \dot{\omega}_2 \tag{5.42.a}$$

$$= \ r_{1,c2} \times f_2 + I_2 \dot{\omega}_2$$

3차원 벡터로부터 z축 값만 추출하면 관절 2의 토크는

$$\tau_2 = (r_{1,C2} \times m_2 a_{c2} - r_{1,c2} \times m_2 g + I_2 \dot{\omega}_2) \bullet \quad z_0 \tag{5.42.b}$$

$$= (I_2 + m_2 l_{c2} l_1 C_2 + m_2 l_{2c}^2)\ddot{\theta}_1 + (I_2 + m_2 \ l_{c2}^2)\ddot{\theta}_2 + m_2 l_1 l_{c2} S_2 \dot{\theta}_1^2 + m_2 l_{c2} C_{12} g_0$$

같은 방법으로, 관절 1의 토크는 다음 식을 이용하여 구할 수 있다.

$$\boldsymbol{\tau_1} = \boldsymbol{\tau_2} - r_{1,c1} \times f_2 + r_{0,c1} \times f_1 + I_1 \dot{\omega}_1 \tag{5.43.a}$$

$$= \boldsymbol{\tau_2} + r_{0,c1} \times m_1 a_{c1} - r_{0,1} \times m_2 a_{c2} - r_{0,c1} \times m_1 g - r_{0,1} \times m_2 g + I_1 \dot{\omega}_1$$

따라서 최종 방정식은 다음과 같다.

$$\tau_1 = H_{11}\ddot{\theta}_1 + H_{12}\ddot{\theta}_2 - h\dot{\theta}_2^2 - 2h\dot{\theta}_1\dot{\theta}_2 + G_1 \tag{5.43.b}$$

$$\tau_2 = H_{22}\ddot{\theta}_2 + H_{21}\ddot{\theta}_1 + h\dot{\theta}_1^2 + G_2 \tag{5.43.c}$$

여기서,

$$H_{11} = m_1 l_{c1}^2 + I_1 + m_2 (l_1^2 + l_{c2}^2 + 2 l_1 l_{c2} C_2) + I_2 \tag{5.44.a}$$

$$H_{22} = m_2 l_{c2}^2 + I_2 \tag{5.44.b}$$

$$H_{12} = H_{21} = m_2 l_1 l_{c2} C_2 + m_2 l_{c2}^2 + I_2 \tag{5.44.c}$$

$$h = m_2 l_1 l_{c2} S_2 \tag{5.45}$$

$$G_1 = m_1 g\, l_{c1} C_1 + m_2 g\, (l_1 C_1 + l_{c2} C_{12}) \tag{5.46.a}$$

$$G_2 = m_2 g\, l_{c2} C_{12} \tag{5.46.b}$$

식 (5.44), (5.45)은 오일러-라그랑지에서 구한 식 (5.27), (5.28)과 같다는 것을 알 수 있다.

5.3 운동 방정식의 물리적 의미

앞 절에서는 라그랑지 방정식과 뉴튼 방정식으로 로봇 동역학을 유도하였는데 라그랑지 방정식이 더 간단하게 유도된다는 것을 알 수 있다. 하지만 뉴튼 방정식은 각 항의 물리적 의미를 알 수 있을 뿐만 아니라 각 축의 토크를 순차적 알고리즘으로 구할 수 있어 라그랑지 방정식 보다 계산시간을 줄일 수 있다.

이 절에서는 예제 5.2 와 5.3의 RzRz형 로봇 운동 방정식 각 항에 대한 물리적 의미를 설명하고자 한다.

식 (5.44)의 첫 번째 항 H_{11}은 두 번째 링크가 고정되었을 때, 즉, $\ddot{\theta}_2=0$, $\dot{\theta}_2=0$인 경우 첫 번째 관절에서 가해지는 토크이다. 여기서, $m_1 l_{c1}^2+I_1$은 관절 1에 대한 링크 1의 관성 모멘트이다. 나머지 항은 관절 1에 대한 링크 2의 관성 모멘트로서 [그림 5.5]에서 보는 바와 같이 관절 1과 링크 2의 무게 중심까지의 거리 L에 의존한다.

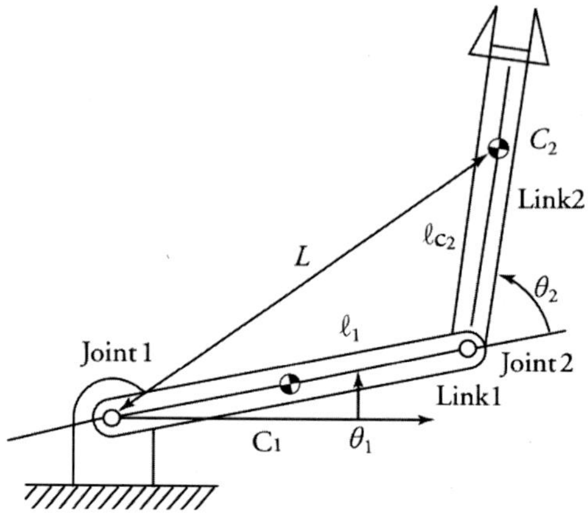

[그림 5.5] 팔의 자세에 따른 관성 질량의 변화 [1]

거리 L은 관절 각도 θ_2을 이용하여 다음과 같이 구할 수 있다.

$$L^2=l_1^2+l_{c2}^2+2l_1 l_{c2} C_2 \tag{5.47}$$

따라서 관성 질량의 평행축 원리를 이용하면 $m_2 L^2+I_2$이 되므로 식 (5.44.a)의 3, 4항과 같다. 이 관성 모멘트는 $\theta_2=0$일 때 최대이며 $\theta_2=\pi$일 때 최소이다.

식 (5.44)의 두 번째 항 H_{12}은 $\dot{\theta}_1=\dot{\theta}_2=0$, $\ddot{\theta}_1=0$ 일 경우의 관성력으로 두 번째 링크의 가속운동이 관절 1에 미치는 모멘트는 다음과 같다.

$$\begin{aligned}\tau_{12} &= I_2\dot{\omega}_2+r_{0,c2}\times m_2 a_{c2} \\ &= I_2\dot{\omega}_2+\begin{bmatrix} l_1 c_1+l_{c2}\,c_{12} \\ l_1 s_1+l_{c2}\,s_{12} \\ 0 \end{bmatrix}\times m_2 l_{c2}\dot{w}_2\begin{bmatrix} -s_{12} \\ c_{12} \\ 0 \end{bmatrix} \\ &= [I_2+m_2(l_{c2}^2+l_1 l_{c2}\cos\theta_2)]\dot{\omega}_2 = H_{12}\dot{w}_2 \end{aligned} \tag{5.48}$$

식 (5.44)의 세 번째 항은 [그림 5.6]과 같이 링크 2의 회전에 의해 작용하는 원심력, $m_2\, l_{c2}\dot{\theta}_2^2$이 관절 1에 작용하는 토크 이다.

$$\tau_c=r_{0,1}\times f_{cent}=l_1 S_2\,(m_2 l_{c2}\dot{\theta}_2^2)=h\,\dot{\theta}_2^2 \tag{5.49}$$

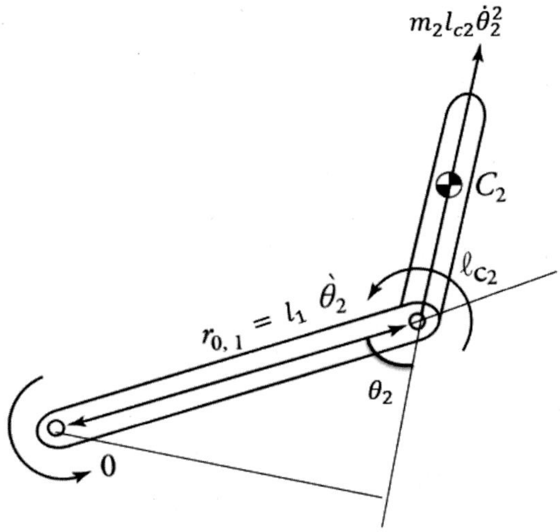

[그림 5.6] 관절 2의 회전에 의한 원심력[1]

식 (5.44)의 네 번째 항은 관절 속도의 곱에 비례한다. [그림 5.7]에서 보는 바와 같이 두 관절이 동시에 $\dot{\theta}_1$과 $\dot{\theta}_2$로 회전하는 순간,

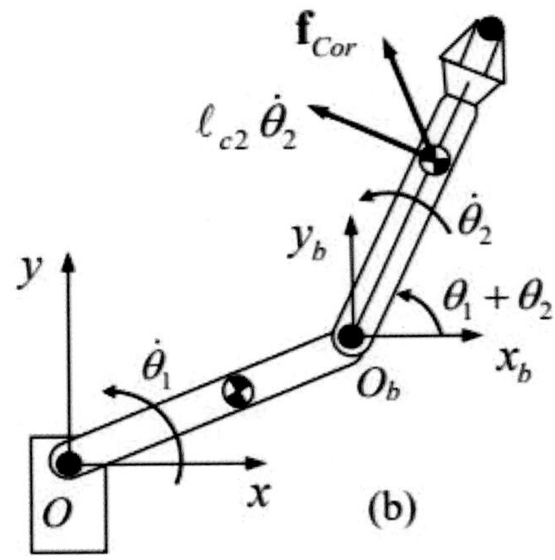

[그림 5.7] 콜리오리스 효과[1]

질량 m_2인 링크 2가 각속도 $\dot{\theta}_1$로 회전하는 이동 좌표계 $\{O_b, x_b, y_b\}$ 상에서 속도 v_b로 움직일 때 링크 2는 다음과 같은 콜리오리스(Coriolis)힘에 의한 토크가 관절 1에 발생한다.

$$
\begin{aligned}
f_{cor} &= 2m_2(\omega_1 \times v_b) \\
&= 2m_2\dot{\theta}_1 \begin{bmatrix} 0 \\ 0 \\ 1 \end{bmatrix} \times l_{c2}\dot{\theta}_2 \begin{bmatrix} -s_{12} \\ c_{12} \\ 0 \end{bmatrix}
\end{aligned}
$$

$$= 2m_2 l_{c2}\dot{\theta}_1\dot{\theta}_2 \begin{bmatrix} c_{12} \\ s_{12} \\ 0 \end{bmatrix} \tag{5.50}$$

이 콜리오리스 힘은 관절 1에 대하여 모멘트를 발생시킨다.

$$\begin{aligned} \tau_{cor} &= r_{0,c2} \times f_{cor} \\ &= 2m_2 l_1 l_{c2}\dot{\theta}_1\dot{\theta}_2 S_2 \end{aligned} \tag{5.51}$$

식 (5.46.a)은 중력에 의해 링크 1 및 2의 무게가 관절 1에 발생시키는 중력 토크이다. 중력은 $-y$ 방향으로 작용하므로 다음과 같이 구할 수 있다.

$$\tau_{g1} = m_1 g\, l_{c1} C_1 + m_2 g (l_1 C_1 + l_{c2} C_{12}) \tag{5.52}$$

5.4 역 동역학

[그림 5.8]과 같이 3장의 기구학에서 정 기구학(forward Kinematics)과 역 기구학(inverse Kinematics)이 있는 것과 같이 동역학에서도 정 동역학(direct dynamcis)과 역 동역학(inverse dynamics)이 있다.

토크 값이 주어지면 관절 변수의 궤적을 구하는 것이 정 동역학이며, 반대로 관절 변수의 궤적이 주어지면 그 궤적을 만들어낼 수 있는 토크 값을 계산하는 것이 역 동역학이다. 정 동역학은 제어를 할 경우에 사용되며 값을 구하기가 수치 해석적으로 복잡하다. 한편 역 동역학은 로봇 궤적이 주어졌을 때 필요한 모터의 사양을 구하는 데 사용하며 계산은 식 (5.35)을 이용하여 간단하게 이루어진다.

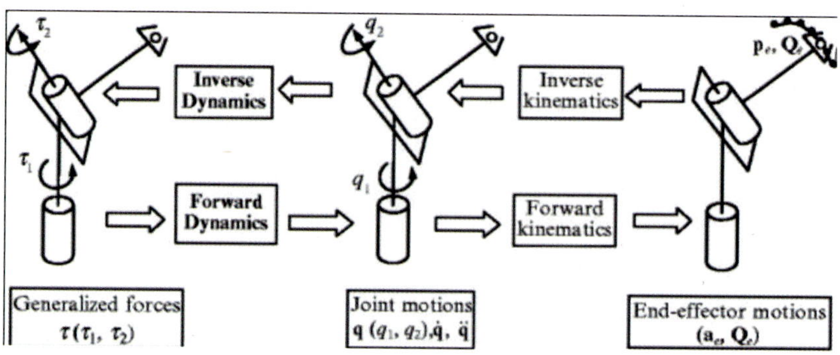

[그림 5.8] 정 동역학 및 역 동역학[3]

연습문제

01. 1자유도 로봇의 동역학 방정식을 라그랑지 방법으로 구하여라.

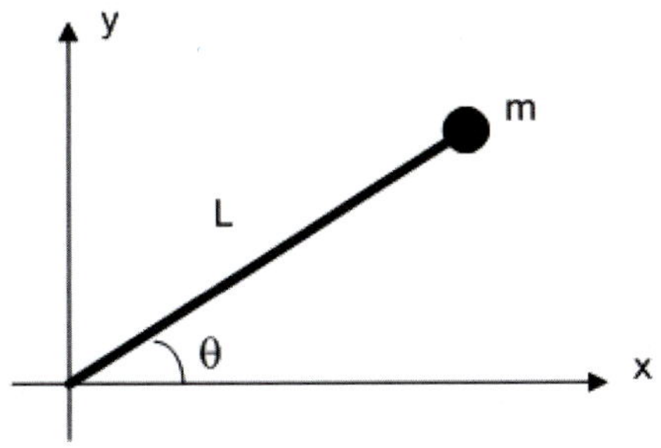

02. 2자유도 로봇의 동역학 방정식을 라그랑지 방법과 뉴턴 방법으로 구하여라.

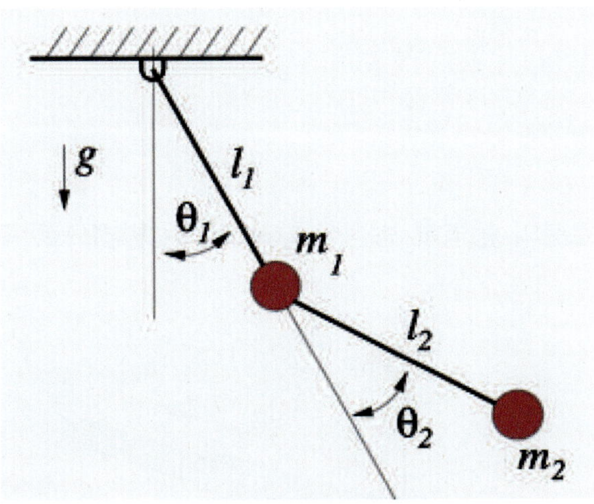

03. PzRy 형태 로봇의 동역학 방정식을 라그랑지 방법과 뉴턴 방법으로 구하여라.

04. RzRy 형태 로봇의 동역학 방정식을 라그랑지 방법과 뉴턴 방법으로 구하여라.

05. PxRz 형태 로봇의 동역학 방정식을 라그랑지 방법과 뉴턴 방법으로 구하여라.

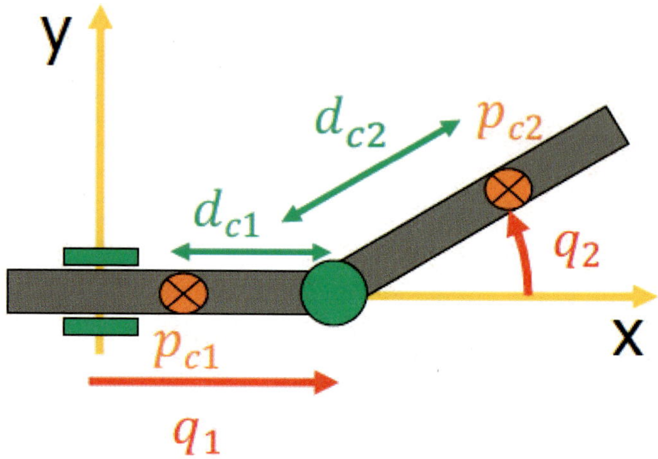

06. 5. PxRz 형태 로봇의 동역학 방정식을 라그랑지 방법으로 구하여라.

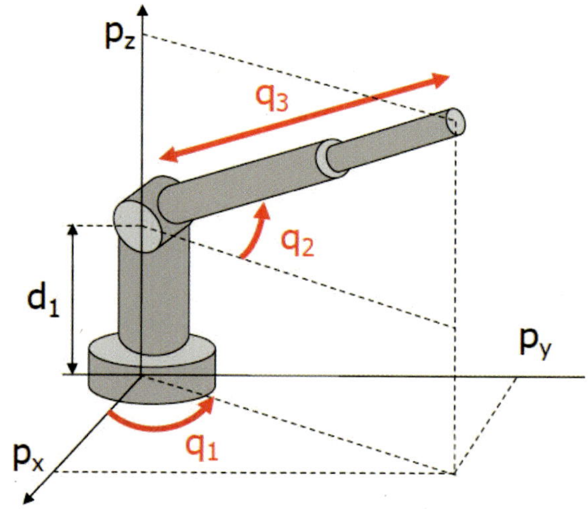

참고문헌

1. Asada, "Robot Analysis and Control", John Wiley & Sons, 1991.
2. L.Sciavicco, B. Scilliano, "Modelling and Control of Robot Manipulators", Springer, 2000.
3. Suril Vijaykumar Shah et. al. , "Dynamics of Robotic Systems", Springer, 2012
4. De Lucas "Robotics Lectures", University of Bologna, Sapienza, Università di Roma 2020.

06

로봇 제어

6.1 제어의 기초
6.2 매니퓰레이터의 위치 제어
6.3 매니퓰레이터의 임피던스 제어

이 장에서는 지금까지 공부한 기구학, 동역학 등에 관한 지식을 바탕으로 로봇 제어와 관련된 기초적인 제어 이론 및 장단점 등에 대하여 다루며, 특히 매니퓰레이터의 위치 제어 및 임피던스 제어 방법들과 특징에 대해서 알아본다.

江 村

清江一曲抱村流　長夏江村事事幽
自去自來梁上燕　相親相近水中鷗
老妻畫紙爲碁局　稚子敲針作釣鉤
多病所須性藥物　微軀此外更何求

－ 杜 甫 －

06 CHAPTER 로봇 제어

6.1 제어의 기초

로봇공학을 공부하는 최종적인 목표 중 하나가 로봇을 제어할 수 있는 능력을 배양하는 것이라 할 수 있다. 로봇을 제어하기 위해서는 먼저 로봇의 움직임을 수학적인 표현, 즉 동역학 방정식으로 나타낼 수 있어야 하며, 이를 위하여 동역학을 공부하였다. 또한 로봇의 동역학 방정식을 구하기 위해서는 기구학에 대한 기본 지식이 필요하다. 본 장에서는 로봇 제어를 위한 관련 제어 이론 및 제어법에 대하여 공부하기로 한다. 로봇 작업에 있어서 로봇과 작업 환경 간에 힘의 간섭이 존재하는가의 여부에 따라서 이들 작업을 단순한 위치 제어와 힘과 위치를 동시에 고려한 임피던스 제어의 두 가지 경우로 분류할 수 있다. 이 장에서는 먼저 1축 매니퓰레이터를 예로 들어 제어 공학의 기초를 간단히 설명한 후, 단순한 형태의 매니퓰레이터를 대상으로 몇 가지 제어법을 공부하기로 한다. 마지막으로 위치 및 힘을 동시에 고려한 임피던스 제어에 대하여 설명하기로 한다.

[1] 제어계의 모델링과 구성

일반적인 매니퓰레이터 제어를 공부하기 이전에, 매니퓰레이터 제어의 기초 개념을 [그림 6.1]과 같은 1링크 매니퓰레이터를 예로써 설명한다. 매니퓰레이터의 구동기로는 여러 가지가 있으나, 여기서는 제어가 비교적 간단한 DC 모터를 예로 들어 공부하기로 한다. [그림 6.1(a)]는 감속기를 통해 DC 모터로 구동되는 매니퓰레이터를, [그림 6.1(b)]는 그 기구 모델을 각각 나타낸다. 일반적인 DC 모터의 정격 속도는 매니퓰레이터가 작업하기 위해서 필요로 하는 회전속도와 다른 경우가 많기 때문에 감속기를 사용하여 적당한 속도로 조정한다.

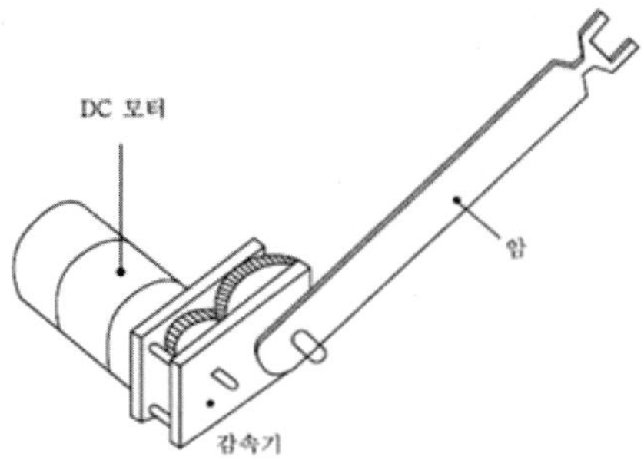

(a) 매니퓰레이터의 구조

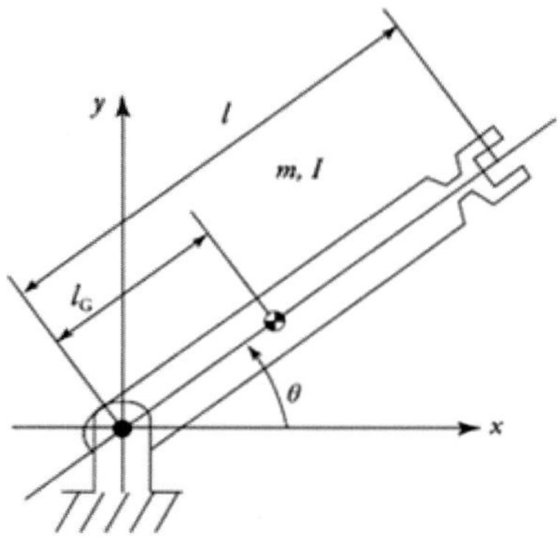

(b) 기구 모델

[그림 6.1] 1링크 매니퓰레이터

[그림 6.2]는 이 로봇을 제어하기 위한 제어계의 한 예를 보여준다.

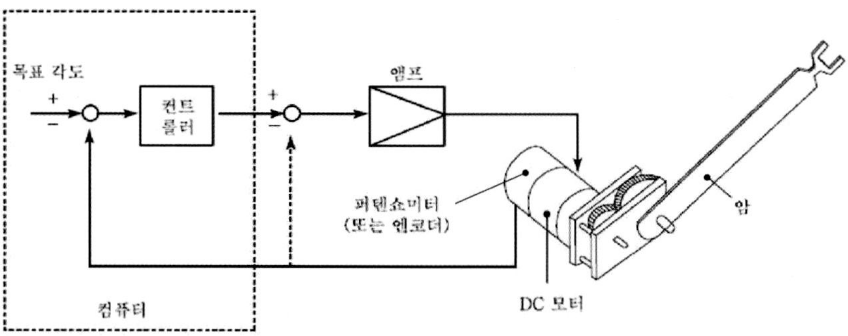

[그림 6.2] 1링크 매니퓰레이터 제어계의 구성

매니퓰레이터의 움직임을 감지하는 센서는 여러 가지 종류가 있다. [그림 6.2]에서 퍼텐쇼미터(potentiometer, 전위차계)나 엔코더(encoder)는 매니퓰레이터의 각도를 계측

하는 센서이고, 앰프는 DC 모터를 구동하기 위하여 제어기에서 받은 지령 신호를 증폭하는 장치이다. 제어기가 전자 회로 등으로 구성되는 경우는 실선으로 나타내지만 보통 컴퓨터가 로봇의 제어기로 사용되므로 이 경우 점선으로 표시한 루프가 설치되는 경우가 많다. [그림 6.2]에서 제어 대상은 1링크 매니퓰레이터이며, 제어량은 링크의 각도, 조작량은 모터의 출력 토크이다. 엔코더 혹은 퍼텐쇼미터에 의해 검출된 로봇 팔의 각도 정보는 피드백 경로를 거쳐 되돌아온 후, 목표 각도와의 오차가 계산되며, 이 오차 값에 의해 조절부 제어기(컨트롤러)가 작동하게 된다. 제어기에서는 설계자에 의해 부여된 조정 방법, 즉 제어법에 의해 제어 신호를 발생하고 조작부에서는 이 제어 신호에 따른 조작량을 제어 대상에 보내게 된다. 적절한 제어기가 설계되었다면 위와 같은 조작이 반복되어 제어량은 목표 값과 일치하게 된다. 이와 같이 제어계의 구성을 결정하면 제어기의 사양과 특성을 어떻게 결정하는가가 최대의 문제이며, 이에 따라서 로봇 팔의 운동이 결정된다.

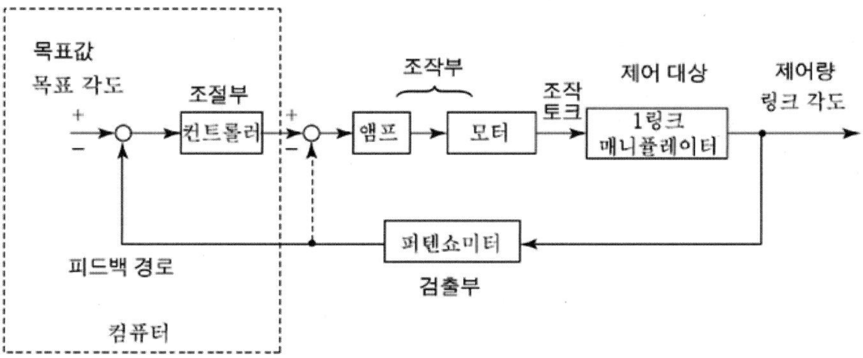

[그림 6.3] 1링크 매니퓰레이터 제어계의 블럭선도

[그림 6.3]은 이러한 제어기의 블럭선도를 나타낸다.

1축 매니퓰레이터의 일반적 운동 방정식은 다음과 같다.

$$[k^2 J_M + I + m l_G^2]\ddot{\theta} + D\dot{\theta} - m\,g\,l_G \cos\theta = KE_a \tag{6.1}$$

여기서

m : 로봇 팔의 질량

l_G : 회전축에서 팔의 질량 중심 중심까지의 거리

k : 감속기의 감속비

D : 회전축 주위의 점성 마찰계수

E_a : 모터에서의 인가 전압

J_M : 모터 축과 감속기의 관성 모멘트

K : 계수

I : 팔의 무게 중심에서의 관성 모멘트

또한, 운동 방정식은 간략하게 정리하면 다음과 같이 나타낼 수 있다.

$$I_0 \ddot{\theta} + D\dot{\theta} - G\cos\theta = KE_a \tag{6.2}$$

위식에서

$$I_0 = k^2 J_M + I + ml_G^2, \quad G = mgl_G \tag{6.3}$$

식 (6.2)에서 만일 각도 θ가 미소각 변위라고 가정하면, 식 (6.2)는 다음과 같이 선형화된 식으로 쓸 수 있다.

$$I_0 \ddot{\theta} + D\dot{\theta} - G\theta = KE_a \tag{6.4}$$

예제 6.1

로봇에의 구동 입력이 없는 $E_a = 0$인 경우에 $I_0 = 1$, $D = 1$, $G = 2$, $K = 1$인 경우 로봇 팔의 각도 함수를 구하여라.

식(6.4)에서 우선 로봇 팔이 수직으로 놓인 상태를 기준 위치로 하면, 초기값 $\theta(0) = \theta_0$, $\dot{\theta}(0) = 0$ 일 때, 라플라스 변환을 사용하면 다음과 같다.

$$\left\{s^2\Theta(s) - \theta_0\right\} + \left\{s\Theta(s) - \theta_0\right\} - 2\Theta(s) = 0 \tag{6.5}$$

여기서 $\Theta(s)$는 시간 함수 $\theta(t)$를 라플라스 변환한 것이다. 이를 정리하면 다음과 같다.

$$\Theta(s) = \frac{2\theta_0}{(s^2 + s - 2)} = \frac{2\theta_0}{3}\left(\frac{1}{s-1} - \frac{1}{s+2}\right) \tag{6.6}$$

따라서 이것을 라플라스 역변환하면 시간 함수 $\theta(t)$는 다음과 같다.

$$\theta(t) = \frac{2\theta_0}{3}(e^t - e^{-2t}) \tag{6.7}$$

이 식의 우변 2번째항은 시간과 더불어 소멸하지만 첫 번째 항은 시간과 더불어 커지므로 전체적으로 $\theta(t)$의 크기는 시간과 더불어 증가한다. 즉 이 시스템은 불안정하여 링크의 초기 각도가 조금이라도 있다면 링크는 수직 위치에서 점점 멀어져 떨어지게 된다. 이상에서 시스템의 불안정성은 식 (6.6)에서 분모의 해가 음수가 되기에 발생하게 된 것이다. 제어공학에서는 식 (6.6)의 분모를 0으로 둔 식을 시스템의 특성 방정식(characteristic equation)이라고 하며, 그 해를 특성근(characteristic roots)이라고 한다. 위의 예에서는 특성 방정식과 특성근이 각각 다음과 같다.

특성 방정식 : $s^2+s-2=0$

특성근 : $s_{1,2}=1, -2$

시스템의 불안정성은 + 부호를 가지는 특성근 $s_1 = +1$에 기인한다.

---

[2] PID 제어의 기초

PID 제어기는 상대적으로 구조가 간단하고 제어가 용이하기 때문에 일반적으로 산업용 기기 혹은 로봇의 제어에 가장 많이 사용된다.

(1) 비례 제어기

매니퓰레이터를 제어하기 위한 [그림 6.4]와 같은 간단한 비례 제어계에 대하여 공부하기로 하자.

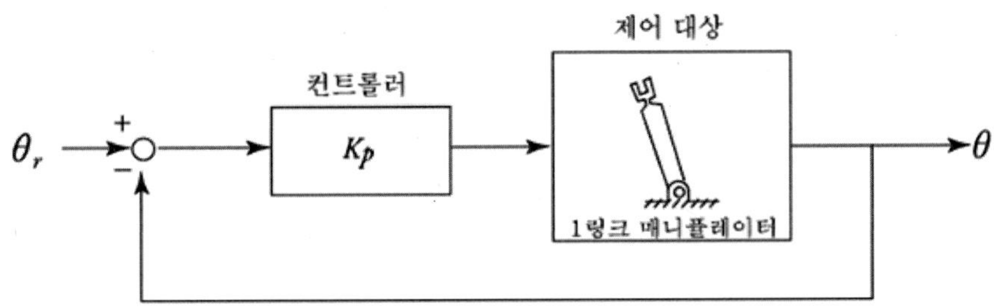

[그림 6.4] 매니퓰레이터의 비례 제어기의 구성

이 제어기는 오차에 비례하는 제어 신호 $E_a = K_P(\theta_r - \theta)$를 모터에 보내는 제어계이며, 여기서 θ_r와 K_P는 각각 제어할 목표 각도 및 비례 이득(상수)이다. 이 제어기가 하는 동작을 '비례 동작(P 동작)'이라고 하고, 비례 동작에 의한 제어를 '비례 제어(P 제어, proportional control)'라고 한다.

제어 신호 $E_a = K_P(\theta_r - \theta)$을 식 (6.4)에 대입하여 라플라스 변환하면 다음과 같다.

$$\Theta(s) = \frac{K_T}{I_0 s^2 + Ds + (K_T - G)} \Theta_r(s) \tag{6.8}$$

단, $K_T = K K_P$이고, 초기 조건은 전부 0이다. 이 시스템에 입력되는 목표 각도가 [그림 6.5]처럼 스텝 함수로 주어진 경우의 응답을 스텝 응답이라고 한다.

예제 6.2 **스텝 응답의 예**

식 (6.8)로 표현된 제어 시스템에 [그림 6.5]와 같은 스텝 함수가 입력으로 주어진 경우의 스텝 응답을 구하라.

[그림 6.5]와 같은 스텝 함수를 라플라스 변환하여 식 (6.8)에 대입하면 다음과 같다.

$$\begin{aligned}\Theta(s) &= \frac{K_T}{I_0 s^2 + Ds + (K_T - G)} \left(\frac{1}{s}\theta_A\right) \\ &= \frac{K_T \theta_A}{I_0} \frac{1}{s\left(s^2 + \frac{sD}{I_0} + \frac{K_T - G}{I_0}\right)}\end{aligned} \tag{6.9}$$

시간 응답은 라플라스 역변환하여 구하면 된다.

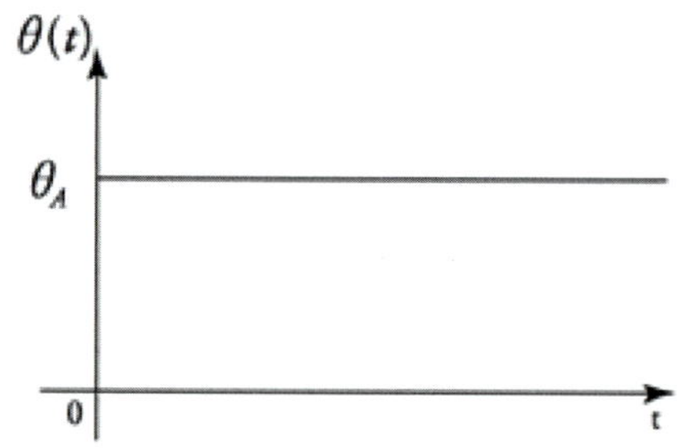

[그림 6.5] 스텝 입력

위의 식에서 특성 방정식 $s^2 + sD/I_0 + (K_T - G)/I_0 = 0$의 두 근을 구하여 보자. 특성근은 좌변의 판별식인 $\{D^2 - 4(K_T - G)I_0\}/{I_0}^2 = 0$의 부호에 따라서 실수해, 이중해 또는 복소수해로 나누어진다.

[경우 : 1] 두 개의 서로 다른 실수해

위의 식에서 특성근을 구하여 정리하면 다음과 같이 인수분해된다.

$$\Theta(s) = \frac{K_T \theta_A}{I_0} \frac{1}{s(s-\alpha)(s-\beta)} \tag{6.10}$$

다시 부분 분수로 표현하면 다음과 같다.

$$\Theta(s) = \frac{K_T \theta_A}{I_0} \frac{1}{s(s-\alpha)(s-\beta)} = \frac{K_T \theta_A}{I_0} \left\{ \frac{A}{s} + \frac{B}{s-\alpha} + \frac{C}{s-\beta} \right\} \tag{6.11}$$

여기서 다음을 얻는다.

$$A = \frac{1}{\alpha\beta}, \ B = \frac{1}{\alpha(\alpha-\beta)}, \ C = \frac{1}{\beta(\beta-\alpha)}$$

그러므로 출력 $\theta(t)$는 라플라스 역변환하면 다음과 같다.

$$\theta(t) = \frac{K_T \theta_A}{I_0}(A + Be^{\alpha t} + Ce^{\beta t}) \tag{6.12}$$

또한 위에서 $\alpha\beta = (K_T - G)/I_0$이므로 위의 식은 다음과 같다.

$$\theta(t) = \frac{K_T}{K_T - G}\theta_A(1 + B' e^{\alpha t} + C' e^{\beta t}) \tag{6.13}$$

여기서 $B' = \frac{B}{A} = \frac{\beta}{\alpha-\beta}, \ C' = \frac{C}{A} = -\frac{\alpha}{\alpha-\beta}$이다.

[경우 : 2] 복소수해

복소수해 α, β $(\alpha \neq \beta)$가 $\alpha = p + jq, \beta = p - jq$로 표현된다면 다음과 같다.

$$B' = \frac{B}{A} = \frac{\beta}{\alpha-\beta} = \frac{p-jq}{2jq} = -\frac{1}{2} - j\frac{p}{2q} \tag{6.14}$$

$$C' = \frac{C}{A} = -\frac{\alpha}{\alpha-\beta} = -\frac{p+jq}{2jq} = -\frac{1}{2} + j\frac{p}{2q} \tag{6.15}$$

따라서 출력식 (6.13)의 우변 제 2항, 제 3항을 계산하면 다음과 같다.

$$\begin{aligned} B'e^{\alpha t} + C'e^{\beta t} &= (-\frac{1}{2} - j\frac{p}{2q})e^{(p+jq)t} + (-\frac{1}{2} + j\frac{p}{2q})e^{(p-jq)t} \\ &= e^{pt}\left\{(-\frac{1}{2} - j\frac{p}{2q})e^{jqt} + (-\frac{1}{2} + j\frac{p}{2q})e^{-jqt}\right\} \end{aligned} \tag{6.16}$$

$$= e^{pt}\begin{Bmatrix}(-\frac{1}{2}-j\frac{p}{2q})(\cos qt+j\sin qt)\\+(-\frac{1}{2}+j\frac{p}{2q})(\cos qt-j\sin qt)\end{Bmatrix}$$

$$= e^{pt}(-\cos qt+\frac{p}{2q}\sin qt)$$

$$= Qe^{pt}\sin(qt-\gamma)$$

여기서 다음을 얻는다.

$$Q=\frac{\sqrt{p^2+4q^2}}{2q},\quad \gamma=\tan^{-1}(\frac{2q}{p})$$

따라서 출력은 다음과 같이 된다.

$$\theta(t)=\frac{K'}{K'-G}\theta_A\{1+Q\,e^{pt}\sin(qt-\gamma)\} \tag{6.17}$$

단, $K' = K K_P$

[경우 : 3] 이중해

다음으로 특성 방정식의 해가 식 (6.10)에서 $\alpha=\beta$인 이중해인 경우에 대하여 다루어 보자.

$$\Theta(s)=\frac{K'\theta_A}{I_0}\frac{1}{s(s-\alpha)^2}=\frac{K'\theta_A}{I_0}\left\{\frac{A}{s}+\frac{B}{s-\alpha}+\frac{c}{(s-\alpha)^2}\right\} \tag{6.18}$$

위와 같이 부분 분수로 분해하여 정수 A, B, C를 결정하면 다음과 같다.

$$A=-B=\frac{1}{\alpha^2},\quad C=\frac{1}{\alpha},\quad \alpha=\sqrt{\frac{K'-G}{I_0}} \tag{6.19}$$

따라서 앞서 행한 방법과 동일하게 역 라플라스 변환하면 다음과 같이 출력이 구해진다.

$$\theta(t)=\frac{K'}{K'-G}\theta_A(1-e^{\alpha t}+\alpha\,t\,e^{\alpha t}) \tag{6.20}$$

일반적으로 제어공학 분야에서는 특성 방정식이 2차 방정식인 경우에는 다음 식과 같이 표준화하여 취급하는 경우가 많다.

$$s^2 + 2\zeta\omega_n s + \omega_n^2 = 0 \tag{6.21}$$

여기서 ζ는 감쇠 계수, ω_n은 고유 진동수라고 부른다. 이 표준형과 대응시키면 [그림 6.4]의 제어 시스템의 경우(식 (6.8) 참조) 다음과 같이 된다.

$$\zeta = \frac{D}{2\sqrt{I_0(K'-G)}}, \quad \omega_n = \sqrt{\frac{K'-G}{I_0}} \tag{6.22}$$

2차 방정식의 특성근이 (1) 상이한 실수해, (2) 이중해, (3) 서로 다른 복소수해의 세 가지를 파라미터 ζ로 표현하면, 각각 $\zeta > 0$, $\zeta = 0$, $\zeta < 0$ 인 경우에 대응된다.

이로써 비례 제어기를 사용한 경우의 해가 구해졌으며, 식 (6.13), (6.17), (6.20) 모두에 지수 함수가 포함되어 있다. 식 (6.13)의 경우는 α, β 어느 것이나, 식 (6.17)의 경우는 P가, 식 (6.20)의 경우는 α가 음(−)의 값이면 이들 지수 함수의 값은 시간과 더불어 소멸하기 때문에 응답이 안정하게 된다. 이와 같이 비례 제어기를 설치하고 피드백 제어계를 구성함으로써 불안정하던 시스템을 안정되게 할 수 있다. 또한 응답이 안정되게 하기 위한 조건은 특성 방정식의 차수와는 관계없이 특성 방정식의 모든 해의 실수부가 음의 값인 것이다.

제어에 의한 두 번째 효과는 [그림 6.6]에 나타낸 것과 같이 파라미터 ω_n, ζ를 조정함으로써 응답의 상태를 변화시킬 수 있다는 것이다. 비례 이득 K_P와 파라미터 ω_n, ζ의 관계에 의해 응답 상태와의 관계를 살펴볼 수 있다.

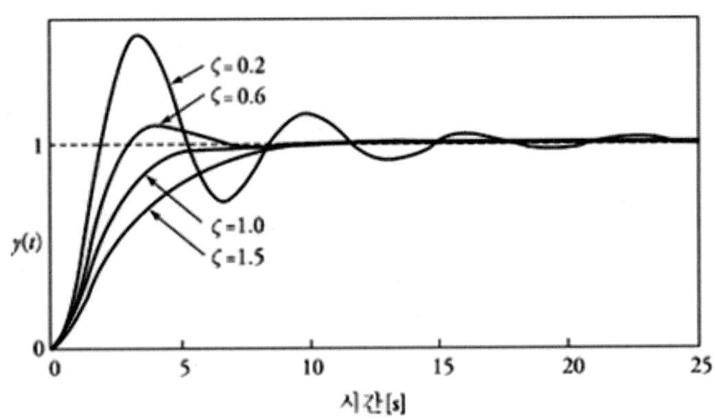

(a) ζ를 변화시킨 경우

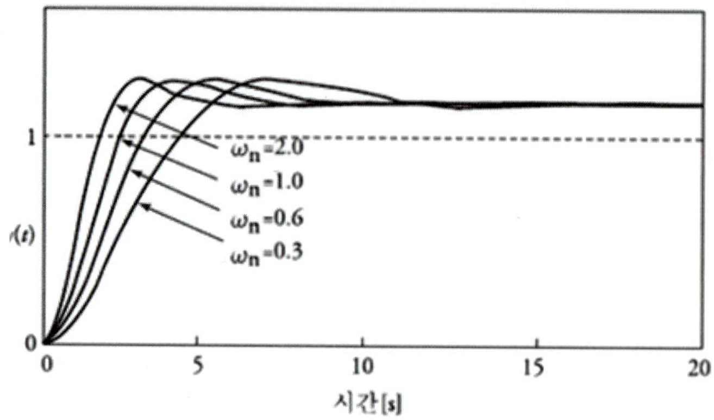

(b) ω_n을 변화시킨 경우

[그림 6.6] 2차 지연계의 스텝 응답

이미 설명한 것과 같이 $K' = KK_P$로 하였으므로, 식 (6.22)의 관계에서 비례 이득 K_P를 크게 하면 감쇠 계수는 작아지고 응답은 보다 진동적으로 된다. 그리고 고유 진동수가 커지고 속응성이 커진다. 따라서 비례 제어로는 감쇠 계수와 고유 진동수를 독립적으로는 변화시킬 수 없다는 것을 알 수 있다. 식 (6.13), (6.17), (6.20)에는 또 한 가지 중요한 특징을 아래 예제를 통하여 공부하기로 하자.

예제 6.3

식 (6.17)에서 시스템의 파라미터 $I_0 = 1,\ D = 1,\ G = 2,\ K = 1$로 하고, 식 (6.22)에서 $K' = 8.25$로 택하여 감쇠 계수 ζ를 0.2로 설정한 경우의 응답 파형을 그려라.

[그림 6.7]은 식 (6.17)의 출력을 그린 것이다. 특징은 이 그림에서 알 수 있듯이 목표 값과 출력 간에 정상적인 편차(이것을 정상 편차 또는 오프셋이라고 한다.)남는 것이다. 이 정상 편차량은 '최종값 정리'를 사용하여 설명할 수 있다.

이 최종값 정리를 사용하면 식 (6.9)에서 $\theta(t)$의 최종 값은 다음과 같다.

$$\lim_{t\to 0}\theta(t) = \lim_{s\to 0} s\,\Theta(s) = \lim_{s\to 0}\frac{K'\theta_A}{I_0}\frac{1}{s^2 + \dfrac{sD}{I_0} + \dfrac{K' - G}{I_0}} = \frac{K'}{K' - G}\theta_A \quad (6.23)$$

따라서 최종 값은 θ_A가 되지 않고 다음과 같이 된다.

$$\theta_r(\infty) - \theta(\infty) = (1 - \frac{K'}{K' - G})\theta_A = -\frac{K'}{K' - G}\theta_A \quad (6.24)$$

앞에 나온 식의 오프셋이 생기게 된다. θ_r는 제어할 목표 각도이다. [그림 6.7]의 경우는 $K' = 8.25$, $G = 2$, $\theta_A = 1$이므로 오프셋 양은 0.32가 되고, 위의 식을 계산한 값과 그림의 값은 일치한다.

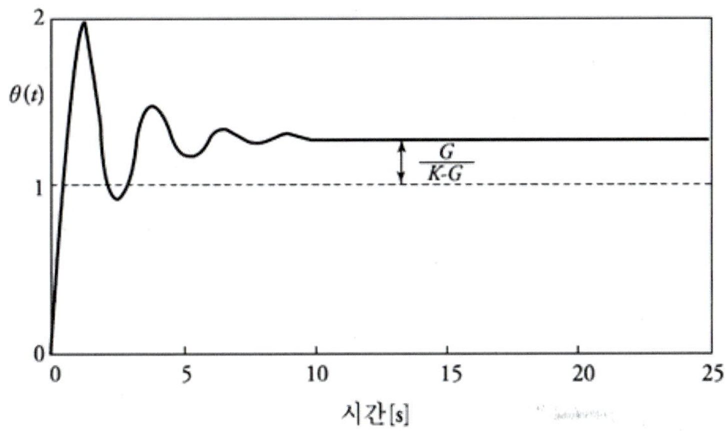

[그림 6.7] 비례 제어(P 제어)에 의한 스텝 응답

이상을 종합하면 비례 제어기를 사용함으로써 불안정한 계를 안정되게 할 수 있으며, 또한 응답의 속응성, 파형, 오프셋 양을 조정할 수는 있지만 이것들을 독립적으로 조정하는 것은 불가능하므로 원하는 응답을 얻을 수가 없다. 이러한 비례 제어기의 한계를 극복하기 위하여 비례 · 미분 제어기 혹은 비례 · 미분 · 적분 제어기를 사용하기도 한다.

예제 6.4

최종값 정리에 대하여 설명하라.

$F(s)$가 시간 함수 $f(t)$의 라플라스 변환한 함수이고, $sF(s)$의 극(함수 $sF(s)$의 분모를 0으로 했을 때의 근)이 s 평면의 허수축 상을 제외한 좌반 평면에만 존재할 때, 다음과 같은 관계가 성립된다.

$$\lim_{t \to \infty} f(t) = \lim_{s \to 0} sF(s)$$

여기서 평면이란 횡축을 실수축, 종축을 허수축으로 하는 평면이다.

(2) 비례 · 미분 제어기

제어기의 출력인 제어 신호 E_a를 다음과 같이 선택하면 응답의 속응성과 파형을 독립적으로 조정하는 것이 가능한 것을 알 수 있다.

$$E_a = K_P\left\{(\theta_r - \theta) + T_D(\dot{\theta}_r - \dot{\theta})\right\} \tag{6.25}$$

이 제어기는 비례 제어에 편차의 미분 정보도 포함하고 있기 때문에 비례 · 미분 제어기(PD 제어기, Proportional-Derivative controller)라고 한다. 여기서 파라미터 T_D는 미분 시간이라고 한다.

식 (6.25)를 식 (6.4)에 대입하여 비례 제어의 경우와 동일하게 계산하면 특성 방정식은 다음과 같다.

$$s^2 + \left(\frac{D + KK_PT_D}{I_0}\right)s + \frac{KK_P - G}{I_0} = 0 \tag{6.26}$$

여기서 고유 진동수, 감쇠 계수는 각각 다음과 같다.

$$\omega_n = \sqrt{\frac{KK_P - G}{I_0}},\ \zeta = \frac{D + KK_PT_D}{2\sqrt{(KK_P - G)I_0}} \tag{6.27}$$

PD 제어의 경우 조정할 수 있는 파라미터는 K_P, T_D 두개이므로, 식 (6.27)에서 고유진동수 ω_n, 감쇠 계수 ζ를 자유롭게 설정, 조정할 수 있다. 즉 속응성이 좋고 또 진동이 없는 응답이 얻어지도록 조정하는 것이 가능해진다.

[그림 6.8]은 입력이 스텝 함수인 경우의 PD 제어기 및 P 제어기를 사용한 경우의 시뮬레이션 예를 나타내고 있다. 그림에서 PD 제어기를 사용한 결과는 P 제어기를 사용한 결과에 비해서 속응성이 좋고 또 진동이 거의 없으나, 로봇의 각도는 여전히 목표 값

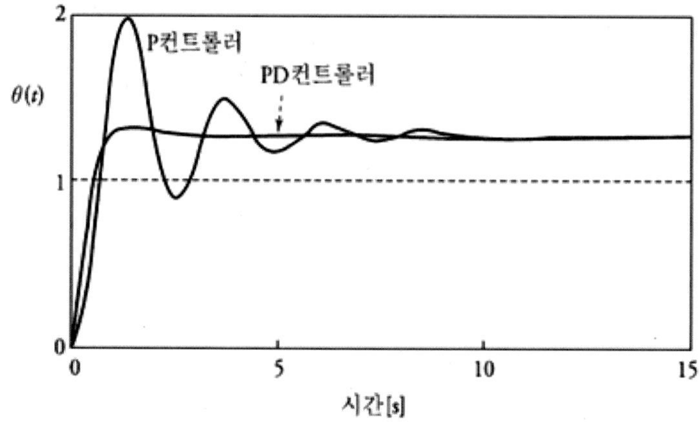

[그림 6.8] 비례 · 미분 제어(PD 제어)에 의한 스텝 응답 예

$\theta_A(=1)$에 도달해 있지 않다는 것을 알 수 있다. 즉 정상 상태에서도 오차를 가지고 있는 문제를 해결하기 위하여 비례 · 미분 · 적분제어기를 사용할 수 있다.

(3) 비례 · 미분 · 적분 제어기

위에서 아직 해결하지 못한 문제인 정상 상태 오차를 제거하기 위하여 적분 동작을 가하면 된다. 즉, 다음과 같은 형태의 제어기를 고려한다. 단 여기서 E_a는 제어 신호를 나타내고 있다.

$$E_a = K_P\left\{(\theta_r - \theta) + T_D(\dot{\theta}_r - \dot{\theta}) + \frac{1}{T_I}\int(\theta_r - \theta)dt\right\} \tag{6.28}$$

우변 제 3항을 적분 동작(I 동작)이라고 하고, 이 제어기를 비례·미분·적분 제어기(PID 제어기, Proportional-Integral-Derivative controller)라고 한다. 여기서 T_I는 적분 시간이라고 하는 파라미터이다. PD 및 PID 제어기를 사용한 경우의 출력의 예를 [그림 6.9]에 나타낸다.

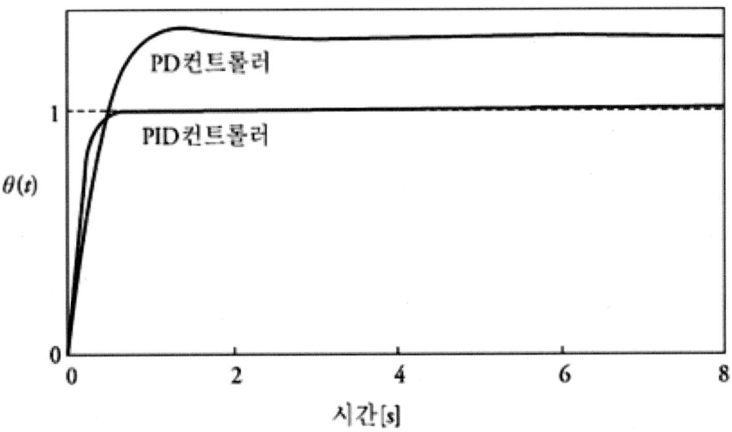

[그림 6.9] PID 제어기에 의한 스텝 응답 예

이 그림에서 PID 제어기를 사용한 경우의 정상 상태 오차가 0이 되는 것을 알 수 있다. 이러한 결과는 최종 값의 정리를 사용해도 확인할 수 있다. 즉 식 (6.28)을 식 (6.4)에 대입하면 다음과 같다.

$$I_0\ddot{\theta} + \dot{\theta} - G\theta = KK_P\left\{(\theta_r - \theta) + T_D(\dot{\theta}_r - \dot{\theta}) + \frac{1}{T_I}\int(\theta_r - \theta)dt\right\} \tag{6.29}$$

따라서 초기값을 모두 0으로 하고 전술한 경우와 동일하게 입력은 크기 θ_A의 스텝 함수라고 하면, 출력은 다음과 같다.

$$\Theta(s) = \frac{K'(1+T_I s + T_D T_I s^2)}{I_0 T_I s^3 + (D+K' T_D) T_I s^2 + (K' - G) T_I s + K'} \frac{\theta_A}{s} \tag{6.30}$$

따라서 최종값의 정리에 의해 다음을 구할 수 있다.

$$\begin{aligned}\theta(t) &= \lim_{s\to 0} s\,\Theta(s) \\ &= \lim_{s\to 0} \frac{K'(1+T_I s + T_D T_I s^2)}{I_0 T_I s^3 + (D+K' T_D) T_I s^2 + (K' - G) T_I s + K'} \theta_A = \theta_A \end{aligned} \tag{6.31}$$

이것은 목표 각도에 일치하므로 정상상태 오차는 존재하지 않는다. PID 제어를 하는 것에 의해 불안정한 시스템을 안정되게 하거나 응답 파형을 개선하거나 정상 상태 오차를 소거하는 등이 가능해진다.

6.2 매니퓰레이터의 위치 제어

[1] 개별축 PID 제어

개별축 PID 제어기는 구조가 비교적 간단하고 비교적 좋은 결과를 얻을 수 있기 때문에 상업용으로 쓰이는 로봇 제어에서 가장 많이 사용이 되는 제어 기법이다. 이것을 수학적으로 표시하기 위해 $r(t)$ ($\in R^n$: n차원 실수 Euclidean 공간)가 기준 입력이라 가정하고 $e(t)$를 다음과 같이 표시되는 시간 t에서의 추적 오차라 하면 다음과 같은 오차 $e(t)$에 대한 방정식을 얻을 수 있다.

$$e(t) = r(t) - q(t) \tag{6.32}$$

이상적으로 시스템이 제어가 되는 경우는 $e(t)$가 0이 되어야 하나 실제로는 그렇지 못하며 특히 기준 입력 $r(t)$가 빠르게 변하는 경우는 $e(t)$의 값은 무시할 수 없는 경우가 많다. 개별축 PID 제어기에 대하여 공부하기 위하여 편의상 각 축을 독립적으로 고려해 보자. 즉 매니퓰레이터 전체에 대해 n개의 독립된 제어기를 생각해 보면, 식 (6.33)과 같은 벡터 방정식을 생각할 수 있다.

$$\tau(t) = K_P e(t) + K_I \int_0^t e(\tau) d\tau + K_D \dot{e}(t) \tag{6.33}$$

여기서 $\{K_P, K_I, K_D\}$는 각각 $n \times n$ 대각 행렬이다. 이것은 각 축이 독립적으로 제어되고 있음을 나타내고 있으며, 이 상수들은 각각 비례 이득, 적분 이득, 미분 이득을 나타내고 있다. 여기서 PID 제어 신호 τ는 오차에 대한 비례 성분, 적분 성분, 미분 성분으로 이루어져 있다. 따라서 이러한 제어를 PID 제어라 한다. 식 (6.33)의 $\tau(t)$를 제어 법칙(control law)이라 한다.

[그림 6.10]은 임의의 링크에 대한 PID 제어기를 나타낸다. 여기서 I_a 및 V_a는 액추에이터로 전동기를 사용한 경우의 전기자 전류 및 전압을 나타낸다.

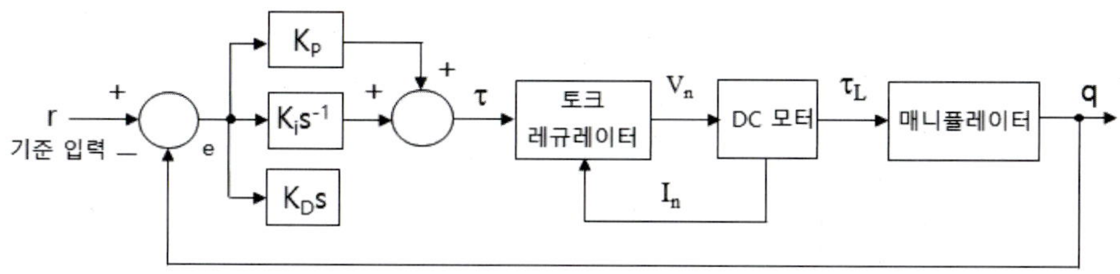

[그림 6.10] 개별축 PID 제어기의 블럭선도

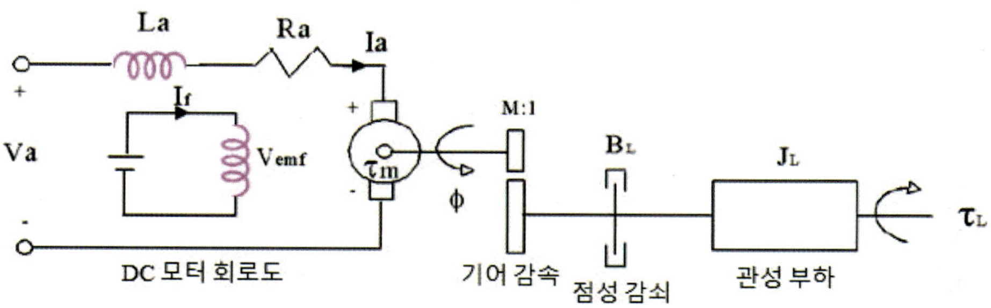

[그림 6.11] DC 모터 및 부하(링크)

[그림 6.11]의 모터 시스템은 다음과 같은 미분 방정식으로 나타낼 수 있다.

$$L_a \dot{I}_a(t) + R_a I_a(t) + V_{emf}(t) = V_a(t)$$

여기서 $V_a(t)$ 및 $I_a(t)$는 각각 인가된 전기자 전압 및 회전자 권선 전류를 나타낸다. 따라서 DC 모터와 부하의 토크 전달 함수, $G_L(s)$는 다음과 같이 나타낼 수 있다. 위의 미분 방정식에서 다음과 같은 전달 함수를 유도하는 것은 전동기에 대한 특성을 이용하여야 하며, 여기서는 생략하겠다.

$$G_L(s) = \frac{M^2}{s(Js+b)}$$

따라서, 모터의 입출력 관계는 다음과 같이 나타낼 수 있다.

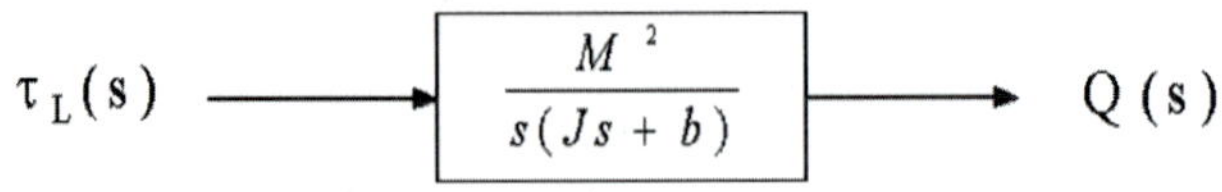

[그림 6.12] DC 모터와 부하의 토크 전달 함수

여기서 $\tau_L(s)$과 $Q(s)$는 각각 입출력의 라플라스 변환을 나타낸다.

DC 모터 시스템의 고정자 전류 I_a와 고정자 전압 $V_a(t)$의 관계를 나타내는 위의 미분 방정식에서 알 수 있듯이 $V_a(t)$의 값을 조정함으로써 원하는 I_a값을 얻을 수 있다. 또한 DC 모터의 토크는 I_a에 비례하기 때문에, 결국 $V_a(t)$의 값을 조절하여 DC 모터의 토크를 제어할 수 있다. 즉, DC 모터인 경우는 출력 토크는 권선 전류 $I_a(t)$의 크기에 비례하므로 다음과 같이 나타낼 수 있다. 여기서 $\tau_L(t) = \tau_m / M$의 관계이다.

$$\tau_m(t) = k_a I_a(t)$$

여기서 k_a는 모터의 토크 상수이다.

예제 6.5

[그림 6.10]에서 토크 레귤레이터의 역할에 대하여 설명하라.

오차의 함수로 계산된 입력 토크를 이에 대응하는 DC 모터를 구동시키는 전압으로 변환시켜주는 역할을 한다.

(1) PID 전달 함수

[그림 6.10]과 같은 개별축 PID 제어기를 수식으로 간략화하면 [그림 6.13]과 같이 나타낼 수 있다.

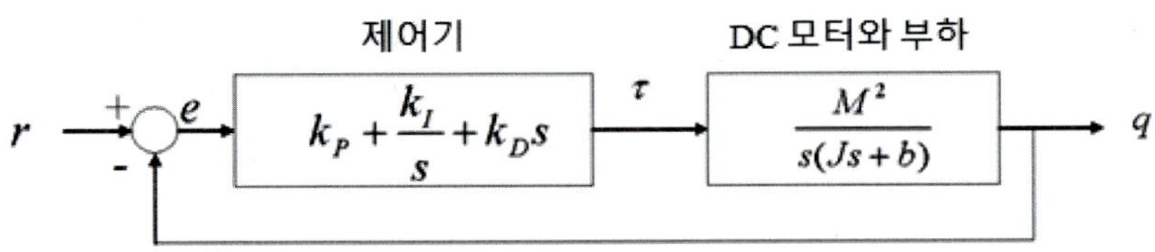

[그림 6.13] 개별축 PID 제어기의 전달 함수 모델

여기서 J와 b는 모터의 관성 모멘트와 점성 감쇠 계수를 각각 나타낸다. 위와 같은

PID 제어기에서 J와 b가 변하지 않으며, 매니퓰레이터의 회전축이 중력장 방향과 일치한다고 가정하였다. 즉, 중력의 영향을 고려하지 않기 위하여, 중력의 영향을 받지 않는 평면상에서 각 링크가 움직인다고 가정하였다. 이와 같은 PID 제어기를 이용하여 매니퓰레이터의 움직임을 제어하기 위하여 각각의 링크의 움직임이 상호 영향이 없다는 가정하에서 각 링크에 독립적인 제어기를 사용한다. 이러한 제어기의 구조는 일반적으로 요구하는 시스템의 성능과 안정도에 따라 비례(P) 제어기, 적분(I) 제어기, 비례 적분(PI) 제어기, 비례·미분(PD) 제어기, 비례·적분·미분(PID) 제어기의 형태를 가진다. 적분 요소가 없는 시스템에 단순히 비례 제어기를 사용하면 일정한 입력에 대하여 정상 상태의 오차가 발생하며, 이러한 정상 상태 오차는 제어기에 적분 제어 요소를 포함시킴으로써 제거할 수 있다. 또한 미분 제어 요소는 오차 신호의 변화율을 가지고 시스템을 제어하므로 오차 신호의 크기가 커지기 전에 제어할 수 있는 장점이 있다. 이러한 미분 제어는 초기에 큰 제어량이 요구되나, 시스템의 안정도를 증가시키는 경향이 있다. 또한 미분 제어는 정상 상태 오차에 직접적으로 영향을 주지는 못하지만 시스템에 감쇠 효과를 주기 때문에 시스템 이득을 증가시킬 수 있게 하므로 미분 제어 요소는 정상 상태 오차를 줄일 수 있는 효과도 있다. 그러나 미분 제어 요소는 오차 신호 자체에 대하여 동작하는 것이 아니라 오차 신호의 변화율에 대하여 동작을 하므로 미분 제어 요소만으로는 사용할 수 없고, 항상 비례 제어 요소 혹은 비례 · 적분 제어 요소와 결합하여 사용을 해야 한다. PID 제어기에서 이득인 K_P, K_I, K_D의 값을 구하는 몇가지 방법이 있으나 여기서는 생략하기로 한다.

이 폐루프 시스템의 전달 함수 $G_{PID}(s) = Q(s)/R(s)$는 다음과 같다.

$$G_{IID}(s) = \frac{M^2(K_D s^2 + K_P s + K_I)}{Js^3 + (M^2 K_D + b)s^2 + M^2 K_P s + M^2 K_I} \tag{6.34}$$

이러한 PID 제어기는 만일 제어기 이득이 다음과 같은 부등식을 만족시키면 안정하다. 즉,

$$K_I \geq 0, K_D > -b/M^2, \qquad (M^2 K_D + b)K_P > JK_I \tag{6.35}$$

예제 6.6

3축 SCARA 로봇의 경우 개별축 PID 제어기에 대하여 설명하라.

3축 SCARA 로봇의 3개의 회전축은 중력장과 일치하기 때문에 개별축 PID제어기

를 사용하기에 비교적 적당한 시스템이다.

$$e = r - q \tag{6.36}$$

여기서 r과 q는 각각 기준값과 현재의 값을 나타낸다.

$$\tau_1(t) = K_P^{(1)} e_1(t) + K_I^{(1)} \int_0^t e_1(\tau) d\tau + K_D^{(1)} \dot{e}_1(t) \tag{6.37a}$$

$$\tau_2(t) = K_P^{(2)} e_2(t) + K_I^{(2)} \int_0^t e_2(\tau) d\tau + K_D^{(2)} \dot{e}_2(t) \tag{6.37b}$$

$$\tau_3(t) = K_P^{(3)} e_3(t) + K_I^{(3)} \int_0^t e_3(\tau) d\tau + K_D^{(3)} \dot{e}_3(t) \tag{6.37c}$$

여기서 $\tau_1(t), \tau_2(t), \tau_3(t)$는 각 링크의 입력을 나타내고 있다.

위와 같은 제어 이득 $\{K_P^{(1)}, K_I^{(1)}, K_D^{(1)}\}$, $\{K_P^{(2)}, K_I^{(2)}, K_D^{(2)}\}$, $\{K_P^{(3)}, K_I^{(3)}, K_D^{(3)}\}$ 등은 세 축에 대하여 독립적으로 구해질 수 있다.

로봇의 제어에 있어서 단점은 각 관절에서 구동부의 부하가 급격히 변할 수 있으며, 특히 베이스에 가까운 쪽일수록 더욱 심하기 때문에 좀 더 복잡하고 고성능의 제어를 위해서는 PID 제어기가 아닌 새로운 제어기의 개념이 도입되어져야 할 것이다. 이와 같은 PID 제어기는 매니퓰레이터의 동역학을 충분히 고려하지 못하기 때문에 특히 큰 부하의 고속 운전 등에는 문제가 있다. 여기서는 PID 제어기의 부하가 변하지 않는다고 가정하였기 때문에 이 제어 법칙은 1축 로봇에 적합하다.

(2) 2축 평면 매니퓰레이터의 PD 제어

이번에는 2축 평면 매니퓰레이터의 개별축 PD 제어기를 적용하여 그 결과를 분석하도록 하겠다. [그림 6.14]는 시뮬래이션 결과를 보여주고 있다. 매니퓰레이터의 링크 길이는 각각 1.0m, 1.0m이고, 무게는 각각 1.0kg, 1.0kg으로 설정하였다. 입력 궤적은 (1.0, 1.0)의 중심의 반지름 0.5인 원으로 정하였고, 이득(gain) 값의 설정은 $K_P = 625$, $K_D = 50$으로 각각 대각 행렬로 구성하였다. 매니퓰레이터의 초기 자세는 입력 궤적의 초기값과 동일하게 정하였다. 즉, 초기 상태에서 에러 e의 값은 0이다. [그림 6.14]에서 정원 부분은 입력 궤적을 의미하고 타원은 출력 궤적을 의미한다. [그림 6.15]와 [그림 6.16]에서 시간에 대한 각 링크의 입력 토크 및 입출력 궤적의 변화를 보여주고 있다.

비선형 항들의 영향으로 타원형태를 나타내고 있고 초기에 토크 및 궤적이 변화가 심한 것을 볼 수 있다.

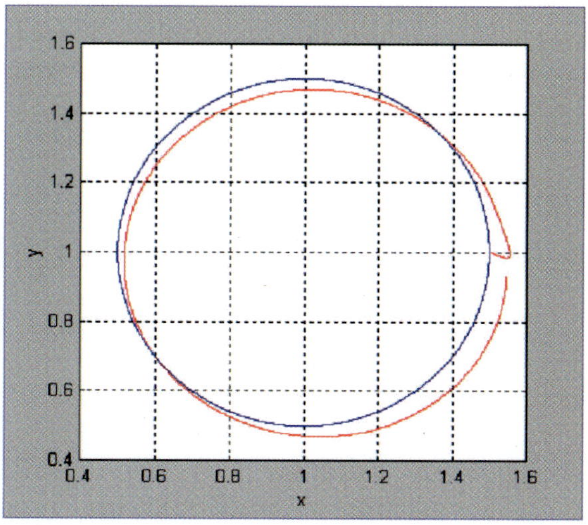

[그림 6.14] 2축 평면 매니퓰레이터의 입력 궤적과 출력 궤적

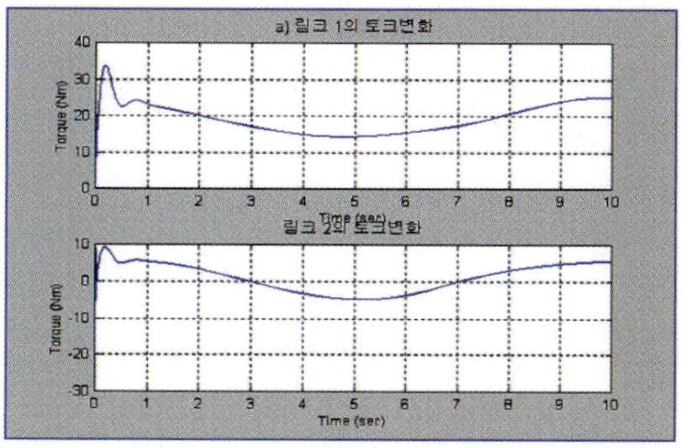

[그림 6.15] 시간에 대한 각 링크의 입력 토크

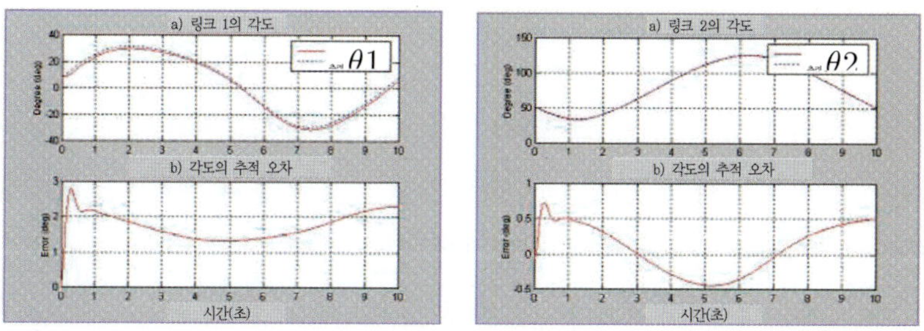

(a) (b)

[그림 6.16] 링크 1과 링크 2의 시간에 대한 입력 궤적 및 출력 궤적의 변화

[2] 중력을 고려한 PD 제어

앞 절에서 알아본 바와 같이 개별축 PID 제어기의 단점 중 하나는 중력의 영향을 고려하지 않았기 때문에 실제적으로 비교적 큰 오차가 발생한다는 것이다. 이 절에서는 이러한 문제점을 보완하기 위하여 중력을 고려한 PD 제어기에 대하여 알아보자. 매니퓰레이터의 동역학 방정식은 일반적으로 다음과 같이 나타낼 수 있다.

$$D(q)\ddot{q} + c(q\,,\,\dot{q}) + h(q) + b(\dot{q}) = \tau \tag{6.38}$$

이 식을 이용한 매니퓰레이터의 상태 방정식은 다음과 같다.

$$\dot{q} = v \tag{6.39a}$$

$$\dot{v} = D^{-1}(q)[\tau - c(q\,,\,v) - h(q) - b(v)] \tag{6.39b}$$

여기서 $D(q)$는 관성 텐서항, $c(q\,,\,v)$는 원심력과 코리오리스력으로 이루어지는 속도 결합항, $h(q)$는 중력항, $b(v)$는 마찰항, τ는 입력 토크(제어 법칙)를 각각 나타낸다.

[그림 6.17]에서처럼 상태 피드백을 이용하여 간접적으로 관절 변수를 제어할 수 있다. 즉, 관절 위치 $q(t)$가 기준 입력 $r(t)$에 근사하게 추적할 수 있도록 제어 법칙 τ를 구하는 것이 제어의 목적이다. [그림 6.17]에서와 같이 τ는 매니퓰레이터의 관절 위치와 속도의 함수로 나타낼 수 있다.

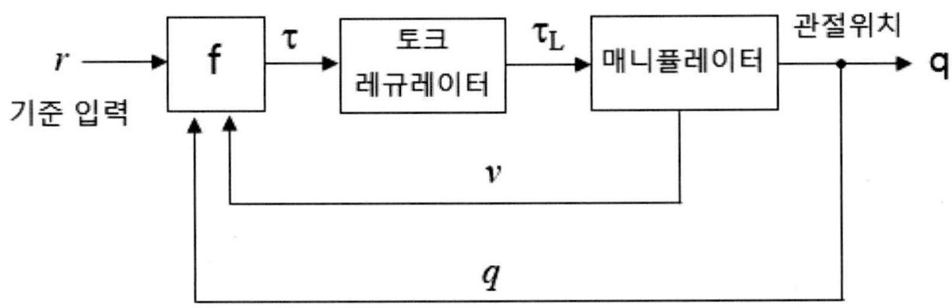

[그림 6.17] 매니퓰레이터의 상태 피드백 제어

제어 문제는 크게 $r(t)$가 상수인 레귤레이터(regulator) 문제와 $r(t)$가 시간에 따라 변하는 추적 제어(tracking problem)로 나눌 수 있으며, 추적 제어 문제는 다음절에서는 계산 토크법(computed torque method)에서 다루기로 한다. 여기서는 $r(t) = a(\in \mathrm{R}^n)$인 경우, 즉 $r(t)$가 고정값인 문제에 대하여 중력 보상 PD 제어기를 다루기로 한다.

$$e = r - q \tag{6.40}$$

$r(t) = a$이기 때문에, $\dot{r}(t) = \ddot{r}(t) = 0$가 된다. 우선 다음과 같은 PD 제어기를 가정하

며, 이와 관련된 [그림 6.13]을 참조 바란다.

$$\tau = K_P e + K_D \dot{e} + h(q) \tag{6.41}$$

단, K_P와 K_D은 대칭인 $n \times n$ 양정의(positive-definite) 함수이며 각각 위치 이득 행렬 및 속도 이득 행렬이라 한다. 행렬 K_P는 고유값이 모두 양수인 양정의 행렬이며, 양정의 행렬의 필요 충분 조건은 $z \neq 0$인 경우 $z^T K_P z > 0$인 것이다. 위 식에서 τ는 오차에 대한 비례항, 오차의 미분항 및 비선형 중력항인 $h(q)$를 포함하고 있다.

$$\dot{q} = v \tag{6.42a}$$

식(6.39)와 식(6.40)를 식 (6.38b)를 대입하면 다음 식을 얻을 수 있다.

$$\dot{v} = D^{-1}(q)[K_P(r-q) + K_D(\dot{r}-v) - c(q,v) - b(v)] \tag{6.42b}$$

레귤레이터 문제에서는 $r(t) = a$이므로, 이 경우 폐루프 시스템의 평형점을 구하면, 속도 및 가속도가 0인 점이므로 $v = 0$ 및 $D^{-1}(q)[K_P(a-q) - c(q,0) - b(0)] = 0$이 된다. 또한 식(6.41b)에서 $c(q, 0) = 0$, $b(0) = 0$이므로, $K_P(a-q) = 0$ 이 된다. 이 시스템의 평형점은 다음과 같다.

$$\mathrm{x}_{eq}^{T} = [\mathrm{a}^T\ 0^T] \tag{6.43}$$

따라서 기준 입력 $r(t) = a$인 경우 매니퓰레이터의 원하는 정상 상태 해 $\mathrm{x(t)} = \mathrm{x}_{eq}$가 된다. 따라서 중력을 고려한 PD 제어기가 원하는 폐루프 동작을 하는 것을 증명하기 위해서는 평형점 x_{eq}가 전체 공간에서 점근 안정(asymptotically stable)인 것을 증명하면 된다. 이러한 증명은 제어 이론 문헌을 참고하길 바란다. 중력의 영향이 없으면 비선형 매니퓰레이터는 간단한 선형 PD 제어기를 이용하여 쉽게 제어 가능하다. 또한 폐루프 시스템이 안정하기 위한 유일한 조건은 제어기 이득 K_P와 K_D이 대칭이며 양정의 행렬인 것이다. 즉, 행렬의 고유값이 모두 양수인 것이다. [그림 6.18]은 중력을 고려한 PD 제어기의 블록선도를 나타내고 있다.

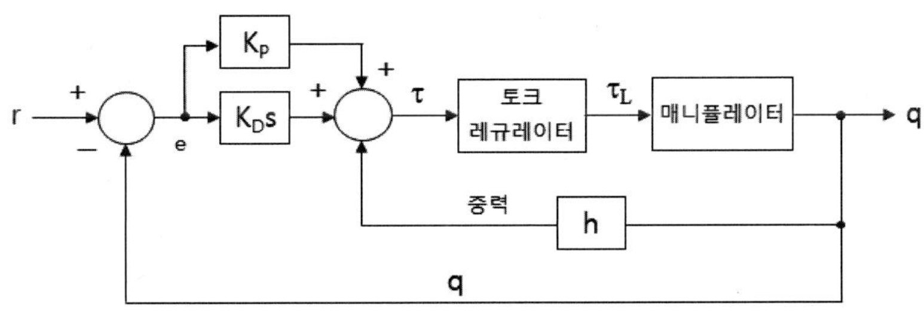

[그림 6.18] 중력을 고려한 PD 제어기

아래 그림들은 중력을 고려한 2축 매니퓰레이터의 시뮬레이션 결과이다.

[그림 6.19]와 [그림 6.20]은 [그림 6.14]와 [그림 6.15]와 비교하면 입력을 잘 추종하며 토크도 급격하게 변하지 않음을 알 수 있다.

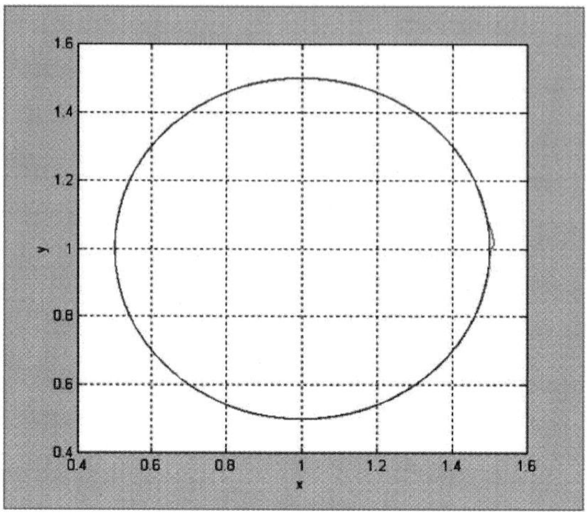

[그림 6.19] 2축 평면 매니퓰레이터의 입력 궤적과 출력 궤적

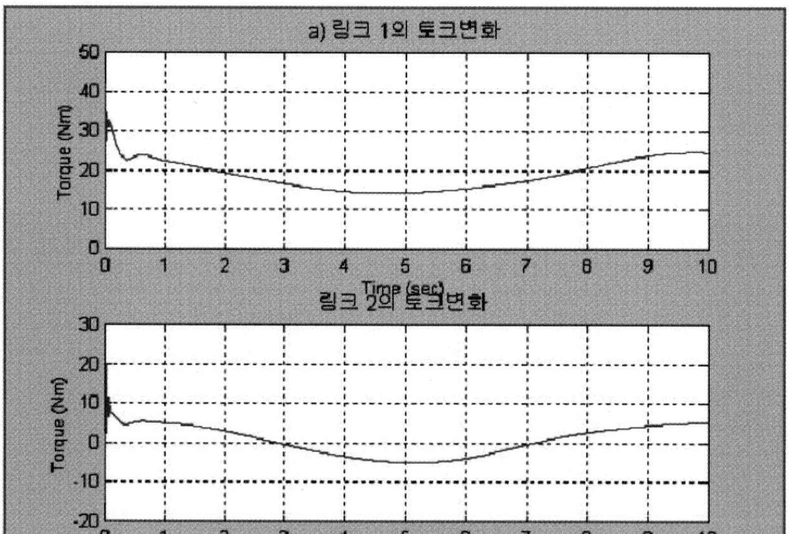

[그림 6.20] 링크 1과 링크 2의 입력 토크

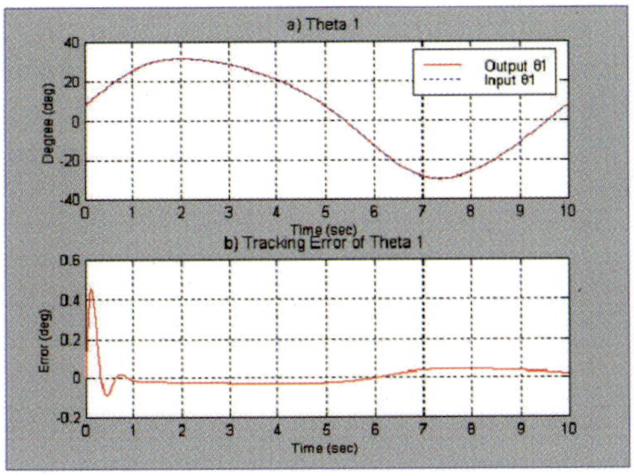

(a)

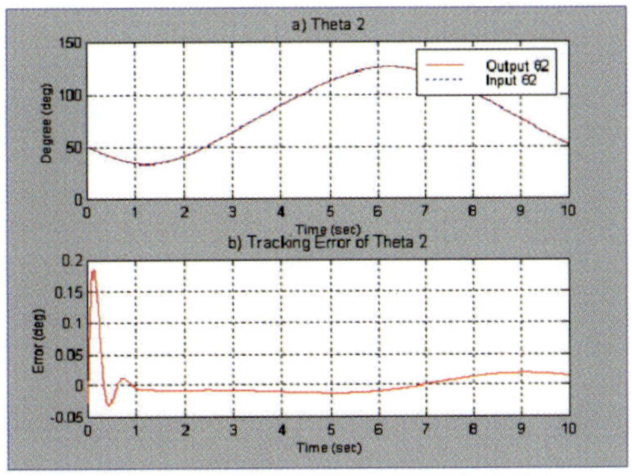

(b)

[그림 6.21] 링크 1과 링크 2의 시간에 대한 입력 궤적 및 출력 궤적의 변화

[3] 계산된 토크 제어

앞 절에서는 $r(t)=0$인 레귤레이터(set point) 문제에 대하여 다루었으며, 이 절에서는 실제적으로 많이 사용되고 있는 기준 입력 $r(t)$가 시간의 함수인 서보 제어 문제 즉 추적 문제에 대하여 다루기로 한다. 여기서 궤적 $r(t)$는 적어도 두 번 미분 가능하다고 가정을 한다. 1974년 Bejczy에 의해서 제안된 '계산된 토크 제어(computed torque control, inverse model control)'법은 기본적으로 비선형인 매니퓰레이터의 동역학 방정식에서 비선형 항을 없앰으로써, 전체 폐루프 동역학을 선형으로 변환하여 제어하는 것이다. 이 방법은 매니퓰레이터의 동역학 방정식에서 중력항 뿐만 아니라, 코리오리스력, 원심력, 마찰력, 관성 텐서 등을 없애기 위해 매니퓰레이터의 동역학 모델을 직접 사용하였다.

매니퓰레이터의 동역학 방정식 식 (6.38)에서 마찰항 $b(\dot{q})$은 해석이 어렵고 매니퓰레이터가 움직일 경우에 다른 항에 비하여 크기가 비교적 작기 때문에 무시하면 동역학 방정식은 다음식으로 나낼 수 있다.

$$D(q)\ddot{q}+c(q,\dot{q})+h(q)=\tau \tag{6.44}$$

[그림 6.22]는 계산된 토크 제어기의 내부 구조의 예를 보여 주고 있다.

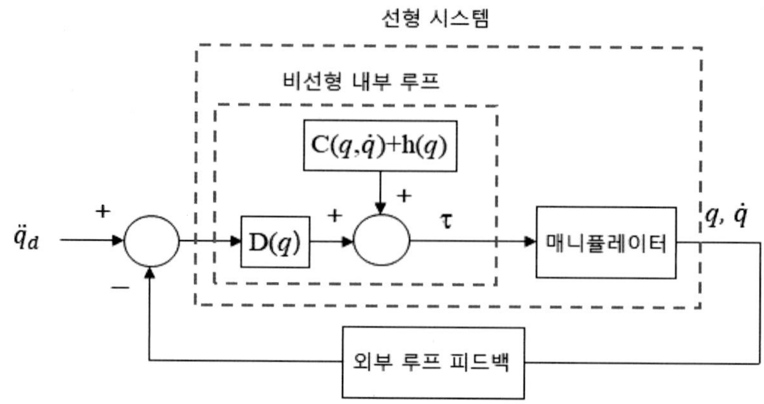

[그림 6.22] 계산된 토크 제어기의 구조

[그림 6.22]에서 비선형 내부 루프는 시스템의 비선형항을 제거하기 위하여, 그리고 전체 피드벡 루프는 기준 입력을 추종하기 위해서 구성되어졌음을 알 수 있다. 비선형 내부 루프는 식 (6.45)로 나타내어지며, 추종 오차 e(t)를 다음과 같이 나타낼 수 있다.

$$e(t) = q_d(t) - q(t) \tag{6.45a}$$

$$\dot{e}(t) = \dot{q}_d(t) - \dot{q}(t) \tag{6.45b}$$

$$\ddot{e}(t) = \ddot{q}_d(t) - \ddot{q}(t) \tag{6.45c}$$

비선형항을 제거하고 원하는 궤적을 추종하기 위해서 계산된 토크 제어법칙을 다음과 같이 정의한다.

$$\tau = D(q)(\ddot{q}_d - u) + c(q, \dot{q}) + h(q) \tag{6.46}$$

여기서 u는 외부 루프 피드백의 출력이다.

식 (6.46)을 식(6.44)에 대입하면 다음과 같다.

$$D(q)\ddot{q} + c(q\,,\,\dot{q}) + h(q) = D(q)(\ddot{q}_d - u) + c(q\,,\,\dot{q}) + h(q) \tag{6.47a}$$

$$D(q)(\ddot{q}_d - \ddot{q}) = D(q)u \tag{6.47b}$$

따라서

$$\ddot{e} = u \tag{6.48}$$

만일 식(6.48)이 안정이 되도록 입력 u를 정하면 오차 e는 0로 수렴하게 된다. 이를 위해 외부 루프 제어기의 PD 제어기를 다음과 같이 설정하도록 하자.

$$u = -k_d\dot{e} - k_p e \tag{6.49}$$

그러면 전체 제어 입력 토크 τ는 다음과 같이 나타낼 수 있다.

$$\tau = D(q)(\ddot{q}_d + k_d\dot{e} + k_p e) + c(q,\dot{q}) + h(q) \tag{6.50}$$

따라서 폐루프 오차 동역학 방정식은 다음과 같이 된다.

$$\ddot{e} + k_d\dot{e} + k_p e = 0 \tag{6.51}$$

따라서 만일 k_d와 k_p의 값이 모두 양수이면 오차가 점근 안정하게 된다.

전체 제어 시스템은 외부 루프에 대한 PD 제어기를 고려하면 [그림 6.23]과 같이 나타낼 수 있다.

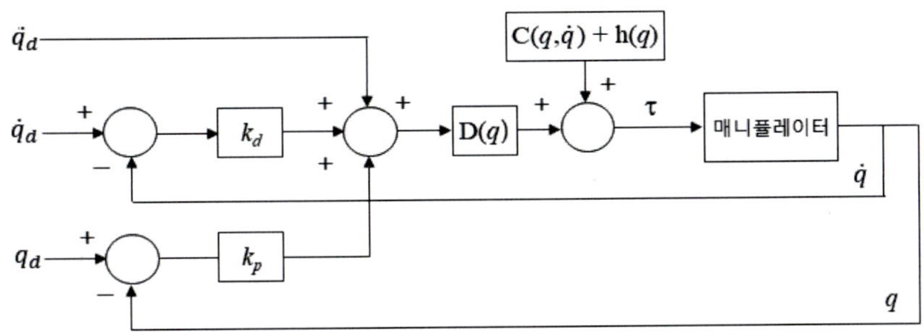

[그림 6.23] PD-계산된 토크 제어기의 구조

계산된 토크 제어기는 다입력 다출력 비선형 동역학 방정식을 가지는 매니퓰레이터를 아주 단순한 선형 폐루프 시스템으로 변형시켜준다. 그러나 이경우에는 매니퓰레이터의 동역학 모델의 파라미터들의 값을 정확히 알고 있으며, 제어 입력이 실시간으로 계산되어진다는 가정하에서 실행되는 것이다. 이러한 문제점을 해결하기 위하여 계산된 토크 링크 제어법 등과 같은 여러 가지 방법들이 사용되고 있다.

예제 6.7

[그림 6.23]의 PD-계산된 토크 제어기의 구조를 이용하여 PID-계산된 토크 제어기의 구조를 그려라.

[그림 6.23]에서 적분항을 추가하여야 하므로 다음과 같이 설계할 수 있다.

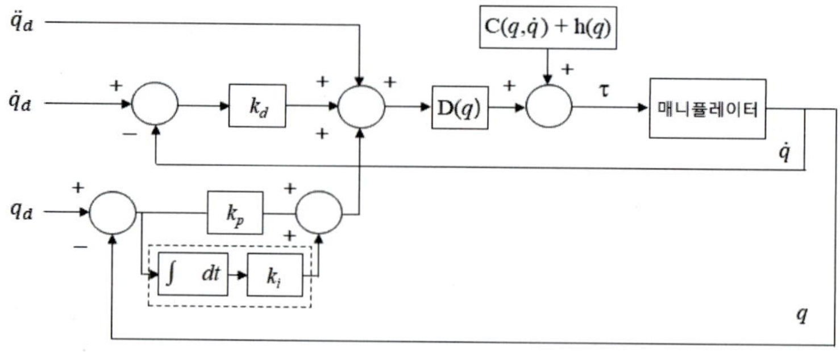

이러한 경우에 제어 법칙은 다음과 같이 나타낼 수 있다. PID 제어기이므로

$u = -k_d \dot{e} - k_p e - k_i \int e$로 선택하면

$\tau = D(q)(\ddot{q}_d + k_d \dot{e} + k_d e + k_i \int e) + C(q, \dot{q}) + h(q)$가 된다.

$r(t)$가 너무 빠르게 변하면 계산된 토크 $\tau(t)$ 크기가 관절 구동부의 한계를 넘어서는 경우가 있다는 것이다.

예제 6.8

2링크 매니퓰레이터에 대하여 계산된 토크 제어기를 설계하라.

$$e = r - q$$

$$\begin{aligned}
\tau_1 = \; & g_0\left[\left(\frac{m_1}{2} + m_2\right)a_1 C_1 + m_2 a_2 \frac{C_{12}}{2}\right] - m_2 a_1 a_2 S_2\left(\dot{q}_1 \dot{q}_2 + \frac{\dot{q}_2^2}{2}\right) + b_1(\dot{q}_1) \\
& + \left[\left(\frac{m_1}{3} + m_2\right)a_1^2 + m_2 a_1 a_2 C_2 + \frac{m_2 a_2^2}{3}\right](k_1 e_1 + l_1 \dot{e}_1 + \ddot{r}_1) \\
& + \left(\frac{m_2 a_1 a_2 C_2}{2} + \frac{m_2 a_2^2}{3}\right)(k_2 e_2 + l_2 \dot{e}_2 + \ddot{r}_2)
\end{aligned}$$

$$\begin{aligned}
\tau_2 = \; & \frac{g_0 m_2 a_2 C_{12}}{2} + \frac{m_2 a_1 a_2 S_2 \dot{q}_1^2}{2} + b_2(\dot{q}_2) \\
& + \left(\frac{m_2 a_1 a_2 C_2}{2} + \frac{m_2 a_2^2}{3}\right)(k_1 e_1 + l_1 \dot{e}_1 + \ddot{r}_1) + \left(\frac{m_2 a_2^2}{3}\right)(k_2 e_2 + l_2 \dot{e}_2 + \ddot{r}_2)
\end{aligned}$$

2축 평면 매니퓰레이터의 두 링크가 각각 1.0m, 1.0m의 길이와 1.0kg, 1.0kg의 무게를 가지며, 이득 값은 $K_P = 100$, $K_D = 20$으로 가정하였다. 이때 2축 평면 매니퓰레이터의 계산된 토크 PD 제어를 시행한 결과가 다음과 같이 주어진다.

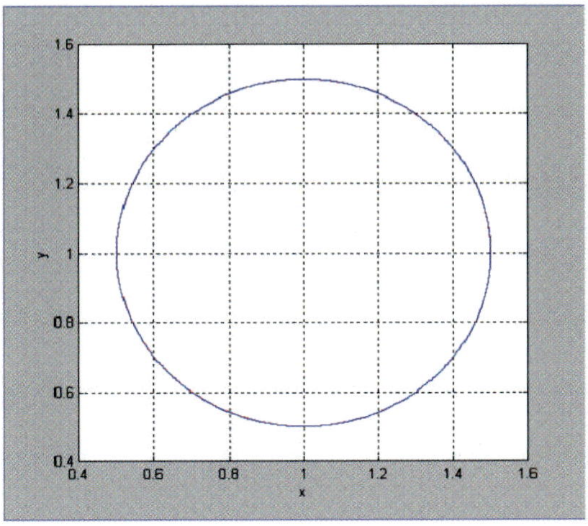

(a)

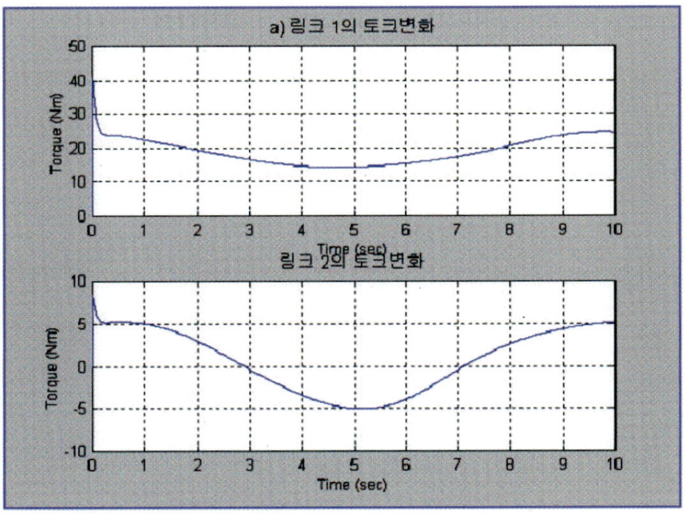

(b)

[그림 6.24] (a) 기준 궤적 및 출력 궤적, (b) 링크 1 및 링크 2의 입력 토크

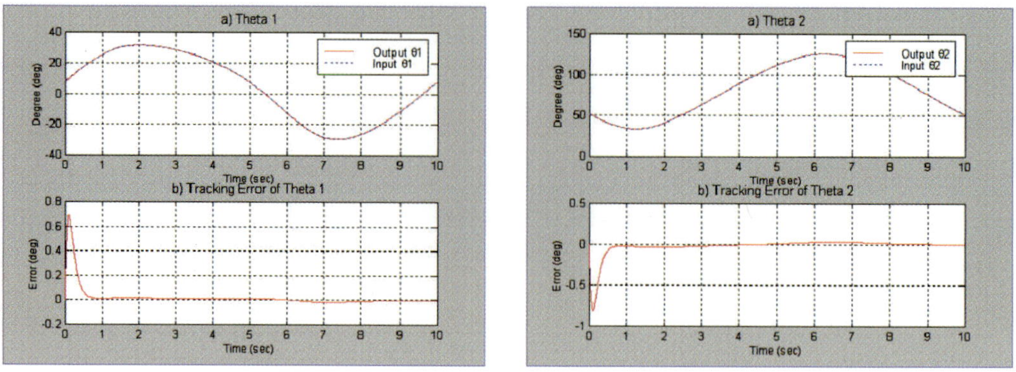

(a) 링크 1　　　　　　　　　　(b) 링크 2

[그림 6.25] 링크 1과 링크 2의 시간에 대한 입출력 궤적 및 오차

위의 결과에서 보듯이 계산된 토크 제어기를 이용한 위치 제어 결과가 개별축 PID 제어기 및 중력을 고려한 PD 제어기보다 더 양호하다는 것을 알 수 있다.

예제 6.9

3축 SCARA 로봇에 대하여 계산된 토크 제어기를 설계하라.

$$e = r - q$$

$$\begin{aligned}
\tau_1 &= -a_1a_2S_2\left[(m_2+2m_3)\dot{q}_1\dot{q}_2 - \left(\frac{m_2}{2}+m_3\right)\dot{q}_2^2\right] + b_1(\dot{q}_1) \\
&\quad + \left[\left(\frac{m_1}{3}+m_2+m_3\right)a_1^2 + (m_2+2m_3)a_1a_2C_2 \right. \\
&\quad \left. + \left(\frac{m_2}{3}+m_3\right)a_2^2\right](k_1e_1 + l_1\dot{e}_1 + \ddot{r}_1) \\
&\quad - \left[\left(\frac{m_2}{2}+m_3\right)a_1a_2C_2 + \left(\frac{m_2}{3}+m_3\right)a_2^2\right](k_2e_2 + l_2\dot{e}_2 + \ddot{r}_2) \\
\tau_2 &= \left(\frac{m_2}{2}+m_3\right)a_1a_2S_2\dot{q}_1^2 + b_2(\dot{q}_2) \\
&\quad - \left[\left(\frac{m_2}{2}+m_3\right)a_1a_2C_2 + \left(\frac{m_2}{3}+m_3\right)a_2^2\right](k_1e_1 + l_1\dot{e}_1 + \ddot{r}_1) \\
&\quad + \left(\frac{m_2}{3}+m_3\right)a_2^2\,(k_2e_2 + l_2\dot{e}_2 + \ddot{r}_2) \\
\tau_3 &= -g_0m_3 + b_3(\dot{q}_3) + m_3(k_3e_3 + l_3\dot{e}_3 + \ddot{r}_3)
\end{aligned}$$

[4] 기타 제어법

앞에서 설명한 로봇 매니퓰레이터의 제어법이 유효하려면 매니퓰레이터의 모델이나 그것에 포함되는 파라미터 값을 정확히 알고 있다고 가정하여야 하지만 실제로는 값들을 알기 어렵거나 부정확한 경우가 많다. 즉, 지금까지 공부한 매니퓰레이터 제어법을 실행하기 위해서는 다음과 같은 조건이 필요하다.

① 속도 제어 등의 로봇 제어법을 실행하기 위해서는 링크 길이 등의 기하학적인 파라미터 값을 알고 있을 것.

② 매니퓰레이터를 고속도, 고정밀도로 동작시키기 위한 제어계를 구성하기 위해서는 ①에 추가해서 로봇의 질량, 관성 모멘트, 점성 마찰계수 등의 파라미터 값을 알고 있을 것.

③ 로봇 기구에 존재할 수 있는 백래시나 비선형 마찰 등의 모델과 그에 관련되는 파라미터 값을 알고 있을 것.

이들 조건 중에서 조건 ①은 링크의 모양이 아주 단순한 경우에는 비교적 간단히 해결되지만, 그렇지 않는 경우에는 쉬운 작업이 아니다. 조건 ②를 해결하기는 쉽지 않으며, 실험을 통하여 추정하는 경우도 있다. 또한 조건 ③의 마찰 계수나 백래시 등은 모델화하는 것 자체가 비선형성이 심하기 때문에 쉽지 않고 또 그 파라미터 값은 온도에 따라 변하기 때문에 시간에 따른 변화도 무시할 수 없다. 이와 같은 문제를 해결하기 위하여 가변구조 제어법, 적응 제어법, 학습 제어법 등이 고안되었다.

앞 절에서 공부한 계산된 토크 제어기는 기본적으로 매니퓰레이터의 파라미터에 대한 지식을 근거로 제어량을 결정하기 때문에 이러한 파라미터의 측정오차에 기인하는 제어에 어려움이 있다. 따라서 이러한 모델링의 오차를 줄이려는 즉, 파라미터의 값의 변화에 강인한 제어기를 설계하려는 많은 연구가 진행되어져 왔다. 예를 들면 적응제어와 같은 것은 제어대상인 시스템의 파라미터의 변화에 계속적인 제어법칙을 조정한 결과 이러한 문제점을 어느 정도 보완하였다. 그러나 이러한 적응제어도 시스템의 시정수에 비해서 시스템의 파라미터가 급속히 변하지 않는다는 가정하에서 적용이 되어지기 때문에 이러한 제어법칙은 공정 변수의 변화 속도가 비교적 완만한 화학공정 등과 같은 제어에는 매우 유용하게 사용이 될 수가 있다. 그러나 매니퓰레이터와 같은 시스템은 팔을 움직임에 따라 관성이나 중력효과 등이 급격히 변화하기 때문에 매니퓰레이터 제어에 있어서는 적응제어가 적합하지 못한 경우가 많다. 적응제어에서의 기본적인 개념은 제어대상인 시스템의 파라미터가 변화함에 따라 제어기의 이득을 점차적으로 변화시켜 주는 것이다. 이러한 것은 시스템의 상태를 근거로 제어 신호를 급격히 변화시켜 주는 것도 가능하며,

이러한 형태의 제어시스템을 가변구조 시스템이라 한다. 이러한 가변구조제어를 하기 위해서 실제로 매니퓰레이터의 파라미터는 정확히 알 수 없으므로 그 대신 이러한 파라미터의 경계값을 이용한다. 가변구조제어기는 파라미터의 경계값이 믿을 만하면 이러한 파라미터 값의 추정에서 생기는 오차에는 강인하게 되는 장점이 있다.

이외의 중요한 제어법으로 학습제어법 등이 있다. 이 제어법은 로봇 매니퓰레이터가 수행하는 작업은 물체의 반송, 용접 작업, 조립, 도장 등과 같은 것으로 일반적으로 단순한 반복 작업이기 때문에 사람이 가지는 학습 기능을 로봇에게 부여하는 방법이 효과적일 수 있다는 데 착안 한 것이다. 만일 이 방법에 의해 앞에서 제시한 세 가지 조건이 해결된다면 로봇 제어가 훨씬 간단해질 가능성도 있으며, 학습 제어법은 이들 세 가지 조건을 해결할 수 있는 효과적인 방법의 하나이다.

학습 제어법은 기본적으로 반복 시행을 통하여 원하는 동작을 자동적으로 얻을 수 있는 방법이기 때문에 기존의 제어법과는 근본적으로 다르다. 이 방법은 로봇 매니퓰레이터의 모델과 그것에 포함되는 파라미터의 정확한 값을 몰라도 양호한 제어 성능을 얻을 수 있다는 점이 특징이다.학습 제어법의 개념을 쉽게 설명하기 위하여 제어 대상이 선형시스템이라는 가정 하에 설명하기로 한다. 학습 제어법은 다음과 같은 절차를 가진다.

① 시스템에 입력을 하고 그 입력과 출력을 기록한다.

② 위의 결과에 따라서 입력을 수정한다.

이 두 절차를 반복하여 한정된 횟수의 시행에 의해 양호한 제어 성능을 얻고자 하는 제어법이다. 예를 들면, 전혀 운전 경험이 없는 사람이 운동장에서 스스로 운전을 해봄으로써 브레이크, 핸들 및 엑셀 등의 역할 및 사용법 등을 시행착오를 거쳐서 학습에 의하여 익히는 것이다.

이러한 학습 제어법의 하나로 1965년 U.C. Berkeley의 L. A. Zadeh교수가 개념을 도입한 퍼지집합이라는 개념을 이용한 [그림 6.26]과 같은 퍼지 제어법이 있다.

퍼지 제어기는 ① 비선형시스템 ② 시변시스템, ③ 비교적 예측하기 어려운 시스템, ④ ill-defined 시스템, ⑤ 모델링하기 어려운 복잡한 시스템 등에 적용할 수 있으며, 실제로 ① 복잡한 시스템에 대한 제어기를 비교적 쉽게 설계할 수 있고, ② 인간의 의식을 쉽게, 직관적으로 제어에 이용할 수 있고, ③ 실시간 제어가 가능하고, ④ 시스템의 모델링이 비교적 덜 필요하고, ⑤ 비교적 강인하고, 안정되며, 적응력이 높은 장점이 있어서, 가전제품, 산업용 제어기기, 운송시스템, 자동화 제어기기, 항공우주 시스템 등 넓은 분야에서 사용이 되고 있다. 퍼지 제어의 특징은 논리형 제어, 병렬형 제어, 언어적 제어와 같이 3가지로 들 수 있다. 따라서 제어 대상의 수식 모델을 도출하는 것이 곤란하거나 많은 시간과 투자를 필요로 하는 경우에 효과적으로 적용될 수가 있다.

이외에도 [그림 6.27]과 같은 신경회로망을 이용한 제어법이 있다. 신경망이란 인간의 신경조직을 모델로 간단한 기능을 가진 단위처리기를 사이를 서로 대규모로 연결시킨 네트워크 형태의 구조이다. 이러한 신경회로망의 가장 큰 특징 중의 하나는 다변수 비선형 시스템에 대한 처리 능력이 뛰어나다는 것이다. 신경망회로에는 Unsupervised인 Hebbian Learning Rule(Hebb, 1949년), 그리고 supervised인 perceptron Learning Rule(Rosenblatt 1958), Delta Learning Rule(McClelland & Rumelhart, 1986), Widrow-Hoff Learning(Widrow, 1962, LMS Algorithm), Error Back-Propagation Learning(=Delta Rule for Multi-layer Perceptron) 등이 있다. 실제로 제어 문제에서 가장 많이 사용되는 에러 역전파 학습 알고리즘은 최소자승 알고리즘의 비선형적인 확장이며, 자승 오차를 최소화하도록 연결강도(weight)와 바이어스(bias)를 조정하게 구성이 되어있다. 그러나, 에러 역전파학습의 단점은 ① global minimum에 수렴하기 보다는 local minimum에 수렴할 수 있으므로, local minimum에 빠지는 것을 방지하기 위하여 layer 또는 neuron 수를 늘리거나 learning rate를 줄임으로써 좀 더 좋은 성능을 얻을 수 있으나 더 해 주어야 할 정확한 층의 갯수와 뉴런의 수는 분명하게 밝혀지지는 않았다. ② 보통 적은 학습율과 다층망의 많은 변수 때문에 속도가 느리다. ③ 학습율이 너무 큰 경우 불안정한 학습을 할 수 있고, 학습율이 너무 작은 경우는 학습시간이 너무 길어진다. 그러나, 비선형 다층망에서 적합한 학습율을 택하기 쉬운 방법은 없다. 퍼지제어기와 신경망제어기의 장점을 서로 보완하고 장점을 살리기 위해서 퍼지-뉴럴 제어 알고리즘 등과 같은 것이 사용되기도 한다.

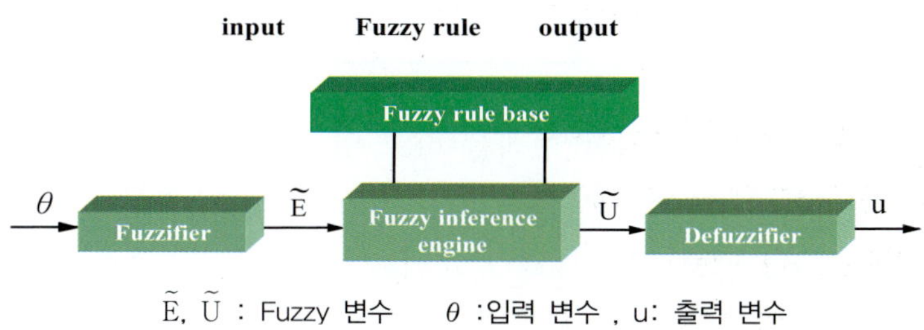

[그림 6.26] 퍼지 제어기의 일반적인 구조

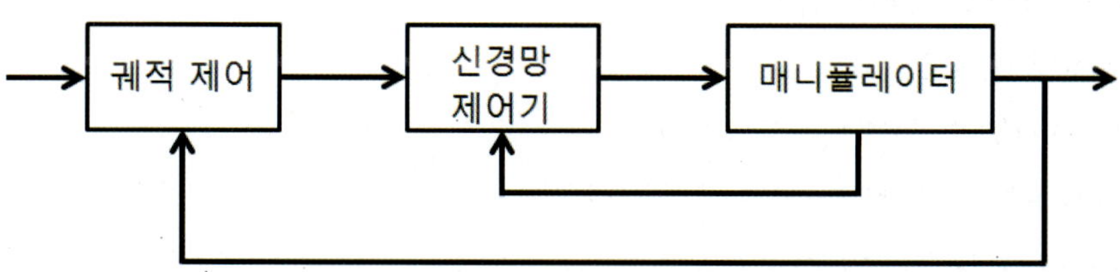

[그림 6.27] 신경망을 이용한 매니퓰레이터의 Feed forward 제어기

6.3 매니퓰레이터의 임피던스 제어

지금까지의 매니퓰레이터 제어는 매니퓰레이터가 공간 내를 아무런 구속 없이 자유롭게 운동하는 것을 가정하였다. 그러나 매니퓰레이터로 부품의 조립, 문의 개폐, 유리창 닦기, 톱질 등과 같은 작업을 할 경우에는 매니퓰레이터가 환경과 접촉하게 된다. 이와 같은 작업에는 매니퓰레이터의 손끝과 환경과의 사이에 힘의 간섭이 생기기 때문에 힘을 고려한 제어법이 필요하며, 대표적으로 임피던스 제어법과 하이브리드 제어법 등이 있으며, 여기서는 임피던스 제어법에 대하여 간단히 설명하기로 한다.

임피던스 제어법에서는 전기 공학 분야에서 사용되는 임피던스라는 개념을 기계 시스템에 적용하였다. 로봇 공학 분야에서는 전기공학과 기계공학의 유사성을 이용해서 이 개념을 사용하고 있다. 다음 표는 전기공학과 기계공학과의 유사성이 있는 요소들을 서로 대비시킨 것이다.

[표 6.1] 전기 소자들과 기계 요소들과의 유사성

전기계	기계계	기계계, $v=\dfrac{dx}{dt}$
콘덴서 : $E=\dfrac{1}{C}\int i\,dt$	스프링 : $F=kx$	스프링 : $F=k\int v\,dt$
저항 : $E=Ri$	댐퍼 : $F=D\dfrac{dx}{dt}$	댐퍼 : $F=Dv$
코일 : $E=L\dfrac{di}{dt}$	질량 : $F=m\dfrac{d^2x}{dt^2}$	질량 : $F=m\dfrac{dv}{dt}$

위의 표를 비교하면 양자는 동일한 형식을 하고 있다. 즉 전압이 힘에, 전류가 속도에 대응하고 있다고 생각하면, 콘덴서는 스프링에, 전기 저항은 댐퍼에, 코일은 질량에 각각 대응된다. 따라서 전기공학 분야에서 사용되는 임피던스 개념을 기계공학 분야에도 확장하여 이용할 수 있게 된다.

이상의 유사 관계를 좀 더 복잡한 예로 알아보기로 하자. [그림 6.28(a)]는 저항 코일 콘덴서로 구성된 전기 회로이다. 인가 전압을 E, 회로에 흐르는 전류를 i라고 하면 다음과 같은 관계가 성립된다.

$$L\frac{di}{dt}+Ri+\frac{1}{c}\int i\,dt=E \tag{6.47}$$

한편, [그림 6.28(b)]는 스프링 댐퍼 질량으로 구성된 기계 시스템이다. 질량부에 가해지는 힘을 F, 질량부의 속도를 v라고 하면 다음의 관계가 성립된다.

$$m\frac{dv}{dt} + Dv + k\int v\,dt = F \tag{6.48}$$

단, 초기값은 전부 0으로 둔다. [그림 6.28]은 전기계와 기계계와의 유사 관계를 나타내고 있다.

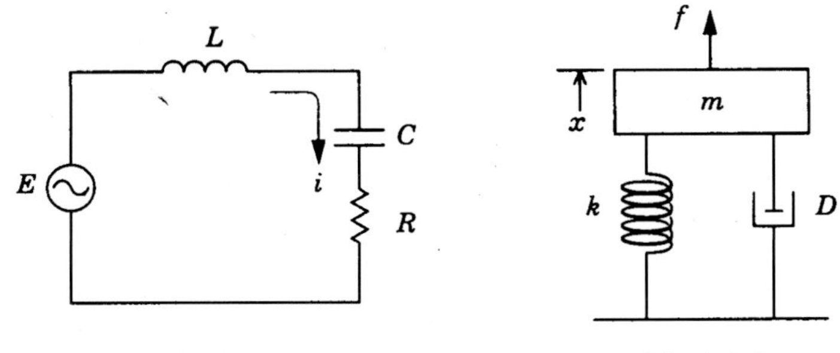

[그림 6.28] 전기계와 기계계와의 유사 관계

이와 같이 기초 요소를 조합해서 구성되는 시스템에 있어서도 유사 관계가 성립되는 것이다. 다만 로봇 공학 분야에서는 임피던스를 이와 같이 표현하는 일은 별로 없다. 단순히 기계 임피던스 $[m,\ D,\ k]$로 표시하며 식 (6.48)을 그대로 임피던스식으로 이해하는 것이 보통이다.

임피던스 제어법이란 외력에 대한 손끝의 기계 임피던스를 작업에 맞추어 설정함으로써 위치 및 힘을 제어하는 방법으로, 수동 임피던스법과 능동 임피던스법이 있다. 수동 임피던스법이란 스프링, 댐퍼 등의 수동적인 기계 요소에 의해 하드웨어적으로 손끝의 기계 임피던스를 설정하는 방법이다. 능동 임피던스법은 손끝의 위치, 속도, 힘 등을 피드백함으로써 액추에이터를 구동하여 결과적으로 바람직한 기계적 임피던스를 실현시키고자 하는 방법이다. 여기서는 능동 임피던스법에 대해서만 설명하겠다.

먼저 [그림 6.29]의 2링크 매니퓰레이터의 예를 사용하여 능동 임피던스법의 이미지를 그리도록 한다. [그림 6.29(a)]는 매니퓰레이터 제어계의 구성도이다. 작업 위치 P와 손끝에 작용하는 외력 F는 센서로 계측된다고 하고 이들 값은 피드백되어 적당한 제어 법칙에 의해 관절 구동 제어 토크 τ_c가 결정된다고 한다.

능동 임피던스법이란 이 제어 결과로 손끝의 기계 임피던스가 마치 [그림 6.27(b)]와 같이 바람직한 임피던스가 되도록 하는 제어법이다.

예를 들면 대상 물체와의 연직 방향으로의 기계 임피던스를 낮게, 접선 방향으로의 임

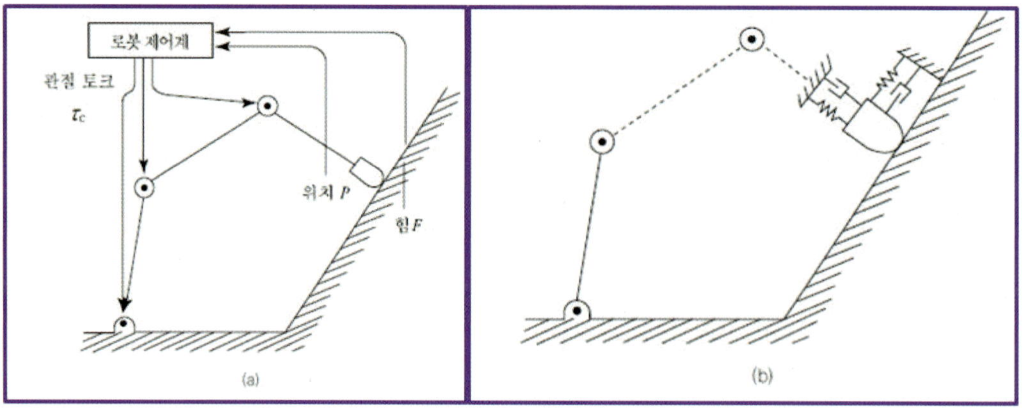

[그림 6.29] 임피던스 제어의 개념도

피던스를 높게 하면 대상 물체와는 부드럽게 접촉하면서 접선 방향으로는 확실하게 이동한다.

임피던스 제어법과 유사한 개념으로 하이브리드 제어가 있다. 능동 임피던스 제어는 매니퓰레이터 손끝이 대상물과 힘의 간섭을 받아도 기계 임피던스를 사용함으로써 목표로 하는 궤도를 실현시키려고 하는 방법이다. 이에 비해서 하이브리드 제어법은 작업 내용을 분석하여 힘 제어할 방향과 위치 제어할 방향을 분할함으로써 이 작업을 달성시키고자 하는 방법이다. 예를 들면 [그림 6.30]은 매니퓰레이터로 톱질하는 작업을 나타내고 있다. 이 경우 x 방향은 위치 제어(또는 속도 제어)를 하는 방향이고, y, z 방향은 힘 제어를 하는 방향으로 하면 된다.

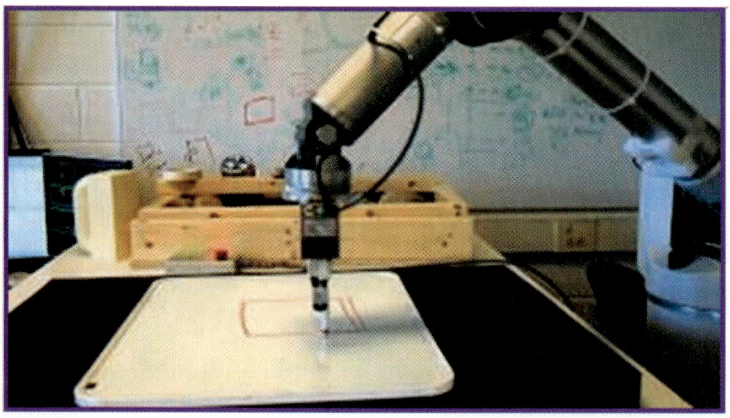

[그림 6.30] 위치와 힘의 제어를 필요로 하는 작업: 그림 그리기

연습문제

01. 최종값 정리에 의해 PD 제어기를 사용해도 식 (6.4)로 표현된 계의 출력의 오프셋을 소거할 수 없음을 보여라.

02. 평면 1링크 매니퓰레이터를 피드백 제어(비례 제어)로 움직일 때, [그림 6.7] 에 나타낸 것과 같이 진동 현상이 일어난다. 진동을 방지하기 위한 방법들을 기술하라.

03. 다음 용어들을 간략하게 설명하라.

(1) 피드백 제어
(2) 계산된 토크 제어

04. 다음 용어들을 간략하게 설명하라.

(1) 임피던스 제어
(2) 하이브리드 제어

05. PID 제어기에서 K_P, K_D, K_I의 역할에 대하여 간략히 설명하라.

06. 로봇에서 기구학, 역기구학, 동역학 및 제어기의 관계에 대하여 설명하라.

07. 일반적으로 로봇 동역학 방정식은 비선형으로 나타난다. 그런데 로봇의 제어법 중에서 비선형 방정식을 선형 방정식으로 변환하는 방법을 사용하는 이유는 무엇인가?

08. 개별축 PID 제어기, 중력을 고려한 PID 제어기, 계산된 제어기의 장단점을 비교하라.

09. 학습 제어기의 특징에 대하여 설명하라.

과 제

01. 1링크 매니퓰레이터의 PD제어를 시뮬레이션하기 위한 프로그램을 작성하여라. 단, 필요한 링크 파라미터는 적절히 가정하거나 입력받아 사용할 수 있도록 하여라.

02. 학습 제어법을 적용한 예를 조사하라.

03. 다음과 같은 2 링크 평면 매니퓰레이터에 대하여 다음을 구하라.

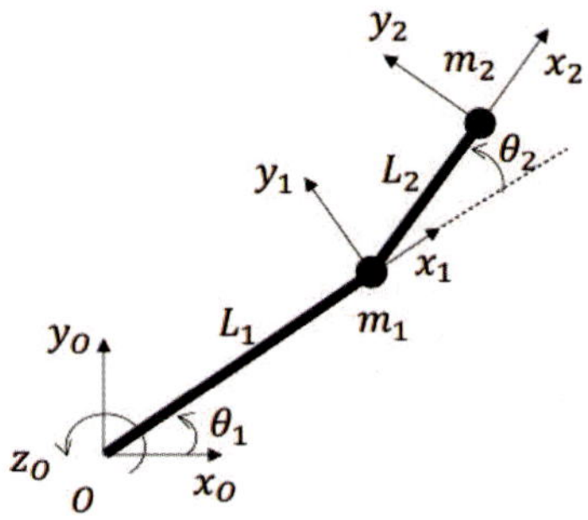

단, $m_1 = m_2 = 1\,\text{kg}$, $L_1 = L_2 = 1\,\text{m}$.

(1) 다음과 같은 동역학 방정식을 구하라.

$D(q)\ddot{q} + c(q\,,\,\dot{q}) + h(q) = \tau$

(2) PD-계산된 토크 제어기를 구성하라.

(3) (2)에서 원하는 궤적, $\theta_{1d} = 0.2\sin\pi t$, $\theta_{2d} = -0.2\cos\pi t$ 과 이득 $k_p = 50$ 및 $k_d = 10$ 인 경우에, θ_1 및 θ_2를 MatLab을 이용하여 그려라.

참고문헌

1. G. Franklin and J.D. Powell, and A. Emami－Naeini, Feedback Control of Dynamic Systems, Addison－Wesley, Reading, MA, 1986
2. R.P. Paul, Robot Manipulators, MIT Press, Cambridge, MA, 1981
3. L. Sciavicco and B. Siciliano, Modelling and Control of Robot Manipulators, 2nd Edition, Springer－Verlag, London, 2000
4. G. Franklin, J. Powell, and M. Workman, Digital Control of Dynamic Systems, 2nd Edition, Addison－Wesley, Reading, MA, 1989
5. M. Mason, Compliance and Force Control for Computer Controlled Manipulators, M.S. Thesis, MIT AI Laboratory, May 1978
6. M. Raibert and J. Craig, Hybrid Position/Force Control of Manipulators, ASME Journal of Dynamic Systems, Measurement, and Control, June 1981
7. N. Hogan, Stable Execution of Contact Tasks Using Impedance Control, Proceedings of the IEEE Conference on Robotics and Automation, Raleigh, NC, 1987

07

로봇 센서

7.1 로봇 센서의 개요
7.2 내부 센서
7.3 외부 센서
7.4 센서 신호의 처리
7.5 로봇 시각
7.6 시각 기반 로봇

로봇은 센서를 사용하여 스스로의 동작을 실시간으로 확인함으로써 동작의 신뢰성을 높인다. 또 센서를 사용하여 지능적이고 유연한 동작이 가능하게 된다. 이 장에서는 시각을 비롯한 몇 가지 대표적인 로봇 센서들을 살펴본다. 로봇에 사용되는 센서들의 종류와 원리, 활용 기법은 매우 다양하므로, 여기서의 학습이 로봇 센서들에 대한 다양하고 깊이 있는 지식을 제공하지는 못한다. 그러나 몇 가지 주요한 센서의 역할과 활용 방식을 익힘으로써, 자동화 관련 문제에 대하여 학습자가 적절한 센서를 선택하고 활용할 수 있는 능력을 기르도록 한다.

Information is not knowledge
– Albert Einstein –

07 CHAPTER

로봇 센서

7.1 로봇 센서의 개요

인간은 오감을 통하여 주변 상황을 인지하고 적절하게 반응할 수 있다. 따라서 인간의 지능도 감각 기능이 없이는 완전해질 수 없다. 인간의 감각기와 같은 기능은 로봇에서는 센서(sensor)에 의하여 구현된다. 초기의 산업용 로봇은 지정된 동작을 반복하는 작업만 수행하였으므로 센서의 역할이 크지 않았으나, 현대 및 미래의 로봇은 스스로 적절한 동작을 계획하고, 동작 중 발생하는 상황에 유연하게 대처하는 능력을 갖추는 것이 중요하므로 센서의 중요성이 강조되고 있다.

로봇을 비롯한 자동화 기기에서 센서란 기기의 내 · 외부 조건 및 상황을 계측하기 위하여 사용되는 감각기를 총칭한다. 따라서 구조적으로 센서는 임의의 기기와 주변 환경 사이에 위치하고 있으며, 동작에 필요한 물리량을 습득하여 이를 통상 전기적 신호의 형태로 출력하게 된다. 일본 산업 표준(Japanese Industrial Standards, JIS)에서는 센서를 '시스템의 첫 번째 요소로서, 관심이 있는 조건과 관련되어 측정된 양을 신호로 변환하는 것'으로 정의하였다. 센서는 한 형태의 물리적 양을 다른 형태의 물리적 양으로 변환하는 기기로 정의되는 트랜스듀서(transducer)의 기능을 가진다.

[표 7.1] 센서의 종류 구분

구분의 기준	예 시	
센서 동작의 원리가 되는 물리적, 화학적 효과	– Hall 효과 센서	– 압전 센서
피측정량(주 입력 변수)	– 가속도 센서	– 토크 센서
감각 기능	– 촉각 센서	– 청각 센서
활용 영역	– 로봇 센서	– 자동차 센서
측정에 사용되는 신호	– 초음파 센서	– 적외선 센서
측정용 신호 방출의 유무	– 능동 센서	– 수동 센서

로봇이 내 · 외부 정보를 획득하는 방법은 다양하다. 예를 들어 카메라로 시각을 구현할 수 있고, 마이크(microphone)로 청각을 구현할 수도 있다. 시각은 특히 중요한 요소로 인간이 눈을 통해 얻게 되는 정보의 양은 다른 감각 기능에 비교할 수 없을 만큼 방대하다. 여타의 비시각 센서들은 시각 센서에 비하여 그 원리나 출력 신호의 처리가 비교적 간단하며, 대체로 용도도 제한적이다. 센서들은 [표 7.1]과 같은 기준들에 의하여 구분될 수 있다.

만약 센서의 용도를 로봇 및 자동화 기기의 영역으로 한정하면, 센서들은 [표 7.2]와 같이 내부 센서(internal sensors)와 외부 센서(external sensors)로 구분할 수 있다. 표에서 알 수 있듯이 내부 센서는 기기의 동작을 위해 필수적인 값들을 측정하기 위한 센서류이며, 외부 센서는 기기의 동작 환경과 작업 대상체에 대한 정보를 취득하기 위해 채용되는 센서류를 지칭한다.

[표 7.2] 로봇 센서의 구분

센서 구분	기 능	예 시
외부 센서	로봇의 작업 환경이나 대상체를 측정하거나 감지하기 위한 센서	- 작업 대상체를 인지하기 위한 카메라 - 이동 로봇의 전방에 존재하는 장애물을 감지하기 위한 초음파 센서
내부 센서	로봇 팔의 회전 각도나 이동 로봇 바퀴의 회전 속도와 같이 로봇을 제어하기 위해 필요한 양을 측정할 목적으로 기기 내부에 장착된 센서	- 모터의 회전량을 계측하는 인코더 - 로봇 팔 관절의 동작 범위를 제한하는 한계 스위치

7.2 내부 센서

[1] 한계 스위치

한계 스위치(limit switch)는 구조와 기능이 단순하지만 여러 가지 목적으로 널리 사용되는 자동화용 센서이다. 한계 스위치의 유용성을 이해하기 위해 [그림 7.1]에서와 같이 일정한 거리 내에서 움직이는 디스크를 가정해 보자. 디스크가 A점으로부터 이동한 거리는 디스크의 반경을 알고 있다고 가정할 때 회전수 및 회전 각도를 측정함으로써 계산할 수 있고, 이는 디스크의 축에 부착된 어떤 센서에 의하여 측정 가능하다. 만약 디스크를 임의의 점 B까지 이동시키려고 동작하는 중 정전 때문에 제어기가 정지된 후 다시 전원이 들어 왔을 때 디스크의 현재 위치는 어떻게 알 수 있을까, 혹은 주어진 B점에 보낼 수 있는 방법은 무엇인가 생각해 보자.

이러한 의문에 대한 해는 디스크를 A점까지 왼쪽으로 이동시킨 후, 이를 원점으로 하여 디스크를 다시 오른쪽으로 회전시키면서 그 이동 거리를 측정하면 주어진 B에 도달할 수 있다. 이러한 원리는 대부분의 로봇 매니퓰레이터에서도 적용된다. 즉, 매니퓰레이터를 특정 위치로 이동시키기 위해서는 역 기구학적 해에 의하여 각 관절에서 필요한 각도만큼 회전하게 되는데, 로봇 내부적으로 각 관절에서 각도가 정의되는 0점 기준은 관절을 움직일 수 있는 한계 위치에서 확인된다. 이 때 각 관절이 동작 한계에 위치하고 있음을 알기 위해서 한계 스위치가 사용된다.

한계 스위치는 검출의 정확도가 높고, 간단한 구조를 가지며, 가격이 저렴하여 널리 사용된다. 한계 스위치는 직선 운동용과 원 운동용이 있으며 주로 마이크로 스위치를 내장하고 있다. [그림 7.2]는 실제 기계 장치에 사용된 한계 스위치의 사진을 보여준다.

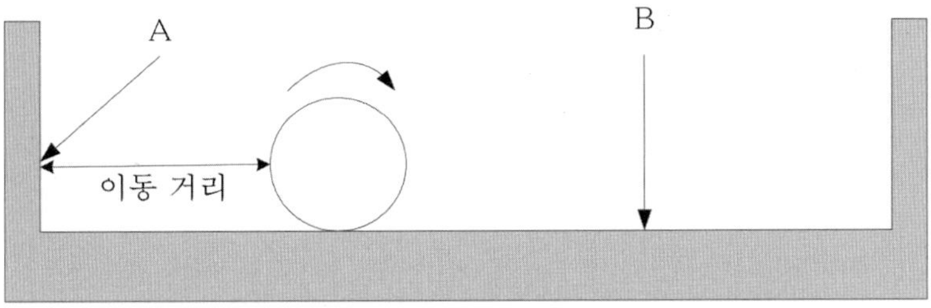

[그림 7.1] 위치의 판정에 한계 스위치가 필요한 예

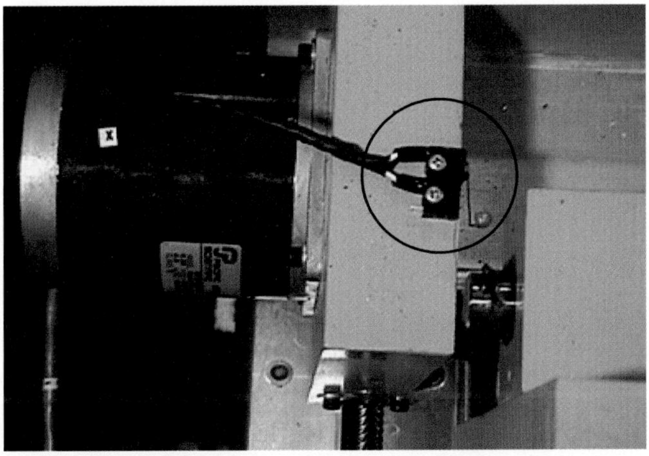

[그림 7.2] 기계적 동작 한계를 검출하기 위한 한계 스위치의 예: 우측의 구조물이 접근하여 한계 스위치에 부딪히면 스위치가 닫혀 구조물이 끝(동작 한계)까지 온 것을 감지하여 이동을 멈춘다.

[2] 광학 인코더

인코더, 혹은 엔코더(encoder)는 각 변위 혹은 회전 속도의 측정에 사용되는 센서이다. 고해상도와 고정밀도가 가능하며, 디지털 출력을 가지며, 가격이 비싸지 않다는 이유 등으로 로봇의 관절을 비롯하여 공작 기계, 프린터, 벨트 컨베이어 등 회전체의 제어가 필요한 경우에 광범위하게 사용되고 있다. 인코더에는 자석을 이용한 것을 포함하여 여러 가지 종류가 있지만, 광학 인코더가 가장 보편적이다.

[그림 7.3]은 광학 인코더의 동작 원리를 보여준다. LED(Lignt Emitting Diode, 발광 다이오드)에 의하여 조사된 빛은 디스크가 회전함에 따라 투명창이 LED 앞에 위치하는 시간 동안에만 수광 소자에 전달된다. 수광 소자로는 흔히 광 다이오드(photo-diode), 광 트랜지스터(photo-transistor), 그리고 광 전지(photo-cell) 등이 사용된다. 이들 수광 소자는 입사된 광량에 비례하는 출력 신호를 센서와 접속된 계측용 전자 회로로 전달하게 된다. 출력 신호는 전압 펄스의 형태로 아날로그 · 디지털 변환기(ADC) 없이도 직접 디지털 회로에 접속 가능하다. 이 때 출력 펄스를 계수(counting)하면 디스크에 연결된 기기의 회전 각도와 속도를 측정할 수 있다.

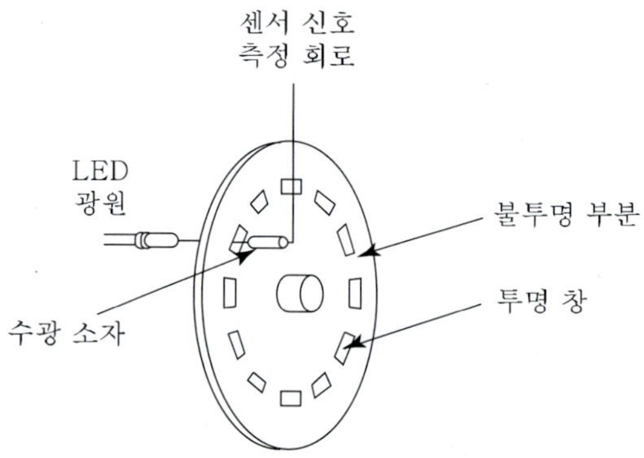

[그림 7.3] 광학 인코더의 구조

예제 7.1

광학 인코더의 출력을 계수하는 회로를 설계하여라.

[그림 7.4(a)]는 광학 인코더의 출력을 12bit로 계수하고 이를 LED를 사용하여 출력하기 위한 회로도의 예를 보여준다. 4bit 계수기(counter)인 7493이 세 개 연결되어 사용되었고, 인코더에서의 발광과 수광은 포토 커플러(photo coupler)를 사용하여 손쉽게 구성할 수 있다. 7408은 AND 논리 게이트(logic gate)이다. [그림

8.4(b)]는 손으로 인코더를 시험 삼아 회전시켰을 때 관찰할 수 있는 출력 신호의 예이며, [그림 8.4(c)]는 가장 위에 위치한 7493 계수기의 타이밍 다이어그램을 보여준다.

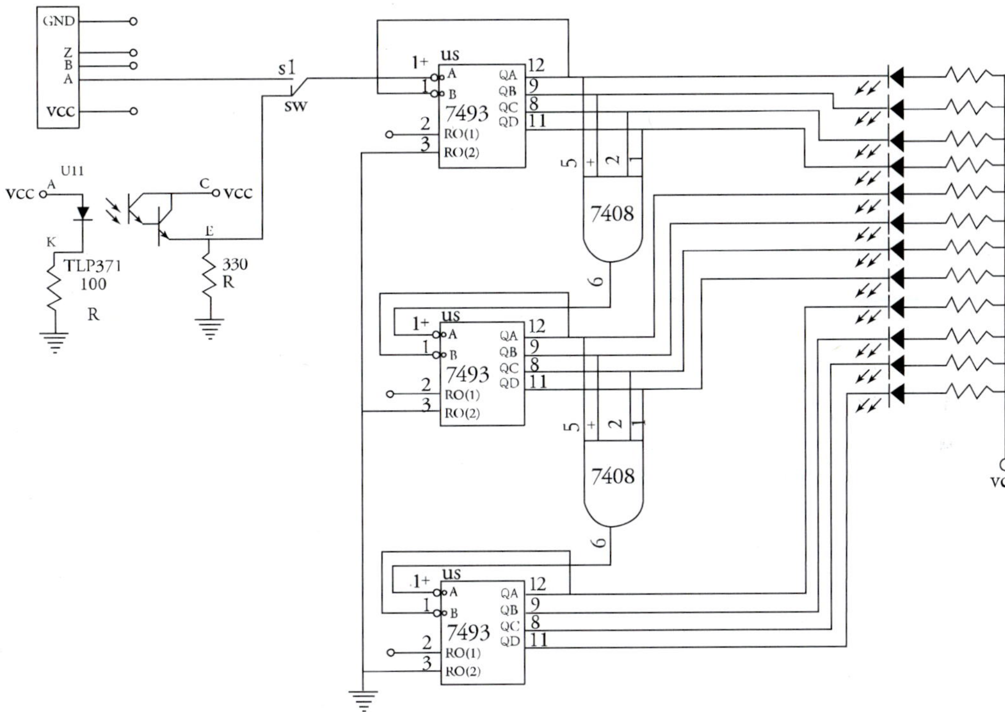

(a)

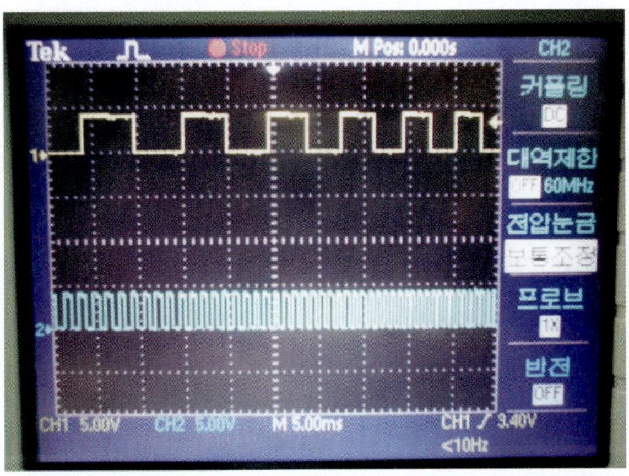

(b)

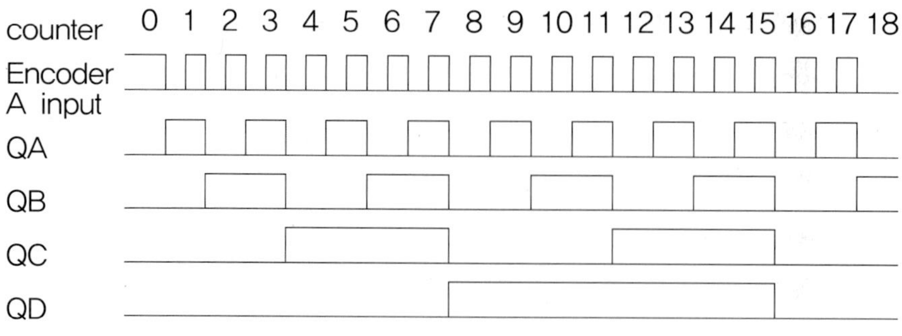

(c)

[그림 7.4] 광학 인코더를 사용한 12비트 계수기의 설계: (a) 회로도, (b) 오실로스코프로 관찰한 계수기의 출력 예, (c) 최상측 7493 계수기의 타이밍 다이어그램

광학 인코더의 종류에는 크게 증가형과 절대형이 있다. 증가형 인코더(incremental type encoder)는 [그림 7.3]에서와 같은 원리로 동작하지만, 많은 경우 [그림 7.5(a)]의 경우처럼 세 개 이상의 광 센서를 사용한다 [2]. 이 때 센서 1과 센서 2는 1/4피치(pitch) 간격으로 배치되어 위치 검출의 해상도를 높인다. 즉, [그림 7.5(b)]에 보인 바와 같이 두 센서로부터 얻어지는 출력 전압이 1/4주기만큼 어긋나 있어서, 해상도를 한 개의 센서만 사용하였을 때 얻을 수 있는 것보다 두 배로 개선시킬 수 있다. 구체적으로 한 개의 센서만 사용한 경우 N개의 투명 창을 가진 디스크로부터 얻을 수 있는 해상도는 360°/2N이지만, 두 개의 센서를 사용하는 경우에는 360°/4N이 된다.

이와 같은 센서 배치가 가져오는 또 다른 장점은 회전의 방향을 알 수 있다는 점이다. 즉, 디스크가 시계 방향으로 회전할 때는 센서 1이 먼저 창을 통하여 광을 검출하게 되어 1(즉, 이진의 High)의 상태를 출력하게 되며, 반시계 방향으로 회전할 때는 센서 2가 센서 1에 비하여 먼저 검출하게 된다. 따라서 [그림 7.5(b)]에서 위의 두 출력 조합은 반시계 방향으로 회전하는 경우이며, 아래의 두 출력 조합은 시계 방향으로 디스크가 회전하는 경우이다. 한편 센서 3은 디스크가 한 바퀴 회전하였음을 지시하기도 하고, 보다 중요하게는 각도 검출의 기준, 즉 각도 0의 위치 검출용으로 사용된다.

인코더로부터 회전 속도를 검출하는 방법에는 크게 두 가지가 있다 [3]. 먼저 펄스 계수법(pulse counting)은 일정한 시간 T동안 검출된 출력 펄스의 개수 n을 얻는 방식이다. 이 때 T/n은 한 펄스당 평균 시간이므로, 만약 디스크에 총 N개의 투명 창이 있다면 한 바퀴 회전하는 데 걸리는 시간이 NT/n이 된다. 따라서 회전 속도는 $\omega = 2\pi\ n/NT$ [rad/sec]가 된다. 두 번째 방식은 펄스 시간법(pulse timing)이다. 주파수가 f인 클럭

(clock)을 사용하여 인코더 출력의 한 펄스 주기를 측정한다. 만약 한 펄스 주기 동안 m번의 클럭이 계수되었다면, N개의 창을 가지는 디스크에 대해서 한 바퀴 회전에 걸린 시간은 mN/f이 된다. 따라서 이 경우 회전 속도는 $\omega=2\pi$ f/Nm [rad/sec]가 된다. 이들 두 방법은 확실하게 다른 활용 조건을 가진다. 즉, 펄스 계수법은 주어진 시간 동안 펄스의 개수를 헤아리므로, 디스크 회전의 속도가 빨라 출력 펄스의 개수가 충분히 많을 때 오차가 줄어든다. 이에 비해 펄스 시간법은 펄스의 한 주기를 일정 주파수의 계수기로 측정하므로, 디스크의 속도가 빨라 주기가 짧아지면 오차가 커진다. 즉, 계수기 클럭의 주파수가 디스크의 회전에 의한 출력 펄스의 주파수보다 훨씬 빨라야 한다.

증가형 인코더의 단점은 현재의 위치를 펄스의 누적 계수에 의해서만 알 수 있다는 점이다. 따라서 기기에 전원을 연결하고 기동하는 시점의 디스크 회전 위치는 바로 알 수 없다. 이러한 문제는 절대형 인코더(absolute type encoder)를 사용하면 쉽게 해결된다. 절대형 인코더는 [그림 7.6]에 보인 바와 같이 디스크에 각도를 나타내는 코드를 인쇄한 형태이다. 그림에 보인 인코더는 4비트, 즉 $360/2^4=22.5^\circ$ 해상도를 가지는 경우이다. 각 트랙(track)마다 LED와 수광 소자의 쌍이 사용되므로 총 4조의 광 센서가 필요하며, 각 센서들의 출력으로부터 0000에서 1111까지의 출력 코드를 인코더가 부착된 축의 회전에 따라 얻을 수 있다. [그림 7.6(b)]는 Gray 코드[9]를 사용한 인코더이다. [그림 7.6(a)]의 인코더에 사용된 통상의 이진 코드와는 달리 Gray 코드는 한 순간마다 하

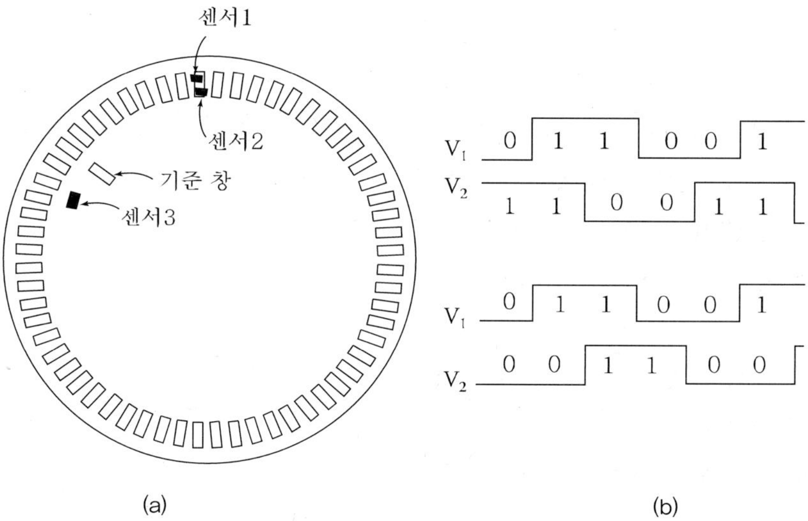

[그림 7.5] 증가형 인코더: (a) 광 센서의 배치, (b) 센서로부터의 출력(단, V1과 V2는 각각 센서 1과 센서 2의 출력 전압임)

9) 미국 Bell Labs의 연구원인 Frank Gray(1887~1969)의 1953년 특허.

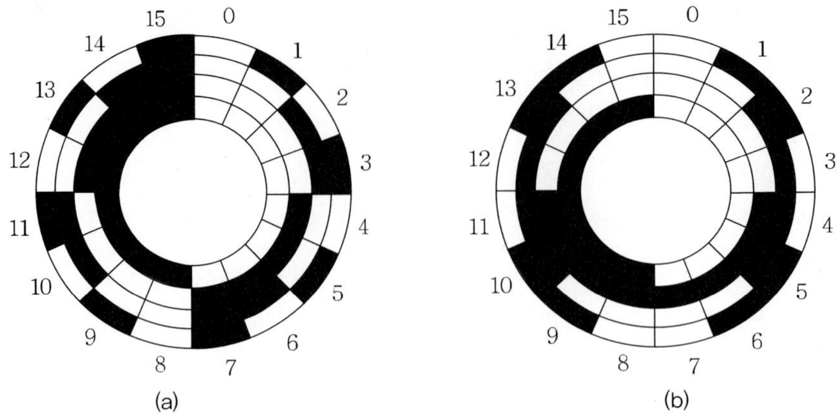

[그림 7.6] 절대형 인코더: (a) 이진 코드, (b) Gray 코드

나의 비트만 변화하므로, 센서 출력 데이터의 검출 및 전송시 발생할 수 있는 오류를 쉽게 확인할 수 있고 줄일 수 있다. 즉, 통상의 이진 코드에서는 0001 다음 순간에 0010으로 두 개의 비트가 변화하지만, Gray 코드에서는 0001 다음에 0011로 하나의 비트만 변화하게 된다.

인코더를 사용하여 회전을 계측하였을 때 발생할 수 있는 오차의 원인에는 여러 가지가 있다. 예를 들어 인코더의 제조 공차(tolerance)나 디스크의 중심이 회전축과 일치하지 않는 등의 조립시 발생하는 오차, 혹은 오랜 사용과 열에 의하여 생기는 디스크의 형태 변환 등이 원인이 될 수 있다. 또 광 센서들은 기본적으로 외부 광에 의한 간섭을 받을 수 있기 때문에 대부분의 광학 인코더들은 이를 최소화하기 위하여 광 소자들을 차폐시킨다. 그러나 이 경우에도 빛의 회절 등에 의하여 발생하는 위치 오차는 막을 수 없다. 따라서 [그림 7.7]과 같이 고정된 디스크와 렌즈를 추가로 사용하여 광을 집속함으로써, 광의 회절로 인하여 수광 소자가 투명 창의 전면에 오지 않음에도 LED 광을 감지하는 것을 막는다 [2]. 또 두 개의 센서를 1/2피치 간격으로 배치하여 하나의 수광 소자

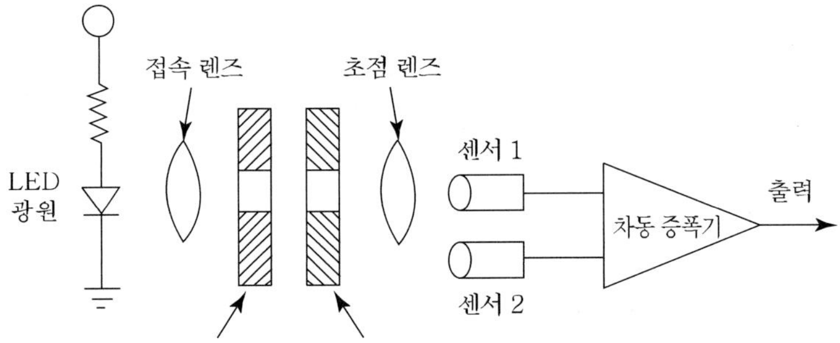

[그림 7.7] 광학 인코더에서 광 회절과 외부 광에 따른 오차를 보상하기 위한 설계

(센서 1)가 투명 창을 볼 때, 다른 수광 소자(센서 2)는 불투명한 부분을 봄으로써 광이 통과하지 않을 때와 광이 통과할 때 얻어지는 값들의 상대적 비교가 가능하게 하였다. 이러한 구조는 외부 광에 의한 간섭이 있을 때도 센서가 견실하게 동작할 수 있게 한다.

예제 7.2

(1) [그림 7.5]와 같은 증가형 인코더에서 5°이상의 회전 해상도를 얻기 위해서 필요한 디스크 창의 개수는 어떠한가?

(2) 위 (a)와 같은 해상도를 절대형 인코더에서 얻고자 한다면, 필요한 트랙의 개수는 어떠한가?

(1) $360°/4N \le 5°$로부터 $N \ge 22.5$개를 얻을 수 있다. 즉, 23개의 투명 창이 필요하다.

(2) 5°의 회전 해상도는 전체 디스크를 72섹터로 나누었을 때 실현될 수 있다. N개의 코드 트랙에 대해서 2^N개의 섹터가 생기므로, $2^N \ge 72$를 만족시키는 최소한의 N은 7이다. 즉, 7개의 트랙을 사용할 경우 128개의 섹터가 생기고 이는 섹터당 약 2.8°의 해상도를 제공한다.

인코더에는 광학형 외에도 자석형(magnetic), 유도형(inductive), 용량형(capacitive) 등이 있다. 인코더와 유사한 기능을 가지는 센서로서, 싱크로(synchro)와 레졸버(resolver)는 코일에 의한 교류 전압의 유도 현상을 이용한 센서들이며, 전위차계(potentiometer)는 변위에 따른 저항의 변화를 이용한 센서이다.

인코더는 이동 로봇의 바퀴에 부착하여 로봇의 위치를 판정하는 데 사용할 수 있다. 이와 같이 이동 로봇의 바퀴 축에 직접 부착하여 그 회전량을 검출할 수 있는 센서를 주행 거리계, 혹은 오도메트리(odometry)라고 한다. 그리고 이동 로봇이 주행 거리계를 이용하여 자신의 위치를 판정하는 것을 데드 렉커닝(dead reckoning)이라 한다. 데드 렉커닝은 그 개념이 간단하고, 적용하는 데 드는 비용이 적다. 그러나 주행 거리계에 의한 위치의 판정에는 바퀴의 미끄러짐과 같은 원인에 의한 오차가 있고, 데드 렉커닝의 오차는 주행을 계속함에 따라 누적되어 커진다. 따라서 이동 로봇은 다른 센서들을 조합하여 사용하거나 주기적으로 다른 방식에 의하여 오차를 보상할 필요가 있다.

[그림 7.8(a)]는 데드 렉커닝만에 의한 위치 판정이 어떤 결과를 가져올 수 있는지에 대한 과장된 예이다. 이는 미국 CMU의 Matthew Deans가 이동 로봇의 한쪽 바퀴를 고

의로 파손한 후 로봇에게 큰 원을 그리며 움직이도록 하여 얻은 것이다. 그림에서 보듯 로봇은 전혀 다른 궤적을 그렸지만 이를 보상할 방법이 없다. 한편 [그림 7.8(b)]는 카메라를 부가적으로 사용하여 궤적의 오차를 수시로 보상한 결과로 얻어진 것이다. 여기서는 로봇의 동작이 제어된 바에 훨씬 가까워졌다. 이와 같이 여러 종류의 센서들을 사용하여 이동 로봇의 주행 환경에 대한 인식 정도를 높이고, 위치 판정 및 주행의 신뢰성을 높이는 SLAM(Simultaneous Localization And Mapping) 기술이 근래에 와서 주목을 받고 있다. SLAM을 비롯한 이동 로봇의 주행에 관해서는 이 책의 8장에서 이동 로봇의 기술을 다루면서 보다 자세히 살펴 본다.

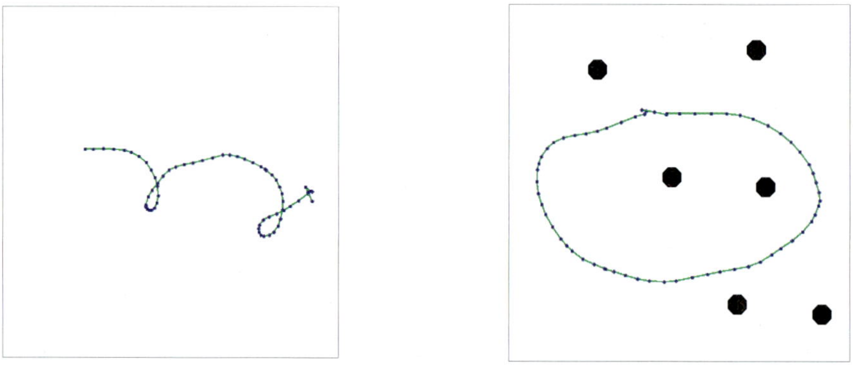

(a) (b)

[그림 7.8] 한 쪽 바퀴가 고장난 이동 로봇의 원 운동 제어: (a) 데드 렉커닝에 의한 결과, (b) 주행거리계와 카메라를 조합하여 사용한 결과 (그림의 큰 점들은 카메라가 위치 판정을 위하여 사용한 표식(landmark)) [http://www.cs.cmu.edu/~deano/research/slam.html]

7.3 외부 센서

로봇은 내부에 장착된 센서들을 이용하여 자신의 동작을 정밀하게 제어하지만, 여러 가지 요인에 의하여 목표로 한 바를 달성하지 못할 수 있음을 앞 절에서 살펴보았다. 또 로봇은 자신만의 동작뿐 아니라 작업의 대상체나 주위의 상황을 능동적으로 파악하여야만 유연하고 지능적인 동작을 할 수 있다. 즉, 로봇 외부의 환경을 감지할 수 있는 센서의 필요성이 생긴다. 로봇의 외부 센서로 가장 널리 사용되는 것으로는 카메라와 같은 시각 센서(vision sensor)와 초음파 센서와 같은 거리 센서(range detector, depth measurement)가 있다.

이 절에서는 초음파 및 적외선에 기반한 간단한 외부 센서를 다룬다. 시각 센서의 경우, 그 장치의 구성과 출력 영상의 처리가 비교적 복잡하므로 7.5절 이후에서 따로 소개한다.

[1] 초음파 센서

초음파(ultrasonic waves)는 가청 주파수(20~20,000Hz) 이상의 주파수를 가진 음파(sound waves)로서, 속도 및 위치의 측정을 목적으로 다양한 분야에서 널리 사용되고 있다. 특히 2차 세계대전 중 잠수함을 찾아내기 위해서 SONAR(SOund Navigation And Ranging) 기술이 사용된 이래, 주로 군사적 용도로 수중에서의 활용을 중심으로 초음파 센서(ultrasonic sensor) 관련 기술이 축적되어 왔다. 근래에 와서 센서의 활용 분야가 다양해지면서 이동 로봇의 장애물 감지용으로, 혹은 자동차 후방 감지를 위한 센서 등의 용도로 사용되고 있다.

초음파의 발생은 전압 혹은 자장에 의해 유발된 진동을 이용하게 되며, 검출은 음압을 전기로 변환하여 주는 장치(예를 들어 마이크로폰)를 사용한다. 이를 이용한 거리 측정은 [그림 7.9(a)]에 보인 바와 같이, 센서에서 송신된 초음파가 어떤 대상체에 부딪혀 다시 센서로 돌아올 때까지의 시간을 측정함으로써 가능해진다. 이를 펄스 반사식(pulse-echo) 측정법이라 부르며, 특히 초음파가 발생된 후 반사되어 되돌아올 때까지 걸린 시간을 비행 시간(Time Of Flight, TOF)이라고 한다. 단, 매질 내 음파의 진행 속도는 기지라고 가정한다. 만약 초음파를 계속해서 발생 및 전파시키면 수신기에서 검출된 반사파가 언제 발생된 파였는지를 알 수가 없으므로, 비행 시간을 측정할 수 없게 된다. 따라서 [그림 7.9(b)]에 보인 바와 같이 어느 정도의 짧은 시간 동안 초음파를 발생시키고, 그 후 일정 시간 동안은 초음파가 반사되어 돌아오는지를 기다리게 된다. 그림에서 (1)번 신호는 초음파의 발생을 위해 센서에 인가하는 전압 펄스, (2)는 수신된 반사파, (3)은 수신된 파를 포락선 검출(envelope detection)한 결과, (4)는 수신 신호를 임의의 임계치(threshold)와 비교하여 생성한 출력 펄스를 나타낸다. 이 때 포락선 검출은 잡음에 의한 오검출을 방지하기 위한 신호 처리 절차이다. 만약 일정 시간 동안 반사파가 감지되지 않으면 감지 거리 내에 장애물이 없다는 뜻이 되고, 반사파가 있으면 비행 시간을 거리 값으로 환산한다. 식 (7.1)은 비행 시간 측정치 T로부터 장애물까지의 거리 L을 계산하기 위한 식이다. 여기서 분모의 2는 음파가 목표물까지 왕복함을 감안한 것이며, c는 음파의 진행 속도를 나타낸다.

$$L = cT/2 \tag{7.1}$$

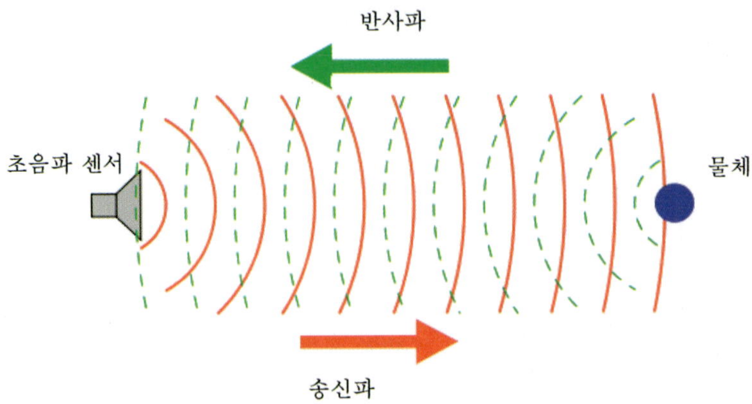

(a)

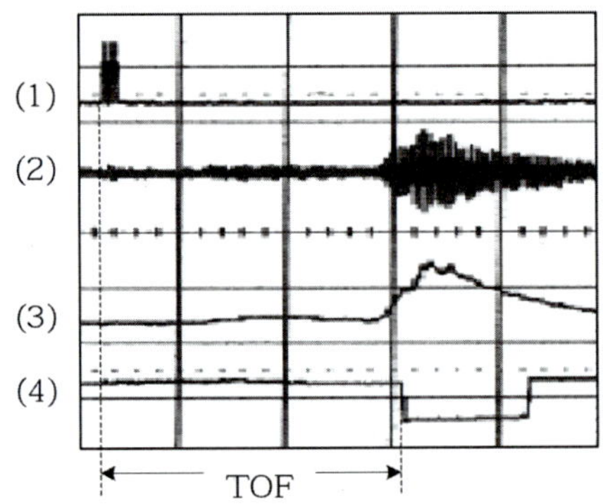

(b)

[그림 7.9] 펄스 반사 방식의 초음파 거리 센서: (a) 센서 동작의 원리, (b) 송수신파와 신호 처리 (1) 초음파 발생용 전압 펄스, (2) 수신파, (3) 포락선 검출, (4) 출력 펄스

로봇 등 자동화 기기용으로 Polaroid사의 초음파 센서가 널리 사용되고 있다 [2]. [그림 7.10(a)]는 그 외관을 보여주며, [그림 7.10(b)]는 이동 로봇의 충돌 회피 센서로 사용된 경우를 보여준다. [그림 7.10(c)]는 이동 로봇이 초음파 센서로 주변 환경을 감지하는 예를 보여준다. 물체까지의 거리가 멀어지면 파동의 매질 내 진행 중 감쇄에 의하여 반사파의 크기도 작아지므로, Polaroid사에서 판매하는 센서 제어 회로에는 반사파 감지 시간에 따른 자동 증폭(Automatic Gain Control, AGC) 기능이 포함되어 있다.

초음파 센서는 간단한 측정 방법과 저렴한 가격 등으로 물체 및 주변 환경 인식용으로 널리 사용되고 있다. 초음파 센서는 구체적으로 다음과 같은 장점들이 있다. 첫째, 초음파 센서는 투명 물체, 유체 등의 물체 인식이 가능하다. 둘째, 초음파 센서는 3차원 공간 측정이 가능하다. 셋째, 어두운 곳에서도 작동 가능하다. 넷째, 원리가 간단하고 실현에 드는 비용이 낮다. 다섯째, 측정을 위해 방출되는 에너지, 즉 초음파는 사람이 감각하지 못하므로 사용자에 소음에 따른 불편을 야기하지 않는다.

(a)

(b)

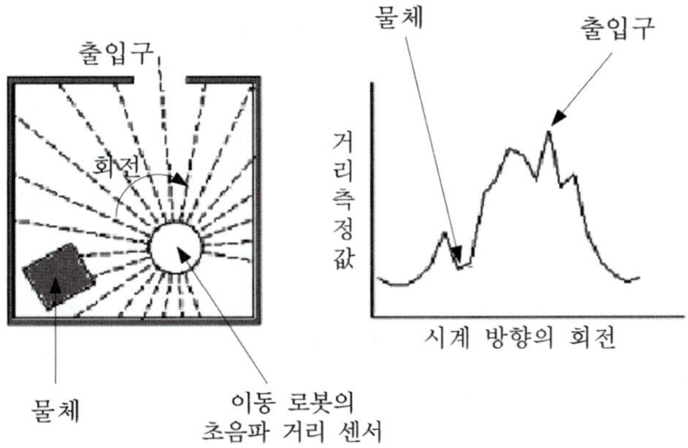

(c)

[그림 7.10] Polaroid사의 초음파 거리 센서: (a) 센서 외관, (b) 로봇 장착의 예, (c) 로봇의 환경 인식 활용 예

그러나 초음파 센서의 측정에서 단점들도 있다. 첫째, 온도, 난류, 습기, 기압 등에 민감하다. 초음파의 진행 속도를 c라 할 때, 이의 온도 의존성은 다음의 식으로 나타난다.

$$c = 331.5 + 0.60\,T_m \tag{7.2}$$

여기서 T_m은 섭씨 온도이다. 즉, 20˚C에서 음파의 속도는 343.5m/sec이지만, 0˚C에서는 331.5m/sec가 된다. 초음파 센서의 두 번째 문제는 음파의 확산으로 인해 초음파 센서의 해상도가 좋지 않다는 점이다. [그림 7.11]은 Polaroid 초음파 센서에서 50kHz의 파가 방사될 때의 각도를 보여준다. 전방으로 약 ±15˚ 각도 내로 음파가 주로 전파되어 감을 알 수 있는데, 이처럼 넓은 방사각은 센서 전방 물체의 존재 유무를 판정하는 데는 도움이 되지만, 물체의 위치나 형태 등과 같은 구체적인 특성을 파악하는 데는 어려움이 있다. 예를 들어 비교적 멀리 떨어진 출입구의 열린 공간을 이동 로봇에 장착된 초음파 센서는 문 양편의 벽에 반사되어 감지되는 파형 때문에 인지하지 못할 수 있다.

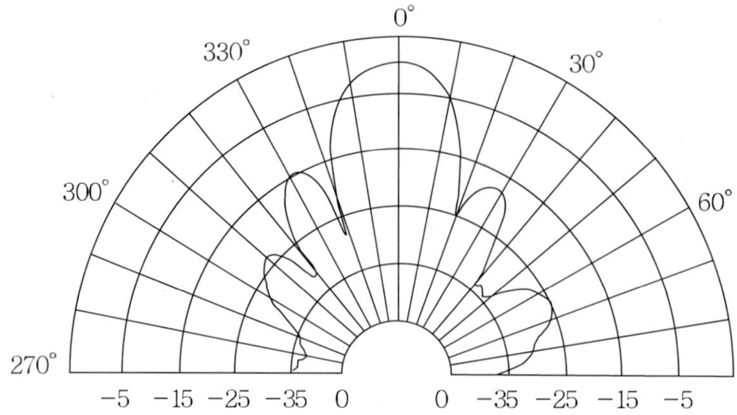

[그림 7.11] 초음파 센서로부터 방출되는 파형의 각도별 세기 예

해상도는 음파의 주파수를 높임으로써 개선될 수 있지만, 주파수의 증대는 음파의 전파 중 감쇄를 증대시킨다. 예를 들어 50kHz대의 초음파를 사용할 경우 수 m 정도의 거리를 측정할 수 있으나, 주파수가 MHz대로 증가하면 측정거리가 mm 이하로 감소한다.

위에서 비교적 높은 주파수를 사용하는 초음파 센서는 해상도가 높으나 감지거리는 짧아짐을 설명하였다. 이러한 특성은 초음파 센서의 일반적인 제약 조건이 될 수 있으나, 근접 거리의 물체에 대해서는 별 문제가 되지 않는다. 예를 들어 로봇 손(gripper)에 부착된 초음파 센서를 사용하여 손과 물체가 근접할 때 상대적인 기울어짐 각도를 계측하여 로봇 손이 물체를 제대로, 즉 평행하게 잡을 수 있게 할 수 있다 [4]. [그림 7.12]는 이러한 경우를 보여준다. 이 때 물체와 로봇 손의 기울어짐 각도 θ는 송신기로부터 발생한 초음파가 송신기 양편에 설치된 두 대의 수신기에 도달할 때까지의 TOF 차이를 측정함으로써 구해질 수 있다. 그림의 초음파 거리 센서는 송신기와 수신기가 분리된 형태로, 송수신기 일체형인 Polaroid사의 센서와는 그 구조가 다르다.

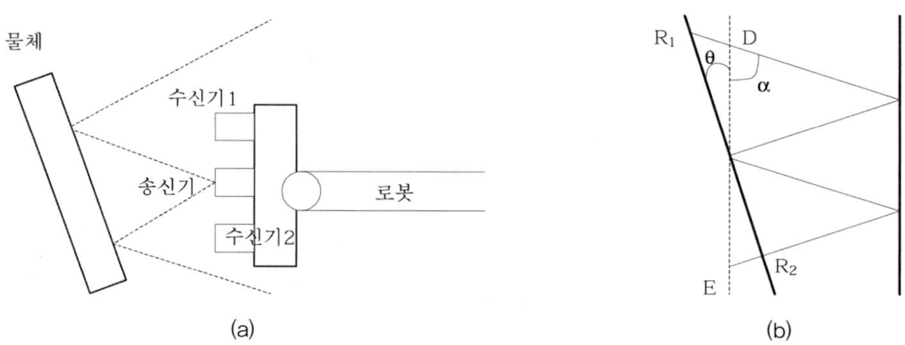

[그림 7.12] 한 개의 초음파 송신기와 두 개의 수신기를 사용한 로봇 손과 물체와의 각도 검출 [4]: (a) 구조, (b) 로봇 손의 기울어짐 각도 해석을 위한 기하학

예제 7.3

주변 온도가 20℃에서 제작된 초음파 거리 센서를 0℃의 환경에서 온도 변화에 대한 보상 없이 사용하였을 때, 1 [m]의 거리에 있는 목표물에 대해서 펄스 반사 방식에 의하여 얻어진 초음파 거리 측정치의 오차는?

온도가 20℃일 때 음파의 속도는 343.5 [m/sec]로 식 (7.1)을 사용하여 1 [m] 전방의 물체에 대한 TOF는 T=2L/c=0.00582=5.82 [msec]가 된다. 이 센서를 0℃인 환경에서 사용하게 되면, 식 (7.2)에 의하여 음파의 속도가 331.5 [m/sec]가 되고 TOF는 T=6.03 [msec]로 변화한다. 그런데 시스템은 여전히 제작 환경에서의 음속을 상수로 사용하여 거리를 계산하면 L=343.5×0.00603/2 =1.036 [m]가 된다. 따라서 약 3.6 [cm]의 오차가 발생하게 됨을 알 수 있다. 이런 크기의 오차는 로봇의 작업 영역에 따라 클 수도 있고, 무시할 수도 있다.

[2] 적외선 센서

초음파 센서에서와 같이 에너지를 발생한 후 이의 전방 물체에 의한 반사를 측정하는 방식을 사용하되, 음파 대신 빛을 사용할 수도 있다. 이 경우, 주로 사람의 눈에는 보이지 않는 적외선(InfraRed, IR)의 빛이 사용된다. 빛의 속도가 워낙 빨라서 이의 비행 시간을 측정하는 방법은 현실적으로 어려우므로, 빛의 입사 및 반사의 각을 해석하는 방식, 즉 삼각 측량법(triangulation)이 주로 사용된다. 만약 거리의 측정보다는 물체의 존재 유무만 판정하고자 할 때에는 반사되어 오는 빛의 세기를 관측할 수도 있다. [그림 7.13]은 전방의 물체를 감지하여 이동 로봇의 자동 주행 등에 활용하는 적외선 센서(IR sensor)의 구조를 보여준다. [그림 7.14]는 시중에서 판매되고 있는 적외선 센서의 사진이며, (a)의 경우 근거리 물체의 존재 유무를 판정하는 데 사용하는 저가의 부품으로 헤드부의 길이가 1 [cm] 이하로 작다. 한편 (b)는 Sharp사의 거리 측정 센서로 (c)의 특성 곡선에서 볼 수 있듯이 20~150cm의 거리에 대략적으로 반비례하는 아날로그 출력 전압을 얻을 수 있다 [5].

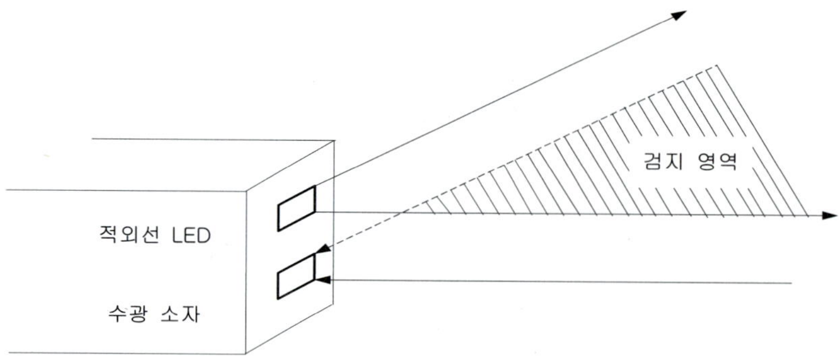

[그림 7.13] 적외선 센서의 동작

(a)

(b)

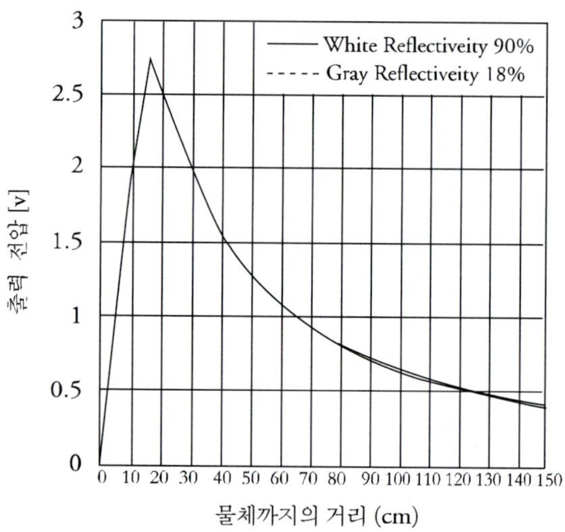

(c)

[그림 7.14] 시판중인 적외선 거리 센서의 예: (a) IR 광 반사 센서, (b) Sharp사의 GP2Y0A02YK 적외선 거리 센서, (c) GP2Y0A02YK의 거리에 따른 출력 전압 특성 곡선

광을 이용하는 센서에서 고려하여야 하는 사항들 중의 하나는 반사의 특성이다. 즉, 금속면과 같은 재질의 물체에 반사되는 광과 거칠한 나무 표면에서 반사되는 광의 특성은 다르다. 보통 자주 사용되는 것으로 [그림 7.15]에 보인 바와 같이 거울면 반사

(specular reflection) 모델과 확산 반사(Lambertian reflection) 모델이 있다. 거울면 반사의 경우 입사 및 반사되는 각도가 중요하며, 확산 반사의 경우에는 각도와 무관하게 반사된다. 만약 거리를 측정하고자 한다면 거울면 반사 모델을 사용할 수 있다.

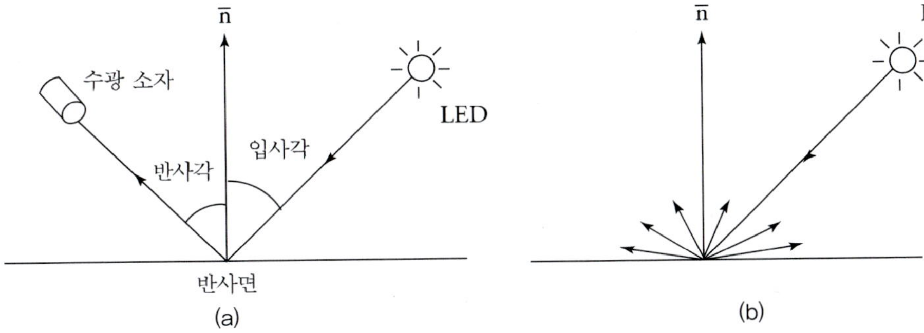

[그림 7.15] 광 반사 모델: (a) 거울면 반사 모델, (b) 확산 반사 모델

7.4 센서 신호의 처리

이 절에서는 센서의 출력 신호를 처리하는 일반적인 방법에 대해서 서술한다. 신호의 변환 및 전달 과정과 신뢰성 있는 정보를 얻기 위한 데이터의 처리 절차에 대해 살펴본다. 많은 센서들이 전류나 전압과 같은 전기적 양을 아날로그 형태로 출력하므로, 이를 적절하게 처리하여 잡음을 제거한 후 디지털 데이터로 변환하여야 한다. 컴퓨터나 마이크로프로세서 등의 연산 기기들은 디지털 데이터를 입력받아 로봇의 제어에 필요한 정보를 출력하게 된다.

[1] 센서 신호의 일반적인 처리 과정

센서의 아날로그 출력 신호가 연산 처리를 위한 디지털 기기로 입력될 때까지의 일반적인 절차는 [그림 7.16]에 보인 바와 같다. 아날로그 신호는 필터, 증폭기, 변조기 등으로 구성된 신호 처리부를 거친 후, 일정한 시간 간격으로 표본화(sampling)되고, 아날로그·디지털 변환기(ADC, Analog-to-Digital Converter)를 거쳐 컴퓨터와 같은 디지털 연산 처리기로 입력된다.

필터(filter)는 신호에 포함된 다양한 주파수 성분 중 잡음에 해당하는 부분을 제거하

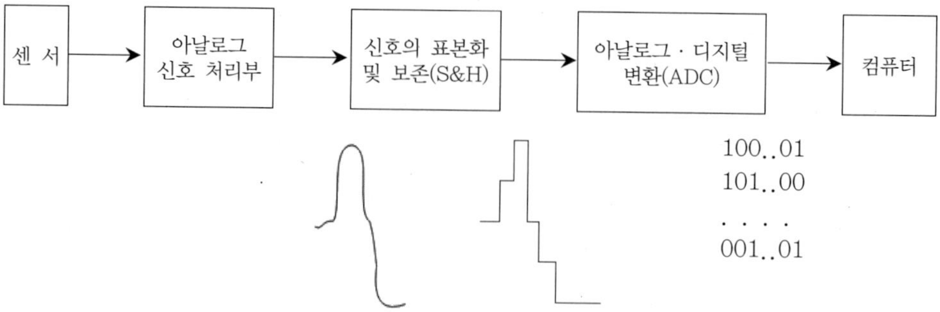

[그림 7.16] 아날로그 센서 출력 신호의 컴퓨터 접속

고 정보를 포함한 신호의 주파수만을 추출하는 목적으로 사용되며, 주파수 대역을 기준으로 크게 네 가지 종류의 필터가 있다. 즉, 특정 주파수 대역의 신호만을 통과시키고자 사용하는 대역 통과 필터(band-pass filter)와 그 반대로 특정 주파수 대역의 신호만을 차단하고자 사용하는 대역 차단 필터(band-reject filter), 특정 주파수 이상의 신호만을 통과시키고자 사용하는 고역 통과 필터(high-pass filter), 그리고 특정 주파수 이하의 신호만을 통과시키는 저역 통과 필터(low-pass filter)가 그것들이다. 예를 들어 40kHz의 초음파를 사용하는 거리 센서는 수신된 신호 중 40kHz 부근의 주파수를 가진 신호만을 통과시킴으로써 잡음을 제거할 수 있다. 필터의 전기 회로는 저항(R), 유도기(L), 그리고 축전기(C)와 같은 수동 소자를 활용하여 구성될 수 있다. 예를 들어 [그림 7.17]은 수동 소자로 구성된 대역 차단 필터를 보여준다. 그림과 같이 좁은 대역폭을 차단하는 대역 차단 필터를 특히 노치 필터(notch filter)라고 부른다. 한편 증폭기와 같은 능동 소자를 활용한 필터는 능동 필터(active filter)라 부른다. 능동 필터는 주로 연산 증폭기(OPerational Amplifier, OP Amp)를 사용하여 구성되며, 높은 입력 임피던스(impedance)와 낮은 출력 임피던스와 같은 전기적 이점을 가지고 있고, 여파(filtering)

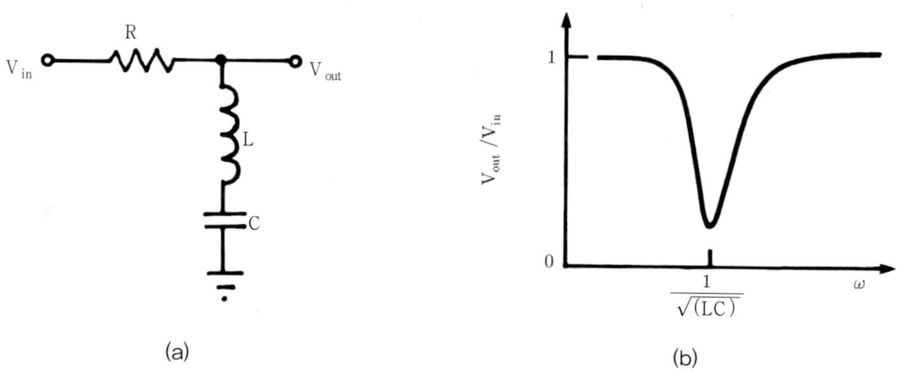

[그림 7.17] 노치 필터: (a) 전기 회로 구성예, (b) 주파수대 이득 특성

와 함께 작은 센서 출력 신호의 증폭까지 가능하다. 특히 유도기(inductor)를 사용하지 않고 필터를 구성할 수 있어 설계가 간단해지며, 크기도 줄일 수 있다. 하지만 사용된 증폭기 자체의 특성에 의해 고주파가 차단되는 제약이 발생할 수 있다.

증폭기(amplifier)는 신호의 크기를 크게 하기 위해 사용되는 소자 혹은 회로를 의미하며, 트랜지스터(transistor)가 대표적인 증폭기이다. 증폭기로 입력되는 전류나 전압 신호는 증폭기를 거쳐 입력과 동일한 형태를 가지지만 진폭(amplitude)이 큰 신호로 변환되어 출력된다. 이 때 증폭기는 자체의 전원을 사용하여 입력 신호와 비례하는 출력을 생성하므로, 입력 에너지 자체가 증대되는 것은 아니다. 트랜지스터에는 쌍극 접합 트랜지스터(Bipolar Junction Transistor, BJT)와 전계 효과 트랜지스터(Filed Effect Transistor, FET) 등이 있다. 증폭률은 트랜지스터 자체의 특성 외에도 트랜지스터와 연결되는 외부 수동 소자, 특히 저항들의 크기와 연결 방식에 크게 의존한다. 다수의 트랜지스터가 연결되면 높은 증폭률을 얻을 수 있지만, 이의 설계와 구성 및 해석이 복잡해진다. 연산 증폭기, 즉 OP Amp(OPerational Amplifier)는 증폭기를 비롯한 주변 회로를 패키지화한 집적 회로(IC, Integrated Circuit)이다. 따라서 그 사용과 해석이 간편하여 널리 사용된다.

변조기(modulator)는 처리하고자 하는 정보를 가진 신호를 다른 신호, 특히 주파수가 다른 신호와 합성하는 역할을 한다. 구체적으로는 신호의 크기를 펄스 폭(pulse width)의 형태로 변화시키거나, 혹은 저주파의 신호를 반송파(carrier)라 불리는 고주파의 신호에 포함시키는 기능 등을 가진다. 변조는 주로 신호를 전송하거나 통신할 때 내잡음성을 증가시키고, 관련 장치의 설계가 용이하도록 하기 위한 목적으로 사용된다. 예를 들어 주파수가 높은 신호는 파장이 짧아 안테나의 길이가 짧아질 수 있다. 변조에는 주파수 변조(Frequency Modulation, FM), 진폭 변조(Amplitude Modulation, AM), 그리고 펄스 코드 변조(Pulse Code Modulation, PCM) 등의 방식이 있다. 변조된 신호가 전송되면 수신단에서는 복조기(demodulator)를 사용하여 원래의 신호로 복원하게 된다.

[그림 7.16]에서 아날로그 신호가 바로 ADC에 의하여 디지털 데이터로 변환되지 않고 표본화 및 보존(Sample & Hold, S&H)의 단계를 거치게 됨에 주목할 필요가 있다. 표본화 및 보존기는 시변(time-varying) 신호의 특정 시각에서의 값을 표본화(sampling)하여 일정 시간 동안 유지하는(hold) 기능을 수행한다. 이는 ADC가 신호를 변환하는 동안 아날로그 입력 값이 안정된 값으로 유지되는 것이 필요하기 때문이다. [그림 7.18]은 S&H의 예를 보여준다. 임의의 시각 t_1에서 아날로그 신호의 표본이 취득되며, 이는 t_2 시각까지 유지된다. 이 때 t_1과 t_2 사이의 시간을 표본화 시간(sampling time)이라고 하며, 이의 역수가 표본화 주파수(sampling frequency)이다.

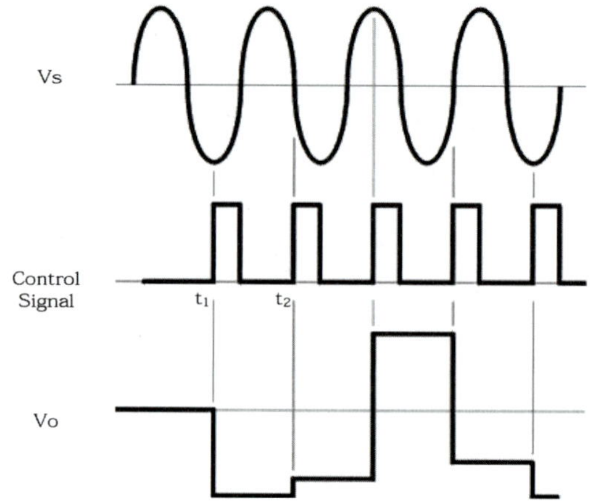

[그림 7.18] 신호의 표본화 및 보존(S&H)

예제 7.4

표본화 주파수는 센서 신호의 처리에서 뿐만 아니라 디지털 공학의 다양한 영역에서 중요한 요소이다.

(1) Shannon의 표본화 정리(Shannon's sampling theorem)를 중심으로 표본화 주파수 결정 방법에 대해서 논하라.

(2) 마이크(mic)로 획득한 음성신호를 디지털로 변환하기 위해 적절한 표본화 주파수는?

(1) 아날로그 신호를 표본화하는 주파수를 결정하는 데 있어 상충하는 사항이 있다. 먼저, 주파수가 작으면 신호의 표본화 이후 다음 표본화까지 충분한 시간이 주어질 수 있으므로, 표본화된 신호의 처리나 전송, 그리고 신호를 이용한 시스템의 동작 및 제어에 충분한 시간을 가질 수 있다는 이점이 있다. 또 속도가 느린 시스템은 속도가 빠른 시스템에 비해 일반적으로 제작이 쉽고 비용도 싸다. 그러나 표본화의 시간 간격이 커지면 표본화된 신호는 제대로 신호의 원형을 표현하지 못한다. 이는 [그림 7.18]의 예에서 볼 수 있는데, 긴 표본화 시간에 의하여 Vo는 Vs를 제대로 표현하고 있지 못하다. 이러한 문제는 표본화 주파수를 높임으로써 해결될 수 있다. Shannon의 표본화 정리에 의하면 표본화 주파수 f_s를 원래의 아날로그 신호에 포함된 최대 주파수 f_m의 두 배 이상으로 할 때, 표본화된 신호로부터 원래의 신호를 재현할 수 있다. 즉, 다음의 조건이 성립한다.

$$f_s \geqq 2f_m \tag{7.3}$$

(2) 사람이 들을 수 있는 음파의 최대 주파수는 20kHz이므로, Shannon의 정리에 의하면 소리를 표본화할 때는 이의 2배, 즉 $f_s=40$kHz 이상의 속도로 표본화할 필요가 있다. 이는 곧 $T_s=1/f_s=25\mu$ s 이하의 주기로 신호를 표본화하면 된다는 의미이다.

일단 표본화된 신호는 아날로그·디지털 변환기(ADC)를 통하여 디지털 데이터로 변환된다. 시중에는 다양한 종류의 ADC가 있으며, [그림 7.19]는 8비트 플래쉬(flash)형 ADC의 구조를 보여준다. 그림에서 Q1부터 Q8까지는 비교기(comparator)로 두 입력 전압을 비교하여 +쪽 입력이 −쪽 입력보다 클 때 출력이 1이 되고, 반대의 경우 0이 된다. 만약 REF+에 9V를 연결하고 REF−에 0V를 연결하면 9개의 동일한 저항 R에는 모두 1V씩이 걸린다. S&H에 의하여 표본화된 입력 신호 Vs는 각 비교기의 +입력단과 연결되어 있으며, 비교기의 −입력은 각각 저항들과 연결되어 있다. 예를 들어 Vs가 4.2V라면, 이는 Q4의 −입력에 걸리는 4V보다는 크고 Q5의 −입력에 걸리는 5V보다는 작으므로, 각 비교기의 출력은 그림에서와 같이 00001111이 된다 (그림의 회로에서는 최우측 비트가 최상위 비트(MSB)이며, 이는 통상적인 숫자 표기 방식과 반대임에 유의하라). 이런 식으로 00000000에서 11111111까지 총 9개의 다른 출력이 가능하다. 플래쉬 ADC는 입력의 신호를 병렬로 비교 및 변환하므로 변환 속도가 빨라 주파수가 높은 영상 신호 등의 변환에 사용되며 비교적 가격이 비싼 편이다. 속도는 느리지만 보다 보편적으로 사용되는 ADC의 종류로는 SAR(Successive Approximation Register)형[10] 등이 있다.

아날로그 신호를 디지털 데이터로 변환할 때, 특정 범위 내의 아날로그 신호는 동일한 디지털 데이터에 대응되게 된다. 따라서 디지털 데이터를 다시 아날로그 신호로 복원하면 필연적으로 원래의 아날로그 신호와는 어느 정도 차이가 생기게 되며 이를 양자화 오차(quantization error), 혹은 이산화 오차(digitization error)라고 부른다. 예를 들어 [그림 7.19]의 ADC에서 REF−=0V, REF+=9V의 전압을 인가할 때, 4V에서 5V 사이의 아날로그 신호는 모두 00001111에 대응하게 된다. 만약 00001111로 표현된 디지털 값을 다시 아날로그 값으로 복원할 때, 원래 아날로그 신호 범위의 중간 값인 4.5V에 대응시킨다고 하면 이산화 오차의 최대치는 0.5V가 된다.

---

10) 연속 근사형, 연차 근사형, 축차 비교형 등으로 불리는데, 아날로그 입력 신호를 가장 큰 디지털 비트(MSB: Most Significant Bit)에 해당하는 값부터 가장 작은 비트(LSB: Least Significant Bit)에 해당하는 값까지 순서대로 비교하여 그 결과를 1 또는 0의 이진값으로 출력한다. 이는 동시에 모든 비트의 값을 입력 아날로그 값과 비교하여 결정하는 플래쉬 형 ADC와 다른 점이다.

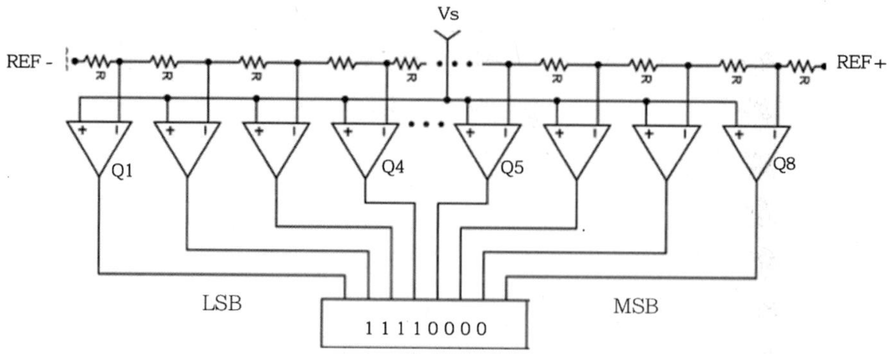

[그림 7.19] 플래쉬 형의 아날로그·디지털 변환기 구조

[2] 오차를 포함한 센서 데이터의 처리

모든 센서의 측정치에는 어느 정도의 불확실성이 내포되어 있다. 컴퓨터나 마이크로프로세서에 입력되는 센서 측정 데이터의 불확실성 요인으로는 부정확한 센서 보정(calibration), 센서의 갑작스런 오동작이나 계측의 실패, 이산화 오차와 같이 신호 처리 과정 중 추가된 오차, 그리고 주변 환경의 영향 등이 있을 수 있다. 신뢰성 있는 정보의 획득을 위해서는 센서의 출력을 잘 해석하는 일과 얻어진 데이터를 분석하고 정확도를 높이는 작업이 센서의 설계 못지않게 중요하다.

1) 측정 오차

오차(error)란 참값과 측정값 사이의 차이다. 오차는 음 또는 양의 값을 가지게 되는데, 흔히 오차의 부호는 문제가 되지 않고 오차의 크기가 정확도의 잣대로 중요한 경우가 많다. 이런 경우에는 오차의 절대값이나 제곱 오차를 대신 사용할 수 있다. 예를 들어 동일한 대상에 대해 어떤 센서를 사용하여 두 번 측정한 결과 각각 1과 −1의 오차를 얻었다고 하면 평균 오차는 0이 되게 되지만 제곱 오차의 합은 2가 되어 오차의 존재를 분명히 알 수 있다.

오차의 해석은 현실적으로 쉬운 일이 아니며, 그 이유로는 다음과 같은 세 가지를 생각할 수 있다. 첫째, 센서는 미지의 가변량을 측정하기 위한 것이므로 오차도 미지이다. 즉, 정확히 알고 있는 물리적 양의 경우에는 센서를 사용할 필요가 없을 것이므로, 피계측치는 근본적으로 미지이고 따라서 오차도 미지이다. 특히 예측하기 곤란한 불규칙 오차(random error)의 존재는 심지어 시불변의 값에 대해서도 엄밀한 결론을 내리기 힘들게 하며 단지 확률적 기대치에 의한 표현이 가능할 뿐이다. 둘째로, 센서의 출력은 비선형적인 특성을 가지는 경우가 많으며 그 비선형 특성은 단지 근사화되어 알려질 뿐이므로, 센서의 출력으로부터 직접적으로 참값이 얻어지기는 어렵다. 셋째, 센서의 출력은 사용된 센서 장치뿐만 아니라 주변 장치 및 여러 가지 환경 변수들의 복합적인 결과이므로 그 오차의 분석시 이들 요소를 고려하여야 한다.

오차는 그 발생 원인에 따라 크게 전 오차(gross error)와 계통적 오차(systematic error), 그리고 불규칙 오차(random error)로 대별될 수 있다. 이 중 전 오차는 주로 센서의 사용자에 의한 오차로 부주의나 관측 오차, 부적절한 센서의 사용, 출력의 잘못된 분석, 단위의 잘못된 적용과 같은 요인을 가진다. 이러한 오차들은 사용자의 주의와 훈련 및 교육에 의해 상당히 감소될 수 있지만 완벽한 대책은 없다. 계통적 오차는 사용하는 센서나 계측 장비에 의한 오차를 의미한다. 예를 들어 부정확하게 보정되었거나 결함이 있는 장치를 사용했을 때 발생하는 오차와 장치의 노후화 등에 의한 오차들이 여기에 속한다. 계통적 오차는 센서 장치의 정기적인 시험 작동을 통하여 그 크기나 특성을 추정할 수 있다. 불규칙 오차는 예측할 수 없는 요인, 예를 들어 전기적 잡음이나 간섭, 예측 불가능한 환경 요인의 불규칙성 등에 의해 발생하는 오차를 의미한다. 불규칙 오차의 해석에는 확률적 기법이 유용하다.

2) 오차가 포함된 측정치로부터의 추정

오차를 포함한 데이터부터 실제 값을 정확히 추정하는 것은 중요하다. 이를 위해서 흔히 사용되는 방법은 가능한 많은 측정을 시행하여 얻어진 다수의 측정치로부터 참값을 추정하는 것이다. 이 때 첫 번째로 고려할 수 있는 방법은 측정치들을 평균하는 방법이다. 평균법은 간단할 뿐 아니라, 특히 정확도가 비슷한 다수의 측정치로부터 확률적으로 보다 정확한 값을 얻을 수 있게 한다. 두 번째로 다수 측정치들 중 중간값(median)을 선택할 수 있다. 다수의 측정치로부터 평균법에 의하여 참값을 추정할 때, 아주 부정확한 데이터가 소수 섞여 있다면 이에 의해 추정치가 크게 영향을 받을 수 있지만 중간값을 사용하면 이러한 문제가 제거된다. 예를 들어 어떤 공간에 대해 3번의 온도 측정의 결과가 {20, 21, 40}과 같다고 하자. 측정치에 센서의 오동작으로 큰 오차를 가지는 값인 40이 포함되어 있을 때, 이들의 평균은 27이지만 중간값은 21로 중간값을 사용하는 것이 평균을 구하는 것 보다 큰 오차의 영향을 덜 받는다.

최소 제곱법(least squares fit)은 오차의 제곱을 최소화하는 방식으로, 장치의 계수나 특성함수를 추정하는 방법이다. 예를 들어 센서의 특성을 $y = mx + a$로 모형화한다고 가정하자. 이 때 x는 계측치, 즉 센서의 출력이며, y는 센서의 출력으로부터 추정하고자 하는 값, 그리고 m과 a는 결정되어야 할 센서의 특성 계수이다. 미지의 2개 계수 m과

a를 결정하기 위해서는 기본적으로 2개의 (x, y)쌍이 있으면 되지만, 실제로는 계측 오차나 비선형성과 같은 여러 가지 센서 내외부 요소로 인하여 가능한 많은 데이터를 사용하는 것이 정확도의 측면에서 좋다. N개의 데이터에 대한 제곱 오차의 합은 다음과 같이 주어진다.

$$e = \sum_{i=1}^{N}(y_i - mx_i - a)^2, \ N \geq 2 \tag{7.4}$$

이를 최소화하는 계수 m과 a는 다음으로부터 구할 수 있다.

$$\frac{\partial e}{\partial m} = 0 \tag{7.5}$$

$$\frac{\partial e}{\partial a} = 0 \tag{7.6}$$

즉, 식 (7.4)의 미지 계수에 대한 편미분에 의하여 다음의 식을 얻을 수 있다.

$$\sum_{i=1}^{N} x_i(y_i - mx_i - a) = 0 \tag{7.7a}$$

$$\sum_{i=1}^{N}(y_i - mx_i - a) = 0 \tag{7.7b}$$

이들 식을 N으로 나누면, 다음을 얻는다.

$$\frac{1}{N}\sum_{i=1}^{N} x_i y_i - \frac{m}{N}\sum_{i=1}^{N} x_i^2 - a\bar{x} = 0 \tag{7.8a}$$

$$\bar{y} - m\bar{x} - a = 0 \tag{7.8b}$$

단, $\bar{x}$와 $\bar{y}$는 각각 N개 데이터에 대한 x값과 y값의 평균이다. 이 식들을 연립하면 미지의 계수 m과 a는 아래와 같이 결정된다.

$$m = \left(\frac{1}{N}\sum_{i=1}^{N} x_i y_i - \bar{x}\bar{y}\right) / \left(\frac{1}{N}\sum_{i=1}^{N} x_i^2 - \bar{x}^2\right) \tag{7.9}$$

$$a = \bar{y} - m\bar{x} \tag{7.10}$$

최소 제곱법을 선형 시스템에 적용하는 문제는 위의 미분에 의한 방법보다 행렬적 접근법을 통하여 보다 쉽게 해결할 수 있다. 즉, 주어진 $y = mx + a$의 식은 N개의 x와 y 쌍에 대하여 다음과 같이 표현될 수 있다.

$$LP = R \tag{7.11}$$

단, $L = \begin{bmatrix} x_1 & 1 \\ x_2 & 1 \\ \vdots & \\ x_N & 1 \end{bmatrix}$, $P = \begin{bmatrix} m \\ a \end{bmatrix}$, $R = \begin{bmatrix} y_1 \\ y_2 \\ \vdots \\ y_N \end{bmatrix}$

여기서 N〉2이면 L은 정방 행렬이 아니므로 역행렬이 존재하지 않는다. 따라서 계수 벡터 P를 $L^{-1}R$과 같이 구하는 것은 불가능하다. 이 난관을 해결하기 위해서 이제 식 (7.11)의 양변에 L의 전치 행렬을 곱하면 다음과 같다.

$$L^T LP = L^T R \tag{7.12}$$

이로부터 미지의 P는 다음과 같이 결정될 수 있다.

$$P = (L^T L)^{-1} L^T R \tag{7.13}$$

이 때, $L^{+} = (L^T L)^{-1} L^T$를 행렬 L의 의사 역(pseudo-inverse)이라고 한다.

예제 7.5

[그림 7.20]과 같은 온도 측정 센서 장치를 가정하여라. 장치의 출력은 전압 V의 단위를 가지며, 이로부터 $T = mV + a$의 선형 식에 의하여 온도 T를 추정하고자 한다. [표 7.3]과 같은 기지의 온도에 대한 센서의 계측치를 사용하여 장치를 보정하는 프로그램을 작성하고 실행 결과를 보여라.

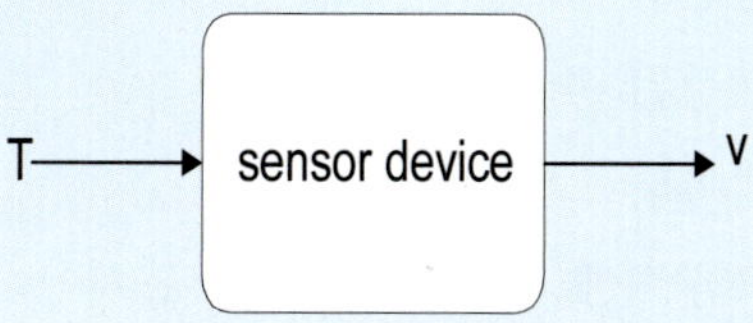

[그림 7.20] 온도 센서

[표 7.3] 센서 계측치

T [℃]	V [Volt]
10	1.2
20	2.9
30	3.4

다음은 식 (7.13)을 사용하여 장치의 계수 m과 a를 결정하는 MATLAB 프로그램이다. MATLAB에는 비정방 행렬의 의사 역을 구하기 위한 pinv( )함수가 제공된다. 하기 프로그램을 실행한 결과로 얻어지는 계수는 $m = 8.2707$, $a = -0.6767$이며, 이들 계수로부터 결정되는 입출력 특성(직선)은 [그림 7.21]에 보인 바와 같이 주어진 세 개의 데이터를 최고로 만족시킨다. 일단 직선이 결정되면 임의의 V에 대한 T가 추정될 수 있다. 예를 들어 V=2.35V일 때 온도는 T=8.2707V−0.6767로부터 18.76℃로 계산된다.

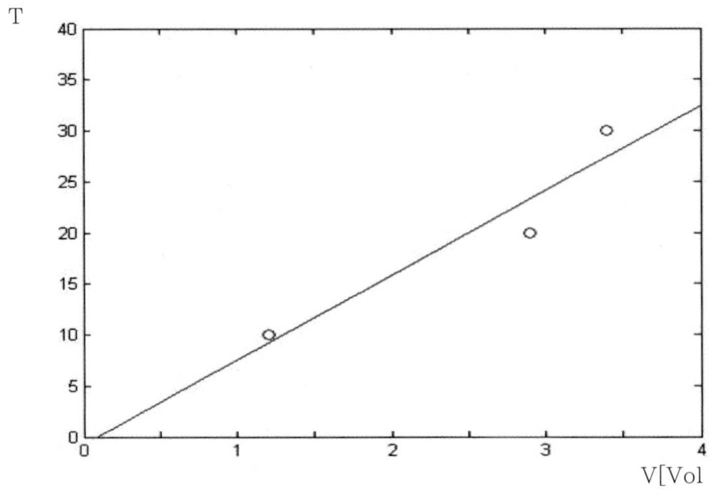

[그림 7.21] 실험 데이터와 이를 최대한 만족시키는 입출력 특성 직선

```
% Determining parameters m and a of T=mV+a using pseudo-inverse
clear ;                              % 모든 변수를 초기화
T=[10 20 30]' ;                      % 기지의 온도값
V=[1.2 2.9 3.4]' ;                   % 기지의 온도값에 대한 센서의 출력 전압
N=3 ;                                % 데이터의 개수
V( : ,2)=1 ;                         % 식 (7.11)에서 L 행렬의 정의 참조
Para=pinv(V)*T;                      % 식 (7.13), 의사 역 함수 pinv( ) 사용
m=Para(1) ;                          % 결정된 직선의 기울기
a=Para(2) ;                          % 결정된 직선의 y절편
for i=1 : 3                          % 데이터 그래프
  plot(V(i,1),T(i),'o') ;            % 그래프에 데이터를 o로 표시
  hold on ;                          % 다수 데이터를 하나의 그림에 중첩 표시
end
axis([0 4 0 40]) ;                   % 그래프의 가로 및 세로축 범위 수동 설정
x=[0 4] ;                            % 결정된 직선을 도시하기 위한 범위
y(1)=a ;                             % 직선의 한 끝점 ; x=0일 때
y(2)=m*x(2)+a ;                      % 직선의 또다른 끝점 ; x=4일 때
line(x,y) ;                          % 직선 그리기
```

3) 잉여 센서의 융합

동종 혹은 이종의 센서를 필요 수 이상 여유 있게 사용하여 얻어지는 잉여의 계측치를 융합하면 보다 신뢰성 있는 정보가 얻어질 수 있다. 이른 바 잉여 센서 융합[11](redundant sensor fusion)[6, 7]의 기술이 관심을 끄는 이유는 다음과 같이 정리될 수 있다. 첫째로, 로봇과 같은 자동화 장치에서 센서는 아주 중요한 역할을 하며, 그 중요성에 비해 장치 내에서 차지하는 가격 비중은 대체로 낮은 편이다. 하지만 센서 중 하나가 과도한 계측 오차를 가지게 되는 경우나 고장이 났을 때 초래될 수 있는 결과는 심각할 수 있다. 따라서 다수의 센서를 중첩하여 사용하는 것이 전체 시스템의 신뢰성을 높이는 데 현실적인 해법이 될 수 있다. 둘째, 모든 센서는 나름대로의 한계가 있으므로, 이종의 센서들을 같은 용도로 사용한 후 출력을 통합하면 보다 완전성이 높은 결과를 얻을 수 있다. 예를 들어 초음파 센서는 투명한 물체를 감지할 수 있고 광 센서는 해상도 및 지향성이 높으므로, 이들 두 센서를 이동 로봇의 전방 감지용으로 중첩 사용하면 보다 효과적일 수 있다. 특히 이종의 센서들을 중첩 사용하여 상호간의 단점을 보완할 수 있도록 하는 경우를 잉여 센서 결합(integration)으로 칭하며, 동종의 센서를 중첩 사용하여 정확도를 높이고자 하는 융합(fusion) 기술과 구분하기도 한다. 셋째, 다수의 센서를 융합하여 얻어진 추정치는 사용된 센서들 중 가장 정확한 센서 단독에 의한 계측보다 확률적 의미에서 더욱 정확하다 [8].

로봇을 위하여 사용된 잉여 센서의 일반적인 융합 구조는 [그림 7.22]에 보인 바와 같다. m개의 센서가 로봇의 작업 환경에서 동일한 양의 측정을 위하여 잉여로 사용된 경우를 가정할 때, 먼저 센서의 출력을 동일한 표현 형태로 변환하여야 한다. 이는 주로 이종의 센서가 사용되었을 때 동일한 대상에 대한 출력의 형태가 다르기 때문에 필요한 전처리로, 예를 들어 전방 장애물까지의 거리를 계측하고자 사용된 초음파 센서의 경우 그 측정치가 초음파의 비행 시간(TOF)이지만, 적외선 센서의 경우 삼각 측량법에 의한 광선의 각도가 측정되므로, 이 둘을 동일한 형태, 즉 거리의 값으로 변환하여야 융합이 가능해진다. 잉여로 얻어진 m개의 측정치는 그 일관성(consistency)을 점검하여야 한다. 이는 고장이나 오류에 의하여 제대로 된 결과를 내지 못하는 센서의 계측치를 여타의 정상적으로 작동하는 센서의 계측치로부터 분리시키기 위한 목적을 가진다. 일관성의 점검을 통과한 n개의 측정치는 여러 가지 방법으로 융합될 수 있다. 만약 각 센서의 정확도가 비슷한 경우, 가장 간단한 융합 방법은 역시 n개의 측정치를 평균하는 것이다. 잉여의 계측치를 융합한 결과는 센서나 로봇을 제어하기 위한 용도로 사용될 수 있다.

---

11) 여유 센서 융합, 혹은 다중 센서 융합으로 부르기도 한다.

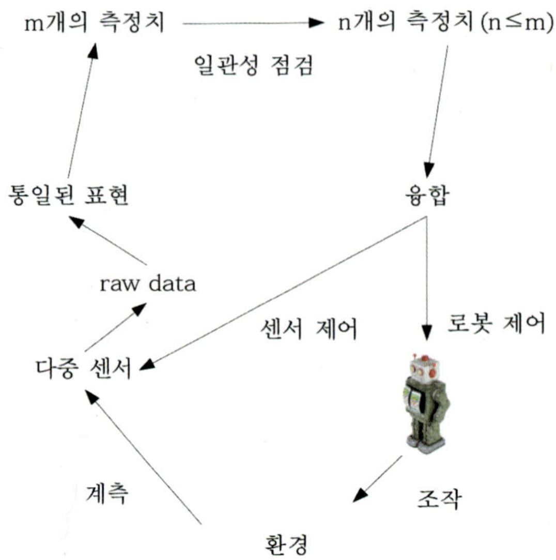

[그림 7.22] 로봇을 위한 잉여 센서 융합의 구조

예제 7.6

두 개의 센서를 중첩 사용하였다. 각 센서의 출력을 x_1과 x_2라 할 때 다음 물음에 답하라.

(1) 두 센서의 계측치는 모두 동일한 분산 σ_n^2을 가지고 기대치가 0인 가산 잡음(additive noise)에 의해 그 정확성이 영향을 받는다고 하자. 이들 두 계측치를 평균함으로써 피계측량을 추정하고자 할 때, 평균치 오차의 분산은 어떠한가?

(2) 이제는 각 센서 계측치 잡음의 분산이 σ_1^2와 σ_2^2로 다르다고 가정하자. 이들을 가중 평균에 의하여 융합할 때, 추정치의 분산이 최저가 되도록 하는 가중치는 어떠한가?

(1) 가산 잡음을 가지는 두 계측치는 피계측량 s에 대해서 다음과 같이 모형화될 수 있다.

$$x_i = s + n_i, \ \ i = 1,2 \tag{7.14}$$

여기서 n은 계측 잡음이다. 이들 계측치의 평균에 의한 추정치는 다음과 같다.

$$\hat{s} = (x_1 + x_2)/2 \tag{7.15}$$

이 때 오차는 다음과 같다.

$$e = \hat{s} - s = (n_1 + n_2)/2 \tag{7.16}$$

두 잡음 n_1과 n_2가 확률적으로 비상관(uncorrelated)이라고 가정하면 곱의 기대치(expectation)는 $E[n_1 n_2]=0$이고, 따라서 제곱 오차의 기대치는 다음과 같다.

$$\begin{aligned} E[e^2] &= E[(\hat{s}-s)^2] \\ &= E[(\frac{(s+n_1)+(s+n_2)}{2}-s)^2] \\ &= E[(n_1/2 \quad + \quad n_2/2)^2] \\ &= \frac{1}{4}E[n_1^2]+\frac{1}{4}E[n_2^2] \\ &= \frac{1}{2}\sigma_n^2 \end{aligned} \tag{7.17}$$

즉, 단수의 센서를 사용한 경우보다 그 잡음의 분산이 1/2로 줄어들었다. N개의 센서를 사용한 경우에는 분산이 1/N로 줄어든다.

(2) 두 측정치의 가중 평균은 다음과 같으며, 주어진 문제는 가중치 ω_1과 ω_2를 구하는 것이다.

$$\hat{s}=\omega_1 x_1+\omega_2 x_2 \tag{7.18}$$

오차의 분산, 즉 $E[(\hat{s}-s)^2]$을 최소화할 수 있는 가중치는 다음과 같다.

$$\omega_1=\sigma_2^2/(\sigma_1^2+\sigma_2^2), \qquad \omega_2=\sigma_1^2/(\sigma_1^2+\sigma_2^2) \tag{7.19}$$

위 식에서 $\sigma_1^2=\sigma_2^2$이면 두 가중치는 모두 1/2이 되고, 이것은 산술 평균인 식 (7.15)와 같다. 식 (7.18)은 다른 정확도를 가지는 두 센서를 융합하는 데 유용하다. 가중치를 식 (7.19)와 같이 유도하는 절차는 참고문헌 [9]를 참조하라.

[3] 센서 네트워크

근래에 와서 로봇뿐 아니라 로봇이 작업하는 환경이나 작업의 대상체까지 지능화하려는 새로운 접근법에 대한 관심이 커지고 있다. 이는 로봇의 작업 공간을 인지 가능한 상태로 변모시킴으로써 로봇의 대처 능력을 증대시키려는 시도에서 비롯된다. 다수의 분산 배치된 저전력 센서 노드(node)들과의 무선 통신을 통한 정보 교환이 가능한 센서 네트워크(sensor networks)는 로봇이 작업 공간을 효과적으로 인지하게 하는 데 중요한 방법이다. 작업 공간 내 모든 영역을 다양한 센서들이 끊김없이 관측하게 할 때, 작업의 주체인 로봇과 객체인 사물, 그리고 이들이 포함된 환경이 서로 필요한 정보를 교환할 수 있는 유비쿼터스(ubiquitous)[12)]환경을 구현할 수 있다.

[그림 7.23]은 로봇이 자신에게 장착된 센서뿐 아니라 분산 배치된 각종 센서들과 RFID(Radio Frequency IDentification) 태그(tag)가 제공하는 정보를 이용하여 실시간으로 상황을 인지하고 자신에게 주어진 임무를 수행할 수 있는 이른바 '로봇 타운(robot town)'의 개념을 보여준다 [10]. 이처럼 넓고 열린 영역에서 센서 네트워크를 실제로 구현하기는 어려운 점이 많지만, 실내의 제한된 공간에서는 충분히 가능하다.

미국의 MIT에서 개발한 Cricket은 분산 배치된 다수의 초음파 및 RF(Radio Frequency) 신호 발신기(beacon)를 사용한 실내 위치 판정 장치이다 [11]. [그림 7.24]는 Cricket 장치의 외관을 보여준다. Cricket은 삼각 측량법을 사용하여 3차원 절대 위

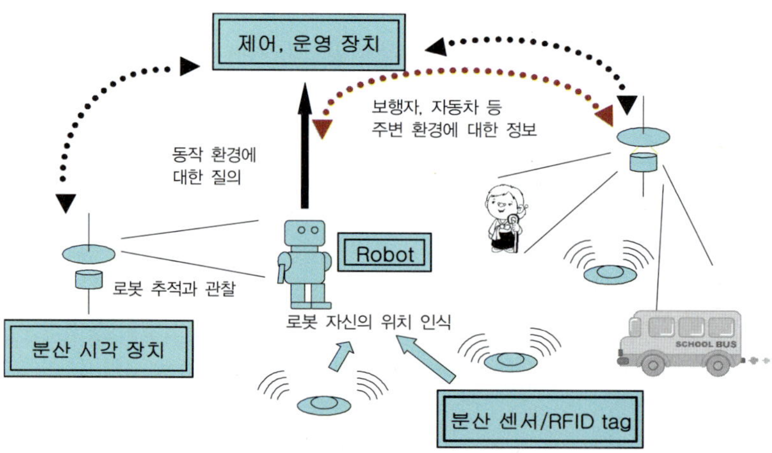

[그림 7.23] 센서 네트워크에 의한 로봇 타운의 개념도[8]

12) '공기처럼 '언제, 어디에나 존재한다'는 의미의 라틴어에서 유래하였다. 사용자가 장소나 시간에 구애됨이 없이 자유롭게 무선으로 접속할 수 있는 네트워크로 구성된 컴퓨터 환경을 의미한다. 1988년 미국 Xerox사의 Mark Weiser가 'Ubiquitous Computing'이라는 용어를 처음 사용한 것으로 알려져 있다.

[그림 7.24] MIT에서 개발한 실내 위치 계측 장치 Cricket : 발신기와 수신기

치를 측정할 수 있으며, 약 1~3 cm의 정확도를 얻을 수 있다. RF 신호의 전달 속도가 초음파의 전달 속도에 비해 약 10^6배 빠르고 실내에서는 발신기와 수신기 사이의 거리가 짧아, 수신기는 RF 신호가 생성된 순간 바로 그 신호를 수신할 수 있다. 따라서 수신기에서 발신기까지의 거리는 RF 신호의 수신 후 RF 신호보다 훨씬 느리게 진행하는 초음파 신호가 수신될 때까지 걸리는 시간을 측정함으로써 계산 가능하다. 이는 마치 우리가 번개를 목격한 후 천둥소리가 들릴 때까지 숫자를 셈으로써 벼락이 떨어진 곳까지의 거리를 대략 추정하는 것과 같은 원리이다. 예를 들어 상온에서 RF 신호를 수신한 후 0.01sec만에 초음파 신호가 감지되었다면, 수신기로부터 해당 발신기까지의 거리는 343.5m/sec×0.01sec에 의해 약 3.43m로 계산된다.

[그림 7.25]는 Cricket에 의한 이동 로봇의 위치 측정 방식을 보여준다 [12]. 세 개의 발신기가 천장에 설치되었을 때, 로봇에 장착된 수신기의 바닥 평면상의 위치 (x_L, y_L)은 수신기로부터의 수직선과 천장이 만나는 점 L의 X−Y 평면상의 위치와 같다. 여기서 z_L는 천장까지의 높이 h로 로봇의 이동과 관계없이 일정하다. 로봇의 평면상의 위치는 각 발신기를 원점으로 하고, L까지의 거리는 반지름 r_1, r_2, r_3로 하는 세 개의 원들이 만나는 점에서 결정된다.

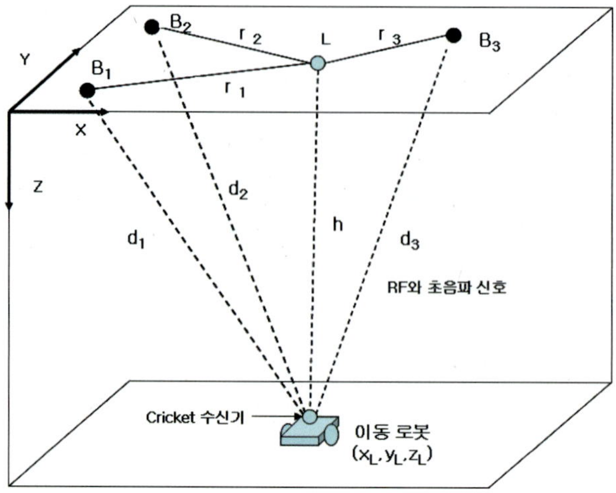

[그림 7.25] Cricket을 사용한 이동 로봇의 위치 측정

예제 7.7

[그림 7.26(a)]와 같이 세 개의 발신기 B_1, B_2, B_3와 한 개의 수신기 L을 고려한다. L의 평면상의 위치 $(x_L,\ y_L)$을 결정하여라. 단, 문제를 간단히 하기 위하여 좌표계의 원점이 B_1의 위치와 일치하며, B_2는 좌표계의 X축상에 존재한다고 가정하여라.

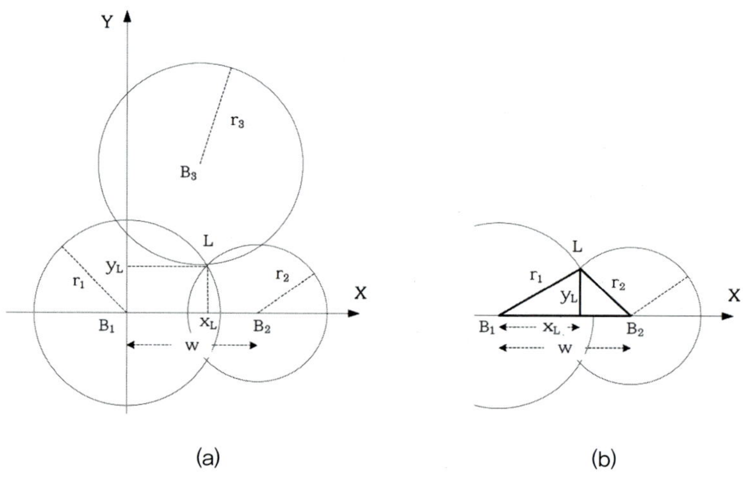

[그림 7.26] 세 개의 발신기를 중심으로 하는 원의 교점에서 결정되는 수신기의 위치

[그림 7.26(b)]에서와 같이 L로부터 X축으로 수선을 내렸을 때 만들어지는 두 개의 직각 삼각형을 고려하자. 두 직각 삼각형의 공동 변의 길이는 y_L 값과 같고, 이는 다음과 같이 얻어진다.

$$y_L = \sqrt{r_1^2 - x_L^2} \tag{7.20}$$

$$= \sqrt{r_2^2 - (w - x_L)^2}$$

위 식으로부터 수신기 L의 X 좌표는 다음과 같이 계산된다.

$$x_L = \frac{r_1^2 - r_2^2 + w^2}{2w} \tag{7.21}$$

여기서 w는 B_1과 B_2 사이의 거리로 기지이다. 일단 x_L이 구해지면, y_L은 식 (7.20)에서 구할 수 있다. 단, 구하여진 L의 좌표 (x_L, y_L)과 B_3의 좌표 (x_{C3}, y_{C3}) 사이에 다음과 같은 조건이 만족하여야 한다.

$$\sqrt{(x_L - x_{C3})^2 + (y_L - y_{C3})^2} = r_3 \tag{7.22}$$

이 예제에서의 가정과는 달리, [그림 7.25]에서처럼 기준 좌표계의 위치가 임의로 설정되는 일반적인 경우, L의 위치 결정은 참고문헌 [13]을 참조하여라. 한편 각 발신기로부터 L점까지의 거리는 다음 식과 같이 결정되며, h는 기지이고, d는 RF 신호와 초음파 신호의 도달 시간 차에 의해 관측된 값이다.

$$r_n = \sqrt{d_n^2 - h^2}, \quad 단,\ n=1,\ 2,\ 3 \tag{7.23}$$

7.5 로봇 시각

인간은 눈을 이용하여 물체를 다루고, 길을 찾으며, 지인을 인식하고, 위험을 감지하는 등 자신에게 필요한 정보 중 많은 부분을 획득하기 때문에 눈은 인간에 있어 가장 중요한 감각기이다. 따라서 눈을 통한 감각, 즉 시각(vision)은 여러 학문 분야에서 중요한 주제이다.

사람과 동물의 시각은 의학과 생물학에서 오래 전부터 연구되어 왔고, 사람이 영상을 이해하는 기능은 심리학과 인지과학에서 중요하게 다루어지고 있다. 한편 컴퓨터 공학에서 시각은 컴퓨터 시각(computer vision)을 의미하는 용어로 쓰이며, 이는 구체적으로 컴퓨터를 이용하여 주어진 영상에서 정보를 추출하고 해석하며 판단하는 인공지능의 한 분야를 뜻한다. 또 기계공학에서 시각은 카메라를 자동화 장치를 위한 센서로서 활용하는 기법을 연구하는 분야인 기계 시각(machine vision)을 의미하는 용어가 된다. 그리고 로봇 공학자들에게 있어 시각은 로봇의 눈 역할을 수행할 카메라와 관련된 기술을 연구하는 로봇 시각(robot vision)의 동의어로 이해된다. 컴퓨터 시각, 기계 시각, 그리고 로봇 시각은 다른 영역에서 활용되는 동종의 기술로 이해해도 무방하다. 그러나 영상 신호 처리(image signal processing), 혹은 디지털 영상 처리(digital image processing)는 시각과 마찬가지로 영상을 다루는 분야이지만, 후자 즉 시각이 주로 영상으로부터 정보를 추출하는 데 목적이 있는데 비해, 전자에서는 영상을 구성하는 신호를 압축, 전송, 기록, 필터링하기 위하여 변환하는 기법에 주안점이 있다. 한편 시각 기술은 컴퓨터 그래픽스(computer graphics)와도 상당 부분 공집합을 가진다. 그러나 시각에서는 획득된 2차원 영상으로부터 3차원 실세계의 정보를 얻고 이를 자동적으로 이해하는 기법을 연구하는 데 비해, 그래픽스에서는 3차원 세계를 2차원 평면상에 효과적으로 표현하고자 하므로 그 접근 방향이 반대가 된다.

이 절에서는 주로 로봇의 시각 센서로 사용되는 카메라 장치와 이의 출력 영상을 처리하기 위한 기본 기술에 대하여 서술한다. [그림 7.27]은 로봇이 시각을 사용하여 작업을 하는 예를 보여준다. 앞에서 다룬 여타의 센서들과 마찬가지로 시각을 사용하면 로봇의 작업과 동작에 있어 유연성이 증대되고 고도화된 자동화가 가능하다. 하지만 다른 센서들에 비해 시각 센서는 처리하여야 할 데이터의 양이 훨씬 많고, 이로부터 필요로 하는 정보를 추출하는 절차가 복잡하고 어려워 아직 진행되어야 할 연구가 많다.

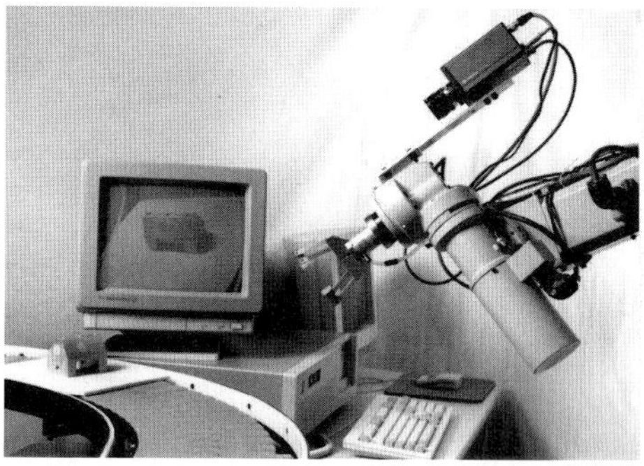

[그림 7.27] 시각에 기반하여 작업하는 로봇 (http : //www.mie.utoronto.ca)

[1] 로봇 시각 장치의 구성

로봇 시각 장치의 구성에 있어 우선적으로 고려되어야 하는 것은 임무(task)의 정의이다. 즉, 시각을 사용하여 '무엇을 할 것인지'가 먼저 정의되어야 이를 만족시킬 수 있는 장치가 구성될 수 있다. 이 때 생각하여야 할 두 가지 중요한 사항이 있다. 그 첫 번째는 사람의 눈과는 달리, 로봇 시각은 주어진 임무에 따라 달리 설계되어야 한다는 점이다. 아직 컴퓨터 기반의 인공 시각은 생물학적 시각에 비해 일반성의 면에서 그 수준이 낮으므로, 로봇의 시각 장치가 사람의 눈과 같이 광범위한 임무를 수행하기를 기대하는 것은 어렵다. 사실 이는 시각 센서 자체보다는 인공지능의 문제로, 컴퓨터의 지능이 최근 심층 학습(deep learning) 등의 기술 발전으로 비약적으로 발전하였으나, 여전히 사람의 지능이 가지는 일반성에 미치지 못하는 것이 주요한 원인이다.

로봇 시각의 임무를 정의할 때 생각하여야 할 두 번째 사항은 구체성에 대한 문제이다. 즉, 흔히 사람들 사이에서 이해되는 임무와는 달리 특정 로봇 시각 장치에서 정의되는 임무에는 구체성이 따라야 한다. 예를 들어 '이동하는 물체에 쓰여 있는 숫자를 읽고 기록한다'가 아니라, '50cm/sec의 속도로 이동하는 물체에 씌어진 0.5cm 크기의 숫자를 최소 99%의 성공률로 인식한다'와 같이 임무를 구성하는 성능의 구체적 요구조건들이 지정되어야 한다.

일단 시각 장치가 수행하여야 할 임무가 상세히 결정되면, 이를 만족시킬 수 있도록 장치를 설계하게 된다. 이 때 현실적으로 중요한 것은 장치를 구성하는 각 부분들을 적절하게 구비하는 일이다. 장치의 설계자는 [그림 7.28]과 같은 구성에서 주어진 임무를 어떤 부분이 어떻게 수행할 것인지를 계획하여야 한다. 한 부분에 과도한 임무가 걸리면 전체 장치의 성능과 속도의 저하를 초래하므로 주의하여야 한다. 예를 들어 적절한 조명의 사용은 영상의 처리를 용이하게 하므로, 관련 소프트웨어를 간략화시킬 수 있다. 그러나 이는 광원에 맞도록 전체 하드웨어를 구성하는데 일반적으로 더 많은 비용을 요구할 것이다.

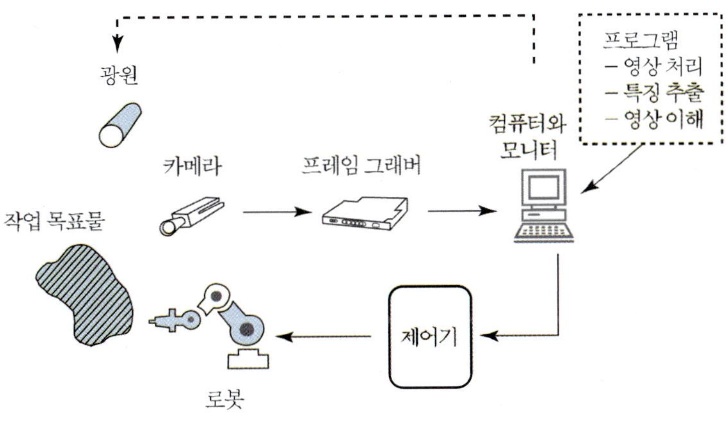

[그림 7.28] 로봇 시각 장치의 구성

[그림 7.28]과 같은 로봇 시각 장치를 구성하는 각 요소에 대해서 자세히 살펴보자. 광원(light source)은 작업의 대상에 적절한 조명을 줌으로써 좋은 품질의 영상을 얻어, 그 처리를 간편하게 하려는 목적으로 사용된다. 대표적인 기계 시각용 조명으로는 고주파수 형광등, 백열등, 할로겐등, 발광다이오드(LED), 섬유광(fiber optic)과 같은 것들이 있다. 일반 형광등은 점멸 주파수가 교류 전원에 따라 60Hz이므로, 30frame/sec 정도의 속도로 영상을 취득하는 통상의 기계 시각용 카메라에서는 조명 밝기의 변화가 영상에 나타날 수 있으므로 적절하지 않다. 광원의 종류 못지않게 그 사용 방법도 중요하다. 예를 들어 대상체의 전방에 광원을 위치시키면 물체 표면의 상세를 영상에 담을 수 있고, 후방에 광원을 위치시키면 역광 현상으로 인해 물체와 배경의 구분이 간편해질 수 있다. 타이어 공장에서 제품에 찍혀 있는 코드에 따라 분류 작업을 하는 로봇의 경우 코드를 읽어야 하므로 전방에서 조명을 비추어야 하고, 반도체 웨이퍼를 이송하는 로봇의 경우 투명한 벨트상 웨이퍼의 후방에 설치된 조명을 사용하면 영상에서 웨이퍼는 검게 나오고 배경은 밝게 나오므로 웨이퍼의 위치를 쉽게 판정할 수 있다.

카메라는 로봇에 있어 시각 센서의 역할을 한다. 카메라는 기본적으로 영상 센서, 렌즈, 그리고 제어 및 신호 처리용 전자 회로로 구성된다. 로봇 시각용 카메라(camera)를 선택하는 기본은 카메라에 채용된 영상 센서(image sensor)이다. 예를 들어 CCD(Charge Coupled Device), CID(Charge Injected Device), CMOS(Complementary Metal Oxide Semiconductor) 등이 카메라를 위해 사용된다. 영상 센서를 구분하는 근거는 영상이 구성되는 원리의 상이성에 있다. 그러나 이들은 모두 기본적으로 센서로 입사된 광 신호가 전압과 같은 형태의 전기 신호로 변환되는 광전효과(photoelectric effect)에 기반한다는 공통점을 지닌다.

프레임 그래버(frame grabber)는 카메라 접속을 위한 컴퓨터 보드이다. PC로부터의 제어 명령에 따라 영상의 획득 시기, 노출 시간, 셔터 속도 등을 카메라에 설정하며, 카메라의 출력 영상을 임시로 저장하였다가 PC의 프로그램에서 필요로 할 때 읽어갈 수 있도록 한다. 보통 카메라의 종류와 숫자가 결정되면, 이에 맞추어 어떤 프레임 그래버를 사용할 것인지 결정하게 된다. 즉, 몇 대의 카메라를 사용할지, 컬러 영상이 필요한지 아니면 흑백이면 충분한지, 혹은 카메라의 출력이 디지털인지 아날로그인지에 따라 사용할 프레임 그래버가 달라진다. 또 PCI, ISA 등 사용하는 컴퓨터의 버스에 맞도록 프레임 그래버가 선택되어야 한다. 근래에는 프레임 그래버를 따로 사용하지 않고 USB(Universal Serial Bus) 포트나 Wi-fi와 같은 무선 통신을 통하여 컴퓨터와 접속하는 경우가 늘어나고 있으나 통신 및 처리 속도와 같은 성능은 프레임 그레버를 사용하는 경우에 비해 일반적으로 떨어진다.

컴퓨터는 카메라를 제어하고, 카메라의 출력을 받아들여 적절하게 작성된 처리 프로그램에 따라 영상을 해석한 후, 이를 기반으로 로봇의 동작을 제어하게 된다. 영상 데이터는 대용량이며 연속영상의 실시간 처리가 요구되므로, 충분한 성능의 컴퓨터가 필요하다. 이에 따라 영상 처리 알고리즘도 요구되는 속도와 정확도의 조건을 만족시킬 수 있도록 고안되어야 한다. 로봇 시각에 관한 최근의 추세는 GPU(Graphics Processing Unit)나 DSP(Digital Signal Processing) 보드, 혹은 FPGA(Field−Programmable Gate Array)를 활용하여 기본적인 영상 신호 처리를 하드웨어 기반으로 처리함으로써 속도를 최대한 높이고, 처리 소프트웨어는 MATLAB이나 LabVIEW와 같은 함수 및 그래픽 기반 프로그래밍 환경을 활용하거나, Python과 같은 오픈 소스 및 라이버러리를 활용하여 개발 속도를 높이는 것이다.

예제 7.8

CCD, CID, CMOS 카메라를 비교하여라. 단, 비교의 요소로서 기술적 특성과 가격, 그리고 시장 현황을 사용하여라.

세 가지 영상 센서들의 비교는 [표 7.4]와 같이 정리될 수 있다.

[표 7.4] 영상 센서들의 비교

영상 센서		특 성	가격과 시장 현황
CCD	Charge Coupled Device	– 현재 로봇 시각용으로 가장 널리 사용 – 광전 소자 배열의 라인별 출력	– 일반적으로 낮은 가격 – 수많은 제조자와 공급자가 있음
CID	Charge Injection Device	– 블루밍[13]에 대한 면역성이 큼 – 광전 소자 배열의 특정 부분만 읽는 것이 가능	– 고가임 – 제조자와 공급자가 제한적임
CMOS	Complementary Metal Oxide Semiconductor	– 주로 통신용 카메라에서 채용 – 영상 센서로서의 역할과 기능이 급격히 증대	– 저가로 고해상도 실현이 가능 – 성능이 낮은 편이나, 근래 CCD 수준과 동등한 제품들이 출시 – 급격히 시장이 커지고 있음

13) blooming. 영상 센서에서 밝은 빛에 의해 전하가 포화되고 주변으로 넘쳐, 밝음이 번져 보이는 현상.

[2] 카메라의 출력 영상

디지털 영상은 화소(pixel)라고 부르는 점들의 배열로 구성되어 있다. 대부분의 경우 디지털 영상에서 사람의 시각은 이 화소의 존재를 인지할 수 없으나, 확대해 보면 화소에 따른 이산성(discreteness)을 알 수 있고, 각 화소들의 밝기는 숫자로 표현될 수 있다. [그림 7.29]는 영상 처리 알고리즘의 성능 측정을 위한 표준 영상으로 널리 사용되는 Lena 영상[14]이 어떻게 디지털로 표현되는 지의 예를 보여준다.

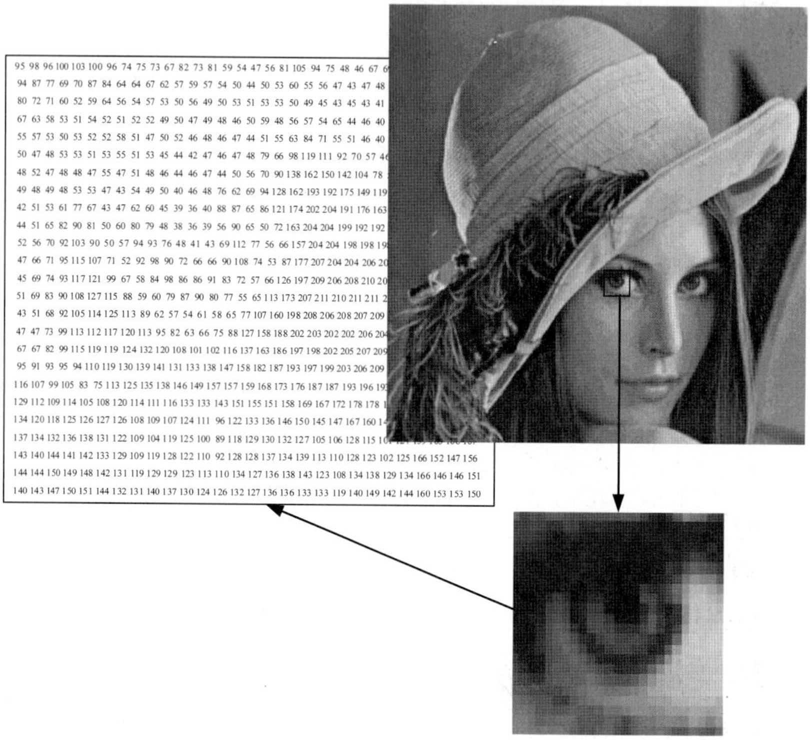

[그림 7.29] 디지털 영상을 구성하는 화소

일반적으로 시각 장치를 구성하여 디지털 영상을 얻고자 할 때 두 가지의 문제를 고려하여야 한다. 첫째는 한 장면(frame)을 얼마나 조밀한 화소 배열로 표현할 것인가 하는 문제이며, 둘째는 한 화소의 값, 즉 밝기를 어떤 크기로 표현할 것인가 하는 문제이다. 전자는 해상도(resolution)에 관한 것으로, 예를 들어 동일한 크기의 대상을 128×128 화소 배열의 영상으로 표현할 수도 있고, 512×512 화소 배열의 영상으로도 얻을 수 있는 것이다. 당연히 해상도가 좋은 것은 화소의 배열이 큰 경우이다. 해상도는 카메라에 채용된 영상 센서의 배열에 의하여 결정된다. [그림 7.30]은 Lena 영상을 여러 가지 해상도로 보여준다. 그림의 영상에서 알 수 있듯이 일반적으로 고해상도의 영상에서 더 좋은 결과를 기대할 수 있다. 그러나 더 높은 해상도는 더 많은 계산량과 긴 처리 시간을 의미하며, 이는 더 높은 성능의 컴퓨터 및 주변 요소를 필요로 하는 문제가 있어 로봇 공학에서 반드시 고해상도 영상이 좋은 것은 아니다.

(a) (b) (c) (d)

[그림 7.30] 영상의 해상도: (a) 256×256, (b) 128×128, (c) 64×64, (d) 32×32

시중에서 판매되는 많은 카메라들은 그 출력 영상을 TV와 같은 모니터를 통해 볼 수 있으며, 이 경우 수직 해상도는 525 수평 줄(horizontal line)의 해상도를 가지는 EIA(Electronics Industry Association)나 625줄의 CCIR(Comittee Consultatif International Radiotelecommunique)의 형식을 지원한다. EIA 형식은 흔히 RS-170으로 불리며, 컬러의 경우 NTSC(National Television Systems Committee) 방식으로 호칭된다. NTSC 방식은 우리나라를 비롯한 미국과 일본 등지에서 TV의 표준 형식으로 사용되고, CCIR의 컬러 형식인 PAL(Phase Alternate Line)은 유럽과 오세아니아 및 아프리카 지역에서 표준으로 사용된다. CCIR 형식이 EIA 형식에 비해 해상도가 높으므로 화면이 더 선명하지만, 초당 화면 수는 EIA가 30프레임(frame)인데 비해 CCIR은 25프레임이다.

(a)

(b)

(c)

(d)

[그림 7.31] 화소 밝기의 깊이(depth): (1) 256단계, (b) 16단계, (c) 4단계, (d) 2단계

디지털 영상을 얻을 때 두 번째로 고려해야 하는 요소로서, 하나의 화소가 가지는 밝기 값을 몇 비트의 디지털 값으로 표현할 것인가 하는 문제가 있다. 이는 흔히 화소의 깊이(depth)라 부르며 화소값을 양자화(quantization)하는 과정 중에 결정이 필요한 문제이다. 만약 한 화소가 0과 1로만 밝기를 표현한다면 깊이는 1비트(bit)이며, 256단계로 표현한다면 8비트가 된다. 사람 눈의 경우 약 30단계의 밝기 변화를 감지할 수 있는 것으로 알려져 있으나, 시중에서 판매되는 영상 센서의 경우에는 이보다 훨씬 많은 단계를 표현할 수 있는 화소당 8비트가 보통이다. 이는 기존의 많은 전자 회로들이 8비트(즉, 1byte) 단위로 디지털 신호를 처리하도록 설계되어 있는 것에 따른 것이다. [그림 7.31]은 여러 다른 단계로 영상을 표현하였을 때의 변화를 보여준다.

카메라의 출력 신호는 2차원의 화소 배열로 컴퓨터에서 처리된다. 만약 흑백 카메라를 사용하였다면 컴퓨터에서는 흑백 영상(black and white image, B&W image)[14]을 볼

---

14) 여기서 '흑백 영상'은 절대적인 흑(黑)과 절대적인 백(白) 사이에 여러 단계의 밝기 변화가 존재하는 영상을 지칭하는 용어로 사용되었다. 우리가 흔히 흑백 사진이라 부르는 것에는 절대적인 흑과 백 외에도 다양한 밝기가 존재함을 상기하라. 문헌에 따라서는 농담(濃淡) 영상이라고 칭하기도 하고, 혹은 명암(明暗) 영상이라고 칭하기도 하지만, 이들 모두의 영어식 표현은 그레이 영상(gray image, 혹은 grey image)이다.

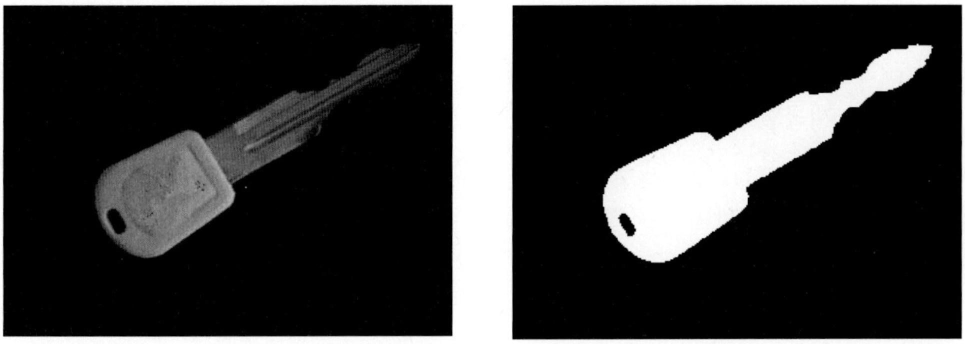

(a) (b)

[그림 7.32] (a) 흑백 영상(gray image)과 (b) 이진 영상(binary image)

수 있으며, 각 화소의 값은 통상 8비트로 표현되어 가장 어두운 0에서 가장 밝은 255의 범위 내 정수 값을 가진다. [그림 7.32(a)]가 흑백 영상의 예이다. 화소 배열의 특정 위치는 좌표 [i, j]로 표현한다. 흔히 좌표계의 원점, 즉 화소 [0, 0]은 영상에서 최좌측상단의 화소를 의미한다. 이 경우 만약 512×512의 화소 배열을 사용한다면, 최우측 하단의 화소 좌표는 [511, 511]이 될 것이다. 보통의 경우 좌표 중 i는 배열의 행, 즉 원점에서 아래로의 순서를 의미하며, j는 열, 즉 우측으로의 순서를 의미하게 된다. 그러나 영상을 처리할 때 좌표계의 설정은 센서 평면에서, 또는 그래픽 평면에서, 그리고 프로그래밍을 위한 데이터 저장 배열에서 각각 다르게 정의될 수 있으므로 주의하여야 한다[15].

로봇 시각에서 이진 영상(binary image)은 중요한 의미를 지닌다. 이진 영상이란 화소의 값이 이진, 즉 0과 1의 값만을 가지는 경우를 뜻한다. 따라서 이진 영상은 흑백 영상에 비해 저장 공간의 요구가 1/8에 불과하다. [그림 7.32(b)]는 이진 영상의 예이다. 이진 영상에서 데이터의 양이 흑백 영상에서보다 훨씬 작다는 사실은 과거에 컴퓨터의 성능이 높지 않고 저장 공간도 충분하지 않을 때 중요한 장점이 되었다. 현재 컴퓨터의 성능이 혁신적으로 향상되었고 메모리의 집적도와 가격도 크게 개선되었지만, 이진 영상은 여전히 로봇 시각 분야에서 중요하다. 그 첫 번째 이유는 이진 영상을 처리하는 프로그램은 계산 비용이 현저하게 낮다는 데서 찾을 수 있다. 즉, 간단하며 빠르게 프로그램을 작성하는 것과 이해하는 것, 그리고 실행하는 것이 가능하다. 둘째, 많은 기존 로봇 시각 문제들에서는 하나의 목표물을 대상으로 하므로 목표물을 그 이외의 영역, 즉 배경으로부터 분리하는 것이 중요하다. 이 경우 이진 영상은 목표물과 나머지 부분을 효과적으로 분리하여 표현할 수 있다. 셋째, 사물의 윤곽은 많은 유용한 정보를 준다. 흔히 사물

15) 예를 들어 배열의 인덱스가 0이 되는 것을 허용하지 않는 소프트웨어나 프로그래밍 언어의 경우, 512×512 영상 배열은 (0,0)~(511,511)이 아니라 (1,1)~(512,512)가 된다.

을 윤곽선으로만 표현하는 만화나 스케치를 보면서 우리가 충분히 이해할 수 있음을 생각하면, 윤곽선의 중요성을 알 수 있다. 영상에 담겨진 물체들의 윤곽선이 로봇의 작업에 충분한 정보를 제공할 때, 이진 영상은 그 유용성이 높다. 즉, 흑과 백의 경계선만을 검출함으로써 물체들의 윤곽선을 쉽게 검출할 수 있는 것이다. 흔히 이진 영상은 흑백 영상을 소프트웨어적으로 처리하여 얻지만, 하드웨어적 설정을 통하여 얻을 수도 있다.

근래에 와서는 컬러 영상(color image)의 사용이 활발해지고 있다. 컬러 카메라는 더 이상 고가가 아니며, 컴퓨터의 성능도 컬러를 처리하기에 충분해졌다. 컬러 영상은 컬러 카메라를 사용하여 얻을 수 있으며, 대부분의 컬러 카메라는 R(Red), G(Green), B(Blue)의 3개 채널로 신호를 출력한다. 이들 세 가지 신호는 각각 8비트로 표현되는 것이 보통이며, 따라서 컬러 영상은 흑백 영상과 비교하여 3배의 데이터를 가진다. 컬러 카메라를 제조하는 방식은 한 장의 영상 센서 배열을 사용하되 R, G, B 각각의 스펙트럼 빛만을 통과시키는 필터를 사용하는 방식과, 3장의 영상 센서 배열을 사용하고 프리즘을 사용하여 각각의 배열에 R, G, B의 빛만을 조사하는 방식, 그리고 R, G, B의 스펙트럼에 각각 반응도가 높은 광 다이오드(photo diode)를 나란히 배열하는 방식 등이 있다. [R, G, B] 컬러 공간([R, G, B] color space)을 사용하는 컬러 영상은 다음 식 (7.24)에 의하여 쉽게 흑백 영상으로 변환될 수 있다. 그러나 이러한 변환은 차원의 축소, 즉 정보의 상실을 의미하므로, 역으로 흑백 영상으로부터 컬러 영상을 얻는 것은 당연히 불가능하다. 이는 이진 영상으로부터 흑백 gray 영상을 복원하는 것이 불가능한 것과 같다.

$$I = \frac{R + G + B}{3} \tag{7.24}$$

[3] 이진 영상의 처리

앞에서 이진 영상(binary image)이 가지는 장점에 대하여 살펴본 바 있고, 흑백 영상(gray image)을 이진 영상으로 표현한 결과도 [그림 7.32]에서 보았다. 그러나 이진 영상을 얻는 실제적인 방법에 대해서는 언급되지 않았다. 이 절에서는 흑백 카메라의 출력 영상으로부터 이진 영상을 얻는 방법에 대해서 알아보자.

카메라로부터 얻어진 밝기 정보를 가진 영상을 이진화하기 위해서는 각 화소들을 그 화소가 가진 밝기와 임의의 임계치를 비교하여 두 개의 집합으로 구분하는 작업이 필요하며 이를 임계치 기법(thresholding)이라 한다. 일반적으로 임계치 기법을 사용하기 위해서는 먼저 영상에 존재하는 화소들의 밝기 값들이 어떠한 분포를 가지는지를 알아보는 작업이 필요한데, 이는 작업의 대상이 되는 물체와 기타 배경을 구분할 수 있는 적당한 임계치를 선택하기 위함이다.

만약 N×M의 해상도를 가지는 영상에서 임의의 좌표 (i, j)에서의 화소의 밝기를 f(i, j)라 하면, 이진화된 영상에서 대응되는 화소 b(i, j)는 다음과 같이 얻어지게 된다.

$$b(i,\ j) = 1 \text{ if } f(i,\ j) > T \quad \text{or } 0 \text{ otherwise} \tag{7.25}$$

단, $0 \le i \le N-1,\ 0 \le j \le M-1$

예를 들어 [그림 7.32(a)]의 열쇠 영상에 존재하는 화소들이 가지는 밝기 값들의 분포를 도수 분포도, 즉 히스토그램(histogram)으로 나타내었을 때, [그림 7.33]과 같은 결과를 얻는다. 그림에서 볼 수 있듯이 밝기가 160 근방에 화소들이 몰려있고, 또 밝기가 0 근방에 화소들이 몰려있다. 비교적 밝은 화소들, 즉 160 주변의 화소들은 열쇠 영역에 해당하는 화소들이고, 어두운 화소들, 즉 0 주변의 화소들은 배경 영역에 해당하는 화소들이다. [그림 7.34]의 이진 영상은 예를 들어 두 개의 다른 임계치를 사용하여 얻어진 이진 영상들을 보여준다. 그림의 경우에는 임계치를 30으로 사용하는 것이 더 좋은 선택임을 알 수 있고, 이는 [그림 7.33]의 히스토그램에서 예측할 수 있는 사항이다. 이와 같이 이진 영상을 얻는데 있어 임계치의 결정은 중요하며, 대부분 히스토그램을 참조하여 수동, 혹은 자동으로 결정한다. 한편 현실적인 많은 경우에 이진 영상은 그림의 예와는 달리 불완전하여, 배경(background)과 전경(foreground)에 잡음들이 생길 수 있다. 이러한 잡음은 장치의 작업 환경을 개선하거나, 추가적인 영상 처리 기법들을 통하여 감소시킬 수 있다.

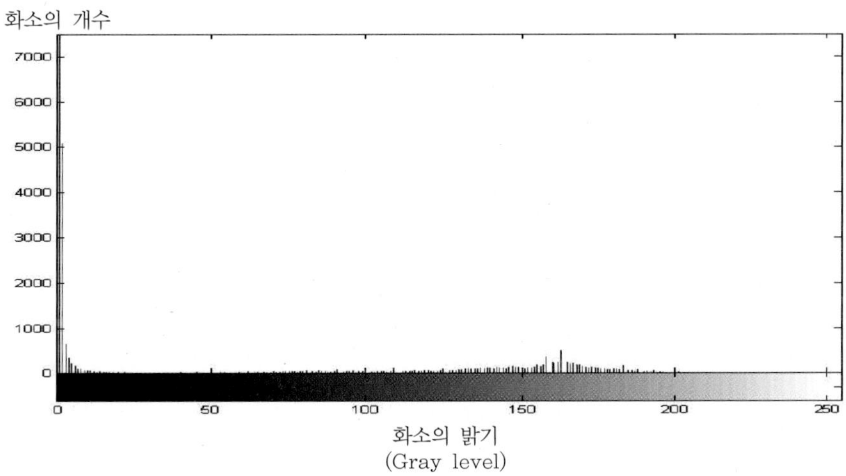

[그림 7.33] 이진화를 위한 히스토그램

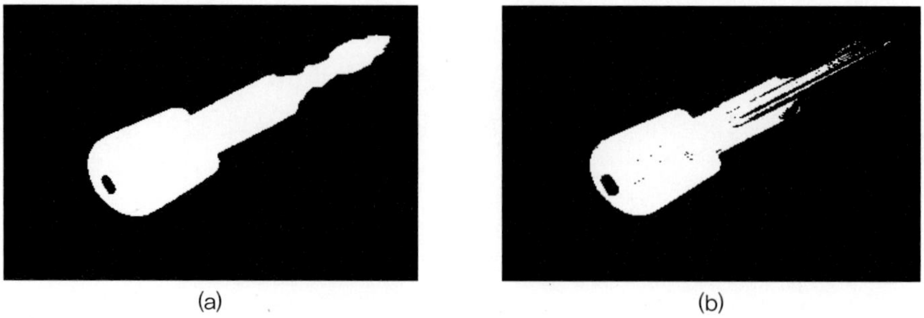

[그림 7.34] 임계치 기법에 의한 흑백 영상의 이진화: (a) 임계치 T=30, (b) 임계치 T=120

카메라로부터 얻어진 영상 내 물체를 로봇이 조작하기 위해서는 물체의 위치나 방향(orientation) 등의 특징을 알아야 한다. 작업 환경이 잘 세팅되어 카메라의 영상에서 물체가 배경으로부터 적절하게 분리되어 이진 영상이 얻어진 경우를 가정하고, 물체의 중심과 방향을 계산할 방법은 무엇인지 살펴보자.

예를 들어 [그림 7.35(a)]와 같은 모의 이진 영상을 고려할 때, 화소 값이 1로 표현된 물체의 중심과 방향은 쉽게 알아낼 수 있다. 즉, 중심 좌표는 (1.5, 2)이며, 물체의 장축 방향은 j축 방향과 같다. 그러나 [그림 7.35(b)]에 나타난 물체의 중심 좌표와 방향은 바로 알아내기 어렵다. 이런 상황에서 모멘트(moment)를 사용하면 편리하다. 일반적으로 (p+q)제곱 모멘트의 정의는 아래와 같다.

$$m_{pq} = \int_{-\infty}^{\infty}\int_{-\infty}^{\infty} f(x,y)\, x^p y^q \, dx\, dy \tag{7.26}$$

여기서 $f(x, y)$는 밀도 분포 함수로 이진 영상의 경우 물체는 1, 배경은 0이 된다. 이산화된 디지털 영상에서 x와 y는 단속적인 i와 j값을 가지므로 다음과 같은 식을 얻을 수 있다.

$$m_{pq} = \sum_i \sum_j f(i,j)\, i^p j^q \tag{7.27}$$

이진 영상에서 얻을 수 있는 대표적인 형태 특징으로 물체의 면적, 중심 좌표, 방향을 생각하면 아래와 같이 구해진다.

$$\text{물체의 면적 : } m_{00} \tag{7.28}$$

$$\text{물체의 중심 좌표 : } \bar{i} = \frac{m_{10}}{m_{00}}, \qquad \bar{j} = \frac{m_{01}}{m_{00}} \tag{7.29}$$

$$\text{물체의 회전각} : \theta = \frac{1}{2}tan^{-1}\left[\frac{2(m_{00}m_{11} - m_{10}m_{01})}{(m_{00}m_{20} - m_{10}^2) - (m_{00}m_{02} - m_{01}^2)}\right] \tag{7.30}$$

즉, m_{00}는 f(i,j)=1인 모든 화소의 개수를 의미하고, m_{10}는 1의 값을 가지는 화소들의 i좌표의 합이며, 이를 m_{00}로 나누면 이진 영상에서 1인 화소들의 i좌표 평균을 계산할 수 있다. [예제 7.9]에서 구체적인 예를 통해 이를 확인해 보자.

〈i〉＼〈j〉	0	1	2	3	4
0	0	0	0	0	0
1	0	1	1	1	0
2	0	1	1	1	0
3	0	0	0	0	0
4	0	0	0	0	0

(a)

〈i〉＼〈j〉	0	1	2	3	4
0	0	0	0	0	0
1	0	1	1	1	1
2	0	0	1	1	0
3	0	1	1	0	0
4	0	1	1	0	0

(b)

[그림 7.35] 물체의 특징 추출을 위한 두 이진 영상의 예 : 1은 물체 화소, 0은 배경 화소

예제 7.9

모멘트를 사용하여 [그림 7.35(b)]의 모의 이진 영상에서 1로 표현된 물체의 중심 좌표를 구하여라.

중심 좌표는 식 (7.29)에 의하므로 f(x,y)=1인 영상 내 모든 화소의 좌표 (i,j)에 대해서 계산한 결과로 다음으로부터 $(\bar{i},\bar{j}) = (m_{10}/m_{00}, m_{01}/m_{00}) = (2.2, 2.1)$과 같이 얻어진다.

$$m_{00} = \sum_{i=0}^{4}\sum_{j=0}^{4} f(i,j)i^0j^0 = \sum_{i=0}^{4}\sum_{j=0}^{4} f(i,j) = 10$$

$$m_{10} = \sum_{i=0}^{4}\sum_{j=0}^{4} f(i,j)i^1j^0 = \sum_{i=0}^{4} f(i,j)i = 1+1+1+1+2+2+3+3+4+4 = 22$$

$$m_{01} = \sum_{i=0}^{4}\sum_{j=0}^{4} f(i,j)i^0j^1 = \sum_{i=0}^{4}\sum_{j=0}^{4} f(i,j)j = 1+1+1+2+2+2+2+3+3+4 = 21$$

7.6 시각 기반 로봇

이제 시각이 로봇을 위해서 어떻게 사용되는지를 알아보자. 특히 로봇 및 자동화 장치에서 널리 사용되는 선형 배열 카메라(line array camera)와 양안시(stereo vision)의 활용에 대하여 학습한다.

[1] 선형 배열 카메라의 활용

카메라와 물체 간에 상대적인 움직임이 있을 경우 획득되는 영상의 품질은 대체로 좋지 않다. 특히 그 상대적 속도가 클 때 문제가 더욱 심각할 수 있다. 이러한 경우는 로봇 시각의 문제에서 자주 발생한다. 즉, 목표물이 이동하고 있을 수도 있고, 카메라가 로봇에 부착되어 이동할 수도 있다. 흔히 발생하는 상황은 공장에서 컨베이어 벨트에 의하여 생산품을 이송하고, 카메라가 벨트 위 물체의 위치와 방향을 파악한 후, 로봇이 물체를 들어 올려 상자 속에 정리하는 작업이다. 이런 자동화 작업을 로봇공학에서는 "pick-and-place"라고 부르며, 대상 물체가 고정되어 있지 않고 이동하면 시각과 같은 센서의 활용이 필요하다. 1979년 GM(General Motors)사에서 설계한 CONSIGHT는 로봇 시각의 발전 초기에 성공적으로 제품 생산 현장에 적용된 예로 유명하다. [그림 7.36(a)]는 CONSIGHT의 구조를 보여준다.

선형 배열 카메라, 혹은 선형 카메라(linear camera)는 1차원 화소 배열을 가진 시각 센서이다. 통상의 2차원 배열을 사용하는 카메라와 달리 광 센서가 한 줄로만 배열되어 있어, 한 번 영상을 획득하는 데 걸리는 시간이 짧다. 만약 물체와 카메라가 모두 정적이라면 이러한 영상은 의미가 없겠지만, CONSIGHT에서와 같이 카메라가 벨트 위 일정한 위치를 바라보고 있고 물체가 그 밑을 정해진 속도로 지나간다면, 일정한 시간 간격으로 획득한 선 모양의 영상을 모아서 2차원 영상을 구성할 수 있는 것이다. [그림 7.36(b)]는 물체가 있을 때와 없을 때 영상을 보여준다. 즉, 물체가 선형 카메라 아래에 없을 때는 조사된 광선에 의해 선 영상(line image)이 전체적으로 밝게 보이고, 물체가 촬영 선상에 위치하면 물체의 높이 때문에 광선이 물체가 있는 해당 위치에서 보이지 않게 된다. 실제 상황은 그림 (c)를 참조하면 된다. 이 때 사용된 광원은 선형 카메라가 보는 선 영역만 비추어야 하므로 1차원, 즉 선형 광원(linear light)이다. 두 개의 광원이 물체 진행 방향의 앞뒤에 사용되었는데, 이는 [그림 7.36(e)]에 보인 바와 같이 물체가 카메라의 촬영선상에 도달하지 않았는 데도 비스듬하게 조사되는 광선이 물체에 가려져서 마치

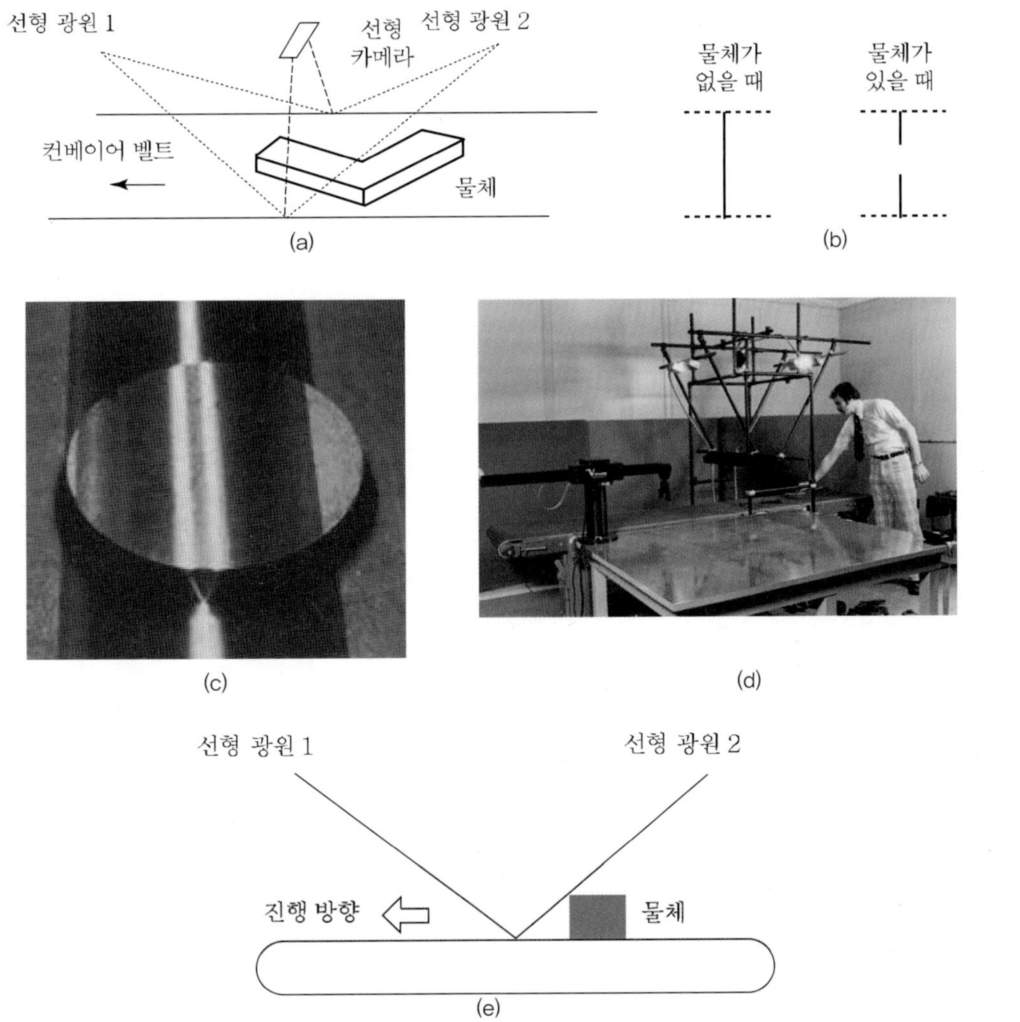

[그림 7.36] CONSIGHT: (a) 구조, (b) 영상의 형태, (c) 촬영 선 상에 물체가 있는 경우, (d) CONSGIHT 개발 실험, (e) 두 개의 광원이 필요한 이유

카메라 아래에 물체가 있는 것처럼 인식되는 문제를 해결하기 위한 것이다. 즉, 두 광선이 만나는 지점의 선 영상을 선형 카메라가 획득하며, 그림 (e)에 보인 바와 같이 물체가 그 지점에 도달하지 않았음에도 물체의 뒤 쪽에 있는 선형 광원 2로부터의 조명은 물체에 가려지기 때문에 광원 1이 필요하다. 마찬가지로 물체가 이미 카메라 촬영 선을 지나간 후에도 어느 시간 동안은 광원 1에 의한 광선이 물체의 높이에 의해 카메라 촬영 선에 도달하지 못하므로 이제는 광원 2가 필요하게 된다. 일단 1차원의 선 영상들을 축적하여 2차원 영상이 만들어지면, 그 이후의 처리는 앞에서 학습한 일반적인 2차원 영상 처리 기술과 동일하다.

[2] 양안시와 3차원 계측

카메라는 기본적으로 3차원 세계를 2차원 영상 평면에 대응시킨다. 3차원 공간에서의 한 점은 세 개의 독립적인 값으로 구성되는 좌표, 예를 들어 (x, y, z)로 표현될 수 있으며, 이 점이 영상 평면에 대응되었을 때는 영상 내 2차원 평면상의 좌표 (i, j)로 표현된다. [그림 7.37]은 이러한 대응 관계를 도시한 것이다. 결국 카메라에 의한 영상 획득은 차원의 축소를 의미하며, 이는 정보의 손실을 초래한다. 이 경우 두 가지 의문을 가질 수 있다. 그 첫 번째는 3차원 공간으로부터 2차원 점으로의 대응 관계를 모형화할 수 있을까 하는 것이고, 두 번째는 영상으로부터 3차원의 정보를 알아낼 수 있을까 하는 것이다.

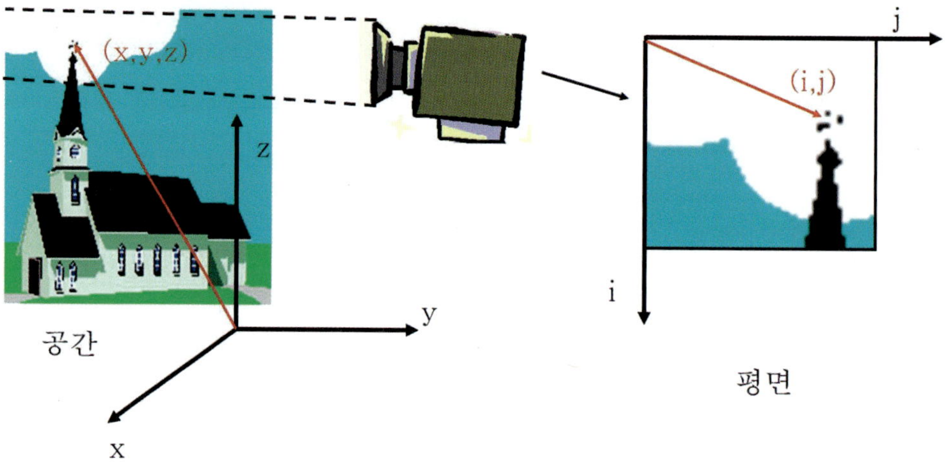

[그림 7.37] 카메라에 의한 공간으로부터 평면(영상)으로의 대응

첫 번째 의문에 대해 답하기 위하여 카메라의 모델을 고려한다. 카메라의 기능은 [그림 7.38]에 보인 바와 같은 바늘구멍 모델(pin-hole model)을 사용하여 간단히 설명할 수 있다. 즉 모든 광선이 통과하는 하나의 가상적인 점인 바늘구멍을 카메라 앞 일정 거리에 가정하면, 그 점을 중심으로 공간상의 점과 평면상의 점 사이에는 일정한 관계가 식 (7.31)과 같이 성립한다. 이 때 바늘구멍은 영상 평면의 전방에 초점 거리(focal length) f만큼 떨어져 존재하며, 여기에 3차원 공간 좌표계의 원점을 설정한다. 또 바늘구멍을 통과한 광선이 영상 평면과 수직으로 만나는 점을 영상 좌표계의 원점으로 설정한다. 아래 식에서 음의 부호는 영상의 반전(inversion)을 의미한다.

$$\frac{X_C}{Z_C} = -\frac{u}{f}, \quad \frac{Y_C}{Z_C} = -\frac{v}{f} \tag{7.31}$$

위 식은 초점 거리 f가 주어졌을 때, 3차원 점 (Xc, Yc, Zc)로부터 2차원 영상 좌표 (u, v)를 결정할 수 있게 한다. 여기서 영상 좌표 (u, v)는 앞에서 사용한 (i, j)와는 달리 영상평면의 광학적 중심을 원점으로 하여 정의되었고, 3차원 좌표계도 카메라의 바늘구멍에서 정의되었음에 유의하여라. 영상 좌표는 흔히 (i, j)로 표현되어 영상 평면의 모서리로부터 정의됨은 7.5.2절에서 이미 서술한 바와 같고, 3차원 공간 좌표계도 사용자가 임의로 정한 지점에 정의된다. 이 경우 식 (7.31)은 좌표계 간의 변환을 포함하여 보다 복잡한 변환식으로 바뀌게 되는데, 변환식의 계수를 결정하고 이로부터 시각 시스템의 광학적, 기하학적 인자를 결정하는 과정을 카메라 보정(camera calibration)이라고 부른다 [15].

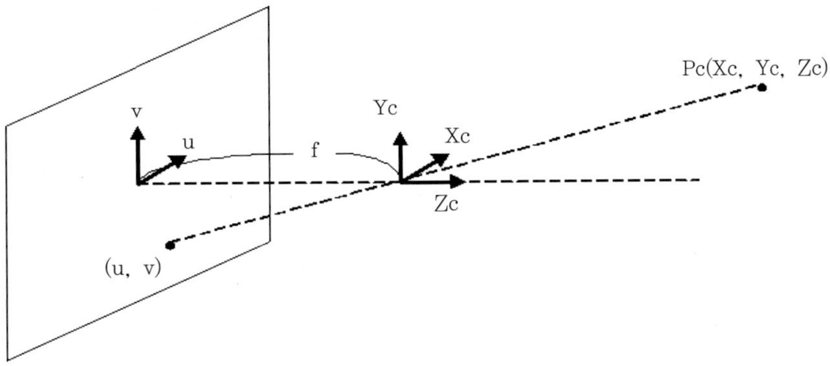

[그림 7.38] 바늘구멍 카메라 모델

이제 이 절의 앞에서 제기한 두 번째 문제, 즉 영상으로부터 3차원 정보의 회복에 대한 문제를 다루어 보자. 카메라 모델은 공간으로부터 영상 평면으로의 변환을 설명할 수 있지만, 그 역으로의 변환을 설명하지 못한다. 사실 카메라에 의하여 차원의 축소가 일어났으면 이미 정보가 손실된 것이므로 그 역을 얻는 것은 수학적으로 불가능하다. 즉, 카메라 영상으로부터 3차원 공간 정보의 획득은 기본적으로 불가능한 것이다. 그러나 카메라를 두 대 사용하여 동일한 3차원 점에 대한 다른 두 영상을 얻을 수 있다면 문제가 달라진다. 즉, 두 대의 카메라로부터 다음의 식 (7.32)와 식 (7.33)을 각각 얻을 수 있다.

$$\frac{X_{C1}}{Z_{C1}} = -\frac{u_1}{f_1} \tag{7.32a}$$

$$\frac{Y_{C1}}{Z_{C1}} = -\frac{v_1}{f_1} \tag{7.32b}$$

$$\frac{X_{C2}}{Z_{C2}} = -\frac{u_2}{f_2} \tag{7.33a}$$

$$\frac{Y_{C2}}{Z_{C2}} = -\frac{v_2}{f_2} \tag{7.33b}$$

이제 위의 네 개의 식을 이용하여, 3차원 공간 좌표 값를 구하는 것은 가능하다. 만약 [그림 7.39]와 같이, 사용된 두 카메라가 동일하여 $f_1 = f_2$이고, 카메라는 동일선상에 나란히 위치한다고 가정하면 문제는 더욱 간단해진다. 이상은 로봇이 3차원 계측을 위해 사용하는 양안시(stereo vision)의 개념이다. 양안시에 대한 보다 구체적인 사항은 [예제 7.10]을 참조할 수 있겠다. [그림 7.40]은 미국 Wisconsin 대학의 이동 로봇에 사용된 양안시 장치이다.

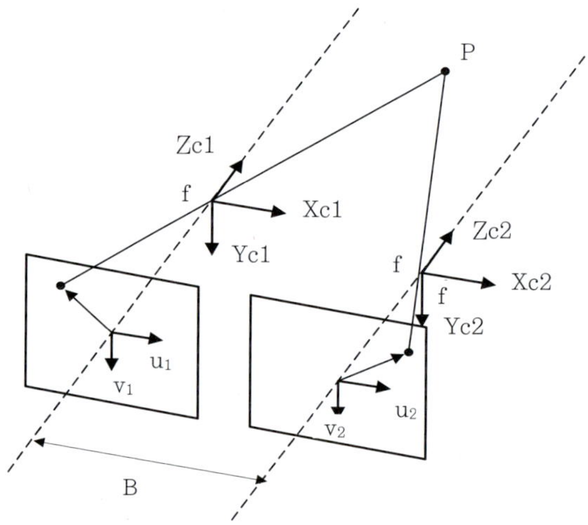

[그림 7.39] 양안시 모형

[그림 7.40] Wisconsin 대학의 이동 로봇에 장착된 양안시 장치

예제 7.10

[그림 7.39]의 양안시 모형에서 영상 좌표로부터 3차원 좌표를 계산하기 위한 관계식을 유도하여라.

주어진 문제는 (u_1, v_1)과 (u_2, v_2)로부터 (X_{C1}, Y_{C1}, Z_{C1}), 혹은 (X_{C2}, Y_{C2}, Z_{C2})를 구하는 것이다. [그림 7.39]로부터 다음을 가정할 수 있다.

$$f_1 = f_2 = f \tag{7.34a}$$

$$X_{C1} = X_{C2} + B \tag{7.34b}$$

$$Y_{C1} = Y_{C2} = Y_C \tag{7.34c}$$

$$Z_{C1} = Z_{C2} = Z_C \tag{7.34d}$$

이상과 식 (7.32a) 및 식 (7.33a)로부터 다음을 얻는다.

$$-\frac{Z_C}{f} = \frac{X_{C1}}{u_1} = \frac{X_{C2}}{u_2} \tag{7.35}$$

여기서 식 (7.34b)를 대입한 후 정리하면 다음과 같다.

$$X_{C2} = \frac{Bu_2}{u_1 - u_2} \tag{7.36a}$$

또는 다음을 얻는다.

$$X_{C1} = X_{C2} + B = \frac{Bu_1}{u_1 - u_2} \tag{7.36b}$$

이 식을 식 (7.33a)에 대입하여 Z_C를 다음과 같이 얻을 수 있다.

$$Z_C = \frac{-f}{u_2}\frac{Bu_2}{u_1 - u_2} = \frac{-f}{u_1}\frac{Bu_1}{u_1 - u_2} \tag{7.37}$$

이제, Y_C는 식 (7.32b)와 (7.33b)에 식 (7.37)을 대입함으로써 얻을 수 있다.

$$Y_C = \frac{v_1}{u_1}\frac{Bu_1}{u_1 - u_2} = \frac{v_2}{u_2}\frac{Bu_2}{u_1 - u_2} \tag{7.38}$$

연습문제

01. 다음 용어에 대하여 간단히 설명하라.

(1) 내부 센서(internal sensor)
(2) 외부센서(external sensor)
(3) 트랜스듀서(transducer)

02. 이 책에서 소개된 한계 스위치나 인코더 외 로봇의 내부 센서에는 어떠한 것들이 있나?

03. 증가형 인코더와 절대형 인코더의 장단점을 비교하여라.

04. 그림 7.5(a)에서 3개 센서들의 용도를 설명하여라.

05. 그림 7.5(a)에서 센서 1과 센서 2의 간격은 어떻게 설정되어야 하나?

06. 1°보다 좋은 회전 해상도를 얻기 위해 필요한 증가형 인코더 디스크의 창의 개수는? 단, 그림 7.5와 같은 형태의 센서 배치를 가정하여라.

07. 전위차계(potentiometer)는 인코더와 같이 회전각을 측정하기 위하여 사용할 수 있다. 그림 7.41에서 보인 바와 같이 회전각 θ는 저항 R_θ의 변화를 가져오고, 일정한 공급 전압 E에 대해서 R_θ에 걸리는 전압 V_o를 측정함으로서 회전각을 알아낼 수 있다. 이 때 R_L은 출력전압을 측정하기 위한 회로의 저항이고, R_C은 전위차계의 총저항이다. 회전각 θ 와 R_L에 나타나는 출력 전압 V_o 가 비례함을 보여라. 단, 부하저항 R_L은 아주 크다고 가정하여라.

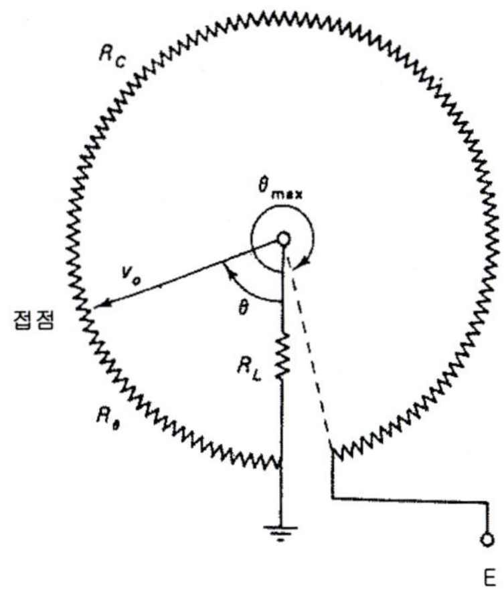

[그림 7.41] 전위차계(potentiometer)

08. 이 책에서 소개된 초음파 센서와 적외선 센서 외 로봇의 외부 센서에는 어떠한 것들이 있나?

09. 기온이 15℃인 환경에서 사용한 초음파 센서가 음파를 발생한지 1 msec 후에 반사파를 감지하였다면, 전방 장애물까지의 거리를 계산하여라.

10. 음파의 방사각이 30°인 초음파 센서에 의해 5 m 전방에 있는 출입문의 열린 공간이 인식될 수 있으려면, 출입문의 너비는 최소 얼마이상 되어야 하나?

11. 0~5 V의 범위를 가지는 아날로그 전압을 8 bit의 디지털 신호로 변환할 때, 이산화 오차의 최대치와 평균치는 어떻게 되나?

12. 5 MHz의 최고 주파수를 가지는 흑백 영상 신호를 처리하기 위해서 필요한 표본화 주파수를 결정하여라.

13. 어떤 센서의 입출력 특성이 다음 표 7.5와 같다고 하자. 입출력 특성을 y=mx로 선형화할 때 계수 m을 최소 제곱법으로 계산하여라.

[표 7.5] 센서 계측치

x	y
0	0
1	2
2	3

14. 다음 용어를 간략히 설명하여라.

(1) 프레임 그래버
(2) PCI 버스
(3) 화소
(4) 영상의 해상도

15. 아래 그림과 같은 이진 영상에서 1로 표현되는 물체의 중심좌표 $(\bar{i}, \bar{j})$를 구하여라.

i \ j	0	1	2	3	4
0	0	0	0	0	0
1	0	0	0	1	0
2	0	0	0	1	0
3	0	0	0	1	0
4	0	0	1	1	1

[그림 7.42] 이진 영상의 예

16. 길이 30 cm의 물체가 0.6 m/sec의 속도로 컨베이어 벨트에 의하여 이송되고 있다고 가정하자. 한 화소가 0.1 cm^2를 계측하는 선형 배열 카메라 장치를 사용하여 60 line/sec의 속도로 영상을 획득하였을 때, 물체는 영상에서 몇 화소의 길이로 표현될 것인가?

17. 그림 7.38과 같은 바늘구멍 카메라의 3차원 좌표계에서, (X_C, Y_C, Z_C) = (100, 200, 1000)으로 표현되는 어떤 점 Pc는 영상좌표계에서 어떤 좌표로 표현될까? 즉, (u,v)는? 단, 초점거리(focal length) f는 10이라고 가정하여라.

18. 상기의 문제 17과 같은 환경에서 만약 (u, v) = (0.2, −0.1)일 때, 이에 해당하는 3차원 점의 좌표 (X_C, Y_C, Z_C)를 구하는 것이 가능한가? 가능하다면 구하여라.

과 제

01. 문헌이나 인터넷을 참조하여 로봇이나 자동화 기기에 사용되고 있는 센서의 종류와 용도를 조사하여라.

02. 초음파 센서를 사용하여 거리를 측정하는 장치를 설계하여라. 센서의 설계는 다음중 선택할 수 있다. 단, 경우 (3)을 선택한다면 LED, 7-Segment, 스피커 등을 사용하여 측정된 거리값을 표시하여야 한다.

(1) 아두이노나 마이크로콘트롤러를 사용하는 경우
(2) PC를 사용하는 경우
(3) 마이크로콘트롤러나 PC같은 연산장치없이 단순히 전자회로만 사용하는 경

또, 설계는 다음 두 가지 방법 중 하나를 택할 수 있다. 단, 경우 (2)를 선택한다면, 가능한 최대로 자세하고 실현가능하도록 설계되어야 한다.

(1) 실제로 장치를 제작하는 경우
(2) 실제 제작하지 않고 도면상으로만 설계하는 경우

03. $y = 3x + 5$의 관계식에서 x를 0~1사이의 임의 실수로 하고, 계산된 y값에 적당한 잡음을 첨가함으로서 모의 입출력 데이터를 생성하여라. 최소 제곱법을 사용하는 컴퓨터 프로그램을 작성하고, 상기의 절차에 의해 얻어진 (x, y)를 입력하여 $y = mx + c$를 만족시키는 m와 c를 추정할 때, 원래의 값 3과 5에 얼마나 근접한가?

04. 그림 7.25에서 이동로봇의 평면상의 위치 $(x_L,\ y_L)$을 구하는 식을 유도하여라. 단, 그림 7.26에서와는 달리 기준 좌표축을 공간의 모퉁이에 설정하여라.

05. 로봇 시각관련 참조 웹 사이트를 조사하여라. 가능하면 자신이 조사한 결과를 웹이나 블로그를 통하여 공개하여라.

06. 디지털 영상 처리를 직접 실행하여 보고 그 결과를 보고하여라. 단 하기의 절차에 의하여라.

(절차 1) 디지털 카메라. 웹 카메라, 휴대폰의 카메라, 스캐너 등에 의하여 실험용 영상을 취득하여라. 필요하면 웹상에 존재하는 영상을 사용하여도 좋으나, 영상 내에는 하나의 단순한 색상의 물체가 단순한 배경안에 존재하여야 하며, 컬러 영상일 경우 흑백 영상으로 변환하여라.

(절차 2) 흑백 영상을 이진 영상으로 변환하는 프로그램을 작성하여라. 작성된 프로그램에는 히스토그램을 얻는 절차도 포함되어 있어야 한다.

(절차 3) 영상 내 물체의 중심화소와 방향을 계산하는 프로그램을 작성하고 실행하여라.

07. 3차원 좌표가 주어지면 2차원 영상 좌표를 계산할 수 있는 프로그램을 작성하여라.

참고문헌

1. R. Ohba (Ed.), Intelligent Sensor Technology, John Wiley & Sons Ltd., Chichester, 1992.
2. C. W. de Silva, Control Sensors and Actuators, Prentice Hall, Englewood Cliffs, 1989.
3. D. A. Bell, Electronic Instrumentation and Measurements(2nd Ed.), Prentice Hall, Englewood Cliffs, 1994.
4. D. Maniele, E. Sardini, A. Taroni, "Ultrasonic distance measurement for linear and angular position control," IEEE Transactions on Instrumentation and Measurement, Vol. 37, No. 4, pp.578–581, 1988.
5. Y. Do, and J. Kim, "Infrared range sensor array for 3D sensing in robotic applications," International Journal of Advanced Robotic Systems, Vol. 10, Issue 4, 2013.
6. X Li, X Zhang, H Liu, K Ge, and S Feng, "A survey of information fusion technology based on multi-sensor," International Journal of Science Vol.7, No.6, 2020.
7. N. V. Dinh and G. Kim, "Multi-sensor fusion towards VINS: A concise tutorial, survey, framework and challenges," 2020 IEEE International Conference on Big Data and Smart Computing (BigComp), pp. 459–462, 2020.
8. E. Krotkov, Exploratory Visual Sensing for Determining Spatial Layout with an Agile Stereo Camera System, Ph.D Thesis, Univ. of Pennsylvania, U.S.A., 1987.
9. A. Gelb(Ed.), Applied Optimal Estimation, MIT Press, Cambridge, 1974.
10. T. Hasegawa, K. Murakami, "Sensor network for intelligent robot in daily human life," Proc. Int'l Forum on Strategic Technologies(IFOST), pp.63–67, 2006.
11. http://cricket.csail.mit.edu
12. Yoon-Gu Kim, Han-Kil Kim, Sun-Han Yoon, Suk-Gyu Lee, Ki-Dong Lee, "Home security robot based on sensor network," Proc. SICE-ICASE Int'l Joint Conf., pp.5977–5982, 2006.
13. O. Wijk, H. I. Christensen, "Triangulation-based fusion of sonar data with application in robot pose tracking," IEEE Transactions on Robotics and Automation, Vol. 16, No. 6, 2000. 7

14. D. C. Munson, Jr., "A Note on Lena," IEEE Transactions on Image Processing, vol. 5, p. 3, Jan., 1996.

15. R. Jain, R. Kasturi, and B. G. Schunck, Machine Vision, McGraw-Hill, 1995.

08

이동 로봇

8.1 개 요
8.2 이동 로봇 관련 기술
8.3 바퀴형 이동 로봇의 기구학
8.4 위치 추정 및 지도 작성
8.5 육상용 이동 로봇의 주행
8.6 복수의 이동 로봇 협조 운동
8.7 ROS(Robot Operating System)

이 장을 학습한 후에는 이동 로봇의 종류 및 특성에 대하여 이해하고, 이동 로봇의 운항에 필요한 기본적인 지식 및 기법을 활용할 수 있는 능력이 배양되어야 한다.

山中問答

問余何事栖碧山 笑而不答心自閑
桃花流水杳然去 別有天地非人間

－ 李 白 －

08 CHAPTER 이동 로봇

8.1 개 요

일반적으로 산업용 로봇은 제한된 공간 내에서 베이스가 고정된 상태로 관절을 움직이기 때문에 작업 영역이 제한되어 있다. 이에 비해 작업 공간이 넓은 이동 로봇은 가정용, 군사용, 감시용, 이송용, 해저 및 우주 탐사용 등 다양한 영역에서 사용되고 있으며, 전체 로봇 산업에서 차지하는 비중도 증대되어 가고 있다. 이동 로봇은 움직이면서 주위 환경을 인식 · 분석하여 경로를 결정한다. 예를 들어 산업용으로 사용되고 있는 이동 로봇은 작업 공간을 무궤도, 혹은 작업장 바닥에 설치된 고정 궤도를 따라서 운항한다. 궤도형인 경우에는 작업 현장의 시설물 배치를 고려하여 자기 유도선 또는 광학 테이프 등을 이용하여 각 작업 라인을 연결한 이송 망에 따라 움직인다. 이동 로봇이 자율성을 갖기 위해서는 [그림 8.1]에 보인 바와 같이 주행하면서 얻은 주위 환경에 대한 정보를 분석·종합하여 목적지까지 도달할 수 있는 경로를 계획하고 장애물을 회피하여 목적지에 도달할 수 있어야 한다. 이와 같은 동작이 가능하기 위해서는 기본적으로 다음의 기능이 필요하다.

① 구동 장치 및 동력원 ② 주위 환경 인식용 센서 장치 ③ 제어기 ④ 작업 수행 장치

그 외에도 이동 로봇이 보다 원활한 운항을 위하여 다음의 기능이 필요하다.

① 주위 환경 인식 및 장애물 회피 능력 ② 실시간 데이터 처리 능력 ③ 통신 능력

지금까지 개발된 대표적인 이동 로봇들을 살펴보면 다음과 같다. 1969년 미국 SRI[16]에서 개발한 Shakey는 대표적인 초기 지능형 이동 로봇으로, 시각 센서와 이진 촉각 센서를 이용하여 장애물을 회피하여 목적지에 도달하는 능력을 가지고 있었다. 1970년대 JPL[17]에서 개발한 우주 탐사 로봇인 Rover은 TV 카메라, 레이저 센서 및 촉각 센서를

16) 1946년 스탠포드 대학에 의하여 Stanford Research Institute(SRI)로 설립되었으며, 1970년 대학으로부터 분리되었고, 1977년 SRI International로 명명되어 지금에 이르고 있다. 미국 캘리포니아 Menlo Park에 본부가 있으며, 2천명이 넘는 연구원 및 직원을 고용하고 있으며, 4000건이 넘는 특허를 보유하고 있다.

17) NASA Jet Propulsion Laboratory(제트 추진 연구소)

탑재하고 우주 탐사 임무를 수행하였다. 1999년에 일본의 Sony 사에서 개발한 세계 최초의 애완용 로봇인 Aibo는 진화를 거듭하여 2017년도에 인공지능을 적용하였으며 클라우드에 데이터를 저장하여 학습을 하는 기능을 가지고 있다. 2003년에 Honda사에서 개발한 2족 보행 로봇인 Asimo는 주행 기능을 가지고 있으며, 인간에게 기본적인 서비스를 제공하는 기능을 가지고 있다. 또한 2006년 Boston Dynamics사에서 개발한 4족 로봇인 BigDog은 험한 지형을 비교적 원활하게 이동하면서 무거운 짐을 운반할 수 있도록 개발된 군사용이며, 이를 개량한 Spot은 조용히 움직이며 다양한 분야에 실용적으로 사용 가능하도록 개발되어졌다. 또한 인간형 로봇인 Atlas는 복잡한 지형에서도 자동으로 자세를 유지하면서 보행 및 다양한 움직임이 가능하다.

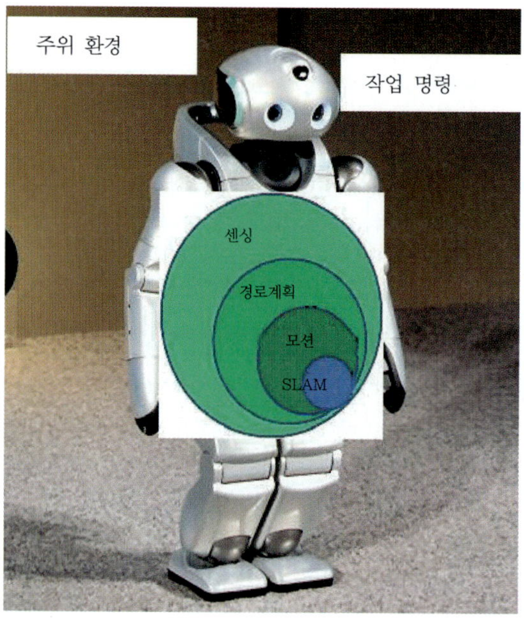

[그림 8.1] 이동 로봇의 동작도

8.2 이동 로봇 관련 기술

1) 센서부

센서는 로봇과 같은 시스템의 내외부 상태를 측정하는 장치로 로봇의 기능 및 지능 향상과 밀접한 관계가 있다. 특히 지능형 로봇은 센서를 통해서 얻은 정보를 이용하는 경우가 많기 때문에 센서는 인공지능 발전의 근간이 되는 기술이다.

이동 로봇은 주위 환경을 인식하기 위하여 각종 센서를 내장하고, 센서로부터 얻어진 주위 정보를 분석하는 능력을 가지고 있다. 이동 로봇에서 사용되는 대표적인 센서는 [표 8.1]과 같다.

[표 8.1] 이동 로봇에 사용되는 센서

분 류	센서 예	비 고
접촉 센서	촉각 센서, 접촉 스위치, 범퍼, 광학 barrier, 근접 센서 등	물리적인 접촉, 근접 및 안전 스위치
구동부 센서	엔코더, 전위차계, 리졸버, 싱크로 등	모터의 위치 및 속도 측정
방향 센서	전자 나침판, 자이로스코프, 기울기 센서 등	방향
위치 센서	GPS, RF, 초음파 센서 등	로봇의 위치 인식
변위 및 장애물 센서	레이더, 라이다 등	위치와 속도 및 장애물 인식
비전 센서	CCD 카메라 등	주변 인식

초음파 센서는 구조가 간단하고, 저가이며, 전력 소모가 작은 장점이 있어서 이동 로봇의 주행에 많이 사용되고 있다. 일반적으로 이동 로봇에는 여러 대의 초음파 센서가 사용되며, 각각의 초음파 센서를 통하여 얻은 거리 정보를 이용하여 주변 환경을 인지한다. 초음파 센서의 단점은 사용 음파의 파장, 주변 온도 분포, 매질 등에 의해서 해상도와 정확도가 결정된다는 것이며, 측정 가능 거리도 대체로 짧다. 또한 초음파 센서는 초음파 발생 장치와 발신 및 수신 장치, 클럭 발생 및 시간 측정 장치로 구성되며, 로봇이 장애물 유무 및 장애물까지의 거리를 측정하는 데 사용할 수 있다. 로봇에서 사용되는 적외선(IR) 센서는 주로 물체의 유무를 측정할 수 있으며, 물체에 대한 많은 정보를 얻기에는 불충분한 측면이 있기 때문에 다른 센서와 융합하여 사용되는 경우가 많다. 인간이 오감 중에서 시각을 통하여 가장 많은 정보를 얻을 수 있는 것처럼 카메라는 로봇에서 가장 많은 정보를 제공해 주지만, 비교적 고가이며, 사용이 복잡한 단점이 있다. 일반적으로 초음파 센서, RF 센서, IR 센서 등과 같은 단순한 센서들 만으로는 주위 환경에 대한 정확한 지도 작성이 어렵기 때문에 센서 융합 기술이나 카메라를 사용한 이동 로봇의 주행에 관한 연구가 활발하게 진행되고 있다. 촉각 센서는 물리적인 접촉을 전기적인 신호로 변화하는 장치로서 많은 접촉 센서들의 집합이며[3], 로봇의 경우 이를 통하여 사물의 크기, 모양 등을 측정할 수 있다. 접촉 센서는 물리적인 접촉에 의해 만들어진 신호를 보내는 장치이며, 접촉 센서의 가장 간단한 형태는 접촉에 의해 켜지거나 꺼지는 마

이크로 스위치이다. 최근 자율주행에 많이 사용되어지고 있는 라이다(Light Detection And Ranging, LiDAR)는 높은 에너지 밀도와 짧은 주기를 가지는 펄스 신호를 생성할 수 있는 레이저의 장점을 활용하며, 레이저를 목표물에 비추어서 물체까지의 거리 방향, 속도 등을 감지한다. 센서 기술은 로봇에서 그 중요성이 나날이 증대되어지고 있기 때문에 7장에서 보다 자세히 다루고 있다.

2) 구동기

구동기, 혹은 액추에이터는 로봇을 움직이는 장치이며, 이러한 구동기에는 전동기, 유압식 모터, 공기압 모터, 압전 구동기, 초음파 구동기, 스마트 구동기 등이 있으며, 용도에 따라 적합하게 사용된다. 일반적으로 유압식 모터와 전기식 모터는 되먹임(feedback) 장치 등을 이용하여 정밀하고 유연한 동작을 하도록 설계되었다. 공기압식은 구조가 유압식과 거의 비슷하며 저속, 중저부하용으로 적당하며, 특히 유압식이나 전동기식에 비하여 화재의 위험이 있는 곳에 적합하다. 전기식 모터는 특성상 고속, 저부하에 적당하며, 유압식은 저속, 고부하에 적당하다. 압전 소자는 전압이 인가되었을 때 큰 힘으로 미세한 움직임이 필요할 때 유용하게 사용된다. 초음파 구동기는 20kHz 이상의 초음파 주파수 영역에서 미크론 단위의 움직임을 위하여 설계되었기 때문에 진동 제어, 위치 제어, 신속한 스위칭 등의 용도로 사용이 된다. 온 보드(on-board) 전자 장치를 통합하여 향상된 제어 기능을 가진 스마트 구동기는 소형 로봇 등을 비롯한 다양한 분야에 시용되어지고 있다. 구동기에 대해서는 이 책의 1장에서 보다 자세히 다룬 바 있으며, 상업용 이동 로봇의 경우에는 주로 DC 모터나 스테핑 모터와 같은 전기식을 채용하는 경우가 많다.

3) 통 신

이동 로봇은 외부와의 통신으로 획득한 다양한 정보를 이용하여 작업 수행 능력을 높일 수 있다. 통신 방식은 주위 환경과 작업의 목적에 따라 다양하며, 지속적으로 새로운 시스템이 개발되고 있다. 이동 로봇의 통신은 그 특성상 무선 통신이 일반적이며, 기존에 개발되어 사용되고 있는 대표적인 무선 통신 방식으로는 블루투스, RF, 무선 LAN(Wi-Fi), ZigBee, 적외선 통신 등이 있다. 이들은 각각 사용 환경과 목적에 따라 선택적으로 사용되거나, 성능향상을 위하여 두 개 이상의 통신 방식이 복합적으로 사용되기도 한다.

블루투스(Bluetooth)는 1994년 스웨덴의 Ericsson사가 개발한 근거리 무선 통신 산업 표준으로, 데이터 통신뿐 아니라 음성 통신도 가능하기 때문에 이동 로봇의 여러 부분에 유용하게 사용 가능하다. 블루투스 통신은 key 운영, 인증(authentication), 암호화(encryption) 등과 같은 자체 보안 기능을 가지고 있기 때문에 높은 통신 보안의 장점이 있으며, 통신 거리의 문제 등이 해결되면 보다 더 광범위하게 이동 로봇에 적용될 것이다. RF(Radio Frequency)를 이용한 로봇간 혹은 주 시스템과의 통신은 개발의 역사가 오래이기 때문에 많이 사용되고 있으나, 주파수 간섭에 민감하기 때문에 이에 대한 대책이 필요하다. 또한 RFID(Radio Frequency IDentification)를 이용한 이동 로봇의 운항에 대한 연구도 활발히 진행되고 있으며, 유비쿼터스 환경에 적합한 통신 시스템의 하나로 알려져 있다. RFID의 사용은 Tag의 종류가 능동 혹은 수동인가에 따라서 그 사용 범위가 제한된다. 무선 LAN은 유선 LAN의 Hub에 해당하는 AP(Access Point) 장치를 사용하며, 무선 LAN 카드를 장착한 PDA나 Notebook PC와 같은 무선 단말에 RF 기술을 사용하여 최소한의 회선 연결만으로 통신 서비스를 제공하는 네트워크 환경이다. 인터넷이 가능한 지역에서는 무선 LAN을 위한 AP를 설치하여 로봇 상호 간에 인터넷상의 통신을 이용할 수 있다. 특히 우리나라의 경우에는 아파트에 거주하는 인구가 많고 인터넷과 같은 공용 통신 시설의 설치가 보편화되어 있기 때문에 무선 LAN 기반 통신은 가정용 로봇 분야에 유용하게 사용될 수 있다. 그 외에도 학교, 회사 등에서도 무선 LAN의 이용이 보편화되어 가고 있는 추세이기 때문에 이를 이용한 이동 로봇의 이용이 기대된다. 로봇 상호 간의 통신에 있어서는 근거리 통신을 지원하는 IEEE 802.15.4 표준 중 하나인 ZigBee가 다른 무선 통신 기술에 비해 전력 소모가 적고 저가 제품 구현이 가능하기 때문에 많이 사용되고 있다. 이 방식은 지능형 홈네트워크, 빌딩 및 산업용 기기 자동화, 물류, 환경 모니터링, 휴먼 인터페이스, 텔레매틱스, 군사용 등 다양한 유비쿼터스 환경에 활용할 수 있고, 적외선 방식의 전통적인 TV 리모컨이나 컴퓨터 키보드, 마우스 등에서도 응용할 수 있다. ZigBee는 블루투스와 더불어 이동 로봇에서 가장 기대가 되는 무선 통신 분야 중의 하나이다. 적외선 통신은 특성상 사용이 제한적이기는 하지만 로봇에서 독립적으로 혹은 다른 센서와 융합하여 사용된다. 이러한 무선 통신에서 근본적으로 해결되어져야 할 문제는 통신 보안이며, 이에 대한 연구도 활발히 진행 중이다.

4) 기 타

이동 로봇은 특성상 고정형 로봇에 비하여 복합적이고 종합적인 기술이 필요하며 향후 정보 기술, 나노 기술, 생체 기술 등 다양한 기술과의 융합이 필요하다. 이동 로봇은 산업용 로봇과는 다르게 기계 구조보다 기계, 전기전자, 정보, 통신 등이 결합한 기술이 필요하며, 또한 로봇이 외부의 정보를 입력 받고 이를 스스로 판단하기 위해서 지능이 필요하다. 지능 시스템은 요구되는 정보를 얻기 위하여 여러 채널이 필요하며, 획득한 정보를 분석하여 스스로 행동을 판단할 수 있는 알고리즘, 판단된 정보를 통해 동작 명령을 하달하는 구동 시스템 등을 필요로 한다. 특히 SOC(System On Chip) 기술의 발달에 따라 각종 센서와 이를 저장하기 위한 메모리 및 저장된 데이터를 처리 분석, 판단하여 명령을 내리는 시스템과 같은 복합적인 기능을 단일 소자에 집적함으로써 소형화 및 신뢰성이 획기적으로 개선되었다.

그 외에도 로봇의 전체적인 시스템을 최적화하기 위해서는 기존의 제어기 간의 연결 효율성이나 대역폭에서 한계를 극복하여야 하며, 이를 위해서 프로피버스(Profibus), FIP(Field Instrumentation Protocol), CAN(Controller Area Network) 등 다양한 필드 버스가 사용되고 있다. 또한 임베디드 시스템(embedded system)인 이동 로봇에서 외부 또는 내부의 이벤트 처리가 바로 수행되어야 하므로 실시간 운영(Real Time OS, RTOS) 시스템을 필요로 한다. RTOS는 커널을 제공하고, 시스템의 실시간 스케줄링 관리, 인터럽트 처리, 시스템 디버깅, 그리고 사용자의 편리성을 위한 GUI (Graphic User Interface) 환경 등을 지원한다. 그 외에도 로봇의 지각을 위한 음성 인식, 영상 처리 등의 구현을 위한 응용 소프트웨어는 매우 중요한 요소이다.

예제 8.1

(1) 자율 이동 로봇에 필요한 장치에는 어떠한 것들이 있는가?
(2) 이동 로봇의 무선 통신 기술로 널리 사용되는 Bluetooth, ZigBee, Wi-Fi의 특성을 비교하여라.

(1) 자율 이동 로봇에 필요한 주요한 장치는 매우 다양하여 한정할 수는 없으나, 일반적으로 다음과 같은 장치를 고려할 수 있다: 중앙 제어장치, 시각 장치, 기타 센서 장치, 이동 장치, 전력 공급장치, 통신 장치, 작업 수행 장치 등
(2) Bluetooth, ZigBee, Wi-Fi의 특성을 비교하면 [표 8.2]와 같다.

[표 8.2] 무선 통신 방식의 특성 비교

통신 방식	Bluetooth	ZigBee	무선 LAN(Wi-Fi)
IEEE 표준	802.15.1	802.15.4	802.11a/b/g
주파수 대역	2.4 GHz	868/915 MHz, 2.4 GHz	2.4 GHz, 5 GHz

통신 방식	Bluetooth	ZigBee	무선 LAN(Wi-Fi)
데이터 전송 속도	〉250 kbyte/s	50~60 kbyte/s	〉1 Mbyte/s
통신 거리	10 m	100 m 이상	100 m
전력	중간(100 mW)	매우 낮음	높음
배터리 수명	수 일 ~ 수 주일	100~1000 일 이상	1 주일 이하
시스템 복잡성	높음	낮음	높음
주요 용도, 특장점	유선 통신의 대체, 저가격과 편리성	자동화 및 제어, 저전력, 저가격	유선 LAN의 대체, 고속 통신

8.3 바퀴형 이동 로봇의 기구학

바퀴형 이동 로봇은 여러 개의 바퀴 구동으로 움직이는 평면 강성체로 모델링할 수 있다. 이동 로봇의 바퀴 모양이 다양하기 때문에 기구학도 이들 형태에 따라 다르지만, 여기서는 가장 기본적이며 단순한 이륜(two-wheel) 이동 로봇의 기구학을 다룬다. 바퀴 수가 다른 이동 로봇의 기구학도 이륜 구동과 유사한 방법으로 구할 수 있다. 이동 로봇은 일반적으로 평면상에서 2차원적으로 이동하기 때문에 다음과 같은 특성을 가진다.

① 로봇의 위치를 내부 센서로 직접 측정하거나 외부 센서를 이용하여 간접적인 방법으로 측정하며, 이 두 가지를 상호 보완적으로 사용하는 경우도 있다.

② 로봇의 주행이 진행됨에 따라서 사용하는 센서에 따라 위치 오차가 누적될 수 있다.

③ 로봇의 위치 추정과 주위 환경에 대한 지도 작성은 동시에 이루어지는 경우가 많다.

이동 로봇의 기구학적 해는 로봇의 구조에 따라 다르지만 기본적으로 구하는 방법은 유사하다. 이동 로봇의 기구학 해를 구하기 위해서는 일반적으로 다음과 같이 가정하는 경우가 많다.

① 로봇이 평면 위에서 움직인다.

② 바퀴는 바닥면과 한 점에서 접촉한다.

③ 여러 방향으로의 미끄러짐이 없는 순수한 굴림(rolling) 운동만 한다.

④ 바퀴는 강성체이며, 강성의 프레임에 연결되어 있다.

대부분의 경우에는 위의 조건을 적용하여도 원하는 결과를 얻을 수 있으나, 정밀한 제어를 필요로 하는 경우에는 보다 주어진 실제 환경에 가까운 조건하에서 적합한 제어법을 사용하는 것이 중요하다.

로봇의 기구학 문제는 이 책의 3장에서 매니퓰레이터를 중심으로 살펴 본 바 있다. 즉, 주어진 관절 변수값으로부터 매니퓰레이터 끝 점의 위치와 방향을 계산하는 것을 정기구학이라 하고, 반대로 끝 점의 위치와 방향이 주어질 때 이를 달성하기 위한 관절 변수값을 구하는 것을 역기구학이라고 정의하였다. 이번에는 이러한 기구학 문제를 이동 로봇의 경우에서 고려해 보기로 한다.

[1] 바퀴의 회전과 속도

대부분의 이동 로봇은 바퀴를 사용하므로, 우선 바퀴에 대해 이해가 필요하다. 바퀴는 그 운동 형태에 따라 고정형 바퀴(fixed standard wheel), 조향용 바퀴(steered standard wheel), 캐스터 바퀴(castor wheel), 스웨디시 바퀴(Swedish wheel), 구형 바퀴(spherical wheel) 등으로 나눌 수가 있으며, 바퀴의 형태에 따라 바퀴 기구학에서의 제약 조건도 다르다. 바퀴의 선택은 제어의 수월성, 시스템 제작의 편의성, 가격 등 제반 조건을 기준으로 하고, 선택된 바퀴에 적절한 제약 조건을 고려한다. 이러한 바퀴의 형태도 기술 발전에 따라 더욱 더 특화된 형태로 개발될 것이다.

[그림 8.2(a)]에 보인 바와 같이 바퀴는 단순한 회전 운동을 평면상 이동에 유용한 직선 운동으로 바꾸어 주는 기구이다[18]. 바퀴의 회전과 속도를 구하기 위하여 [그림 8.2(b)]를 참조하여 기하학의 호도법(circular measure)에서 배운 사항을 생각해 보면, 원 내의 임의의 각도 θ 와 반지름 r, 그리고 원호 d 사이에는 다음 식 (8.1)의 단순한 관계가 성립한다.

$$d = r\theta \tag{8.1}$$

여기서 각도의 단위는 radian이며, 1[rad]은 r=d일 때의 각도로 정의된다. 따라서 반지름을 알고 있는 바퀴의 회전각이 주어지면, 그 각도에 해당하는 원호의 길이가 구해지고, 이는 곧 바퀴가 굴러간 주행 거리와 같다. 예를 들어 바퀴가 1회전 한 경우, 원주가 $2\pi r$로 계산되며[19] 이는 바퀴가 지나 간 거리이기도 하다.

18) 인류 문명의 발전에 중요한 역할을 한 바퀴는 누가 발명했는지 불확실하다. 다만 기원전 3500년경의 것으로 추정되는 메소포타미아의 전차용 나무 바퀴가 가장 오래된 유물로 알려져 있다. 다른 문명으로부터 분리되어 있었던 아메리카 원주민들은 유럽인들과의 접촉이 일어나기 전까지는 바퀴의 존재를 알지 못했다.

19) 우리가 흔히 3.14로 생각하는 무한소수 pi(π)를 원주율이라 부른다는 것을 상기하라. 즉, π는 원의 지름과 원주 사이의 비례상수이다.

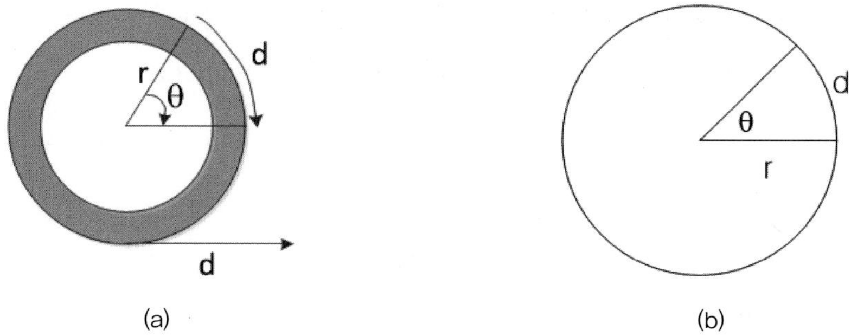

[그림 8.2] (a) 바퀴의 회전에 따른 주행 거리, (b) 호도법에서 각도와 원호의 관계

이러한 관계를 [그림 8.3]과 같은 이륜(two-wheel) 이동 로봇에 적용하면 다음과 같다. 만약 로봇 양쪽의 두 바퀴가 동일하게 회전한다면(즉, 좌우 바퀴의 회전속도가 $\dot{\theta}_L = \dot{\theta}_R$, 따라서 이로 인한 양바퀴의 평면상 진행 속도도 $v_L = v_R$), 이 로봇은 직선 이동한다. 그림에서 점 p는 두 바퀴를 연결하는 선의 중앙에 있으며 로봇의 평면상 위치를 대표한다. 그리고 두 바퀴 사이의 폭은 l이다. 여기서 예를 들어 바퀴의 반지름이 $r = 5$ [cm]이고 반바퀴 회전한 경우, 로봇의 주행 거리는 식 (8.1)에 의하여 d=5 · (0.5 · 2π) = 15.7 [cm]가 된다. 그리고 만약 바퀴가 3번 회전한 경우에는 $d = 5 \cdot (3 \cdot 2\pi) = 94.2$ [cm]이다. 이 예의 역도 간단하게 계산할 수 있다. 즉, 만약 전방 94.2 [cm]에 위치한 목표 지점까지 로봇을 이동시키고자 할 때 바퀴는 $\theta = d/r = 94.2/5 = 18.84$ [rad]이고, 이에 해당하는 바퀴의 회전수 n은 아래의 식 (8.2)에 의하여 $18.84/2\pi = 3$ [turn]으로 계산된다.

$$n = \frac{\text{진행거리}}{\text{바퀴의둘레}} = d/2\pi r = \theta/2\pi \tag{8.2}$$

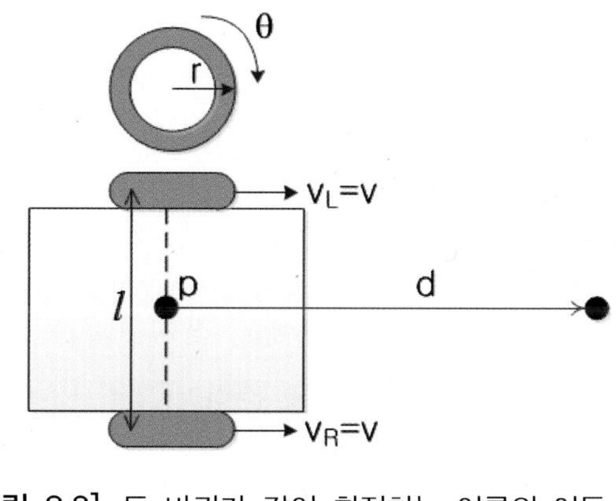

[그림 8.3] 두 바퀴가 같이 회전하는 이륜의 이동 로봇

만약 바퀴의 회전 속도 $\dot{\theta} = d\theta/dt$ [rad/sec]가 주어지고, 로봇의 바퀴를 θ각도만큼 회전한다면 $\theta = \dot{\theta}t$이므로, t 시간 동안 진행하는 거리는 식 (8.1)로부터

$$d = r\dot{\theta}t \tag{8.3}$$

와 같다. 따라서 이 식으로부터 로봇의 주행 시간이나 거리를 계산할 수 있다. 예를 들어 로봇의 두 바퀴 속도가 10 [rad/sec]이고 바퀴의 반지름이 5 [cm]이라면, 1초 동안 로봇은 5 · 10 · 1 = 50 [cm]의 거리를 주행하게 될 것이고, 다르게는 50 [cm]를 이동하기 위해서는 1초 동안 운행해야 한다.

[2] 차동 구동 이동 로봇의 기구학

1) 차동 구동 이동 로봇

앞 절에서 다룬 [그림 8.3]과 같은 로봇의 동작을 해석하는 것은 간단하지만, 두 개의 바퀴가 동일하게 움직이는 경우는 1차원의 직선 주행만 가능하기 때문에 현실적이지 않다. 따라서 이동 로봇이 2차원 평면에서 자유롭게 움직이는 경우를 고려하는 것이 필요하다. 이를 위해서는 다양한 방법이 있는데, 예를 들어 2개 바퀴 각각을 다르게 움직이는 차동 구동(differential drive)의 방법을 사용하거나, 아니면 2개의 바퀴는 동일하게 회전하고 조향 바퀴를 앞쪽에 1~2개 따로 부착하는 방법과 같은 것이다.

여기서는 두 개 바퀴가 독립적으로 회전할 수 있는 차동 구동을 고려한다. 우선 이 책의 3장에서 학습한 매니퓰레이터의 기구학과 이제부터 해석할 차동 구동의 이동 로봇 기구학을 비교해 보자. [그림 8.4]에는 $(R_z - R_z)$형의 2 자유도(DOF) 매니퓰레이터와 차동 구동 방식의 이륜 이동 로봇이 그려져 있다. 이 두 로봇은 모두 x-y 평면 상에서 2차원 운동을 하며, 기구학이 2개의 모터 회전에 의해 결정된다는 점에서는 동일하다. 그러나 그림 (a)의 매니퓰레이터의 경우 θ_1과 θ_2를 각각 따로 움직이든, 아니면 동시에 같이 움직이든, 회전 순서와 속도와는 상관없이 단지 두 관절의 각도에 의하여 매니퓰레이터 말단부의 최종적인 위치 (x, y)가 결정된다. 그런데 그림 (b)의 이동 로봇의 경우에는 두 바퀴의 속도가 동일할 때는 직진하게 되고, 좌측 바퀴의 회전 속도 $\dot{\theta}_L$가 우측 바퀴의 회전 속도 $\dot{\theta}_R$보다 크면 우회전, 그 반대의 경우에는 좌회전하게 되기 때문에 바퀴의 회전 속도가 로봇의 주행경로와 최종 위치에 영향을 준다. [그림 8.4]에 있는 두 평면 로봇의 기구학은 식 (8.4)와 같이 생각할 수 있다.

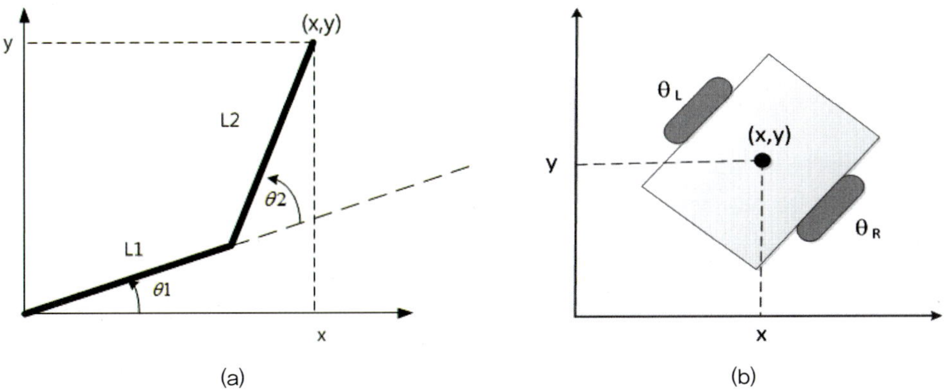

[그림 8.4] 매니퓰레이터와 이동 로봇의 기구학: (a) 2-DOF 평면 매니퓰레이터, (b) 차동 이륜 이동 로봇

2-DOF 매니퓰래이터: $(x,y)=f(\theta_1,\theta_2)$ (8.4.a)

차동 구동 two-wheel 이동 로봇: $(x,y)=f(\theta_L,\theta_R,\dot{\theta}_L,\dot{\theta}_R)$ (8.4.b)

예제 8.3

(1) [그림 8.4(a)]의 매니퓰레이터에서 각 링크의 길이가 10이고, 두 관절의 각도가 각각 $\pi/2$일 때, 매니퓰레이터 말단의 위치 (x, y)는?

(2) [그림 8.4(b)]의 이동 로봇이 초기에 +y축의 방향으로 보고 있고, 이후 θ_L과 θ_R이 π각도 만큼 회전할 때, 로봇의 위치 (x, y)는? 단, 두 바퀴 사이의 거리는 10, 바퀴의 반지름은 5라고 가정하라.

(3) [그림 8.4(b)]의 이동 로봇에서 우측 바퀴가 $\dot{\theta}$의 속도로 회전하고, 좌측 바퀴가 같은 크기이지만 반대 방향으로 $-\dot{\theta}$, 즉 $\dot{\theta}_R=-\dot{\theta}_L=\dot{\theta}$와 같이 회전하는 경우 로봇의 움직임은 어떻게 될까?

(1) 로봇의 형상으로부터 두 관절이 각각 90°의 각도가 되면 말단의 위치는 (x, y) = (−10, 10)임을 쉽게 알 수 있다. 이는 두 관절의 회전 속도나 순서와는 무관하다.

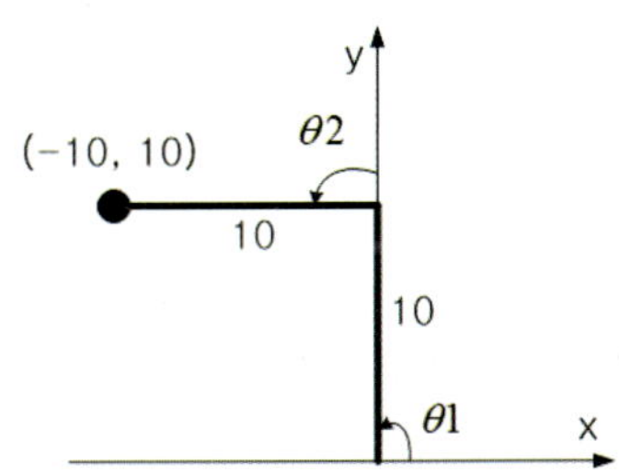

[그림 8.5] $\theta_1=\theta_2=\pi/2$ 일 때의 기구학

(2) 이 문제에는 다수의 답이 가능하다. 첫째로, 두 바퀴가 동시에 π각도, 즉 반 바퀴 회전할 경우 로봇은 직진하게 되고, 이 때 이동하는 거리는 5π, 즉 15.7이 된다. 따라서 최초에 로봇이 원점에서 y축의 양의 방향을 보고 있었다면 이동 후의 위치는 (0, 15.7)이 된다. 이는 [그림 8.6]에 보인 바와 같다. 둘째, 만약 좌측 바퀴를 먼저 반 바퀴 돌리고, 그 다음 순서로 우측 바퀴를 반바퀴 돌리는 경우에는 [그림 8.7]과 같게 된다. 그림 (a)에는 초기에 원점에서 y축 방향을 보고 있는 이동 로봇이 있다. 그 다음 순간에 그림 (b)와 같이 반지름이 5인 좌측 바퀴를 π각도 회전하면 진행 거리는 5π이고, 정지하고 있는 우측 바퀴를 원점으로 하여 반지름이 10인 원을 그리게 된다. 이 때 원호의 길이 5π에 해당하는 회전 각도는 $5\pi/10=\pi/2$, 즉 로봇은 90°만큼 회전하여 +x축 방향을 바라보게 되고 p=(5,5)의 위치에 정지하게 된다. 이 후 그림 (c)와 같이 우측 바퀴를 180°회전하게 되면 좌측 바퀴를 원점으로 원을 그리며 회전하게 되어 로봇의 위치는 p = (10,10)이 된다. 이 위치는 [그림 8.6]의 결과와 다르다. 셋째로, 만약 순서를 바꾸어서 우측 바퀴를 먼저 돌리고, 좌측 바퀴를 나중에 돌리면 로봇의 위치는 (−10,10)이 될 것인데, 이는 또 다른 값이다. 따라서 이동 로봇의 경우 단순히 두 바퀴의 각도만으로 기구학적 해를 구할 수는 없고, 식 (8.4.b)와 같이 바퀴 속도를 고려하는 것이 필요하다.

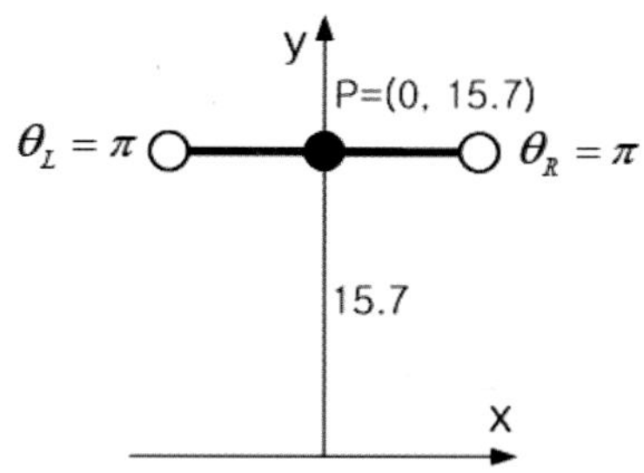

[그림 8.6] +y축 방향의 이동 로봇을 $\theta_L = \theta_R = \pi$ 각도로 두 바퀴가 동일하게 회전할 때 이동 결과 (그림에서 작은 두 개의 흰 원은 바퀴를, 중앙의 검은 원은 로봇의 위치를 표시)

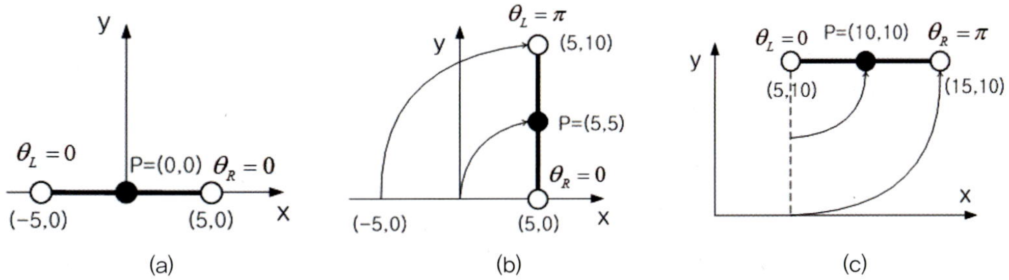

[그림 8.7] 순차적 바퀴 회전의 경우: (a) 초기 상태, (b) 좌측 바퀴가 먼저 반바퀴 회전, (c) 우측 바퀴가 나중에 반바퀴 회전 후 정지

(3) 차동 구동의 이륜 로봇에서 우측 바퀴와 좌측 바퀴의 속도가 같은 크기이지만 방향은 반대일 때 로봇은 제자리에서 회전한다. 즉, 이 경우 바퀴의 회전속도는 $\dot{\theta}_L = -\dot{\theta}_R \neq 0$이지만, 로봇의 선속도는 $v = dp/dt = [\dot{x}, \dot{y}] = [0, 0]$이다.

예제 8.4

우측 사진과 같은 스위스 로잔연방공대(EPFL)의 Khepera 로봇에서 바퀴의 반지름은 $r = 8$ [mm]이고, 로봇의 바퀴간 거리는 $l = 53$ [mm]인 경우, 로봇이 제자리에서 90°회전하는데 걸리는 시간을 계산하라. 단, 바퀴의 회전속도는 10[rad/sec]라 하자.

여기서는 Khepera의 두 차동 구동형 바퀴가 10[rad/sec]의 같은 크기이나 반대 방향으로 회전하는 경우이다. 이 때 제자리 회전하게 되며, 문제에서 주어진 로봇의 회전 각도 90°, 즉 $\pi/2$는 두 바퀴 사이의 간격인 $l = 53$[mm]를 지름으로 하는 원에서 원주의 1/4 거리만큼 각각의 바퀴가 주행하는 것과 같다 ([그림 8.8]). 이에 해당하는 각 바퀴의 이동 거리는 $53\pi/4 = 41.605$[mm]이고, 이동 시간 t는 식 (8.3)을 이용하여 계산하면 된다.

$$t = \frac{d}{r\dot{\theta}} = \frac{41.605}{8 \times 10} = 0.52[\text{sec}]$$

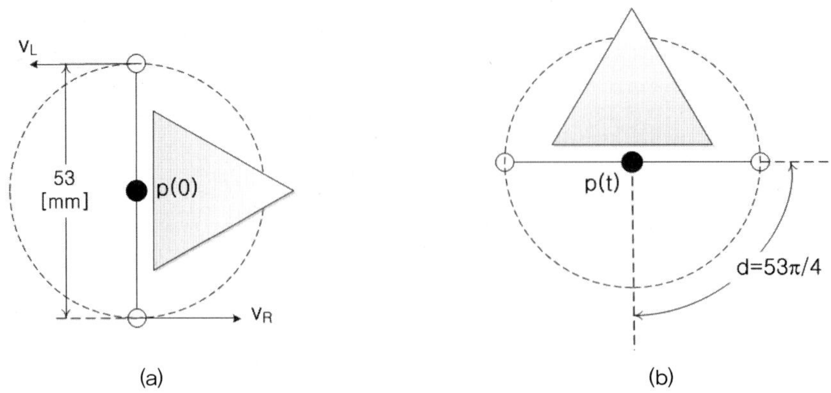

[그림 8.8] Khepera의 제자리 회전: (a) 초기 위치, (b) t시간동안 90°회전한 후의 위치
(그림에서 삼각형은 로봇이 바라보는 방향을 표시하기 위해 사용)

2) 이동 로봇의 좌표계

이동 로봇을 운용하는 평면에 사용자가 고정한 기준 좌표계를 {I} 라고 하고, 이동 로봇의 몸체에 부착한 좌표계를 {M} 이라 하자. [그림 8.9]에서 x_I와 y_I 축에 대한 이동 로봇의 위치 p^I는 기준 좌표계에서의 로봇의 위치인 (x, y)와 방위(orientation) α로 나타낼 수 있으며, 이를 통합하여 표시하면 $p^I = [x\ y\ \alpha]^T$ 가 된다[20]. 우리는 이 책의 2장에서 임의의 두 좌표계의 방위는 회전행렬을 이용하여 변환할 수 있다고 학습한 바 있다. 이를 이동 로봇의 문제에 적용하면, 기준 좌표계에 대한 로봇의 방위는 직교 회전행렬(orthogonal rotation matrix)로 나타낼 수 있다. 즉, 평면상을 주행하는 이동 로봇의 방위는 회전축을 z로 생각할 수 있으므로, 로봇 좌표계 {M} 을 기준으로 본 고정 좌표계 {I} 의 회전은 식 (8.5)와 같다.

$$R_I^M = \begin{bmatrix} \cos\alpha & \sin\alpha & 0 \\ -\sin\alpha & \cos\alpha & 0 \\ 0 & 0 & 1 \end{bmatrix} \tag{8.5}$$

여기서 회전 행렬 R은 직교 정규(ortho-normal)[21]의 성질을 가지고 있기 때문에, $\mathrm{Rot}(\alpha)^{-1} = \mathrm{Rot}(\alpha)^{\mathrm{T}}$ 이다. 일반적으로 행렬의 전치보다 역을 구하는 것이 훨씬 복잡하기 때문에 이 성질은 회전행렬의 역행렬을 구하는 데 이용하면 편리하다. 따라서 식 (8.5)의 역, 즉 {I} 좌표계를 기준으로 하는 {M} 좌표계의 회전을 구하기 위해서 식

20) 여기서 T는 벡터의 전치(transpose)를 나타내는 것으로, 단순히 수직 벡터를 수평으로 표기하여 책의 여백을 줄이기 위한 의도로 사용하였다.

21) 행렬의 각 행과 열은 그 크기가 1이고, 서로 직교하여 스칼라 곱이 0이 된다.

(8.6)을 이용할 수 있다.

$$R_M^I = (R_I^M)^{-1} = \begin{bmatrix} \cos\alpha & -\sin\alpha & 0 \\ \sin\alpha & \cos\alpha & 0 \\ 0 & 0 & 1 \end{bmatrix} = (R_I^M)^T \tag{8.6}$$

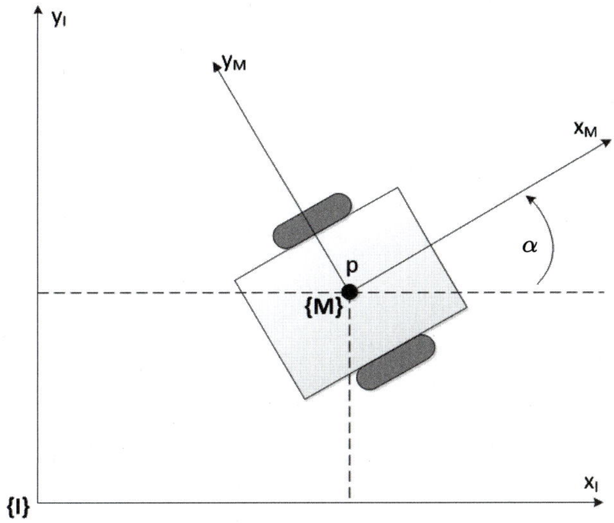

[그림 8.9] 기준 좌표계와 이동 로봇의 좌표계

예제 8.5

$\alpha = \pi/2$인 방위로 이동 로봇이 로봇에 부착된 좌표계 {M} 에서 $\dot{p}^M = [1\ 0\ 0]$의 속도로 주행할 때, 이를 기준 좌표계 {I} 에서 보는 속도 벡터 $\dot{p}^I$를 구하여라.

이 문제의 조건은 로봇이 90° 회전된 좌표계 {M}의 x_M축 방향으로 1[m/sec]의 속도로 이동 중이라는 뜻이다. 이 경우 로봇 좌표계 {M}의 x축은 기준 좌표계 {I}의 y축에 해당되므로, 기준 좌표계에서 보면 y_I축 방향으로 1[m/sec]의 속도로 움직이는 것으로 보일 것이다. 실제로 [그림 8.9]에서 $\alpha = \pi/2$로 로봇을 회전시키면 이를 직관적으로 이해할 수 있다.

식 (8.6)을 이용하여 수학적으로 살펴보면 회전행렬은 다음 식 (8.7)과 같으므로,

$$R_M^I = \begin{bmatrix} 0 & -1 & 0 \\ 1 & 0 & 0 \\ 0 & 0 & 1 \end{bmatrix} \tag{8.7}$$

이동 로봇 좌표계 {M}의 한 점 p의 속도 $\dot{p}^M$은 기준좌표계 {I}에서 식 (8.8)과 같다.

$$\dot{p}^I = R_M^I \dot{p}^M = \begin{bmatrix} 0 & -1 & 0 \\ 1 & 0 & 0 \\ 0 & 0 & 1 \end{bmatrix} \begin{bmatrix} 1 \\ 0 \\ 0 \end{bmatrix} = \begin{bmatrix} 0 \\ 1 \\ 0 \end{bmatrix} \tag{8.8}$$

계산의 결과는 90° 회전한 로봇의 이동 좌표계 내 x축 방향 1의 속도 이동은 기준 좌표계에서는 y축 방향으로 1의 속도로 움직이는 것과 같이 보일 것이라는 직관적 추정과 같다.

이 문제를 거꾸로 생각해 본다면, 만약 기준좌표계에서 y축 방향으로 1[m/sec]의 속도로 움직이는 경우, 이를 로봇 좌표계 {M}에서 살펴보는 경우에는 식 (8.9)와 같이 계산된다.

$$\begin{aligned} \dot{p}^M &= R_I^M \dot{p}^I = (R_M^I)^{-1} \dot{p}^I = (R_M^I)^T \dot{p}^I \\ &= \begin{bmatrix} 0 & 1 & 0 \\ -1 & 0 & 0 \\ 0 & 0 & 1 \end{bmatrix} \begin{bmatrix} 0 \\ 1 \\ 0 \end{bmatrix} = \begin{bmatrix} 1 \\ 0 \\ 0 \end{bmatrix} \end{aligned} \tag{8.9}$$

3) 차동 이륜 이동 로봇의 기구학

차동 구동의 경우 로봇의 두 바퀴가 다른 속도로 회전할 수 있고, 이 경우 로봇은 어떤 곡선의 경로로 주행하게 될 것이다. [그림 8.10]은 임의의 시점에 로봇의 곡선 주행을 '순간회전중심(Instantaneous Center of Curvature, ICC)'을 중앙에 두고 원을 그리면서 이동하는 것으로 모형화한 경우를 보여 준다 [4].

ICC를 중심으로 로봇이 각속도 ω 로 회전할 때, 중심으로부터 멀리 있는 바퀴의 속도는 가까이에 있는 바퀴의 속도보다 빠르다. 즉, 그림의 예에서와 같이 반시계 방향으로 회전할 경우 2차원 평면상의 우측 바퀴의 선속도 v_R과 좌측 바퀴의 선속도 v_L사이에는 $v_R > v_L$의 관계가 성립한다[22]. 원의 호도법에서 '반지름×각도=원호'임을 생각하면, 이의 시간에 대한 미분으로 속도에 대한 관계식을 '반지름×각도의 변화율=원호의 변화율'로 얻을 수 있다. 어떤 바퀴에서 원호가 그 바퀴의 주행거리이고, 주행거리의 미분은 결국 그 바퀴의 선속도가 된다. 따라서 [그림 8.10]에서 두 개 바퀴의 선속도를 각도의 변화율 ω 를 사용하여 식 (8.10)과 같이 표현할 수 있다.

22) 여러 사람들이 손에 손을 잡고 일직선으로 서서 도는 경우를 생각해 보면, 회전의 중심쪽에 가까운 사람이 천천히 걸어도 바깥 쪽에 있는 사람은 빨리 뛰어야 한다.

좌측 바퀴: $\omega(B-l/2)=v_L$ (8.10.a)

우측 바퀴: $\omega(B+l/2)=v_R$ (8.10.b)

여기서 B는 로봇의 중심점 p와 ICC사이의 거리, 즉 ICC를 중심으로 하는 로봇의 회전 반경이고, l은 두 바퀴 사이의 간격이다. 식 (8.10)의 두 관계식을 연립하여 풀면, 식 (8.11)과 같이 ICC를 중심으로 하는 로봇의 회전 각속도 ω 와 ICC로부터 로봇까지의 거리 B를 두 바퀴의 선속도로부터 계산할 수 있다.

회전 각속도: $\omega=(v_R-v_L)/l$ (8.11.a)

로봇(p점)의 회전 반경: $B=\frac{l}{2}\frac{v_R+v_L}{v_R-v_L}$ (8.11.b)

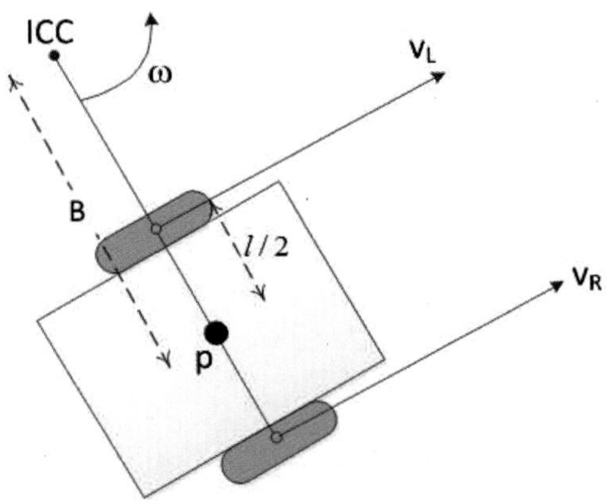

[그림 8.10] 차동 이륜 이동 로봇의 기구학 해석을 위한 ICC 모델

식 (8.11)에서 다음과 같은 경우들을 생각할 수 있다.

① 만약 좌우 양 바퀴의 속도가 같다면, 즉 $v_R=v_L$이면 B = ∞, $\omega=0$가 되며 이는 로봇이 직선 운동한다는 뜻이다. 이는 [그림 8.3]과 [그림 8.6]에서 다룬 바 있다.

② 만약 양 바퀴 속도의 크기가 같고 방향은 반대이면, 즉 $v_R=-v_L$이면 B = 0가 되며, 이는 회전의 중심 ICC가 로봇의 중심 p와 일치한다는 뜻이다. 즉, 로봇이 제자리에서 회전하는 경우로, [예제 8.3 (c)]에서 다룬 바 있다.

③ 만약 우측 바퀴만 움직인다면, 즉 $v_L=0$인 경우에는 $B=l/2$이 p점의 회전 반경으로 좌측 바퀴의 위치가 ICC가 된다. 만약 반대로 좌측 바퀴만 움직인다면, 우측 바퀴가 ICC가 되어 시계방향으로 원을 그리며 회전한다. 이 경우는 [그림 8.7 (b)]의 예를 참조할 수 있다.

바퀴의 크기를 알고 있고, 특정 시점에서 바퀴의 회전 속도를 측정하면 선속도를 계산할 수 있다. 역으로는 식 (8.11)에서 두 바퀴의 선속도를 알면 이로부터 로봇의 주행 회전 반경 B를 알 수 있다. [그림 8.11]에서 ICC의 평면상 좌표는 식 (8.12)와 같이 추정할 수 있다. 그림에서 p는 이동 로봇의 중심 위치이고, α는 로봇의 방위이며, v는 로봇의 선속도로 두 바퀴의 선속도를 평균하여 구한다.

$$ICC = (x - Bsin\alpha,\ y + Bcos\alpha) \tag{8.12}$$

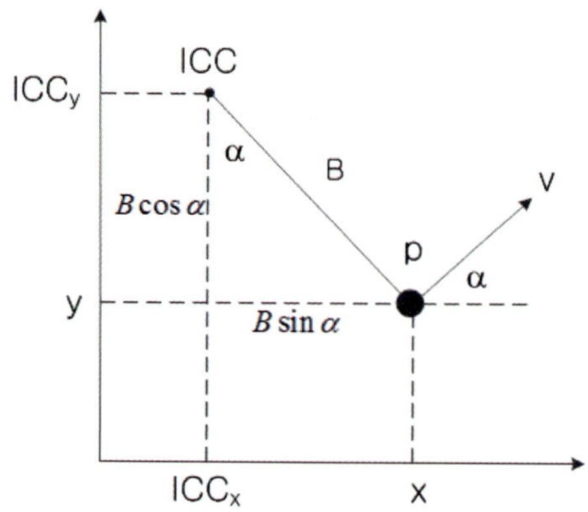

[그림 8.11] ICC의 위치

[그림 8.12]에서 시간 δt 이후, 즉 $t + \delta t$에서 로봇의 자세는 식 (8.13)과 같이 추정할 수 있다. 식을 해석해 보면, 로봇이 시간 δt 동안 동작한 후 다다르는 새로운 위치(식 (8.13)의 벡터 (i)의 x, y 좌표)는 ICC를 좌표계의 원점으로 이동하고(벡터 (iii)), 원점에서 좌표계를 $\omega\delta t$만큼 회전한 후(회전행렬 (ii)), ICC를 다시 원래의 위치로 이동하여(벡터 (iv)) 얻을 수 있다. 한편, 방위 $\alpha(t + \delta t)$는 원래의 방위 $\alpha(t)$에 δt 시간동안의 각속도 ω에 의한 변화분 $\omega\delta t$를 더하면 된다.

$$\underbrace{\begin{bmatrix} x(t+\delta t) \\ y(t+\delta t) \\ \alpha(t+\delta t) \end{bmatrix}}_{\text{(i)}} = \underbrace{\begin{bmatrix} \cos(\omega\delta t) & -\sin(\omega\delta t) & 0 \\ \sin(\omega\delta t) & \cos(\omega\delta t) & 0 \\ 0 & 0 & 1 \end{bmatrix}}_{\text{(ii)}} \underbrace{\begin{bmatrix} x(t) - ICC_x \\ y(t) - ICC_y \\ \alpha(t) \end{bmatrix}}_{\text{(iii)}} + \underbrace{\begin{bmatrix} ICC_x \\ ICC_y \\ \omega\delta t \end{bmatrix}}_{\text{(iv)}} \tag{8.13}$$

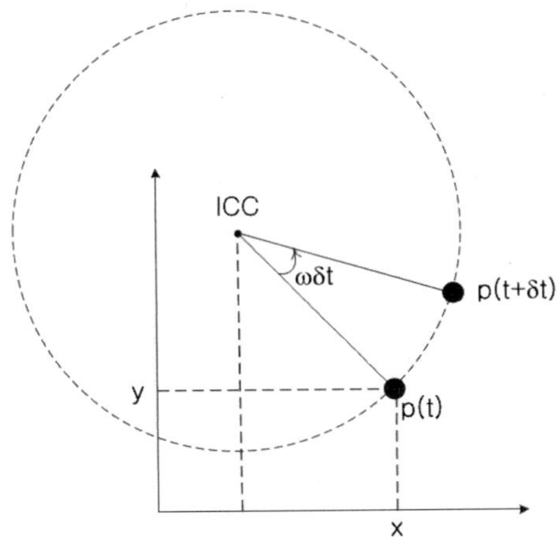

[그림 8.12] 이동 로봇의 δt 시간 이후 위치

예제 8.6

p=(2,1)의 위치에서 +x축 방향을 향하고 있는 차동 이륜 이동 로봇을 (2,4)의 위치에 있는 ICC를 중심으로 $\pi/2$만큼 회전한 경우, 이동 로봇의 위치는?

식 (8.13)에 주어진 조건 $\omega\delta t = \pi/2$와 ICC=(2,4), $\mathrm{p}(t) = (x(t), y(t), \alpha(t)) = (2,1,0)$을 대입하면,

$$\begin{bmatrix} \cos(\pi/2) & -\sin(\pi/2) & 0 \\ \sin(\pi/2) & \cos(\pi/2) & 0 \\ 0 & 0 & 1 \end{bmatrix} \begin{bmatrix} 2-2 \\ 1-4 \\ 0 \end{bmatrix} + \begin{bmatrix} 2 \\ 4 \\ \pi/2 \end{bmatrix} = \begin{bmatrix} 5 \\ 4 \\ \pi/2 \end{bmatrix} \tag{8.14}$$

이므로, 이동 로봇은 회전 후에 (5,4) 위치에서 90° 방향, 즉 좌표계의 +y축 방향을 바라 보게 된다. 이를 그림으로 나타내면 [그림 8.13]과 같다.

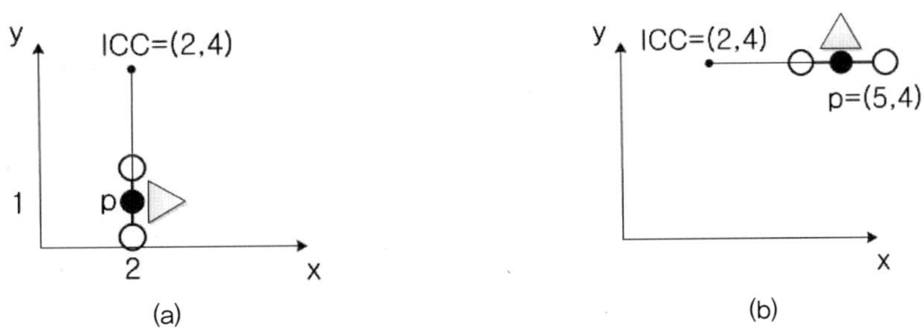

[그림 8.13] ICC를 중심으로 90° 회전하는 이동 로봇: (a) 초기 자세, (b) 회전 후의 자세

[그림 8.14]와 같은 보다 일반적인 구조의 차동 이륜 이동 로봇을 살펴보자. 이 로봇의 중심 $C=[x_C, y_C]$는 더 이상 양 바퀴의 연결선상에 있지 않아 C≠p이다. 이런 경우는 로봇의 앞쪽에 캐스터를 부착하는 경우 등에서 생긴다.

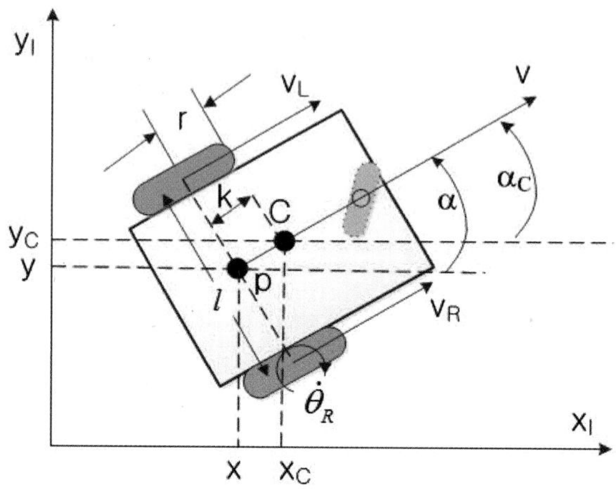

[그림 8.14] 구동 바퀴 축의 중심 p와 로봇의 무게 중심 C가 일치하지 않는 경우의 기구학

로봇의 바퀴 중심점 p에서의 진행속도는 두 바퀴 각각의 진행속도의 평균으로 $v=(v_L+v_R)/2$와 같이 구할 수 있고, 회전속도인 $\omega=d\alpha/dt$는 식 (8.11(a))로부터 다음의 식 (8.15(b))와 같이 나타낼 수 있다.

$$v=\frac{v_R+v_L}{2}=\frac{r\dot{\theta}_R+r\dot{\theta}_L}{2}=\frac{r}{2}(\dot{\theta}_R+\dot{\theta}_L) \tag{8.15.a}$$

$$\omega=\frac{v_R-v_L}{l}=\frac{r\dot{\theta}_R-r\dot{\theta}_L}{l}=\frac{r}{l}(\dot{\theta}_R-\dot{\theta}_L) \tag{8.15.b}$$

여기서 r은 바퀴의 반지름이고, (v_R, v_L)과 $(\dot{\theta}_R, \dot{\theta}_L)$은 각각 오른쪽 및 왼쪽 바퀴의 선속도 및 각속도이다. 로봇의 중심 위치 (x_c, y_c)는 다음 식과 같이 바퀴 축간 중심 p점의 위치 (x, y) 함수로 나타낼 수 있다.

$$x_c=x+k\cos\alpha \tag{8.16.a}$$

$$y_c=y+k\sin\alpha \tag{8.16.b}$$

여기서 k는 C와 p점 사이의 거리를 나타낸다. 따라서 로봇의 중심 위치 C의 속도는 아래 식 (8.17)과 같다.

$$\dot{x}_C=\dot{x}-k\dot{\alpha}\sin\alpha=v\cos\alpha-k\dot{\alpha}\sin\alpha \tag{8.17.a}$$

$$\dot{y}_C = \dot{y} + k\dot{\alpha}\cos\alpha = v\sin\alpha + k\dot{\alpha}\cos\alpha \tag{8.17.b}$$

$\omega = \dot{\alpha}$이므로, 식 (8.17)을 행렬로 나타내면 다음과 같다.

$$\begin{bmatrix} \dot{x}_C \\ \dot{y}_C \end{bmatrix} = \begin{bmatrix} \cos\alpha & -ksin\alpha \\ \sin\alpha & kcos\alpha \end{bmatrix} \begin{bmatrix} v \\ \omega \end{bmatrix} \tag{8.18}$$

그런데 식 (8.15)는 행렬식으로 다음과 같이 나타낼 수 있으므로,

$$\begin{bmatrix} v \\ \omega \end{bmatrix} = \begin{bmatrix} \frac{r}{2} & \frac{r}{2} \\ \frac{r}{l} & -\frac{r}{l} \end{bmatrix} \begin{bmatrix} \dot{\theta}_R \\ \dot{\theta}_L \end{bmatrix} \tag{8.19}$$

이를 식 (8.18)에 대입하면 아래의 식 (8.20)을 얻을 수 있다. 이 식을 이용하면 어떤 특정 순간에 두 바퀴의 회전 속도로부터 로봇의 평면상의 이동 속도 성분을 계산할 수 있다.

$$\begin{bmatrix} \dot{x}_C \\ \dot{y}_C \end{bmatrix} = \begin{bmatrix} \frac{r}{2}\cos\alpha - \frac{rk}{l}\sin\alpha & \frac{r}{2}\cos\alpha + \frac{rk}{l}\sin\alpha \\ \frac{r}{2}\sin\alpha + \frac{rk}{l}\cos\alpha & \frac{r}{2}\sin\alpha - \frac{rk}{l}\cos\alpha \end{bmatrix} \begin{bmatrix} \dot{\theta}_R \\ \dot{\theta}_L \end{bmatrix} \tag{8.20}$$

우리는 이 책의 4장에서 매니플레이터의 제어 입력인 관절 속도와 말단부의 속도를 관계 짓는 행렬을 자코비안(Jacobian)이라 부른 바 있다. 같은 의미로 여기서도 제어 입력인 바퀴의 속도와 결과로 얻어지는 로봇의 속도가 (2×2)의 자코비안 행렬 J에 의하여 관계가 형성된다. 즉, 식 (8.20)은 식 (8.21)과 같이 나타낼 수 있다. 식 (8.20)을 보면 J를 결정하는 변수는 로봇의 방위 α이다.

$$\begin{bmatrix} \dot{x}_C \\ \dot{y}_C \end{bmatrix} = J \begin{bmatrix} \dot{\theta}_R \\ \dot{\theta}_L \end{bmatrix} \tag{8.21}$$

예제 8.7

식 (8.20)을 추가적으로 학습한다.

(1) 이동 로봇의 조향각도는 $\alpha_C = \alpha$이다. 이 각도의 시간에 대한 미분, 즉 각속도 $\omega = \dot{\alpha}$를 포함하는 것으로 식 (8.20)을 확장하여라. 즉, $[\dot{x}_C, \dot{y}_C, \dot{\alpha}_C]^T = G[\dot{\theta}_R, \dot{\theta}_L]^T$와 같은 형태로 표시하라.

(2) 로봇의 무게 중심이 [그림 8.10]에서와 같이 바퀴 중심축의 중앙에 있을 경우를 고려하여 위 예제 (a)의 결과를 수정하라.

(1) 식 (8.18)을 로봇의 회전 속도를 포함하는 것으로 아래와 같이 확장할 수 있고,

$$\begin{bmatrix} \dot{x}_C \\ \dot{y}_C \\ \dot{\alpha}_C \end{bmatrix} = \begin{bmatrix} \cos\alpha & -k\sin\alpha \\ \sin\alpha & k\cos\alpha \\ 0 & 1 \end{bmatrix} \begin{bmatrix} v \\ \omega \end{bmatrix} \tag{8.22}$$

여기에 식 (8.19)를 사용하여, 아래 식 (8.23)을 얻을 수 있다.

$$\begin{bmatrix} \dot{x}_C \\ \dot{y}_C \\ \dot{\alpha}_C \end{bmatrix} = \begin{bmatrix} \frac{r}{2}\cos\alpha - \frac{rk}{l}\sin\alpha & \frac{r}{2}\cos\alpha + \frac{rk}{l}\sin\alpha \\ \frac{r}{2}\sin\alpha + \frac{rk}{l}\cos\alpha & \frac{r}{2}\sin\alpha - \frac{rk}{l}\cos\alpha \\ \frac{r}{l} & -\frac{r}{l} \end{bmatrix} \begin{bmatrix} \dot{\theta}_R \\ \dot{\theta}_L \end{bmatrix} \tag{8.23}$$

(2) 로봇의 중심 C와 구동 바퀴 축의 중심 p가 동일하면 k = 0이므로, 이를 식 (8.23)에 대입하여 다음 식을 얻을 수 있다.

$$\begin{bmatrix} \dot{x}_C \\ \dot{y}_C \\ \dot{\alpha}_C \end{bmatrix} = \begin{bmatrix} \dot{x} \\ \dot{y} \\ \dot{\alpha} \end{bmatrix} = \begin{bmatrix} \frac{r}{2}\cos\alpha & \frac{r}{2}\cos\alpha \\ \frac{r}{2}\sin\alpha & \frac{r}{2}\sin\alpha \\ \frac{r}{l} & -\frac{r}{l} \end{bmatrix} \begin{bmatrix} \dot{\theta}_R \\ \dot{\theta}_L \end{bmatrix} \tag{8.24}$$

예제 8.8

[그림 8.10]과 같은 차동 구동의 이동 로봇이 기준 좌표계의 원점에서 x축의 양의 방향을 향하고 있다고 가정하자. 단, 바퀴의 반지름은 $r = 2[cm]$이고, 양 바퀴간 거리는 $l = 4[cm]$이다.

(1) 로봇의 두 바퀴가 초당 한 바퀴 회전한다고 할 때, 1초 후 로봇의 자세를 추정하라.

(2) 로봇의 좌측 바퀴는 초당 반 바퀴, 그리고 우측 바퀴는 초당 한 바퀴의 속도로 회전한다면 1초 후 로봇의 자세를 추정하라.

(3) 위 (b)의 예제에서 t=0일 때와 t=1[sec]일 때의 로봇의 x-y 직교좌표에서의 이동 속도를 구하라.

(1) 주어진 조건은 p(0) = (0,0) [cm], $\alpha = 0$, $\dot{\theta}_R = \dot{\theta}_L = 2\pi$ [rad/sec]이며, 문제는 p(1)을 구하라는 것이다. 두 바퀴가 동일하게 움직이고, 1초 후의 위치는 바퀴가 1회전하여 가는 거리이므로 식 (8.3)을 사용하면 $x = 2\times 2\pi \times 1 = 4\pi$ = 12.56 [cm]임을 알 수 있다.

이의 또 다른 해법은 [그림 8.10]의 로봇은 p=C이므로 식 (8.24)에서

$$\begin{bmatrix} \dot{x} \\ \dot{y} \\ \dot{\alpha} \end{bmatrix} = \begin{bmatrix} 1 & 1 \\ 0 & 0 \\ 0.5 & -0.5 \end{bmatrix} \begin{bmatrix} 2\pi \\ 2\pi \end{bmatrix} = \begin{bmatrix} 4\pi \\ 0 \\ 0 \end{bmatrix} \tag{8.25}$$

와 같다. 즉, x축 상에서 $\dot{x} = 4\pi = 12.56$ [cm/sec] 의 속도로 이동하며, 1초 동안의 이동 거리는 $\Delta x = \dot{x}\,\delta t = 12.56 \times 1 = 12.56$ [cm] 이므로, p(1) = (12.56, 0)이 된다. 더불어 $\dot{\alpha} = 0$이므로 1초 후에도 방위각은 변화 없이 초기의 각도를 유지하여 $\alpha = 0$이 된다. 즉, 1초 후의 로봇의 위치와 방위는 $[x, y, \alpha]^T = [12.56, 0, 0]^T$이다.

(2) 주어진 속도 조건은 $\dot{\theta}_L = \pi$ [rad/sec], $\dot{\theta}_R = 2\pi$ [rad/sec]이다. 오른쪽 바퀴의 속도가 상대적으로 더 빠르므로 이동 로봇은 반시계방향으로 회전할 것이다. 이때의 회전 각속도는 식 (8.15.b)에 의하여 $\omega = (2/4)(2\pi - \pi) = \pi/2$ [rad/sec]이고, 회전 반경은 식 (8.11.b)에 의하여 B =(4/2) · $(2\pi+\pi)/(2\pi-\pi) = 6$이다. t = 0에서 로봇이 좌표계의 원점에서 +x축의 방향을 바라보고 있다고 했으므로 $\alpha = 0$이고, ICC의 좌표는 식 (8.12)에 의하여 $ICC = (0 - 6\sin 0, 0 + 6\cos 0) = (0, 6)$이다. 이상을 고려한 로봇의 초기 자세는 [그림 8.15(a)]와 같다. 한편, 1초 후의 로봇의 자세는 식 (8.13)에 $\omega = \pi/2$, $\delta t = 1$을 대입하여 구할 수 있다. 즉, 식 (8.26)에서 계산한 바와 같이 좌표 (6,6)의 위치에 $\alpha = 90^\circ$ 의 방위로 위치하게 될 것이다. 이는 [그림 8.15(b)]에 보인 바와 같다.

$$\begin{bmatrix} x(1) \\ y(1) \\ \alpha(1) \end{bmatrix} = \begin{bmatrix} \cos(\pi/2) & -\sin(\pi/2) & 0 \\ \sin(\pi/2) & \cos(\pi/2) & 0 \\ 0 & 0 & 1 \end{bmatrix} \begin{bmatrix} 0-0 \\ 0-6 \\ 0 \end{bmatrix} + \begin{bmatrix} 0 \\ 6 \\ \pi/2 \end{bmatrix} = \begin{bmatrix} 6 \\ 6 \\ \pi/2 \end{bmatrix} \tag{8.26}$$

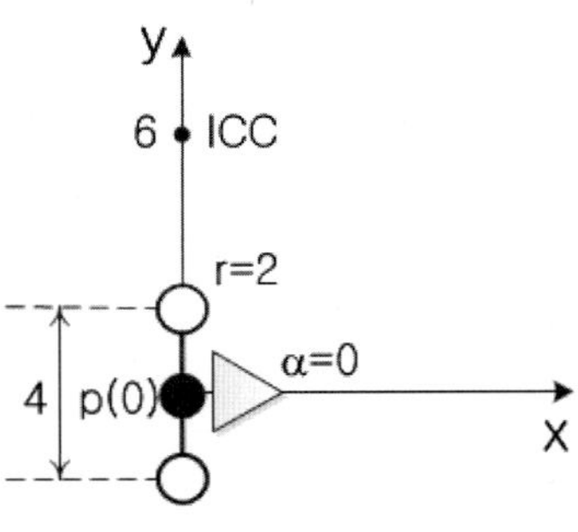

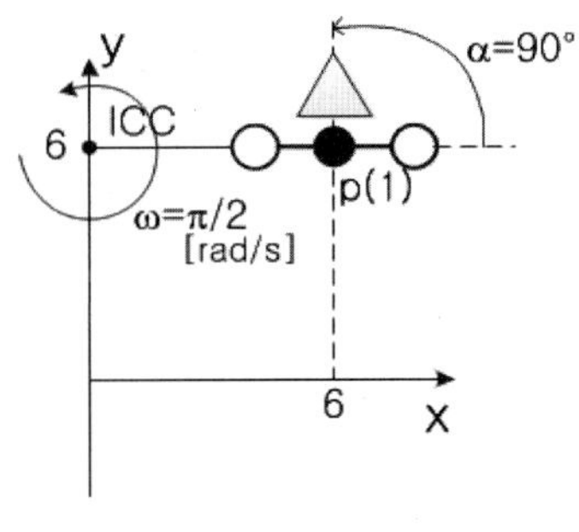

[그림 8.15] (a) 로봇의 초기 자세, (b) t=1[sec]때 로봇의 자세

(3) 식 (8.24)를 이용하여 속도를 구할 수 있다. t=0일 때의 직교좌표에서의 순간 속도는 아래와 같이 구할 수 있고,

$$\begin{bmatrix} \dot{x}(0) \\ \dot{y}(0) \\ \dot{\alpha}(0) \end{bmatrix} = \begin{bmatrix} \frac{2}{2}\cos 0 & \frac{2}{2}\cos 0 \\ \frac{2}{2}\sin 0 & \frac{2}{2}\sin 0 \\ \frac{2}{4} & -\frac{2}{4} \end{bmatrix} \begin{bmatrix} 2\pi \\ \pi \end{bmatrix} = \begin{bmatrix} 3\pi \\ 0 \\ \pi/2 \end{bmatrix} \tag{8.27}$$

같은 방식으로 t=1일 때의 순간 속도는 식 (8.24)에 $\alpha = 90^{\circ}$를 대입하여, $[\dot{x}(1)\ \dot{y}(1)\ \dot{\alpha}(1)]^T = [0\ 3\pi\ \pi/2]^T$를 얻을 수 있다. [그림 8.16]은 결과를 보여준다. 즉, 로봇은 반지름이 6인 원을 그리며 반시계 방향으로 초당 90°의 일정한 회전 속도로 이동한다. 따라서 x-y 평면상의 속도 벡터의 크기는 변화하지 않고 방향은 계속 변한다.

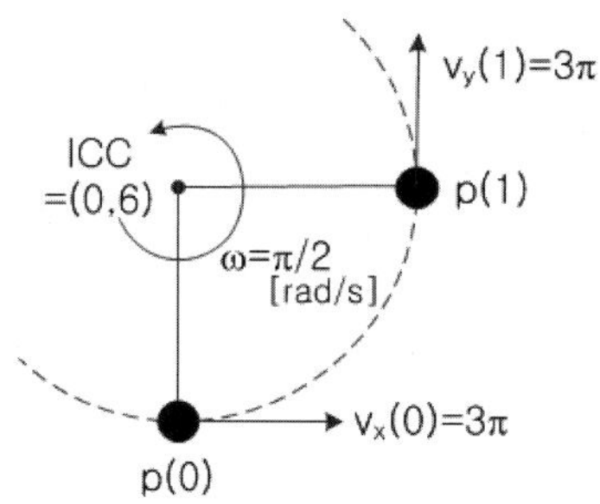

[그림 8.16] 이동 로봇의 t=0와 t=1에서의 속도 벡터

[3] 이동 로봇의 역기구학

일반적으로 어떤 이동체의 속도를 적분하면 이동 변위를 알 수 있으므로, 평면상을 이동하는 로봇의 특정 시간의 위치를 식 (8.28)과 같이 얻을 수 있다. 이는 이동 로봇의 정기구학(forward kinematics) 혹은 단순히 기구학(kinematics)이라 하며, 이제까지 관련 주제를 다루어 왔다.

$$x(t) = x(0) + \int_0^t v(t)\cos\alpha(t)dt \tag{8.28a}$$

$$y(t) = y(0) + \int_0^t v(t)\sin\alpha(t)dt \tag{8.28b}$$

$$a(t) = a(0) + \int_0^t \omega(t)dt \tag{8.28c}$$

역기구학(inverse kinematics) 문제는 기구학과 반대 방향의 문제이다. 즉, 주어진 목표 위치에 도달할 수 있으려면 이동 로봇의 속도와 방위를 어떻게 계획해야 할까 하는 것이다. 구체적으로 살펴보면, 로봇의 목표자세 q = $[x, y, \alpha]$에 도달하기 위해 바퀴의 회전을 제어하는 방법을 결정하는 것으로 실제 로봇의 운용에서 중요한 문제이다. 그런데 일반적인 바퀴는 원하는 임의의 방향으로(예를 들어 옆으로 미끄러지듯 평행이동하거나 대각선 방향으로 직진하여) 움직일 수 없다[23]. 따라서 이런 사항을 고려하여 이동 로봇의 역기구학 문제를 생각해 보면, 단순한 한 가지 방법은 주어진 목표점을 향하도록 로봇을 제자리 회전한 후, 그 다음에는 목표 위치까지 직선으로 이동하고, 원하는 방위가 있을 경우 다시 제자리 회전하는 단계적 절차를 계획하는 것이다.

[그림 8.17]에서 로봇의 현재 자세는 p=(x, y, α)이다. 그리고 점 q=(a, b)로 이동하기를 원한다. 이 때 목표지점에서 로봇이 특정한 방위를 향할 필요는 없다고 하자. 단, 이 때 p와 q의 위치는 사용자가 평면상에 설정한 기준좌표계 {I}에서 지정되었다.

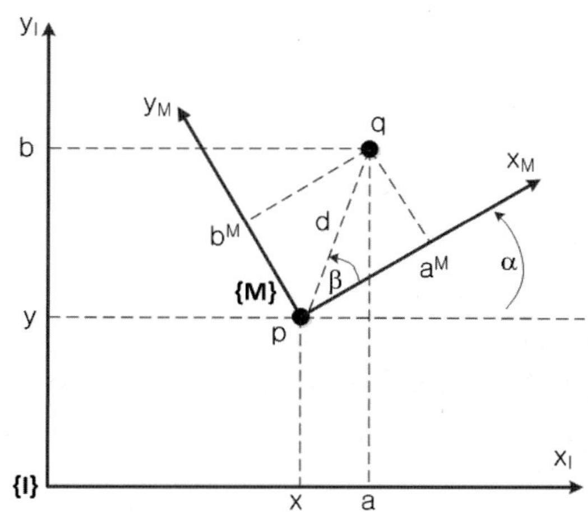

[그림 8.17] p점에 위치한 이동 로봇을 q점으로 이동하기를 원하는 경우

(단계 1) 로봇의 제자리 회전: 우선 주어진 목표점 q를 로봇에 부착된 이동 좌표계 {M}에 대한 표현으로 변환한다. 이를 위해서 이 책의 2장에서 학습한 좌표계간 동차변환 행렬 T를 활용한다[24].

---

23) 이를 비 홀로노믹 제약조건(non-holonomic constraints)이라 한다. 이에 비해 홀로노믹 조건을 적용할 수 있는 경우의 예로서 전방향 바퀴(omnidirectional wheel)를 장착하여 임의의 방향으로 자유롭게 이동할 수 있는 로봇을 생각할 수 있다.

$$q^M = T_I^M q^I = (T_M^I)^{-1} q^I \tag{8.29.a}$$

$$= \begin{bmatrix} \cos\alpha & -\sin\alpha & 0 & x \\ \sin\alpha & \cos\alpha & 0 & y \\ 0 & 0 & 1 & 0 \\ 0 & 0 & 0 & 1 \end{bmatrix}^{-1} \begin{bmatrix} a \\ b \\ 0 \\ 1 \end{bmatrix} = \begin{bmatrix} a^M \\ b^M \\ 0 \\ 1 \end{bmatrix} \tag{8.29.b}$$

로봇이 목표점 q를 향할 수 있도록 제자리 회전할 각도 β 를 구하면 다음과 같다.

$$\beta = \tan^{-1}(b^M / a^M) \tag{8.30}$$

(단계 2) 로봇의 직진 운행: 앞 단계에서 β 각도만큼 제자리 회전하였으면, 이제 목표점 q까지의 직진 거리 d를 계산한다.

$$d = \sqrt{(a^M)^2 + (b^M)^2} \tag{8.31}$$

그리고 거리 d에 해당하는 바퀴의 회전수를 구하고, 로봇의 양 바퀴를 동시에 구동하여 직진하면 된다. 이와 관련한 사항은 8.3.1절에서 다룬 바 있다.

예제 8.9

(1) 두 바퀴 사이의 간격이 l 이고, 바퀴의 반지름이 r인 차동 구동의 이륜 이동 로봇이 β 각도만큼 제자리 회전하기 위한 바퀴의 회전수 n을 구하라.

(2) 구체적인 예로서, $l = 4$이고 r = 1인 차동 구동의 이륜 이동 로봇을 가정하자. 로봇은 현재 p = (7, 5, π/4)의 자세로 있는데, q = (7, 15)의 위치로 이동하기를 원한다. 필요한 바퀴의 구동을 계산하라.

(1) [그림 8.18]과 같은 차동 구동의 이륜 로봇에서 $\dot{\theta}_L = -\dot{\theta}_R$으로 구동하면, 즉 두 바퀴가 같은 크기이지만 반대 방향의 속도로 굴러 가면 로봇은 제자리에서 회전한다. 이 때 로봇이 제자리 회전하는 경로인 원의 지름은 바퀴 축의 길이 l과 같기 때문에 원주는 πl이 된다. 그리고 로봇의 방위각 변화 β [rad]에 해당하는 원호의 길이는 $s = \beta(l/2)$로 주어진다. 한편 바퀴를 생각해 보면, 반지름이 r인 바퀴의 둘레는 $2\pi r$이므로, n번 회전하면 d=$2\pi rn$의 거리를 간다. 따라서 β 각도에 해당하는 s의 거리만큼 나아가기 위한 바퀴의 회전수는 s=d로 두고

---

24) 이 식은 3차원 공간에서의 (4×4)의 동차변환행렬을 사용하고 있으나, 우리가 여기서 다룰 문제는 2차원 평면에서의 문제이므로 (3×3)의 동차변환행렬로 차원을 축소하여 식을 전개할 수도 있다. 이 책의 2장, 혹은 [예제 8.9]의 식 (8.34)를 참고하라.

n에 대해 정리하면 다음과 같이 얻을 수 있다.

$$n = \frac{l}{4\pi r}\beta \tag{8.32}$$

이를 바퀴의 회전각으로 표시하면 아래 식과 같다.

$$\theta = n \times 2\pi = \frac{l}{2r}\beta \ [\text{rad}] \tag{8.33}$$

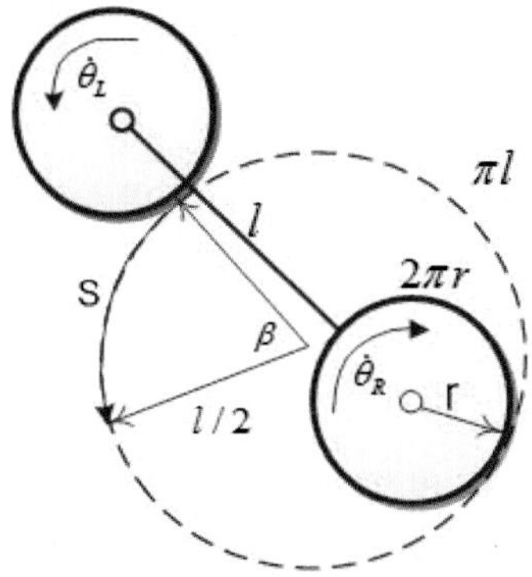

[그림 8.18] 차동 이륜 로봇의 제자리 회전

(2) 주어진 문제의 조건은 [그림 8.19]에 나타낸 바와 같다. 먼저 목표점 q를 로봇의 좌표계로 표현한다. 즉, 식 (8.29)를 아래 식 (8.34)와 같이 적용하여 (a^M, b^M)=(7.072, 7.072)를 구할 수 있다.

$$\begin{bmatrix} a^M \\ b^M \\ 1 \end{bmatrix} = \begin{bmatrix} \cos(\pi/4) & -\sin(\pi/4) & 7 \\ \sin(\pi/4) & \cos(\pi/4) & 5 \\ 0 & 0 & 1 \end{bmatrix}^{-1} \begin{bmatrix} 7 \\ 15 \\ 1 \end{bmatrix} = \begin{bmatrix} 1/\sqrt{2} & 1/\sqrt{2} & -8.487 \\ -1/\sqrt{2} & 1/\sqrt{2} & 1.414 \\ 0 & 0 & 1 \end{bmatrix} \begin{bmatrix} 7 \\ 15 \\ 1 \end{bmatrix} = \begin{bmatrix} 7.072 \\ 7.072 \\ 1 \end{bmatrix} \tag{8.34}$$

이제 로봇이 제자리에서 회전할 각도 β 를 계산한다.

$$\beta = \tan^{-1}(7.072/7.072) = \pi/4 \ [\text{rad}] \tag{8.35}$$

로봇의 제자리 회전 원의 지름이 $l=4$이고 회전 둘레는 πl이므로, $\beta = \pi/4$ [rad] 각도만큼 회전할 때 바퀴의 곡선 진행 거리는 다음과 같다.

$$s = \pi l \times \frac{\pi/4}{2\pi} = 3.14 \times 4 \times \frac{1}{8} = 1.57 \tag{8.36}$$

반지름이 1인 바퀴의 원주는 2π 이므로, 이 바퀴가 1.57의 거리를 움직이기 위해서는 식 (8.2)에서와 같이 $1.57/(2\pi) = 0.25$ 바퀴 회전하면 된다. 즉, 우측 바퀴를 시계방향으로 $\theta = 0.25 \times 360° = 90°$ 굴림과 동시에 좌측 바퀴를 반시계방향으로 90° 굴리면 로봇은 $\beta = 45°$ 각도만큼 제자리에서 회전하게 될 것이며, 이는 기준좌표계 {I}에서의 방위가 $\alpha + \beta = 90°$ 가 됨을 의미한다.

위와 같은 해석의 결과는 식 (8.32)를 사용하여 간단하게 얻을 수도 있다. 즉, $\beta = \pi/4$ [rad]에 해당하는 바퀴의 회전수는

$$n = \frac{4}{4\pi \times 1}\frac{\pi}{4} = \frac{1}{4} \text{ [turn]} \tag{8.37}$$

이고, 바퀴의 1/4 회전은 $\theta = 90°$이다.

두 번째 단계로, 목표점까지 가야할 거리를 계산하면,

$$d = \sqrt{(a^M)^2 + (b^M)^2} = \sqrt{7.072^2 + 7.072^2} = 10 \tag{8.38}$$

과 같고, 이 거리를 움직이기 위해서 필요한 바퀴의 회전수는 $10/(2 \cdot 1 \cdot \pi) = 1.5915$ [turn]이다. 즉, 양쪽 바퀴를 동시에 약 한 바퀴 반 정도 굴리면 목표점 q에 접근한다.

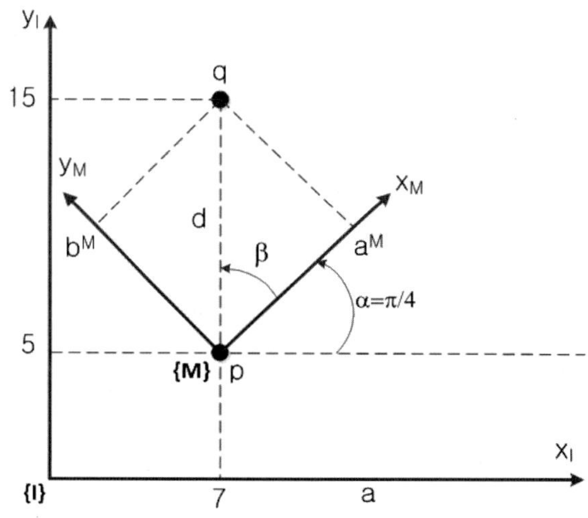

[그림 8.19] p=(7,5,π /4)의 자세로 있는 이동 로봇을 q=(7,15)로 보내는 문제

[4] 경로 계획 – 이동 속도의 제어

지금까지 학습한 내용을 실제의 이동 로봇 제어에 적용할 때 발생하는 한 가지 문제는 속도에 대한 세심한 계획이 필요하다는 것이다. 예를 들어 [그림 8.19]에서 p점으로부터

q점까지 1초 동안 직선 운동을 한다고 가정해 보자. 직선 거리가 10이고, 주어진 주행 시간이 t=1 [sec]이므로 속도는 $v = 10/1 = 10$ [cm/sec]이 된다. 두 바퀴를 동시에 구동하면 이 문제는 간단한 것처럼 보이며, 경로와 속도를 그려보면 [그림 8.20]과 같다. 그러나 이러한 움직임은 물리적으로 불가능하다. 즉, t=0일 때 정지해 있던 로봇이 갑자기 v=10이 되는 것은 가속도가 무한대라는 뜻이고, t=1일 때 v=10이 갑자기 정지하여 v=0이 되는 것도 역시 같은 이유로 불가능하다. 설혹 특정 로봇의 가감속 능력이 충분하여 급가속과 급정거가 이 정도에 가깝게 어느 정도 가능하다고 가정하더라도, 갑작스러운 움직임은 바퀴의 미끄러짐을 초래하여 위치 오차가 커지고, 기계적으로도 무리가 오기 때문에 바람직하지 않다. 따라서 경로 상에서 부드러운 이동이 가능하도록 계획할 필요가 있다. 이는 로봇공학에서 이른바 경로 계획(path planning 또는 trajectory planning)이라 부르는 주제의 문제이다. 경로 계획에서는 로봇이 목표점에 도착하기 위한 경유점(via points)을 포함하는 경로와 그 경로상의 속도 및 가속도를 분석하고 적절하게 계획한다.

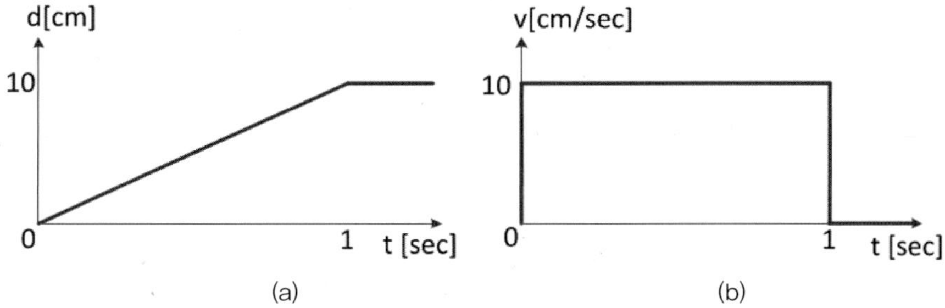

[그림 8.20] 1초 동안 10[cm]를 이동할 때의 단순한 계획: (a) 이동 거리, (b) 속도

이동 로봇에 부착된 바퀴를 부드럽게 구동하는 방법을 생각한다. 여기서 부드러움은 동작을 시작하는 순간에는 작은 속도를 가지며, 이후 점차 속도를 올리다가(가속), 경로의 중간 시점을 지나서부터 속도를 차츰 낮추고(감속), 목표점에 도착하여 최종적으로 정지하기 전에는 다시 작은 속도가 되도록 하여 달성할 수 있다. 이를 위해 매니퓰레이터의 관절 및 이동 로봇 바퀴의 경로 계획 방법들이 여러 가지 존재하지만 [5], 여기서는 그 중 간단한 다항식 기법을 알아본다.

로봇의 부드러운 이동을 위해 바퀴가 초기 각도 q_i에 정지해 있다가 주어진 시간 t_f동안 회전한 후 최종 각도 q_f에서 정지하는 경우를 고려한다. 그러면 하나의 바퀴, 혹은 모터에 대해서 다음의 위치와 속도 조건을 생각할 수 있다.

$$
\begin{aligned}
&\text{초기위치조건}: q(0) = q_i \\
&\text{최종위치조건}: q(t_f) = q_f \\
&\text{초기속도조건}: \dot{q}(0) = 0 \\
&\text{최종속도조건}: \dot{q}(t_f) = 0
\end{aligned}
\tag{8.39}
$$

일반적으로 4개의 구속 조건을 만족시키는 다항식은 4개의 계수를 가지는 3차 다항식(cubic polynomial)이다. 위치 q에 대한 3차 다항식과 이의 미분에 의한 속도 및 가속도는 다음과 같다.

$$
\begin{aligned}
q(t) &= a_3 t^3 + a_2 t^2 + a_1 t + a_0 \\
\dot{q}(t) &= 3a_3 t^2 + 2a_2 t + a_1 \\
\ddot{q}(t) &= 6a_3 t + 2a_2
\end{aligned}
\tag{8.40}
$$

식 (8.39)의 구속 조건을 식 (8.40)에 대입하여 식 (8.41)을 얻을 수 있다.

$$
\begin{aligned}
a_0 &= q_i \\
a_3 t_f^3 + a_2 t_f^2 + a_1 t_f + a_0 &= q_f \\
a_1 &= 0 \\
3a_3 t_f^2 + 2a_2 t_f + a_1 &= 0
\end{aligned}
\tag{8.41}
$$

식 (8.41)의 계수를 다음과 같이 구할 수 있다.

$$
\begin{aligned}
a_0 &= q_i \\
a_1 &= 0 \\
a_2 &= \frac{3}{t_f^2}(q_f - q_i) \\
a_3 &= -\frac{2}{t_f^3}(q_f - q_i)
\end{aligned}
\tag{8.42}
$$

예제 8.10

$q_i = 60°$, $q_f = 120°$, $t_f = 1$, $\dot{q}_0 = \dot{q}_f = 0$의 조건을 만족하는 바퀴의 회전 각도를 시간에 대한 3차 다항식으로 계획하라. 이를 프로그램으로 코딩하고, 속도와 가속도도 구하라.

주어진 조건을 만족하도록 3차 다항식의 계수를 구하면 다음과 같다.

$a_0 = 60, a_1 = 0, a_2 = 180, a_3 = -120$

이를 3차 다항식 식 (8.40)에 대입하여 위치, 속도 및 가속도를 구하는 MATLAB 코드는 아래와 같고, 프로그램 실행의 결과 그래프는 [그림 8.21]에 보인다. 그림에서 가로축은 시간[sec]이다. 아래 코드에서는 사전에 미리 계산한 다항식의 계수를 상수로 지정하여 사용하고 있으나, 초기 위치와 최종 위치가 주어질 때 계수를 자동으로 계산하여 활용할 수 있도록 코드를 변경하면 유용할 것이다.

```
clear all;                                    % 모든 변수 초기화
a0=60; a1=0; a2=180; a3=-120;                 % 3차 다항식의 계수
n=1;                                          % 계산 결과 배열 인덱스 초기화
for t=0:0.05:1                                % 0.05초 간격으로 t=0~1초 동안 계산
  p(n)=a3*t^3+a2*t^2+a1*t+a0;                 % 위치(바퀴 각도) 계산
  v(n)=3*a3*t^2+2*a2*t+a1;                    % 속도 계산
  a(n)=6*a3*t+2*a2;                           % 가속도 계산
  time(n)=t;                                  % 계산 시각
  n=n+1;                                      % 결과 배열 인덱스 +1 증가
end
figure(1), plot(time, p), title('위치');      % 위치(바퀴 각도) 그래프
figure(2), plot(time, v), title('속도');      % 속도 그래프
figure(3), plot(time, a), title('가속도');    % 가속도 그래프
```

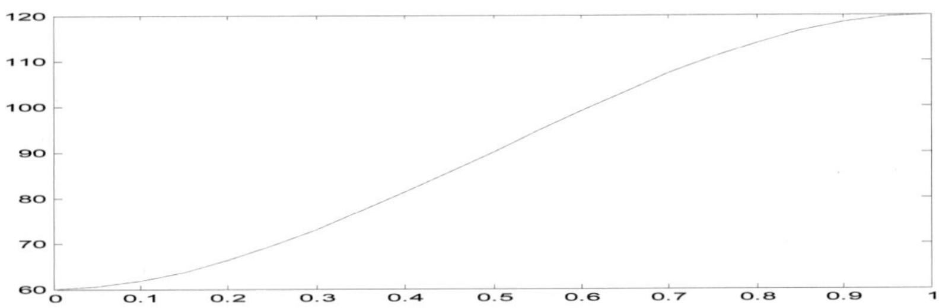

(a)

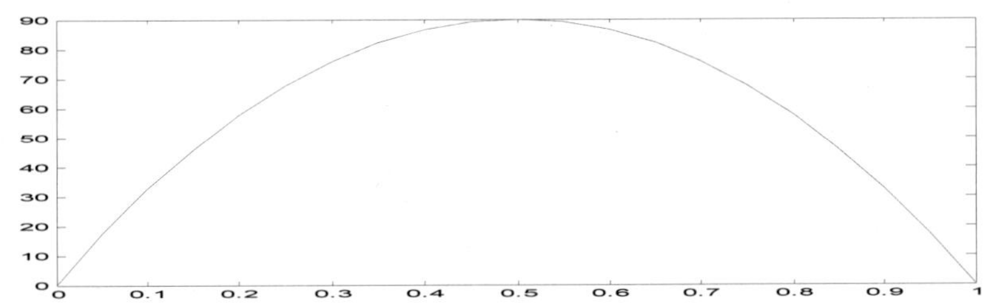

(b)

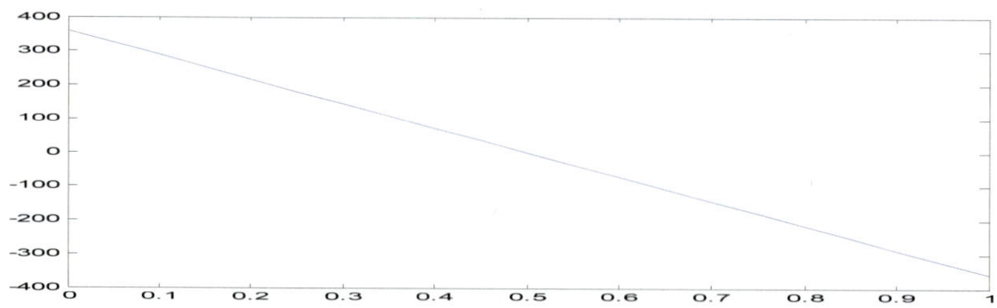

(c)

[그림 8.21] 3차 다항식을 이용한 경로 계획: (a) 각도, (b) 속도, (c) 가속도

이제까지 이동 로봇을 제어하기 위한 여러 가지 기법들을 살펴보았다. 일반적으로 로봇의 이동성(maneuverability)은 로봇의 자유도와 일치하며, 로봇 운동 제어의 목적은 로봇이 주어진 궤적을 추종하도록 하는 것이다. 실제로 이동 로봇의 동역학을 유도하는 과정이 복잡한 것에 반해 특성이 간단하기 때문에 이동 로봇의 제어는 일반 매니퓰레이터와는 달리 동역학 기반의 제어보다는 간단히 기구학 기반으로 제어를 수행하는 경우가 많다. 즉, 이동 로봇이 지면 위에 있으므로 중력을 따로 고려할 필요가 없고 이동 속도가 빠르지 않으면 코리오리스력과 원심력을 무시할 수 있다.

8.4 위치 추정 및 지도 작성

이동 로봇이 자율적으로 운항하면서 주어진 임무를 수행하기 위해서는 기본적으로 자신의 위치와 주위 환경에 대한 정보가 필요하며, 이러한 데이터를 얻기 위해서 센서 및 이를 다루기 위한 알고리즘이 필요하다. 로봇의 현재 위치를 추정하고 주위 환경의 지도를 작성하는 것은 상호 밀접한 관계가 있기 때문에 많은 경우에 이를 같이 다루어 SLAM(Simultaneous Localization And Mapping)으로 통칭하며, 이동 로봇 제어의 가장 중요한 기술 중 하나이다. 이를 위하여 많은 센서와 기법들이 개발되고 있으며, 상황에 따라 적합한 센서를 선택하는 것과 센서 데이터를 융합하여 보다 더 정확한 정보를 얻는 것이 중요하다. SLAM에 관련된 센서 및 기술은 실내 및 실외 환경에 따라 조금씩 다르다. 현재 많이 연구되고 있는 로봇의 대표적인 자율 주행법에는 Map-building 기반 자율 주행, 랜드 마크 기반 자율 주행, 무선 Beacon 기반 자율 주행 등이 있다.

[1] 위치 추정

로봇의 위치를 정확하게 추정할 수 있으면, 로봇이 이동해야 할 위치와 그 환경과 상황 속에서 수행해야 할 일들을 정확하게 지시할 수 있기 때문에 매우 중요하다. 로봇의 위치 추정은 외부의 센서를 이용하는 방법과 내부의 센서를 이용하는 방법, 그리고 이 두 가지를 적절히 조합하여 사용하는 방법이 있다. 위치 추정을 위한 센서로는 스테레오 카메라, 초음파 센서, IR 센서, 레이저, 바코드 리더가 있고, 위치 측정 센서 좌표 측정용으로는 GPS 수신 센서 등이 있다. 또한 랜드 마크를 사용하는 방법, RFID 및 USN과 RFID를 융합한 방법도 있다. 스테레오 카메라를 이용하면 물체와의 거리 지도(range map)를 구축하는 것이 가능해지며, RFID 센서를 이용하면 Tag와의 거리로부터 위치를 측정할 수 있고, 실외에서는 GPS를 이용하여 일정한 범위의 오차를 가지는 절대 위치를 알 수 있다. 그 외에도 이동 로봇의 거리 및 위치 정보는 관성 센서와 같이 기준점으로부터 이동한 거리, 방향을 이용하여 로봇의 위치를 추정하는 방법, 액티브 비컨(active beacon)과 같이 초음파를 이용하여 로봇의 위치를 추정하는 방법, 레이저 센서를 이용한 위치 추정법 등이 있다. 그러나 주위 환경에 따라 적합한 센서를 사용하여야 하며, 경우에 따라서는 복합 센서를 사용하여 보다 더 효율적으로 위치 추정 정보를 얻을 수 있다. 위치 추정을 위하여 사용되는 대표적인 센서의 하나인 관성 측정 센서(IMU)는 로봇이 움직일 때의 가속도 및 각속도를 측정하여 로봇의 위치 및 자세를 알아낸다. IMU는 1990년대 이후 반도체 공정을 이용한 MEMS(Micro Electro Mechanical Systems) 기술이 발전하면서 초소형화와 대량 생산에 의한 제품이 개발되었다. 또한 실내 위치 추정에는 거리 센서 기반, 인공 표식 기반, 자연 표식 기반 등의 방법이 있으며, 실외 위치 인식에는 주로 GPS가 많이 사용되어 지고 있다.

위치 추정 시스템이 잘 구현되면 산업 현장, 전장, 의료 현장이나 사무실에서 이동 로봇이 인간을 대신한 여러 가지 업무를 효율적으로 수행하는 데 사용될 수 있다. 또한 화재 등의 재난의 현장이나 구호가 어려운 위험 지역에서 인간을 대신하여 조난 활동을 할 수 있는 로봇의 개발에도 유용하게 사용될 수 있다. 현재 세계 주요 기업들이 지능형 로봇에 관성 측정 시스템을 적용하는 연구를 진행하고 있다. 일본의 Sony는 3차원 자세 측정 장치를 개발하여 Aibo의 자세 안정화에 이용하고 있다. Honda에서는 Asimo에 2축 가속도계와 2축 각속도계를 탑재하여 로봇의 자세 및 관절 제어에 이용하고 있다. 한편 액티브 비컨은 실내에서 물체의 위치를 인식하거나, 건물 안에서 로봇의 위치를 추정하는데 사용된다. 액티브 비컨은 송신부에서 발생한 초음파가 수신부로 되돌아오는 데 걸리는 시간을 계산하여 로봇의 위치를 추정하는 것이다. (초)음파를 이용하는 경우, 잡음에 약하고 파동의 전파 매질의 온도에 민감하기 때문에 정확한 거리 측정을 위하여 이에 대한 보상을 한다. 보다 효율적이며 정밀한 데이터를 얻기 위하여 여러 개의 비컨으로부터 얻어지는 거리 정보 중 최소 거리를 나타낸 비컨만 선택하는 방식을 사용하거나, 압전 필름을 이용한 새로운 초음파 송수신기와 Broadband Spread Spectrum 기술을 이용하여 기존 방법이 가지는 문제인 두 송신기의 동시 신호 발신이 불가능하다는 것과 In-band Noise 문제를 해결하는 방법이 사용되고 있기도 하다. [표 8.3]에서 대표적인 로봇의 자기 위치 추정법을 요약하고 있다.

[표 8.3] 로봇의 대표적인 자기 위치 추정법

종 류	장 점	단 점
시각 센서 이용	가장 많은 정보를 얻을 수 있음	장치의 구성과 신호 처리가 고비용 신호 처리에 시간이 많이 소요 주변 조명에 영향을 많이 받음
초음파 센서 이용	가격이 저렴	공간 분해능이 낮고 매질인 공기의 조건에 영향 받음
레이저 센서 이용	정밀한 측정이 가능	가격이 비쌈
근접 센서 이용	방사각 해석이 용이	근거리 물체의 존재 유무만 판단 가능
랜드 마크 이용	복잡한 주위 환경에 적합, 저가	랜드 마크의 검출이 어려울 수 있고, 로봇이 랜드 마크에서 멀어짐에 따라 부정확해짐
Dead-reckoning 이용	저가, 높은 sampling rate, 짧은 구간에서는 비교적 정확	로봇의 주행이 진행됨에 따라 오차가 누적됨

예제 8.11

위치 추정 방법은 지역적인(local) 방법과 전역적인(global) 방법으로 나눌 수 있다. 이들 방법에 대하여 간단히 설명하라.

(1) 지역적인 방법 : 이동 로봇이 자신에게 부착된 카메라, 레이저 센서, 초음파 센서 등을 이용하여 주변 물체와의 거리를 측정하고, 또한 미리 알고 있는 주변 물체들의 전역 위치를 기반으로 자신의 위치를 간접적으로 계산하는 방법이다.

(2) 전역적인 방법 : 로봇이 운행하는 전역 공간상에 설치된 거리 센서를 통하여 이동 로봇의 전역 위치를 직접 계산하는 방법이다.

[그림 8.22]는 절대 좌표를 이용한 로봇의 위치 계산 예를 나타내고 있다. 방 안 천장 모서리에 설치된 초음파 센서 발생 장치의 위치를 알고 있을 때, 여기서 송신된 초음파를 이동 로봇에서 수신한 후 삼각 측량법의 원리를 사용하여 로봇 자신의 위치를 추정한다. 최근에는 로봇 주위의 기지 물체 위치 정보를 이용하여 로봇의 위치를 추정하는 방법에 대한 연구도 진행되고 있다.

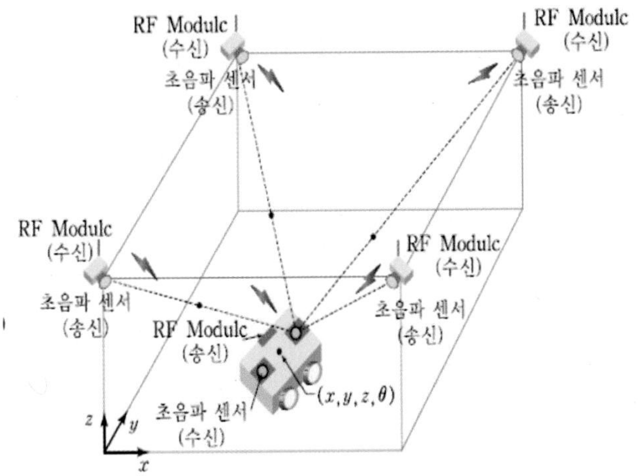

[그림 8.22] 절대 좌표계 내 로봇의 센서 기반 위치 추정 예

[2] 지도 작성

이동 로봇이 자율 이동하기 위해서는 주위 환경에 대한 인식이 필요하며, 이 경우에 [그림 8.23]에서 보인 바와 같이 로봇에 부착된 센서를 이용하여 주위 환경에 대한 지도(map)를 작성하여 이용하는 경우가 많다. 지도 작성에는 여러 가지 방법이 개발되어 있으나, 환경에 따라서 용도가 다르며, 아직은 많은 연구가 필요한 분야이다. 주행에 사용되는 지도로는 격자 지도와 위상 지도, 특징 지도 등이 있으며, 상황에 따라 적절한 것을 사용한다. 반도체 전자공학의 급속한 발달로 로봇 부품의 One-Chip화가 가능해졌기 때문에 복합 센서의 생산 단가가 하락하며, 보다 더 효율적인 지도 작성이 가능하게 되었다. 예를 들어 이렇게 개발된 자율 지도 작성 및 주행 기능을 로봇 청소기에 적용하면 그 성능이 향상되고, 그 밖에 가사, 방범, 교육 등 지능형 로봇의 응용 분야가 확대될 것이다.

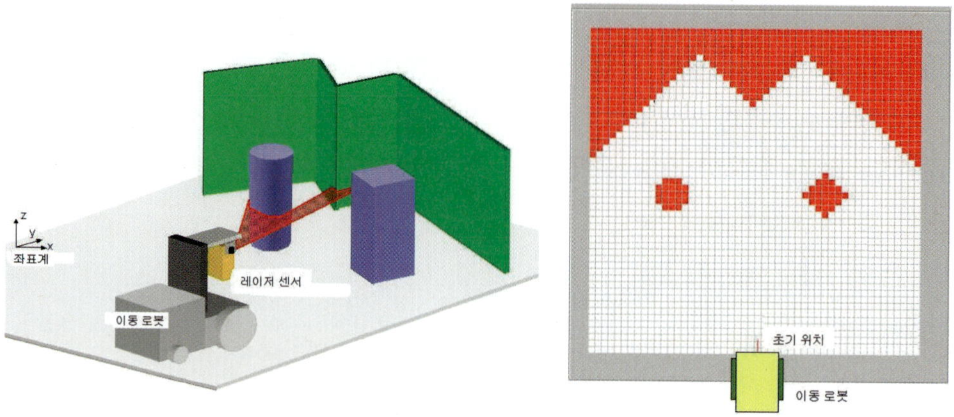

[그림 8.23] 이동 로봇의 지도 작성 예(2차원 그리드 지도)

예제 8.12

지도 작성에 사용되는 센서에는 어떤 것이 있는가?

지도 작성에는 로봇 주변 환경까지의 거리 측정(depth measurement)이 중요하며, 이를 위해 사용되는 거리 센서로는 레이저 스캐너, 초음파 센서, 적외선 센서 등이 있다. 이중 정확한 거리 측정이 가능한 것은 레이저 스캐너이나 고가인 단점이 있다. 따라서 현실적으로 저가의 초음파 센서와 적외선 센서를 통하여 얻은 데이터를 융합하여 정확도를 높이는 방법도 많이 사용되고 있다. 특히 정밀도를 향상시키기 위하여 각 센서의 특성에 맞는 적절한 알고리즘이 개발되고 있다.

SLAM은 이동 로봇이 센서를 이용하여 실시간으로 주변 지도를 만들어 가는 기술이며, 지도를 생성하는 것과 위치 추정은 상호 보완적인 관계에 있으나, 일반적으로 로봇은 두 개 모두를 가지고 있지 않는 상황에서 SLAM을 처리한다. SLAM 기술은 현재까지는 주로 EKF(Extended Kalman Filter) 기반 기술이 많이 연구되어 왔으나, 근래에는 EKF와 더불어 격자 필터(particle filter)를 이용한 Fast SLAM 기법도 연구되고 있다. [그림 8.24]은 이동 로봇의 위치 추정과 지도 생성 알고리즘의 예를 보여 준다.

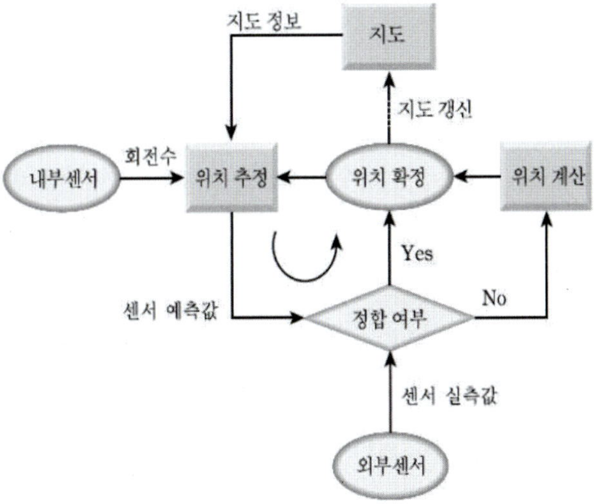

[그림 8.24] 위치 추정과 지도 생성 알고리즘의 예시

예제 8.13

SLAM은 어떤 점에서 어려운가?

지도 작성은 학습과 같은 성격을 가지고 있으며, 또한 스케일 문제를 고려하면 그 복잡성이 크게 늘어난다. 그리고 로봇이 주위 환경에 대한 지도를 가지고 있으면 자기 위치 추정이 쉽고, 혹은 로봇이 자기 위치를 알고 있으면 지도 작성이 쉬우나, 대부분의 경우에는 둘 모두를 모르는 상태에서 시작한다.

8.5 육상용 이동 로봇의 주행

[1] 바퀴형 로봇의 주행

주위 환경을 인식하여 작성한 환경 지도를 바탕으로 로봇의 위치를 추정하고 원하는 목표지점까지 장애물을 회피하며 이동하는 것을 이동 로봇의 주행 기술이라 한다. 자율 이동 로봇의 가장 기본적인 능력은 주위 환경을 인식하는 능력과 이를 근거로 하여 목표점까지 장애물과의 충돌 없이 주행하는 능력이다.

이동 로봇의 주행에 대해서는 여러 가지 방법이 제안되고 있으나, 크게 전역 경로 계획과 지역 경로 계획의 두 가지로 나누어 생각할 수 있다. 전자의 경우에는 최적 경로 계획을 수립하는 것이 중요하며, 후자의 경우에는 로봇에 장착된 센서를 통하여 주위 환경에 대한 정보를 지속적으로 받아서 이를 근거로 실시간으로 변화하는 주위 환경에 맞게 적응하는 것이 중요하다.

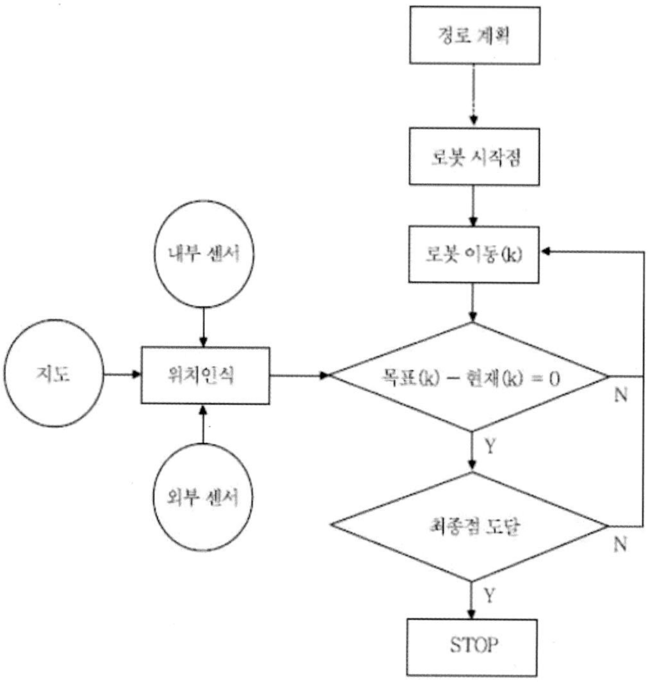

[그림 8.25] 이동 로봇의 주행 알고리즘

(1) 정적 주행

정적 환경에서의 주행이란 주위 환경의 움직임이 없는 상황에서 주위의 환경에 대한 충분한 정보를 바탕으로 지도를 구성하고, 이를 이용하여 로봇이 주어진 목표점까지 장애물과의 충돌을 회피하면서 이동하는 방법을 의미한다. 정적 주행은 전체 주변 환경에 관한 정보를 가지고 운항하기 때문에 전역 주행이라고도 한다. 이 경우에는 보통 장애물을 회피하는 최적의 경로로 로봇이 어떻게 이동을 하는가에 연구의 초점이 맞추어져 있는 경우가 많으며, 이에 대한 여러 가지 방법이 제안되고 있다. 여기서는 그 중에서 비교적 많이 사용되고 있는 몇 가지에 대하여 살펴보기로 한다.

1) 확대된 장애물에 근거한 운항법

주변 환경에 대한 정보를 알고 있는 경우에 이동 로봇이 주위 고정된 장애물과 충돌하지 않고 최단 거리로 목표점까지 주행하는 것은 작업의 능률상 매우 중요하다. 이를 위하여 각 장애물을 확장한 가상의 장애물을 고려하여 최단 거리를 운항하도록 하는 것이 효과적일 수 있다. [그림 8.26]은 장애물 확대를 이용한 경로 계획[25)]의 예를 보여 주고 있다. 경우에 따라서는 이동 로봇의 자세를 고려하여 전역 경로 계획을 수립하는 경우도 있다. 이러한 운항법은 이동 로봇 뿐 아니라 고정식 로봇에도 적용 가능하며, 만일 물체에 대한 정확한 정보의 수집이 가능하다면, 이동 장애물 사이의 로봇 운항에도 이용될 수 있다.

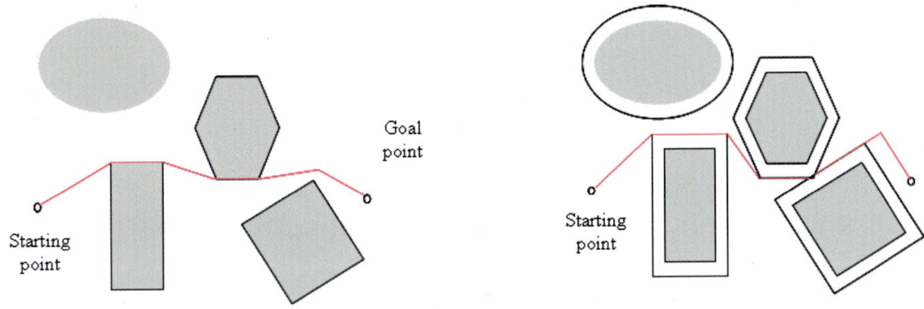

[그림 8.26] 확대된 장애물을 이용한 운항법의 예

2) 포텐셜 필드법

포텐셜 필드(potential field)법은 같은 부호의 두 전하 사이에는 반발력이 작용하고, 두 전하가 다른 부호라면 인력이 작용한다는 원리를 이용한다. 이를 로봇의 운항에 적용할 경우, 로봇을 양으로 대전된 점전하로 가정하면 주위의 경계면과 장애물의 경계면은 표면이 균등하게 양으로 대전된 고정체로 가정하여 서로 간의 반발력에 의하여 충돌을 회피하게 된다. 또한 양전하인 로봇은 음전하인 목표점에 의해 당겨지고, 이동 중에 같은 양전하인 장애물이 발견되면 척력이 작용하여 회피한다.

로봇의 경로 계획에서 포텐셜 필드법의 장점은 기본 개념이 매우 단순하기 때문에 경로 계산에 필요한 시간을 단축할 수 있으며, 장애물 근처에서 안전한 경로를 찾아가기 위한 빠르고 효과적인 방법을 제공한다. 포텐셜 필드법은 원래 실시간 충돌 회피를 목적

---

25) 로봇공학에서 경로 계획(path planning)은 두 가지 의미로 사용된다. 여기서는 로봇이 목표지점까지 장애물과의 충돌을 회피하면서 어떤 경로로 효과적으로 이동할 것인가의 문제를 다루고 있고, 앞의 8.3.4절에서는 이동 로봇의 바퀴(혹은 매니퓰레이터의 관절)를 목표 위치로 회전하기 위해서 속도와 가속도를 계획하는 문제를 다루었다. 사실 크게 보면 움직임을 적절하게 제어하고자 하는 동일한 주제이지만, 전자는 보다 거시 영역에서의 문제이고, 후자는 모터라는 기본 단위에서의 미세 제어 문제이다.

으로 개발되었는데, 로봇이 장애물의 모델이 없더라도 움직임을 실행하는 동안 장애물을 감지하는 경우에 적용될 수 있다. 이러한 포텐셜 필드법은 여건에 따라 조금씩 변경하여 사용할 수 있다. 포텐셜 필드법의 단점은 국소점[26]에 빠져서 로봇이 목표점까지 주행하지 못할 수 있다는 것이며, 이를 보완하기 위한 여러 가지 방법들이 제안되고 있다.

포텐셜 필드법을 수학적으로 모형화해 보자. 어떤 지점 x에서 로봇의 포텐셜은 목표점과의 인력 U_{att}와 로봇과 장애물 사이의 반발력 U_{rep}을 통합하여 나타낼 수 있다.

$$U_{tpf}(\mathrm{x}) = \mathrm{U_{att}}(\mathrm{x}) + \mathrm{U_{rep}}(\mathrm{x}) \tag{8.43}$$

인력과 반발력은 각각 다음과 같이 나타낼 수 있다.

$$U_{att}(\mathrm{x}) = \frac{1}{2}\mathrm{k_p}(\mathrm{x} - \mathrm{x_d})^2 \tag{8.44}$$

$$U_{rep}(\mathrm{x}) = \begin{cases} \frac{1}{2}\eta(1/\rho - 1/\rho_0)^2 & if \rho \le \rho_o \\ 0 & if \rho > \rho_o \end{cases} \tag{8.45}$$

여기서 $\mathrm{x_d}$는 목표점의 위치, $\mathrm{k_p}$는 위치 이득, η는 상수 이득, ρ는 장애물까지의 최단 거리, ρ_0는 포텐셜 필드의 영향을 받는 최소 거리를 각각 나타내고 있다. 위의 식에서 인력의 크기는 목표점과 현재의 로봇 사이 거리의 제곱에 비례하여 로봇이 목표점에 도달하면 인력의 크기가 0이 된다. 또한 로봇과 장애물 사이의 반발력의 크기는 장애물과 로

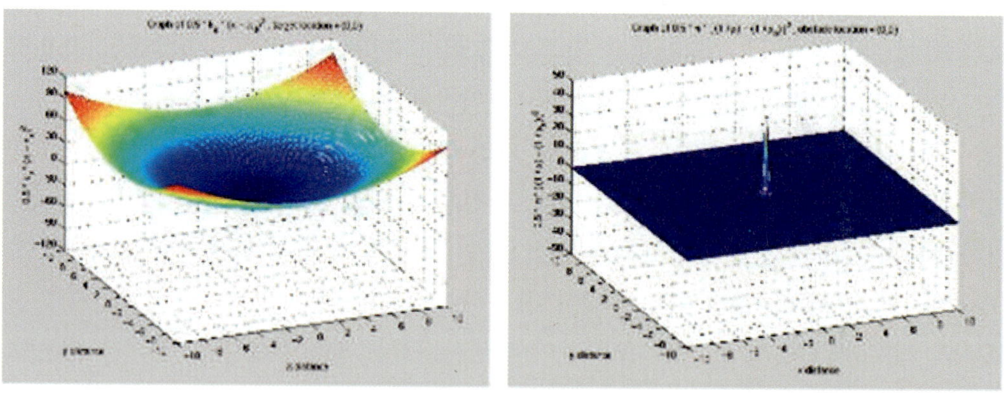

[그림 8.27] 인력과 반발력의 예

26) 국소점(local minima)이란 성능을 표현하기 위한 어떤 비용함수를 정의하고 이 함수 값이 최소가 되는 방향으로 알고리즘을 실행할 때, 전역적 최소(global minimum)에 다다르지 못하고 주변의 상대적으로 함수값이 낮은 어떤 상태에 빠져 더 이상 진행되지 못하는 상황을 의미한다. 당연히 전역적 최소가 우리가 원하는 해답이고 국소점은 그 해답을 향해 가는 과정 중에 발생하는 상황이다. 인공지능의 학습이나 탐색 과정에서 자주 다수의 국소점이 생긴다. 이동 로봇의 경로 계획에서는 목표지점까지의 경로가 존재함에도 그 경로를 찾아 나아가지 못하고 현재 위치 주변에서 맴도는 경우가 국소점 문제에 해당한다.

봇이 가까워질수록 커지기 때문에 로봇이 장애물과 충돌을 회피할 수 있도록 되어 있다. [그림 8.27]는 인력과 반발력의 예를 나타내고 있다. 즉, 왼쪽 그림의 가장 오목한 부분이 원점에서의 인력의 크기를 나타내고 있으며, 오른쪽 그림에서 가장 볼록한 부분은 장애물 주위에서의 로봇과 장애물과의 반발력을 나타내고 있다. 위의 식에서 나타낸 인력과 반발력은 상황에 따라 적당한 형태로 변형하여 사용할 수 있다.

(2) 동적 주행

주변 환경이 변하는 곳에서의 로봇 주행법은 정적인 환경에서의 주행법과는 근본적으로 다르며 매우 복잡하기 때문에 환경에 대한 적응력이 뛰어난 인공지능을 이용한 운항법이 유용하게 사용될 수 있다. 정적인 환경에서의 주행법은 기본적으로 주어진 주위 환경에 대한 정보를 바탕으로 최적 항로를 찾는 것이라면, 동적인 경우에는 변화하는 환경 속에서 효율적으로 장애물을 회피하여 목표점까지 운항하거나 작업을 수행하는 것이 목적이다. 즉, 동적 주행은 주위의 장애물에 대하여 로봇이 상대적인 위치를 파악하여 이를 토대로 운항을 하는 능력이 필요하다. 이를 위한 지능 제어법에는 여러 가지가 있으나 대표적으로 퍼지(fuzzy) 제어 및 인공 신경망(artificial neural network) 제어가 있다. 이 두 기법에 대한 보다 자세한 사항은 이 책의 9장을 참조할 수 있으며, 여기서는 이동 로봇의 주행에 대한 활용을 중심으로 서술한다.

1) 퍼지 제어법

이동 로봇이 획득한 주위에 대한 광학 정보는 주위 환경의 밝기나 반사면의 상태나 각도에 따른 오차 등으로 인해 운항 제어에 사용되기에 많은 문제점을 가지고 있다. 또한 이동 로봇의 주행시 바닥면의 미끄러움 및 높낮이의 변화 등에 따른 주행 제어의 어려움도 발생한다. 이러한 문제를 효과적으로 해결하기 위해서 퍼지 제어가 사용될 수 있다. 퍼지 제어는 계산량이 아주 적기 때문에 실시간 처리가 가능하고 알고리즘이 간결하여 이동 로봇의 주행 제어에 쉽게 적용시킬 수 있는 장점이 있다. 또한 퍼지 알고리즘은 시스템의 동적 방정식과는 비교적 관계가 작기 때문에 제어 대상의 움직임이 비선형이나 혹은 기타의 원인으로 수식 모델을 도출하는 것이 곤란하거나 수식 모델의 도출에 많은 시간과 투자를 필요로 하는 경우에 유효하게 사용될 수 있다.

2) 신경망을 이용한 제어

인공 신경망 혹은 신경망은 인간의 신경 조직을 모델로 간단한 기능을 가지는 단위 처리기들 사이를 상호 연결시킨 망을 의미한다. [그림 8.28]와 [그림 8.29]은 생물의 신경계와 인공 신경망의 단위 구조를 보여준다. 또 [표 8.4]에서는 신경망 구조 요소를 비교하였다. 데이터를 신경망에 입력한 후, 학습을 통하여 데이터 사이의 일정한 규칙을 망 스스로 발견하도록 하며, 이 규칙에 의하여 새로운 데이터가 입력되었을 경우에 적절한 결정을 내리게 한다. 이동 로봇의 제어에서 신경망 제어 방식을 사용할 때 장점은 다음과 같다.

① 신경망은 학습 능력을 통해 동적인 환경 변화에 로봇 행동을 적응시켜 준다.
② 많은 결선을 가지고 있기 때문에 일부 결선이 없어지거나 고장이 나더라도 로봇의 행동에 큰 영향을 미치지 않는다.
③ 주어진 제어 목적을 수행하고, 로봇의 감지 및 구동 특징에 적합하도록 자기 자신의 구조를 변형시킨다.
④ 불가피한 내부 잡음을 갖는 물리적인 센서와 액추에이터를 조정하는 잡음을 허용한다.

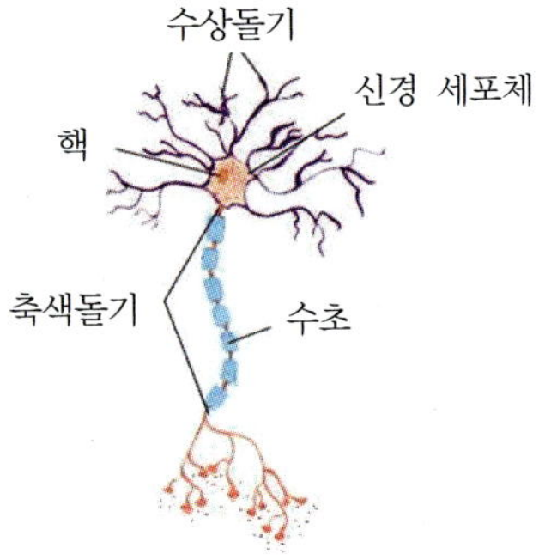

[그림 8.28] 실제 생물학적 신경계

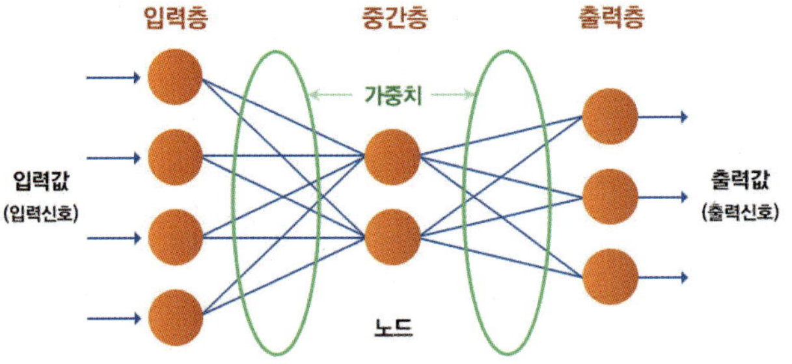

[그림 8.29] 인공 신경망의 구조와 원리

[표 8.4] 생물학적 신경망과 인공 신경망의 구조 비교

생물학적 신경망	인공신경망
세포체	노드(Node)
수상돌기(dendrite)	입력(Input)
축삭(Axon)	출력(Output)
시냅스	가중치(Weight)

3) 퍼지 제어와 신경망 제어의 융합

앞에서 서술한 퍼지 제어기와 신경망은 각각의 장단점을 가지고 있기 때문에 이들의 장점을 모두 이용한 퍼지-신경망 제어기도 많이 사용되고 있다. 두 이론의 상호 장단점을 보완하여 융합하는 방법은 크게 세 가지로 분류할 수 있다. 신경망을 이용한 퍼지 제어, 퍼지 제어를 이용한 신경망, 신경망과 퍼지 제어의 상호 협조 제어이다. [그림 8.30]은 이동 로봇의 운항을 위한 퍼지-신경망 제어기의 예를 나타내고 있다. 그리고 [그림 8.31]은 퍼지-신경망 제어를 적절히 이용하여 로봇이 경로 계획상의 국소점을 벗어나 목표점에 도달하는 예를 보여주고 있다.

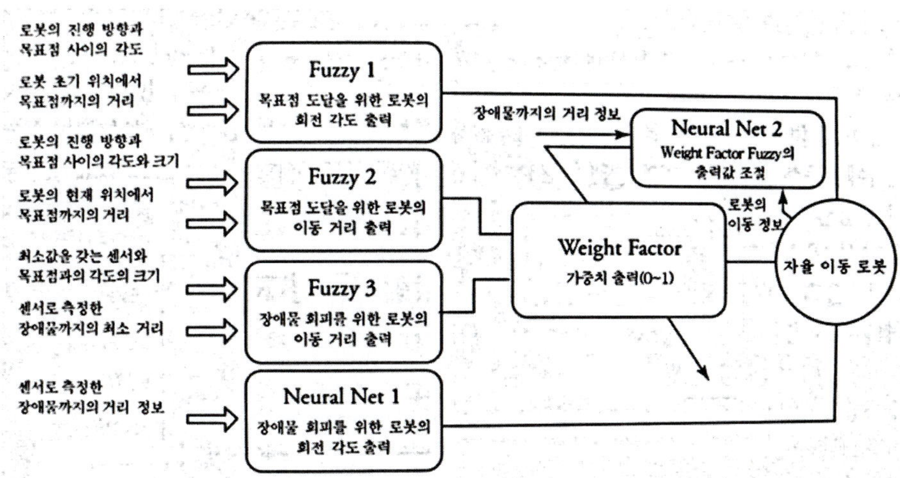

[그림 8.30] 이동 로봇의 운항을 위한 퍼지-신경망 제어기의 예

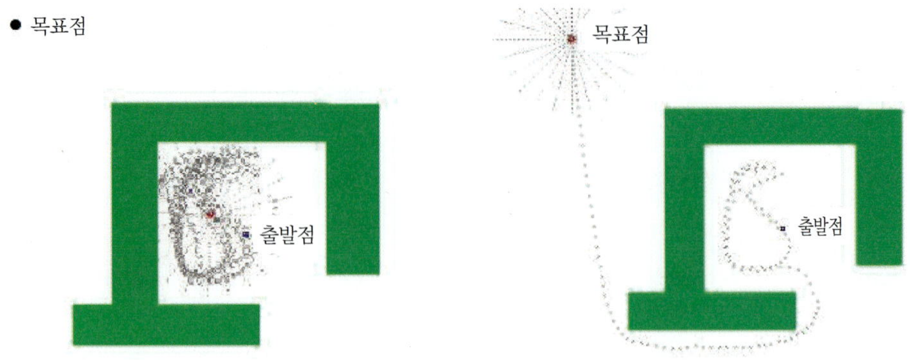

(a) 국소점에 빠진 경우　　　(b) 국소점을 벗어나 목표점으로 운항하는 경우

[그림 8.31] 신경망과 퍼지 제어기를 이용한 이동 로봇의 주행 예

예제 8.14

퍼지 제어와 신경망 제어 사이의 유사점을 조사하라.

퍼지 제어와 신경망 제어는 다음과 같은 유사성을 가진다. 다만 구체적인 사항은 9장에서 인공지능을 학습하고 나면 더 이해하기 쉬울 것이다.

① 시그모이드(sigmoid) 함수와 같은 신경망의 활성 함수(activation function)는 퍼지 제어기의 소속 함수(membership function)와 비슷한 형태를 갖는다.

② 신경망의 입력과 가중치의 곱셈 연산은 퍼지 추론에서 전건부의 Min 연산과 비슷한 형태를 가진다.

③ 신경망에서 입력과 가중치의 곱을 합하는 연산은 퍼지 추론에서 후건부의 Max 연산과 비슷하다.

④ 신경망의 분류 기능에 의한 분할은 퍼지 규칙의 조건부에 의한 입력 공간 분할과 유사하다.

[2] 보행 로봇의 주행

4족 이상을 가지는 보행 로봇에서는 자세를 잡거나 주행하는 것이 2족에 비하여 훨씬 용이하다. 2족 보행 로봇의 경우에는 바퀴형 로봇에 비하여 지면의 상태, 주위 환경에 보다 민감하며, 보행시 로봇의 자세를 잡는 것은 매우 어려운 작업 중의 하나이다. 따라서 2족 보행 로봇 운항의 경우에는 바퀴형 로봇보다 더 많은 부분에서 센서에 의존한다.

보행 로봇은 일반적으로 바퀴형 로봇에 비하여 많은 자유도를 가지고 있기 때문에 제어가 매우 어려운 단점이 있다. 특히 보행을 위해서 주위 환경을 입체적으로 인식해야 하므로 보다 확실한 주위 환경에 대한 정보가 필요하며, 이에 대한 분석도 어려운 작업 중의 하나이기 때문에 실용화를 위해서는 많은 연구가 선행되어야 한다. 최근에는 바퀴와 다리를 모두 가진 특수한 형태의 이동 로봇에 대한 연구도 이루어지고 있다.

예제 8.15

로봇의 주행용 센서에는 어떤 것들이 있는가?

로봇은 주행을 위해 레이저 센서 및 초음파 센서, IR 스캐너 등을 이용한 거리 정보를 이용하는 경우가 많다. 또한 자이로 센서 등의 관성 센서를 이용하여 위치 추정의 정확성을 향상시킨다. 영상 센서 기반의 SLAM에 대한 연구가 진행 중이나 완벽한 활용을 위해서는 아직 보완할 점이 많다.

휴머노이드 로봇의 보행은 인간과 유사하게 동작하기 때문에 기본적으로 산업용 로봇과는 경로 계획 및 제어가 근본적으로 다른 면이 많다. 전원을 유선으로 공급하는 일반 산업용 로봇과는 다르게 휴머노이드 로봇은 자체 동력원을 이용하기 때문에 장시간 동작하기 위해서는 에너지 효율이 매우 중요하다. 또한 보행 중 균형을 잡기 위해서는 지면과의 접촉력과 현재 및 목표 운동 등에 대한 정보를 효율적으로 이용하여야 하며, 다양한 센서를 이용하여 주위 환경 및 로봇 내부의 상태에 대한 매우 복잡한 정보를 토대로 움직여야 한다. 즉 경로 계획을 하고 장애물을 회피하는 기능을 이용하여야 한다.

8.6 복수의 이동 로봇 협조 운동

경우에 따라서는 고가 고성능의 단일 로봇으로 작업하는 것에 비해 저가의 로봇을 다수 사용하여 협조 운동으로 임무를 수행하는 것이 장점을 가질 수 있다. 즉, ① 같은 업무 수행을 위한 단일 로봇의 구조는 필연적으로 복수 로봇보다 그 구조가 매우 복잡하고 가격이 비싸다, ② 여러 대의 단순한 구조를 가진 로봇은 제작이 간단하고, 저가이며, 보다 작업에 유연성을 가지고 수행할 수 있으며, 임무 수행에 강인하기 때문에 작업을 실패할 확률이 낮다.

다수 로봇의 협조 운동 예는 여러 가지가 있으며, [그림 8.32]는 그 한 예를 보여준다. 또한 [그림 8.33]은 복수의 로봇이 여러 장애물을 회피해서 목표점에 도달하는 모의실험 결과를 보여주고 있다.

[그림 8.32] 다수 로봇의 협조 운동 예

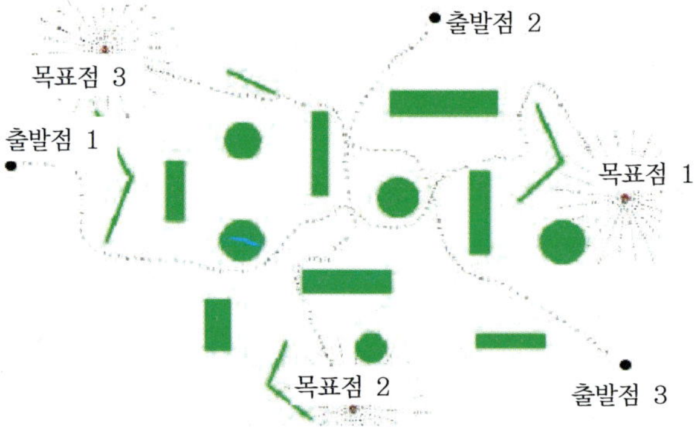

[그림 8.33] 정지 장애물에 대한 다수 로봇의 운항 예

다수 로봇의 협조 운동을 특히 필요로 하는 로봇 시스템으로 [그림 8.34]과 같은 군집 로봇(swarm robot)이 있다. 군집 로봇 시스템은 분산 로봇 시스템(distributed robotic systems)과는 달리 일반적으로 소형이면서 많은 개체의 로봇들로 이루어진 시스템을 의미한다. 이 분야의 연구 목표는 특히 로봇 상호간의 협조 알고리즘 개발 및 효율적인 통신에 관한 것이 많다.

[그림 8.34] 군집 로봇 시스템의 예(http://galusaustralis.com/2020/)

예제 8.16

소방 방재 로봇에 필요한 기능에는 어떠한 것이 있는가?

소방 방재 로봇은 구체적인 용도에 따라 기능이 다를 수 있으나 일반적으로 아래와 같은 기능을 수행할 수 있으면 바람직할 것이다.

- 주행 기능, 초기 진화 기능, 위치 인식 기능, 불꽃 감지 기능, 무선 통신 기술, 화상 전송 기술, 장애물 감지 기능, 음원 탐지 기술 등

다수 로봇의 협조 운동은 인간의 경우를 생각하면 그 응용 범위가 매우 넓다는 것을 알 수 있다. 무겁고 큰 물체의 이송, 복잡한 형태의 구조물에 대한 도색 혹은 용접 등과 같은 산업용뿐 아니라 오락용으로 단체 춤 등과 같은 곳에도 이용이 될 수 있다.

8.7 ROS(Robot Operating System)

[1] ROS의 개요

효율적인 로봇 개발 및 운용을 위해서 플랫폼을 설정하는 것이 요구되며, 이러한 플랫폼은 소프트웨어 플랫폼과 하드웨어 플랫폼으로 나눌 수 있다. 로봇 하드웨어 플랫폼은 이동 로봇, 드론, 휴머노이드 로봇 등과 같은 분야에 다양한 플랫폼이 연구 및 상업용으

로 개발되어 사용되고 있다. 이러한 하드웨어 플랫폼을 사용함으로써 로봇 연구에 많은 노력과 시간을 절약할 수 있다. 로봇 소프트웨어 플랫폼은 로봇에 따라 다른 운영 소프트웨어가 존재할 경우에는 연구개발자들이 협업하여 효율적으로 로봇을 개발하거나 사용하기 어렵기 때문에 이를 통합하려는 의도에서 구상된 것이다. 또한 스마트폰에서처럼 하드웨어에 대한 전문적인 지식 없이 소프트웨어 플랫폼을 이용하여 응용 프로그램을 작성할 수가 있기 때문에 다음과 같은 측면에서 로봇 발전에 기여하고 있다.

① 하드웨어 플랫폼과의 소프트웨어 플랫폼간의 인터페이스 확립
② 모듈형 하드웨어 플랫폼 확산
③ 하드웨어에 대한 구체적인 지식이 없어도 응용 프로그램 작성
④ 소프트웨어 인력들이 로봇 개발에 쉽게 참여 가능하고 유저에게 제공할 서비스에 집중

이러한 로봇 소프트웨어 플랫폼을 사용하면 다양한 이점이 있다.

① 관련 패키지나 개발된 프로그램을 공유함으로써 프로그램 재사용이 가능
② 플랫폼들은 데이터 통신에 관련된 전반적인 사항을 갖춘 통신 기반 프로그램
③ 디버깅, 2차원 플롯, 3차원 시각화 도구를 제공함으로써 로봇 개발에 필요한 도구를 지원
④ 로봇 분야의 생태계 조성에 기반을 제공
⑤ 오픈 소스 소프트웨어 플랫폼 등과 관련된 커뮤니티의 활성화에 기여

대표적인 로봇 소프트웨어 플랫폼인 ROS(Robot Operating System)는 오픈 소스 소프트웨어로서, 로봇 응용 프로그램 개발에 필요한 하드웨어 추상화, 하위 디바이스 제어, 일반적으로 사용되는 기능의 구현, 프로세스간의 메시지 패싱, 패키지 관리, 개발 환경에 필요한 라이브러리와 다양한 개발 및 디버깅 도구를 제공한다. ROS는 PC의 Windows와 같은 로봇의 운영체계(OS)로 Stanford 대학에서 처음 제안된 후 2007년부터 미국 윌로우 개러지(Willow Garage)사를 중심으로 본격적으로 개발되었다.

ROS는 기본적으로 플랫폼 독립적으로 활용 가능하다. 즉, ROS를 이용하여 Java로 코드를 작성하여 로봇을 표준화된 방법으로 제어할 수 있다. 다른 형태의 구조를 가지는 로봇을 동일하거나 비슷한 접근법으로 프로그래밍을 한다는 것은 매우 어려운 일이며, 이를 극복하기 위하여 개발된 ROS는 로봇 관련 연구자가 활용하고 있는 공개형 로봇 공통 운영 소프트웨어 플랫폼이다. 이는 마치 IBM5150 컴퓨터가 처음 나왔을 때 MS-DOS를 사용해 컴퓨터를 작동할 수 있었던 것처럼 모든 로봇에 자사의 ROS를 이용해 가동되도록 하도록 하고자 한다.

ROS는 기본적으로 표준 인터페이스와 모듈 구조를 가지고 있기 때문에 로봇 관련 코드를 작성하고 공유하기 위하여 제안되어졌으며, 컴퓨터 비젼, 물체 인식, 물건 집기 및 다루기 등과 간련된 작업에 관한 많은 프로그램과 라이브러리를 가지고 있다. 서로 공유된 소프트웨어는 누구나 사용 가능하고 편집 및 업데이트가 가능하기 때문에 많은 로봇 관련 종사자들이 협력하여 좋은 결과를 얻을 수 있는 여건을 제공하고 있다. 이러한 ROS는 크게 기반기술(plumbing)과 이를 이용해 그래픽 처리작업 등을 수행할 수 있는 도구(tools), 어떤 특정 임무를 수행할 수 있도록 하는 능력(capability)으로 구성돼 있다. 로봇 소프트웨어 개발자들은 기기에 ROS를 설치한 뒤 홈페이지를 통해 지원되는 여러 가지 디바이스 드라이버, 비쥬얼라이저, 하드웨어 스펙 등 각종 툴과 라이브러리를 활용한다.

ROS는 최초 개발사인 윌로우 개러지가 2014년 문을 닫은 후, OSRF(Open Source Robotics Foundation)를 중심으로 학계 연구자, 산업 현장의 개발자, 취미 생활자 등이 개발에 참여하고 있으며, 로봇 전문가 뿐 아니라 네트워크 전문가, 컴퓨터 전문가, 비전 전문가 등 여러 분야의 사람들도 다양한 형태로 참여하고 있다. ROS의 사용이 가능한 운영 체제로는 Ubuntu, OS X, Windows, Fedora, Gentoo, OpenSUSE, Debian, Raspbian, Arch, QNX Realtime OS 등이 있으며 기능 제한사항이 있을 수 있다. 또한 스마트폰 운영체제인 Android, iOS의 경우, 부분적 사용 가능하며, OS를 탑재할 수 없는 MCU(MicroController Unit)의 경우에는 시리얼 통신, 블루투스, LAN 경유로 통신할 수 있는 라이브러리를 제공할 수 있다. 또한 ROS가 구동되는 시스템끼리 데이터를 주고받을 수 있으며, 이 경우에는 TCP/IP 프로토콜을 사용한다. 이 때 메시지를 주고받는 당사자를 ROS에서 구동되는 프로그램의 최소 단위인 노드(node)라고 한다. 이러한 노드는 같은 시스템 내 혹은 다른 시스템의 ROS 상에 있는 노드 사이에도 메시지를 주고받을 수 있다. 마스터(master)는 각 노드들의 정보를 가지고 있으며, 어떤 노드가 어떤 토픽으로 메시지를 주거나 받거나 하는 지를 관리하는 일종의 서버이다. 일반적으로 ROS는 하드웨어를 직접 구동하는 것보다 데이터와 알고리즘 처리를 통한 행동 결정이나 제어에 초점을 맞추고 있기 때문에 하드웨어의 직접적인 구동이나 간단한 임무 수행 등에는 MCU 기반으로 하는 경향이 있다. [그림 8.35]는 ROS 적용 시스템의 동작 구조를 나타내고 있으며, 개발용으로는 PC를 많아 사용하고 있으나, 로봇에 내장하여 사용할 경우에는 SBC(Single Board Computer)를 사용하는 경우가 많다. 로봇 소프트웨어 플랫폼은 ROS외에 일본의 OpenRTM, EU의 OROCOS, 우리나라의 OPRoS 등이 있다.

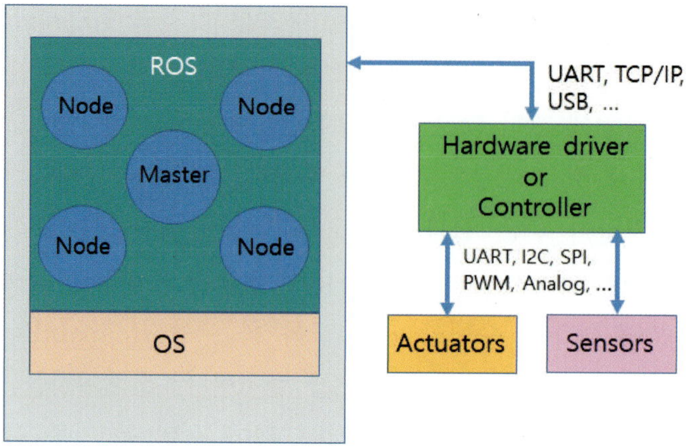

[그림 8.35] ROS의 적용 시스템의 동작 구조

ROS는 다음과 같은 특성을 가진다.

① 로봇 응용 프로그램을 개발할 때 사용하는 하드웨어 추상화, 하위 디바이스, 로보틱스에서 많이 사용되는 센싱, 인식, 지도 작성, 모션 플래닝 등의 기능 구현

② 프로세서 사이의 메시지 전달, 패키지 관리, 개발 환경에 필요한 라이브러리와 다양한 개발/디버깅 도구를 제공

ROS는 어플리케이션과 분산 컴퓨팅 자원간의 가상화 레이어로서 분산 컴퓨팅 자원을 이용하여, 스케쥴링 및 로드, 감시, 에러 처리 등을 실행하는 시스템으로 다수의 이기종 하드웨어 간의 데이터 송수신, 스케쥴링, 여러 로봇 응용 프로그램에 필요한 기능들을 라이브러리 형태로 제공하고 있다. 이러한 관점에서 ROS는 로봇 운영 체계이기는 하지만, Windows, Linux, Android 등과 같은 전통적인 운영체계라기 보다는 메타 운영체제(meta operating system)로서 기존 운영체제 위에서 운용되는 일종의 프로그램이다. 또한 ROS는 운영체제의 기능을 일부 가지고 있으며 그 기능과 목적이 로봇의 구동과 운용, 제어에 초점이 맞추어져 로봇 개발에 필요한 각종 외부 툴들을 함께 구축하였기 때문에 로봇 구동 시스템이라고도 한다. ROS는 사용자가 쉽게 로봇을 개발하고 만들 수 있도록 도와주는 역할이 하는 개발 환경이기 때문에 휴대폰 시장의 급성장은 휴대폰 운영체제라는 소프트웨어 플랫폼을 기반으로 지식이 공유된 결과인 것처럼 로봇 시장의 성장에 큰 역할을 할 것으로 기대되고 있다. ROS는 2010년 ROS 1.0을 출시한 이후, 2015년부터 매년 5월에 새로운 버전을 알파벳 순서의 코드 네임과 터틀 아이콘을 함께 출시하고 있으며, 2017년에 ROS 2.0을 출시하였다. ROS의 특징을 [표 8.5]에 요약하였다.

[표 8.5] ROS의 특징

특징	세부 사항
통신 인프라	• 노드 간 데이터 통신 제공 • 통상적 middleware로 지칭되는 메시지 전달 인터페이스 지원 • 메시지 파싱 기능 • 메시지의 기록 및 재생 • 메시지 사용으로 인한 다양한 프로그래밍 언어 사용 가능 • 분산 매개 변수 시스템
로봇 관련 다양한 기능	• 로봇에 대한 표준 메시지 정의 • 로봇 기하학 라이브러리 • 로봇 기술 언어 • 진단 시스템 • 센싱/인식 • Navigation • 매니퓰레이션
다양한 개발 도구	• 로봇 개발에 필요한 다양한 개발 도구를 제공 • Command-Line Tools • RViz (ROS-visualization tool)

[2] ROS 구성 및 명령어

ROS의 구성은 [그림 8.36]과 같다. Gazebo는 ROS에서 제공하는 여러 가지 도구 중 하나로 오픈 소스 기반의 로봇 시뮬레이터로서, 여러 가지 물리 엔진, 로봇 모델과 환경의 풍부한 라이브러리, 다양한 센서, 편리한 프로그래밍 방식 및 그래픽 인터페이스를 제공한다. RViz(Robot Visualization)는 Gazebo와는 달리 시뮬레이션 도구가 아니고 시각화 도구이기 때문에 물리적 엔진이 없으며, 로봇의 오도메트리, TF, 센서 정보 등을 실시간 시각화할 수 있으며, 또한 로봇의 외형과 계획된 동작을 표현하는 데 사용할 수 있다. 이러한 RViz와 Gazebo는 상호 보완적인 관계이다. RQt는 ROS GUI 개발 도구로서 현재의 노드와 메시지 간의 정보를 그래픽 형식으로 시각화하여 보여 준다. 즉, 노드와 그들 사이의 연결 정보를 표시하고, 인코더, 전압 또는 시간이 지남에 따라 변하는 숫자를 그리며 데이터를 메시지 형태로 기록하고 재생하는 기능이 있다. 특히 RQt는 Qt를 기반으로 개발되었기 때문에 사용자들이 자유롭게 플러그인을 개발하여 추가할 수도 있다.

[그림 8.36] ROS의 구성

ROS는 shell 환경에서 명령어로 파일 시스템 이용, 소스 코드 편집, 빌드, 디버깅, 패키지 관리 등을 처리할 수 있다. 참고로 ROS 명령어는 다음과 같다.

1) ROS shell **명령어**

명령어	명령어 풀이	세부 설명
roscd	ros+cd(changes directory)	지정한 ROS 패키지의 디렉터리로 이동
rosls	ros+ls(lists files)	ROS 패키지의 파일 목록 확인
rosed	ros+ed(editor)	ROS 패키지의 파일 편집
roscp	ros+cp(copies files)	ROS 패키지의 파일 복사
rospd	ros+pushd	ROS 디렉터리 인덱스에 디렉터리 추가
rosd	ros+directory	ROS 디렉터리 인덱스 확인

2) ROS 실행 명령어

명령어	명령어 풀이	세부 설명
roscore	ros+core	– master(ROS 네임 서비스) – rosout(로그 기록) – parameter server(파라미터 관리)
rosrun	ros+run	노드 실행
roslaunch	ros+launch	노드를 여러 개 실행 및 실행 옵션 설정
rosclean	ros+clean	ROS와 관련한 log 파일을 저장하는 디렉토리 삭제

3) ROS catkin

Catkin이란 rosbuild가 사라지고 나온 ROS의 인프라스트럭쳐와 마크를 관리하는 새로운 low-level build system이다.

명령어	세부 설명
catkin_create_pkg	패키지 자동 생성
catkin_make	캐킨 빌드 시스템에 기반을 둔 빌드
catkin_eclipse	캐킨 빌드 시스템으로 생성한 패키지를 이클립스에서 사용할 수 있게 변경
catkin_prepare_release	릴리즈할 때 사용되는 로그 정리 및 버전 태깅
catkin_generate_changelog	릴리즈할 때 CHANGELOG.rst 파일 생성 또는 업데이트
catkin_init_workspace	캐킨 빌드 시스템의 작업 폴더 초기화
catkin_find	캐킨 검색

4) ROS package 명령어

명령어	명령어 풀이	세부 설명
rospack	ros+pack(age)	ROS 패키지와 관련된 정보 보기
rosinstall	ros+install	ROS 추가 패키지 설치
rosdep	ros+dep(endencies)	해당 패키지의 의존성 파일 설치
roslocate	ros+locate	ROS 패키지 정보 관련 명령어
roscreate-pkg	ros+create-pkg	ROS 패키지 자동 생성(구rosbuild 시스템에서 사용)
rosmake	ros+make	ROS 패키지를 빌드(구rosbuild 시스템에서 사용)

연습문제

01. 이동 로봇에 대한 다음 용어를 설명하라.

(1) 주행
(2) 경로 계획
(3) 위치 인식
(4) 지도 작성

02. 궤도 추종 로봇과 무궤도 로봇의 장단점과 용도에 대하여 설명하라.

03. 이동 로봇과 고정식 로봇의 용도의 차이에 대하여 설명하라.

04. 지금은 존재하지 않으나 향후 10년 후에 개발될 것 같은 특수 로봇의 예를 두 개 들고 이를 간단히 설명하라. 만약 인터넷 등을 사용하여 조사하였다면, 출전을 밝혀야 하며, 다수의 참고자료를 통하여 선정한 주제에 대해 깊이와 폭을 더하여라.

05. 이동 로봇을 이동법에 따라 분류하고 대표적인 예를 하나씩 들어라.

06. MAV의 용도에 대하여 설명하라.

07. MAV의 국내외 연구 동향에 대하여 조사하라. 참고문헌을 반드시 밝히고, 참고원의 문장을 그대로 옮겨 적지 않도록 하라.

08. RF 통신, 무선 LAN, 블루투스 통신, ZigBee와 같은 통신법의 장단점을 비교하라.

09. 바퀴형 이동 로봇과 고정형 로봇의 기구학은 어떠한 차이가 있는가?

10. [표 8.3]에 관련된 참고 문헌을 각 추정법 별로 2개씩 조사하라.

11. 자기 위치 추정 방법의 종류와 이를 간단히 설명하라.

12. 격자 지도와 위상 지도의 장단점을 설명하라.

13. 다음 용어를 설명하라.

(1) Dead reckoning

(2) Extended Kalman Filtering

14. 아래와 같은 대표적인 자율 주행법의 특징에 대하여 설명하라.

방 법	특 징	비 고
Map-building 기반 자율 주행		• SLAM 기반 • 자기 위치 인식 및 지도 형성 알고리즘
랜드 마크 기반 자율 주행		• Dead reckoning • 자연 및 인공 랜드 마크 인식에 의한 자기 위치 추정
무선 Beacon 기반 자율 주행		• 무선 beacon module 이용 • 센서 융합을 이용한 장애물 감지

15. 신경망을 이용한 이동 로봇 운항의 장점을 간단히 설명하라.

16. 산업용 매니퓰레이터 같은 고정형 로봇과 이동 로봇의 경로 계획의 차이점을 설명하라.

17. 동적인 환경과 정적인 환경에서의 로봇 운항의 차이점을 설명하라.

18. 다음에 대하여 설명하라.

(1) 전방향 구동(Omnidirectional drive)

(2) 보행 바퀴(Walking wheels)

19. 복수 로봇의 협조 운동의 장점에 대하여 간단히 설명하라.

20. 특수한 구동 장치를 가진 로봇의 예를 한 개 들고 이의 동작 원리와 용도를 간단히 설명하라.

21. ROS의 기능과 사용 이유를 설명하라.

22. 다음 ROS와 관련된 용어를 설명하라.

(1) RViz

(2) Gazebo

(3) RQt

(4) Node

(5) Package

과 제

01. 아래와 같은 환경에서 이동 로봇이 고정된 장애물을 회피하여 목표점에 도달하는 것을 프로그램 시뮬레이션하라.

(1) 퍼지 제어기

(2) 신경망 제어기

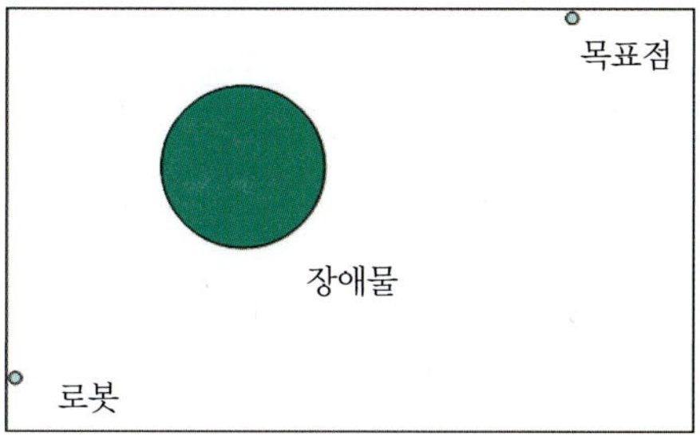

02. 아래와 같이 세 대의 로봇이 서로 충돌하지 않고 각자의 목표점에 도달하는 프로그램으로 구현하라.

(1) 각 로봇의 이동 속도, 위치, 목표점의 위치는 이 과제의 목적에 부합되게 고려한다.

(2) 제어법은 적당한 것을 선택하여 응용한다.

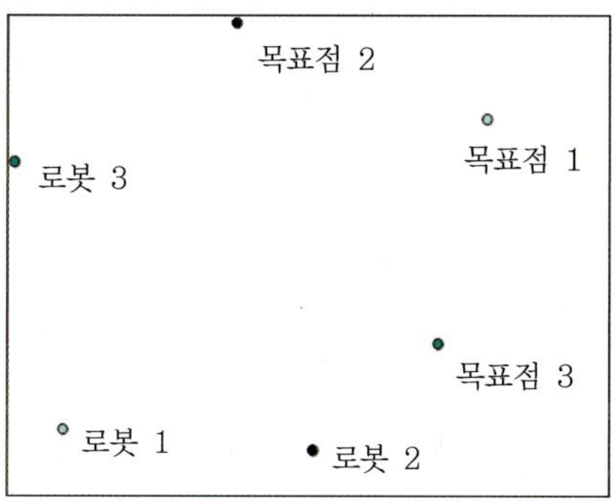

03. 교량, 터널, 도로 등이 있는 3차원 라인 트레이서 경기장을 설계하고 각 부분을 효율적으로 통과하기 위해서 필요한 기술을 서술하라. 경기장의 크기 등과 같은 언급되지 않은 상세한 부분은 적절히 가정하여 풀이하라.

04. 휴전선 근처에 매설된 지뢰를 효율적으로 탐사하기 위하여 필요한 로봇 시스템의 기능과 필요한 기술 및 탐사 전략을 세우라.

05. [예제 8.10]에는 경로계획을 위한 MATLAB 코드가 제시되어 있다. 이를 C/C++이나 Python으로 코딩하라. 단, 프로그램은 초기 및 목표 각도를 입력으로 받아서 3차 다항식의 계수를 코드 실행시 자동 계산하라. 위치, 속도, 그리고 가속도 계산 결과는 직접 코드 내에서 그래픽 처리 하거나, 혹은 결과 데이터를 파일로 저장한 후 Excel의 함수 그리기 기능을 활용하여 [그림 8.21]과 같은 그래프를 얻을 수도 있다.

참고문헌

1. M. Jafari, Get rolling with omni-directional wheels, Servo Magazine, Issue 4, 2019.
2. Illah Reza Nourbakhsh and Roland Siegwart, Introduction to Autonomous Mobile Robots, MIT press, 2004.
3. R. A. Russell, Robot Tactile Sensing, Prentice Hall, 1990.
4. G. Dubek and M. Jenkin, Computational Principles of Mobile Robotics (2nd Ed.), Cambridge Univ Press, 2010.
5. 이석규, 도용태, 박창용, 이재원, 로봇 공학의 이해 (2판), 사이텍미디어, 2013.
6. Ronald C. Arkin, Behavior-Based Robotics, MIT Press, 1998.
7. N. Brady, J. M. Hollerbach, T. Johnson, T. Lozano-Perez, and M. Mason, Robot Motion : Planning and Control, MIT Press, 1982.
8. Berthold K. P. Horn, Robot Vision, MIT Press, 1986.
9. H. R. Everett, Sensors for Mobile Robots : Theory and Application, AK Peters, 1995.
10. D. Kortenkamp, R. Bonasso, R. Murphy, Artificial Intelligence and Mobile Robots, MIT Press, 1998.
11. D. Poole, A. Mackworth, and R. Goebel, Computational Intelligence : A Logical Approach, Oxford University Press, 1998.
12. Service Robots, http : //www.inl.gov/adaptiverobotics/humanoidrobotics/
13. http://www.activrobots.com/
14. MIT Lab Research Projects, http : //www.media.mit.edu/
15. Robonaut, http : //robonaut.jsc.nasa.gov/R2
16. Honda Humanoid Robots, https://www.honda.com/mobility/say-hello-to-asimo

09

인공지능

9.1 개 요
9.2 탐 색
9.3 인공신경회로망
9.4 퍼지 제어

로봇은 제조업의 생산성을 높이기 위한 자동화 장비로서의 역할을 수행하여 왔으나, 최근에 와서 그 활용이 서비스나 복지를 비롯한 다른 분야로 급속히 확대되어 가고 있다. 로봇이 공장 밖에서 사용될 때, 그 작업 환경은 흔히 구조화되어 있지 않고 따라서 불확실성이 증대된다. 이 때 인공지능(Artificial Intelligence, AI)의 기술이 유용하다. Robotics와 AI는 서로 다른 목적과 발전 과정을 가지고 있으나, 로봇은 AI가 활용될 수 있는 적합한 대상으로 주목을 받아 왔으며, 이에 따라 많은 시도와 연구가 진행되어 왔다. AI는 그 영역이 넓고 이질적인 주제들을 아우르는 학문 분야일 뿐 아니라, 최근 괄목할만한 연구성과와 활용 예들이 보고되고 있어서 이 장에서 간략하게 다루기는 어려우나 로봇의 문제를 중심으로 대표적인 몇 가지 기술을 소개한다. 이 장을 학습한 후에는 소개된 기법들을 프로그래밍하고 간단한 문제들에 적용할 수 있어야 한다.

He who never thinks of anything as 'mine' does not feel the lack of anything; he is never worried by a sense of loss.

— Buddha —

09 CHAPTER 인공지능

9.1 개 요

[1] 인공지능의 정의

인공지능(Artificial Intelligence, AI)은 이제 더 이상 전문적인 용어가 아니며 관련 기술에 기반한 여러 가지 기기들이 시중에서 판매되고 있다. 인공지능은 간단하게 '인공적으로 지능을 실현하기 위한 기술과 학문'으로 정의할 수 있다. 그러나 명확하게 지능(intelligence)을 정의하기는 쉽지 않다. 이는 지능에 여러 수준이 있으며, 사람들이 생각하는 지능의 범주가 다양하기 때문이다. 예를 들어 인간이 책을 읽고 그 내용을 이해하는 것은 별다른 이견 없이 지능의 범주 내에 있지만, 개미가 흘려진 설탕에 모인다든지, 혹은 해바라기가 해를 지향하는 것이 지능이라고 부를 수 있을지에 대해서는 사람들의 의견이 일치하지 않을 것이다.

인공지능에 대한 정의의 예로서, Brown 대학의 E. Charniak 교수는 '계산 모델을 이용하여 정신적 기능을 연구하는 학문'이라 했고, MIT의 AI 연구소장을 역임한 바 있는 P. Winston 교수는 '컴퓨터가 지능을 가질 수 있도록 하는 아이디어를 연구하는 학문'이라 했다. 그러나 인공지능이란 용어 자체를 정의하려 하기 보다는 지능을 판정하는 기준을 고려하는 접근법이 오히려 이 넓고 다양한 영역을 아우르는 학문을 이해하는 데 도움이 될지 모른다. 즉, 어떤 시스템이 지능을 가지고 있는지는 그 시스템의 동작을 관찰함으로써 알 수 있다. 예를 들어 새로운 환경에 적응한다든지, 주어진 정보로부터 주어지지 않은 사항을 추론할 수 있다든지, 사실이나 사물들 사이의 관계를 관찰을 통하여 이해한다든지, 유사성을 가진 패턴을 인식한다든지, 혹은 많은 데이터들로부터 특정한 사실을 발견하는 시스템들은 모두 지능적이다. 또 지능을 가진 시스템은 기존의 사실이나 예시, 혹은 경험으로부터 자신의 성능을 향상시킬 수 있는 능력, 즉 학습(learning) 능력을 지니고 있을 수 있다. 특히 이 학습 능력은 현대 AI 연구에서 가장 주목받는 주제들 중의 하나이다. 이제 이러한 관점에서 상기의 서술에서 '시스템' 대신 '로봇'을 대입하여 생각할 때, 지능 로봇의 개념을 짐작할 수 있다.

[2] 인공지능 발전의 약사

인공지능이란 용어는 1956년 미국 Dartmouth College에서 열린 학술회의에서 이 대학의 수학과 교수였던 John McCarthy에 의하여 처음 사용되었다. 이 유명한 학술회의에는 McCarthy 외에도 초기 인공지능 연구를 선도한 Minsky, Newell, 그리고 Simon[27] 등이 참여하여 AI 연구의 출발을 알렸으며, 이들은 후에 Stanford 대학과 MIT, 그리고 CMU에서 각각 인공지능 연구 그룹을 만들었다. 이들 보다도 더 일찍 인공적인 지능의 실현 가능성을 예견한 대표적인 인물로 영국의 수학자이자 전산학자인 Alan Turing을 들 수 있다. Turing은 컴퓨터의 지능을 테스트하기 위한 방법으로 1950년 자신의 논문에서 이른바 '튜링의 시험(Turing Test)'를 제안한 바 있다. [그림 9.1(a)]에 보인 바와 같이 어떤 사람 A가 원격으로 연결된 B 및 C와 대화를 하는 경우를 가정하고, B는 실제 사람이 터미널로 대화를 하지만, C는 컴퓨터의 인공지능 프로그램이 대화문을 생성한다고 하자. A가 B와 C중 어느 쪽이 진짜 사람이고 어느 쪽이 컴퓨터 프로그램인지 대화를 통하여 구분할 수 없을 때, C는 튜링의 시험을 통과한 인공지능 시스템이라고 간주하는 것이다. 이 때 C는 컴퓨터의 속성인 빠른 속도와 정확성을 실현하기보다는 사람처럼 생각한다는 점이 중요하다. 예를 들어, 만약 A가 매우 큰 두 수의 곱을 질

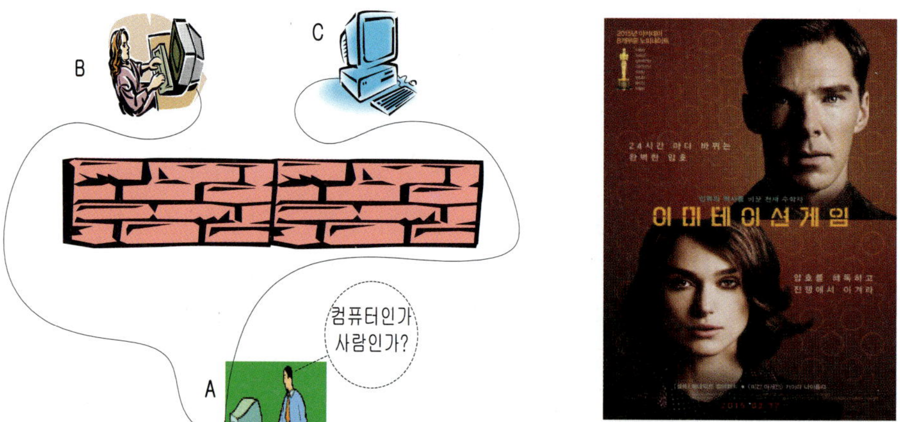

ⓒ The Weinstein Co.

(a) (b)

[그림 9.1] 튜링의 시험(Turing Test) (a) 튜링이 제안한 시험 방법, (b) 튜링의 실화를 모델로 한 영화의 포스터

27) Herbert A. Simon(1916−2001)은 흥미롭게도 1978년 경제조직(economic organizations) 내에서 의사 결정 과정에 대한 연구를 선구적으로 수행한 공로로 노벨경제학상을 받았다.

문했을 때, C는 실제로는 컴퓨터이므로 즉각적으로 정답을 계산할 수 있겠지만, 사람과 같이 모르는 체하거나 아예 질문 자체를 무시할 수 있어야 하는 것이다. 이러한 접근은 1961년 Newell과 Simon이 개발한 범용 문제 풀이자(General Problem Solver, GPS)에서도 발견할 수 있는데, 그들은 문제를 빠른 시간 내 정확하게 풀이할 수 있는 방법을 찾기보다는 사람의 문제 풀이 방식을 실현하는 데 관심이 있었다. 이들이 그 전에 작성한 Logic Theorist는 최초의 인공지능 프로그램으로 알려져 있다.

지금까지 Turing 테스트를 통과하기 위한 수많은 프로그램들이 개발되었다. 1966년 MIT의 교수인 Weizenbaum이 개발한 프로그램인 Eliza는 심리치료사의 역할을 수행할 수 있었으며, Massachusetts 종합병원에서 실험한 결과 이를 사용한 환자들의 다수는 자신의 대화 상대가 컴퓨터인지 알아채지 못했다고 한다. 그러나 Eliza가 실제로 지적(intelligent)이라고 간주할 수 있을 지에는 이론이 있을 수 있다. 왜냐하면 Eliza는 대화나 주제를 전혀 이해하지 못하며 단지 상대편이 사용한 어휘들을 문법적으로 분석하고 재배치하여 상대편으로 하여금 대화가 이루어지는 것과 같은 착각을 일으킬 뿐이기 때문이다. 예를 들어 “당신이 가장 좋아하는 축구 선수는 누구인지 알고 싶군요”라고 질문했다고 하면, 컴퓨터 프로그램이 주어진 질문으로부터 “그렇게 말하는 당신이 가장 좋아하는 축구 선수는 누구인지 알고 싶군요”라든가, “그 보다는 다른 이야기를 하고 싶군요”라는 식의 문장을 생성하는 것은 가능하며, 이 때 질문한 사람은 적어도 이것이 동문서답이라고 생각하지는 않을 것이다. 이런 식의 프로그램은 지적이라기보다는 기술적이다. 하지만 최근에 상용화된 휴대폰용 대화 앱(App)이나, AI 스피커의 성능은 인간의 자연스러운 대화 수준에 상당히 근접해 있다.

현재 인공지능의 기술들이 고도화되고 다양한 분야에서 활용되고 있으나, 그 태동기부터 지금까지 순탄하게 발전만 해 온 것은 아니다. 전술한 바와 같이 1950년대 처음 학문적으로 연구되기 시작한 후, 1960년대에 와서 인공지능의 연구는 사회적으로 큰 기대를 모았다. 특히 냉전 상황에서 미국과 구소련이 서로 과학기술의 영역에서 우위를 차지하여 이를 통해 이데올로기의 우월성을 과시하려는 경쟁이 우주 탐험이나 핵무기 개발과 같은 다른 분야에서와 마찬가지로 인공지능의 연구를 견인하였다. 그러나 인조 두뇌의 출현과 같은 막연하고 큰 기대에 비해 그 연구개발의 성과가 미미하자, 1970년대에 와서 인공지능 분야의 연구는 침체기(AI winter)를 맞게 된다. 이후 인공지능 연구의 부진이 컴퓨터 성능의 한계와 지식(knowledge)의 중요성을 간과한 결과라는 사실을 깨닫고, ‘인간과 같이 일상의 모든 분야에서 지적인 존재’를 실현하기보다 ‘좁은 영역에서 전문지식을 활용하여 제한적으로나마 인간을 대체할 수 있는 기술’을 개발하는 쪽으로 연구의 방향이 바뀌었다. 특정 영역에서 인간 전문가의 지식과 노하우를 갖추고 원하는 기능을 발휘하는 전문가 시스템(expert system)은 이러한 인식의 결과였고 성공적으로 실현되어 1980년대 인공지능 연구의 부흥을 이끌었다.

퍼셉트론(Perceptron)은 인공지능 연구 성과의 굴곡을 보여주는 대표적인 예일 수 있다. Cornell 항공연구소의 연구원으로 근무하던 Rosenblat은 1957년 생명체의 신경 조직, 즉 뉴론(neuron)을 모형화한 계산 모델인 퍼셉트론을 제안하였고, 이는 '인공 두뇌'의 실현방법으로 인식되어 큰 반향을 일으켰다. 그러나 이후 많은 투자와 노력에도 불구하고 당초 기대하였던 성능을 얻을 수 없었고, 1969년 MIT의 Minsky와 Papert가 퍼셉트론의 한계를 분석하고 지적하자 이에 대한 연구 열기는 순식간에 식어버렸다. 하지만 1980년대 들어서 Hopfield나 Rumelhart와 같은 학자들의 노력에 의하여 새로운 형태의 인공적인 뉴론의 망, 즉 인공신경회로망(artificial neural network) 구조와 이의 학습 알고리즘이 개발되었고, 이후 여러 분야에서 성공적으로 활용되었다. 근래에는 많은 수의 뉴론 층으로 구성된 복잡한 구조의 인공신경회로망을 심층 학습(deep learning)하여 영상 및 음성 인식 분야 등에서 인간의 능력에 버금가거나 오히려 능가하는 성능을 얻고 있다.

퍼지이론(fuzzy theory)은 로봇공학에서 특히 중요한 AI 기술들 중의 하나이다. 이는 1965년 UC Berkeley의 교수인 Zadeh가 퍼지 집합(fuzzy set)의 개념을 제안한 데서 비롯하였다. 처음 발표 당시에는 학계로부터 차가운 반응이 돌아왔으나, 일련의 성공적인 상업적 활용 후 이제는 유용한 기술로 확립되었다.

[그림 9.2]에서는 인공지능의 발전에 큰 기여를 한 수많은 연구자들 중에 극히 일부의 사진을 보여준다. 위에서 서술한 바와 같이 Turing은 인공지능의 서막을 연 학자였으며, Rosenblatt은 퍼셉트론의 발명가, Zadeh는 퍼지 이론의 창시자, 그리고 Hinton은 최근 인공지능 연구에서 가장 뜨거운 주제인 심층학습의 대부(godfather of deep learning)로 불린다.

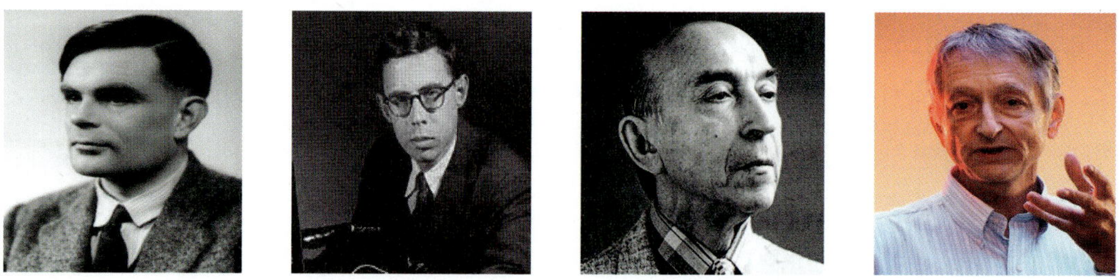

(a) (b) (c) (d)

[그림 9.2] AI 발전에 큰 기여를 한 학자들: (a) Alan Turing (1912~1954), (b) Frank Rosenblatt (1928~1971), (c) Lotfi Zadeh (1921~2017), (d) Geoffrey Hinton (1947~)

AI는 인공신경회로망과 퍼지이론의 예에서 보듯, 초기의 문제점들을 극복하고 21세기에 들어 고도화되고 정교해지면서 다양한 분야에서 상업적으로도 성공을 거두고 있다. 이른바 Levy의 도전(Levy's challenge)은 인공지능의 발전사를 극명히 보여주는 흥미로운 사건이다. 1968년 인공지능 초기 연구에서 주요한 역할을 한 John McCarthy와 당시 International Master급의 프로 체스 기사 David Levy 사이에 10년의 기한을 두고 체스(chess)용 컴퓨터 프로그램에 관한 내기가 시작되었다. 그 결과 1978년 Levy는 당시 최고의 체스 프로그램인 미국 Northwestern 대학의 Chess 4.7과 경기를 벌여 3승 1무로 이겼다. 그러나 10년 후 IBM이 만든 슈퍼 컴퓨터인 Deep Thought는 Levy와의 경기에서 4전 전승하였으며, 1997년 IBM의 Deep Blue는 당시 세계 체스 챔피언이었던 Kasparov에게 승리하였다. Deep Blue는 30개의 프로세서를 가지고 초당 2억 수를 계산할 수 있는 능력을 가지고 있었으며, 인터넷을 통해 경기가 생중계되면서 AI의 놀라운 발전상을 전세계에 각인시켰다. 한편 2007년 여름 미국인공지능학회(AAAI)의 학술회의장에서는 캐나다의 Alberta 대학에서 개발된 포커 게임용 PC 프로그램인 Polaris와 직업 포커 경기자 2인과의 경기가 열렸으며, 그 결과는 2승 1무 1패로 인간의 승리였다. 경기를 치른 후, Alberta 대학의 과학자는 포커의 경우 승리를 위해서 수리적 요소 외에도 체스와는 다르게 허풍과 감정 표현, 속임수, 그리고 우연적 요소가 필요하다고 밝혔으며, 이들은 대체로 인간에게는 존재하지만 컴퓨터에는 없는 것들이다. 2016년 이세돌 9단과의 바둑 대국에서 4승 1패로 승리한 AlphaGo는 영국의 스타트업 기업이었던 DeepMind가 Google에 인수되면서 본격적으로 개발된 인공지능 시스템이다. 이후 바둑 외에도 범용 학습이 가능한 AlphaGo Zero로 발전하였으며, 인공지능의 놀라운 능력과 가능성을 일반 대중에게 널리 알렸다.

예제 9.1

1956년 인공지능(AI)이란 용어가 처음 출현한 이래 인공지능 발전의 연대표를 작성하여라.

[그림 9.3]은 인공지능의 역사 중 중요한 사건들을 극히 간략하게 요약한 것이다. 각 사건들은 서로 연관되어 AI의 발전을 촉진하여 왔다. 예를 들어 DARPA의 자율주행 대회인 Grand Challenge는 오늘날 상용화되고 있는 자동차의 자율주행 기능 발전에 기여하였다. [그림 9.3]의 연대표를 보다 치밀하게 작성하고, 그 내용과 의의를 이해하며, 최근의 주요한 사건들까지 연대표에 포함하면서 다가올 미래를 예측해 보는 것은 독자 여러분들의 탐구 작업으로 남겨 둔다.

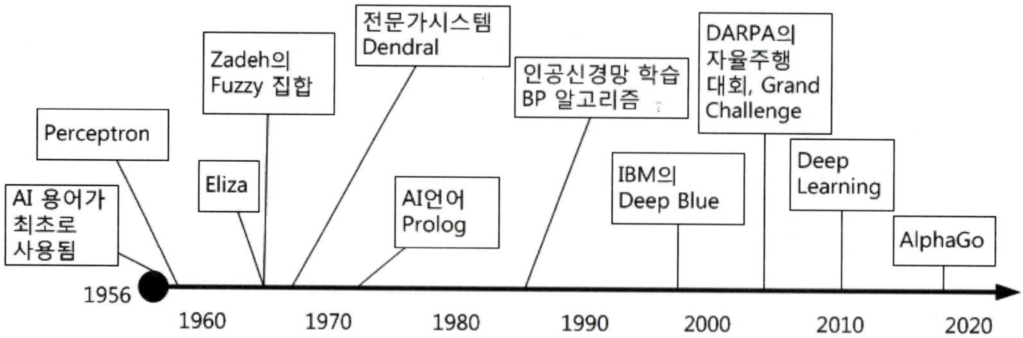

[그림 9.3] 인공지능 발전의 간략한 연대사

9.2 탐 색

컴퓨터가 주어진 문제를 자율적으로 해결하기 위해 해, 혹은 해에 이르기 위한 경로(혹은 절차)를 찾아가는 과정을 탐색(search)이라 한다. 탐색은 AI 문제 해결에서 주요한 수단이 된다. 이 분야의 초기 연구는 주로 체스 게임과 같이 주어진 규칙에 의하는 문제들을 중심으로 진행되어 왔으며, 여기서 얻어진 성과는 우주왕복선의 정비 일정 수립이나 지도상의 길 찾기(자동차의 네비게이션)와 같이 보다 상업적인 분야에의 활용을 가능하게 하였다. 탐색은 단지 가능한 해를 찾는 것만의 문제가 아니라 해를 찾는 과정의 효율성과 찾은 해의 적합성까지의 문제이므로 여러 다른 분야와 연관성이 높다. 특히 이동 로봇의 자율 주행을 위한 경로 계획과 같이 로봇공학에서도 다양하게 활용되고 있다.

[1] 탐색의 필요성

이른 바 '하노이 탑(Tower of Hanoi)' 문제는 인공지능 분야에서 자주 언급되는 문제들 중의 하나이다. 64개의 다른 지름을 가진 고리형 원반과 세 개의 기둥을 가정하자. 처음에는 원반들이 모두 하나의 기둥에 큰 것이 아래로 가도록 순서대로 차곡차곡 쌓여 있으며, 이 원반들을 다른 하나의 기둥으로 모두 옮기고자 한다. 단, 실행 규칙으로 한 번에 하나의 원반만을 옮길 수 있고, 어떤 원반이 자기보다 큰 원반 아래에 놓이는 상황이 발생하지 않아야 한다.

우리는 문제를 간단히 하기 위해 [그림 9.4]와 같이 d1, d2의 두 개의 원반만을 가지는 경우를 가정해 보자. 이 문제의 풀이 과정에 있어 가장 선행되어야 할 일은 실행 가능한 동작들을 살펴보는 것이다. [표 9.1]은 이 문제의 해답을 얻는 과정에서 정의할 수 있는 동작들의 목록이며, 이로부터 목표 상태는 {m(d1,P2), m(d2,P3), m(d1,P3)}과 같은 일련의 동작을 통해 도달할 수 있음을 알 수 있다.

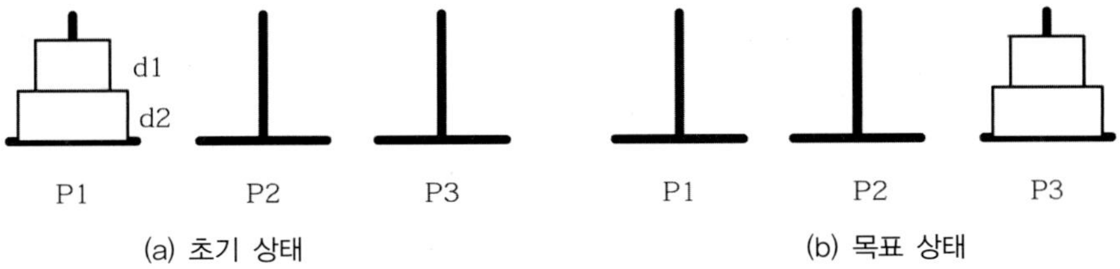

[그림 9.4] 하노이의 탑 문제(두 개의 disk를 고려한 경우)

[표 9.1] 두 개의 디스크를 가진 하노이 탑 문제에 적용 가능한 동작

동 작	작 용
m(d1,P1)	d1을 P1로 옮긴다.
m(d1,P2)	d1을 P2로 옮긴다.
m(d1,P3)	d1을 P3으로 옮긴다.
m(d2,P1)	d2를 P1로 옮긴다.
m(d2,P2)	d2를 P2로 옮긴다.
m(d2,P3)	d2를 P3으로 옮긴다.

만약 위와 같이 얻은 해를 프로그램으로 작성한다고 가정해 보자. 작성된 프로그램은 [그림 9.4(a)]의 초기 상태가 주어지면 항상 [그림 9.4(b)]와 같은 목표 상태까지 도달할 수 있는 동작들을 순차적으로 수행하게 될 것이다. 그러나 초기 상태가 다르게 주어졌을 경우나, 주어진 원반의 숫자가 달라진 경우에는 더 이상 그 프로그램은 유효하지 못하게 된다. 컴퓨터를 사용하는 기존의 비인공지능적인 방식은 임무가 주어지면 이를 해결할 수 있는 미리 결정된 절차를 수행할 뿐이다. 이 때 해에 이르는 절차는 프로그래머 등 사람이 자신의 지능에 의해 결정하므로, 컴퓨터는 프로그램을 수행하는 과정에서 어떠한 지적인 작용에도 관여하지 않는다. 한편, 이 문제에 대한 인공지능적 해법은 해에 이르기 위한 과정을 컴퓨터 프로그램이 탐색하도록 하고, 인간은 단지 현재 주어진 상태(초기 상태)와 문제가 해결된 후 요구되어지는 상태(목표 상태), 그리고 문제 풀이 방법을 제시하는 것이다.

여기서 사용한 상태(state)라는 용어는 다음과 같이 정의할 수 있다. 즉, 문제가 주어졌을 때의 상황은 풀이 과정 중에 변화하게 되며, 이 때 각 상황은 문제 해결 과정 중의 고유한 요소로 상태라 부른다. 또 이 같은 상태들의 집합을 상태 공간(state space), 혹은 문제 공간(problem space)이라 한다. 실제로 문제 해결 과정을 컴퓨터로 수행하는데 있어 이 상태 공간의 개념을 도입하면 과정이 쉽게 형식화될 수 있다.

임의의 문제는 상태 공간에서 초기 상태(initial state)와 목표 상태(goal state), 그리고 상태를 변화시키는 연산자(operator)로 정의될 수 있으며, 각 상태에서 연산자의 적용은 문제의 규칙(rules)에 따른다. 이를테면 [그림 9.4]와 같이 간략화된 하노이 탑의 문제에서 상태를 각 원반의 위치에 따라 ((P1에 있는 원반) (P2에 있는 원반) (P3에 있는 원반))과 같이 정의할 때, 문제의 초기 상태와 목표 상태는 각각 다음과 같이 표현될 수 있다.

초기 상태 : =((d1,d2)( )( ))
목표 상태 : =(( )( )(d1,d2))

문제의 규칙에 따르면 원반은 한 번에 하나씩만 움직일 수 있으므로, 초기 상태에서 적용할 수 있는 연산자는 [표 9.1]에서 m(d1,P2)와 m(d1,P3) 뿐이다. [그림 9.5]는 m(d1,P2)와 m(d1,P3)을 적용했을 때 생성되는 상태들과 또 여기에 적용할 수 있는 연산자를 보여준다.

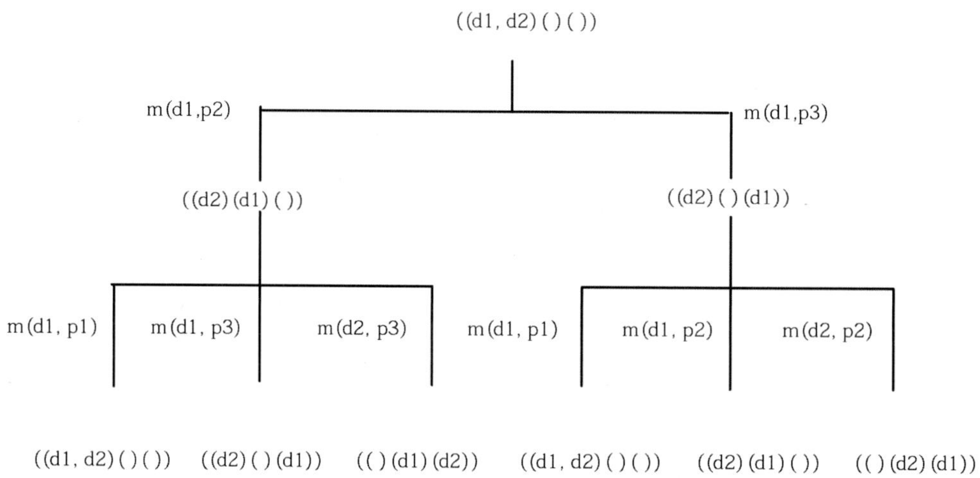

[그림 9.5] 하노이 탑 문제의 해를 탐색하기 위한 트리 구조

[그림 9.5]는 마치 나무가 거꾸로 성장하는 꼴과 같으므로, 이를 흔히 트리 구조(tree structure)라고 부른다. 여기서 트리의 구성은 다음과 같다.

상태 = 노드(node)
문제의 초기 상태 = 뿌리 노드(root node)
적용 가능한 연산자나 조건 = 가지(branch)

임의 노드에 연산자를 적용하여 한 개 이상의 노드를 생성하게 될 때, 이들을 각각 부모 노드(parent node)와 자녀 노드(children node)라 부른다. 문제 해결을 위한 트리는 뿌리 노드에서 시작해서 목표 상태를 자녀 노드들 중 하나로 생성할 때 성장을 멈추게 된다. 여기서 주의할 것은 문제를 해결하는 데 트리의 전체 모양을 완성할 필요는 없다는 것이다. 즉, 트리의 일부만 생성하고도 목표 노드를 발견할 수 있다면 그것으로 족한 것이다. 뿌리에서 목표 노드까지 얼마나 간단히 도달할 수 있는가 하는 것(즉, 얼마나 작은 트리를 만드느냐 하는 것)이 문제 해결의 효율을 의미하는 것이 될 수 있으며, 이는 각 노드에서 어느 가지를 택할 것인가를 결정하는 탐색 기법에 달려있다.

[그림 9.5]와 같은 탐색 트리에서 이미 생성된 적이 있는 노드가 또 다시 생성되는 현상에 주목할 필요가 있다. 먼저 생성되었던 노드의 재생성은 탐색의 효율을 저하시키거나 탐색이 무한 루프에 빠지게 될 위험을 초래할 수 있다. 따라서 단방향성(뿌리→목표) 구조보다 노드 상호 간의 관계를 표현할 수 있는 양방향성 구조가 유용할 수 있으며, 이를 그래프 구조(graph structure)라 부른다.

AI 탐색이 필요한 또 다른 예로 이른 바 '순회판매원 문제(Traveling Salesman Problem, TSP)'가 있다. 순회판매원 문제는 특히 지능적 탐색의 필요성을 인식할 수 있게 해 준다. 만약 여러 도시를 돌아다니며 물건을 판매하는 사람이 있다고 하자. 이 사람은 될 수 있는 한 최단 경로로 여행하고자 할 것이다. 이를 위해 가능한 모든 경로를 비교하여야 할 것인데, 경로의 숫자는 방문하여야 하는 도시의 수 N에 의해 결정된다. 단, 한 번 방문한 도시는 경로 중 다시 방문하지 않고, 결정된 경로에는 모든 방문 도시들을 포함하여야 한다는 조건이 있다.

만약 방향을 고려하지 않는다면, 세 개의 도시를 방문할 경우 가능한 경로는 한 개뿐이다. 그러나 네 개의 도시에 대해서는 [그림 9.6]와 같이 세 개가 되고, N개의 도시에 대해서는 $(N-1)!/2$개가 된다. 예를 들어, N=5인 경우에는 12개의 경로가 가능하고, N=10인 경우에는 181,440개의 경로, 그리고 N=20인 경우에는 무려 60,822,550,204,416,000개의 경로가 가능하다. 이처럼 가능한 경우의 수가 급속히 늘어나는 현상을 '조합적 폭발(combinatorial explosion)'이라고 부른다. 그렇다면 이렇게 많은 경로를 각각 비교하여 최단의 경로를 실시간 내에 찾는 것이 가능한가 하는 문제와 그런 식으로 최단의 경로를 찾는 것이 의의가 있는가 하는 의문이 생긴다. 여기에 대한 대답은 많은 실제적 문제에서 그렇지 않다는 것이다. 즉, 최적의 해를 오랜 검색 끝에 찾는 것보다는 납득할 수 있는 해를 적당한 시간 내에 찾는 것이 더욱 바람직한 상황이 많다. 이것은 우리 인간들이 일상생활에서 사용하고 있는 방식이기도 하다. 예를 들어 점심식사를 하기 위해 식당이나 식단을 선택할 때, 가격과 맛, 영양가, 청결성, 음식의 재료, 식당 분위기, 혹은 서비스의 질 등을 고려하겠지만, 어떤 선택이 지불되는 가격에 비해 최적인지 모든 메뉴와 가능성에 대해 계산하고 비교하지는 않는다. 다만 납득할 수 있는 정도이거나 적당히 만족스러우면 그것을 선택하게 되고, 설혹 그 것이 최적이 아니더라도 대체로 큰 문제가 되지 않는다. 이와 같이 수학적으로 최적이라고 증명할 수는 없으나 경험적으로 볼 때 평균적으로 혹은 확률적으로 납득할 수 있는 해를 얻게 하는 방식이나 기술을 휴리스틱(heuristic)하다고 한다.

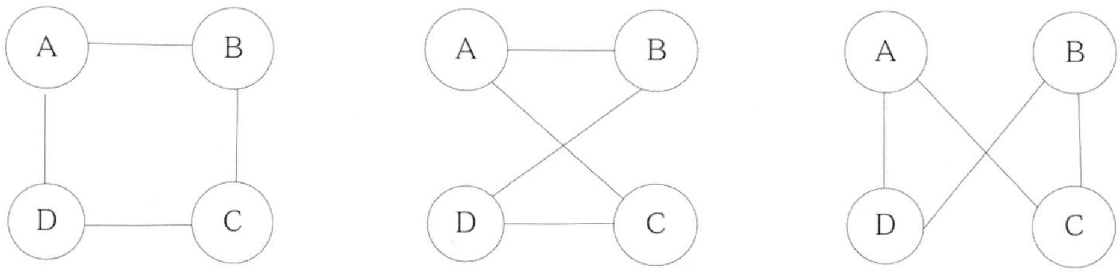

[그림 9.6] 순회판매원 문제에서 네 개의 도시에 대해 가능한 세 개의 경로

[2] 탐색 기법

앞 절에서 주어진 조건 아래 해에 이르는 경로를 탐색 트리를 이용하여 찾을 수 있음을 알았다. 그런데 어떻게 경로를 찾을 것인지 구체적인 방법에 대해서는 서술되지 않았다. 예를 들어 [그림 9.5]의 탐색 트리로 표현되는 하노이 탑 문제에서 가장 처음 고려할 것은 m(d1, p2)와 m(d1, p3) 중 어떤 연산자를 택할 것인가 하는 것이다. 우리는 목표 노드에 도달할 때까지 이와 같은 결정을 계속 반복하게 되는데, 그 결정의 효율성이 높을수록 작은 트리를 구성하며 빨리 목표 노드를 발견할 수 있게 된다.

탐색 트리에서 목표 상태에 도달하기 위한 일련의 경로를 찾는 탐색 기법들 중 가장 간단한 것은 아무런 전략 없이 그냥 임의로 나아가는 것이다. 이러한 방식을 사용하면 언젠가는 해를 찾게 되겠지만 분명 체계적인 방법은 되지 못한다. 이는 마치 거대한 영국박물관에서 특정 소장품을 이리저리 무작정 찾으러 다니는 것과 비견될 수 있으므로 이를 영국박물관 알고리즘(British Museum Algorithm, BMA)이라고 부른다. BMA는 흔히 생각할 수 있는 가장 낮은 단계의 탐색법으로 알려져 있지만, 탐색영역이 제한되어 있거나 적절히 축소될 수 있다면 간단하고도 유용한 알고리즘이 될 수도 있다. 예를 들어 [그림 9.4]의 경우처럼 두 개의 원반만 존재하는 하노이 탑 문제의 경우 구성할 수 있는 탐색 공간의 크기가 극히 작고 제한적이므로, 프로그래머가 탐색 기법을 오래 고민하여 코딩하기보다는 불규칙적이고 임의적인 선택을 수행하게 하는 것이 오히려 쉬운 해결책이 될 수도 있을 것이고, 컴퓨터가 결과를 얻는 데 걸리는 시간도 충분히 짧을 것이다.

그러나 문제의 영역이 커서 탐색 트리가 복잡하게 생성되는 경우, BMA 방식으로는 적당한 시간 내에 해를 찾지 못할 가능성이 크므로, 보다 체계적인 방식이 필요하게 된다. 깊이우선탐색(Depth-First Search, DFS) 기법은 탐색 트리의 수직 방향으로 점차 깊은 곳까지 목표 노드를 찾아 탐색해 나가는 기법이다. 이 때 만약 목표 노드를 만나지 못하고 경로가 끝나게 되면 트리를 거꾸로 따라 올라오면서(back-tracking) 처음 만나는 탐색한 적이 없는 경로로 계속 진행하게 된다. 예를 들어 [그림 9.7(a)]는 전 탐색 영역이 2단계의 7 노드로 구성되어 있고 ⓖ 노드가 목표(goal)인 경우, DFS 기법에 의해 탐색되는 순서를 보여준다. 그림에서와 같이 우선 수직 하방으로 ⓐ, ⓑ, ⓓ 노드들을 차례로 탐색한 후 경로가 끝나게 되면 ⓑ로 되돌아와서 ⓔ의 경로로 나아가는 방식으로 탐색을 진행하게 된다.

한편 DFS와는 달리 임의 단계에서 횡방향으로 모든 노드들을 탐색한 후 해가 발견되지 않으면, 한 단계 깊이를 확장하여 새로이 생성된 자녀 노드들을 다시 모두 횡방향으로 탐색하는 식으로, 목표 노드를 만날 때까지 단계별로 횡방향의 탐색을 진행해 나가는 방식을 너비우선탐색(Breadth-First Search, BFS) 기법이라고 한다. [그림 9.7(b)]는 BFS 기법을 사용할 때의 탐색 순서를 보여준다. BFS는 뿌리 노드를 기준으로 단거리 우선으로 모든 노드를 탐색하므로, 해에 이르는 경로가 다수인 경우 항상 최단의 경로, 즉 최적의 해를 찾는다.

DFS나 BFS와 같은 탐색 기법들은 간단한 규칙에 의하므로 프로그래밍하기는 쉽지만, 해를 찾을 때까지 거의 모든 가능한 영역을 소모적으로 탐색해 나가게 된다. 따라서 문

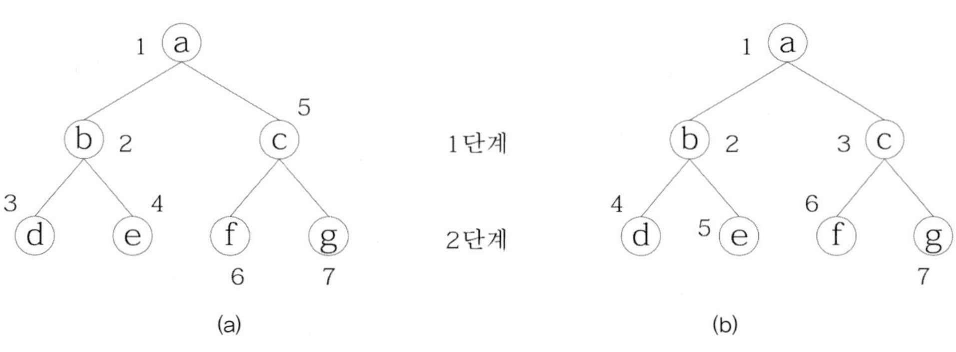

[그림 9.7] 기본 탐색 기법: (a) 깊이우선탐색기법(DFS), (b) 너비우선탐색기법(BFS). 그림에서 ⓖ 노드가 목표인 경우이며, 숫자는 탐색의 순서를 의미한다.

제가 복잡하면 정해진 시간과 저장 공간의 조건을 만족시키는 해를 찾지 못할 가능성이 있다. 하지만 만약 우리가 문제 영역에 대한 정보나 지식을 탐색에 이용할 수 있다면 보다 효율적으로 목표에 도달할 수도 있다. 여기서 탐색의 기준으로 사용되는 정보는 흔히 완전하지 못하고 불확실성을 내포하므로, 수학적으로 최적의 해를 도출하려 하기 보다는 대체로 받아들일 수 있는 해를 적당한 비용으로 얻게 해 주는 휴리스틱 기법이 유용할 수 있다. 탐색에 의한 이동 로봇의 목표 지점까지의 주행을 위한 경로 계획에 주로 사용되는 휴리스틱 기법으로 A* 알고리즘(A* Algorithm)[28]이 있다.

A* 알고리즘은 탐색 트리에서 임의 노드 N의 평가 함수(evaluation function) f(N)을 아래와 같이 정의하고, 가장 작은 평가 함수를 가지는 노드를 선택한다.

$$f(N) = g(N) + h(N) \tag{9.1}$$

여기서 g(N)은 초기 뿌리 노드에서 임의의 노드 N까지의 최단 거리이며, h(N)은 노드 N에서 목표 노드까지의 최단 거리이다. 식 (9.1)은 뿌리 노드에서 목표 노드에 이르는 경로를 찾되, 노드 N을 거치는 것을 제약 조건으로 하는 것을 의미한다. 실제로 알고리즘을 적용할 때 h(N)은 미지이므로[29], 아래와 같이 식 (9.2)는 수정되어야 한다.

$$f(N) = g(N) + \hat{h}(N) \tag{9.2}$$

단, $\hat{h}(N)$은 h(N)의 추정치

만약 모든 N에 대해 h(N)을 무시하고 f(N)=g(N)을 평가 함수로 사용한다면, 이는 평가 함수로 뿌리 노드와의 거리만을 고려한다는 의미가 되므로, 낮은 깊이에 있는 노드를 우선 탐색하게 되어 결국 BFS와 같게 된다. 따라서 식 (9.2)와 같은 평가 함수를 이용하는 기법은 BFS를 해 나가는 데 있어 각 노드에서 목표에 이르는 경로가 얼마나 짧을 것인가의 추정치를 이용하는 것으로 해석할 수 있다.

---

28) "에이 스타 알고리즘: A−Star Algorithm"이라고 읽는다.

29) 목표 노드까지의 경로를 모르니까 탐색하는 것이고, 그러니 당연히 h(N)은 미지이다.

예제 9.2

[그림 9.8(a)]와 같이 평면을 적당한 크기의 격자 좌표로 나눌 때 이동 로봇이 (1, 1)의 위치에 있고, (4, 1)의 위치를 목표점으로 이동한다고 가정해 보자. 로봇의 이동 경로를 A* 알고리즘에 의하여 계획하여라. 단, 로봇은 수직 및 수평, 그리고 대각선 방향으로 진행할 수 있되, 빗금 격자로 표시된 장애물 위로는 지나갈 수 없다고 하자.

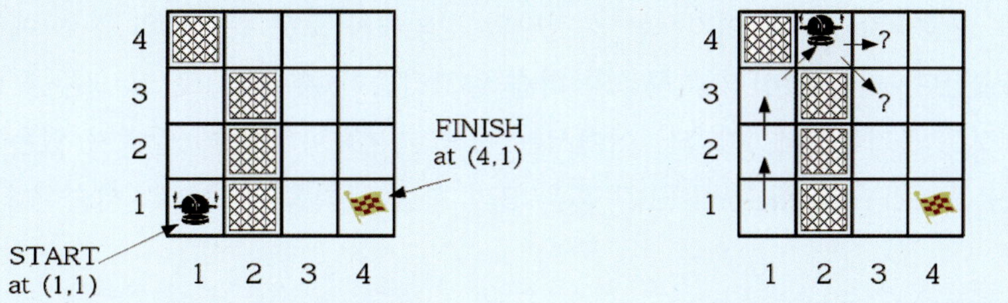

(a) 설정된 출발점과 목표점 (b) 경로의 선택이 필요한 경우

[그림 9.8] 격자 평면에서의 이동 로봇의 경로 계획

[그림 9.8(a)]의 출발 위치에서 로봇이 나아갈 수 있는 곳은 (1, 2)밖에 없다. 이처럼 (2, 4) 위치에 이를 때까지 로봇은 선택의 필요성이 없다. 그러나 [그림 9.8(b)]에 보인 바와 같이, (2, 4) 위치에서는 로봇이 (3, 4)로 가야할지, 아니면 (3, 3)으로 가야할지를 결정하여야 한다. 각 격자는 단위 길이의 정방형이라고 가정하고, 두 후보 지점에서의 $\hat{h}$ 값을 목표점까지의 직선 거리로 추정하면, 각각의 평가 함수는 식 (9.3)과 식 (9.4)와 같이 계산된다. 식의 계산 과정에서 앞의 괄호는 후보 지점에 올 때까지 통과한 실제 거리, 즉 식 (9.2)에서 g에 해당한다. 그리고 뒤의 괄호는 후보 지점으로부터 목표 지점까지의 추정 거리를 직선 거리로 하여 피타고라스 정리에 의해 계산한 것으로 $\hat{h}$에 해당한다. 계산 결과 (3, 3) 좌표의 평가 함수가 더 낮으므로, 이 방향을 선택하는 것이 적절하다.

$$f(3,4) = (1+1+\sqrt{2}+1) + (\sqrt{1^2+3^2}) = 7.576 \quad (9.3)$$

$$f(3,3) = (1+1+\sqrt{2}+\sqrt{2}) + (\sqrt{1^2+2^2}) = 7.064 \quad (9.4)$$

이와 같이 각 선택의 순간에서 평가 함수를 계산하고 평가 함수가 낮은 쪽으로 진행하되, 만약 이미 지나온 노드를 탐색 과정 중에 다시 만나게 되면 그 노드는 향후 탐색에서 제외시킨다.

9.3 인공신경회로망

1980년대 중반 이후 인공신경회로망(Artificial Neural Network, ANN), 혹은 간단히 신경망(Neural Net, NN)에 대하여 많은 연구들이 수행되었고, 다양한 분야에서 성공적으로 활용되어 왔다. 여기서는 신경망의 정의에서 로봇 분야에의 활용 예까지를 간단히 서술한다. 다양한 신경망 구조와 학습 알고리즘이 존재하므로 그 모두를 여기서 소개하는 것은 불가능하다. 따라서 여기서는 가장 기본적이며 널리 알려져 있는 오류역전파(Error BackPropagation, EBP 혹은 BP) 학습 규칙을 중심으로 서술한다.

[1] 신경망의 개요

인공지능의 연구는 크게 두 가지 접근법으로 나눌 수 있다. 즉, 사람이나 생명체의 지적인 기능을 컴퓨터를 이용하여 효율적으로 실현하고자 하는 방식과 생명체가 어떻게 그러한 지적 기능을 발휘하는지 원리를 발견하고 그 원리를 인공적으로 실현하는 방식이 그것들이다. 즉, 전자는 '두뇌가 하는 바(What the brain does)'를 인공적으로 실현하려 하는 데 반해, 후자는 '어떻게 두뇌가 작동하는가(How the brain works)'의 모형을 정립하는 데 관심을 가진다. 전자의 경우 문제의 해결에 필요한 방법이나 절차, 혹은 제약 조건 등을 컴퓨터가 처리할 수 있도록 표현하는 것이 기본이 되므로 이 부류의 연구를 부호주의(symbolism)라고 부른다. 한편 후자에 있어서는 동물 신경의 연결 구조와 이를 통한 신호 전달 및 처리 방식에 관심을 가지므로 연결주의(connectionism)라고 부른다. 근대 이후 연결주의적 연구는 생물학, 인지과학, 심리학 등의 분야에서 중요한 연구 주제였다. 그러나 공학적인 측면에서 볼 때, 그 연구의 성과는 오랫동안 미미하였다. 따라서 1950년대부터 시작된 인공지능 연구의 주류는 기호주의에 있어 왔다. 하지만 점차 기능지상주의적인 방법의 한계가 드러나기 시작하고, 이의 해결책으로 생물학적 모델에 착안한 접근법이 각광받기 시작하면서 인공신경회로망에 대한 관심도 자연스럽게 높아졌다. 특히 1980년대 이후 기존의 몇 가지 기술적 난점을 극복할 수 있는 방법이 제시되면서 다양한 이론과 모델 및 활용법이 생겨났다.

인간의 두뇌에는 뉴론(neuron)이라고 불리는 신경세포가 무수히 상호 연결되어 감각기를 통하여 입력되는 정보를 처리한다. 과학자들의 연구에 의하면 인간의 두뇌에는 약 10^{11}개의 신경세포들이 10^{15}개의 상호 연결을 이루는 것으로 추정되고 있다. 이 세포들 사이의 정보 교환은 병렬적으로 수행되고, 학습에 의하여 이러한 정보 교환 기능이 활성화된다고 한다.

생물의 뉴론 조직은 다양한 방식에 의하여 공학적으로 실현될 수 있다. 즉, 인공신경회로망 ANN은 두뇌의 뉴론 연결을 간단한 계산 단위인 노드(node)들의 연결 관계로 모형화한 것이다. 핀란드 Helsinki 공과대학(HUT) 교수를 역임한 T. Kohonen의 정의에 따르면, ANN은 '생물학적 신경계에서와 같은 방법으로, 실세계의 사물과 상호 작용할 수 있도록 하기 위한, 대량의 병렬 연결된 단순한(대부분 적응적인) 요소들의 망과 이들의 계층적 조직 : Massively parallel interconnected networks of simple(usually adaptive) elements and their hierarchical organizations which are intended to interact with the objects of the real world in the same way as biological nervous systems do'이다. 대체로 신경망은 생물의 뉴론 구성과 컴퓨터 연산 구조의 중간 정도의 특성을 가지며, 기존의 방식으로 서술하기 어려운 복잡한 문제나 시스템의 구체적인 이해 없이도 '예를 통한 학습(learning by examples)'에 의하여 해를 구하거나 모형화하는 데 유용한 기계학습(machine learning) 영역의 대표적인 도구이다.

[2] 퍼셉트론, 다층퍼셉트론, 그리고 신경망의 학습방법

Rosenblat은 1957년 하나의 생물 뉴론을 [그림 9.9(a)]와 같이 모형화할 것을 제안하고, 이를 퍼셉트론(Perceptron)이라고 불렀다. 퍼셉트론에서 처리할 N차원의 데이터 $X=(x_0, x_1, ..., x_{N-1})^T$는 각각의 가중치 $W=(w_0, w_1, ..., w_{N-1})^T$가 곱해진 후 뉴론에 입력된다. 입력된 값들은 식 (9.5)에서 보인 바와 같이 일단 더해진 후, 식 (9.6)에서 보인 바와 같이 그 합이 임의의 임계치(threshold) θ 이상인 경우 출력값 O가 1이고, θ 보다 작은 경우에는 0이 된다. 여기서 임계치는 바이어스(bias)라고 부르기도 한다.

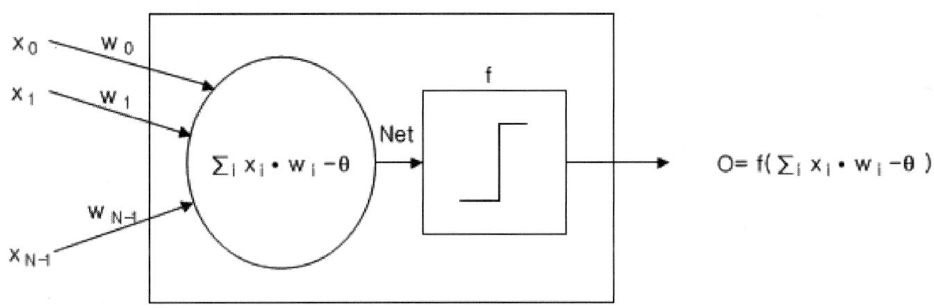

(a)

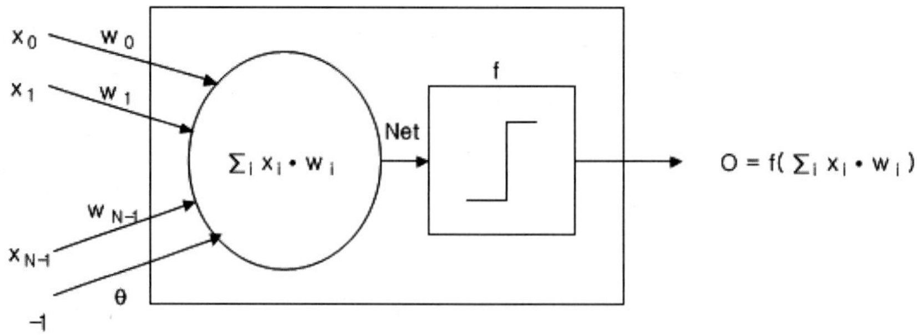

(b)

[그림 9.9] 퍼셉트론의 구조: (a) 기본 구조 : i=0∼N−1, (b) 임계치(θ)를 가중치(W)와 동시에 학습하기 위한 변형 구조 : i=0∼N

$$\text{Net}=\sum_{i=0}^{N-1} w_i x_i - \theta \tag{9.5}$$

$$O = \begin{cases} 1 & \text{if Net} \geq 0 \\ 0 & \text{Otherwise} \end{cases} \tag{9.6}$$

식 (9.6)과 같이 뉴론에 입력된 신호들을 어떤 출력 값에 대응시키는 것을 활성함수(activation function)라 한다. 퍼셉트론에서 사용된 함수는 [그림 9.9]와 식 (9.6)에 보인 바와 같이 이진의 출력과 비선형 및 불연속의 특징을 가지며 하드리미터(hard limiter)라고 부른다. 하드리미터 외에도 다양한 활성함수가 존재하며, [그림 9.10]에는 자주 사용되는 몇 가지 활성함수들의 예시를 보여 준다. 로그 시그모이드, 혹은 단순히 시그모이드(sigmoid)라 부르는 함수는 널리 사용되지만 출력이 양의 1 미만 값으로 한정되는 특성이 있다. 이에 비해 탄젠트 시그모이드 함수(tan sigmoid function)는 음의 출력이 가능하며, 선형 함수(linear function)는 그 크기가 제한받지 않는다. 만약 시그모이드나 탄젠트 시그모이드 함수를 출력 뉴론의 활성 함수로 사용할 때는 출력의 범위를 0과 1 사이, 혹은 −1과 1 사이 값으로 변환하여 학습할 필요가 있다.

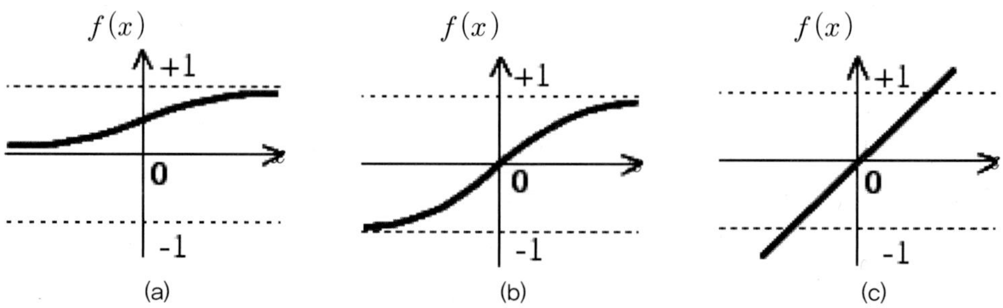

[그림 9.10] 신경망 뉴론의 활성 함수 예시: (a) Log-sigmoid, (b) Tan-sigmoid, (c) Linear

예제 9.3

[표 9.2]에서 논리합(OR)의 4개 패턴 p1~p4에 대해 [그림 9.9(a)]와 같은 구조로 퍼셉트론을 구성하였다. w_0=0.3, w_1=−0.1, θ=0.6일 때 출력을 계산하라. 그리고 출력 활성함수로 하드리미터를 사용하는 경우와 선형함수를 사용하는 경우 어떤 차이가 있는가?

[표 9.2] 논리의 진리표

패턴	입력 X		논리별 출력 D		
p	x_1	x_0	OR	AND	XOR
1	0	0	0	0	0
2	0	1	1	0	1
3	1	0	1	0	1
4	1	1	1	1	0

2개 입력과 1개 출력의 논리합을 구현하기 위한 퍼셉트론 구조는 [그림 9.11]과 같다. 퍼셉트론의 결과값은 식 (9.5)에 의하여 결정되며, 이 계산값 Net는 [그림 9.10(c)]와 같은 선형의 활성함수를 사용하였을 때는 그대로 출력이 된다. 즉, O=Net이다. 그리고 만약 하드리미터 함수를 사용한다면 식 (9.6)을 수행하면 된다.

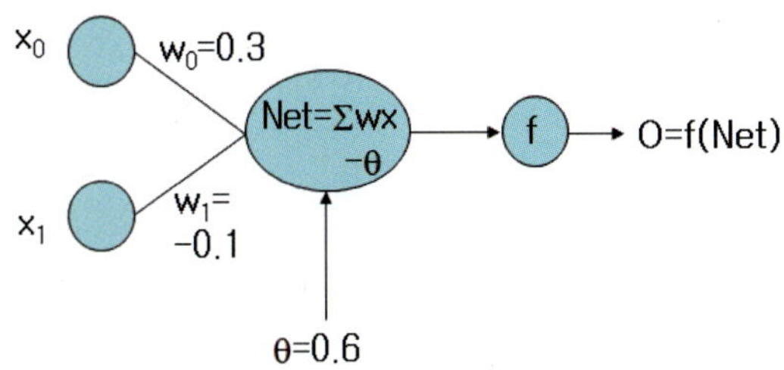

[그림 9.11] 논리적 합(OR)를 위한 퍼셉트론의 예

먼저 첫 번째 패턴인 p1에 대해서 선형함수를 활성함수라 가정하고 Net를 계산하면

$Net_{p1} = w_0x_0 + w_1x_1 - \theta = 0.3\times0 - 0.1\times0 - 0.6 = -0.6$

과 같다. 만약 하드리미터를 활성함수로 사용한다면 Net값이 0보다 작으므로 뉴론의 p1에 대한 출력은 $O_{p1} = 0$이고, 이는 원하는 출력 $D_{p1} = 0$와 일치한다. 그러나 같은 방식으로 다른 3개의 패턴에 대해서 Net와 출력 O를 계산하면 다음과 같다.

$Net_{p2} = 0.3\times0 - 0.1\times1 - 0.6 = -0.7 \le 0$ 이므로 $(O_{p2} = 0) \ne (D_{p2} = 1)$

$Net_{p3} = 0.3\times1 - 0.1\times0 - 0.6 = -0.3 \le 0$ 이므로 $(O_{p3} = 0) \ne (D_{p3} = 1)$

$Net_{p4} = 0.3\times1 - 0.1\times1 - 0.6 = -0.4 \le 0$ 이므로 $(O_{p4} = 0) \ne (D_{p4} = 1)$

따라서 이 퍼셉트론은 현재의 가중치와 임계치로는 원하는 결과 D와 다른 출력을 보이므로, 학습이 필요하다.

한편, 학습이 잘 된 경우는 예를 들어 $w_0 = 0.3$, $w_1 = 0.5$, $\theta = 0.2$와 같은 가중치와 임계치를 가질 수 있겠다. 이 경우에는 Net와 하드리미터 함수의 출력 Out이 다음과 같이 계산될 것이며, 이는 원하는 출력 D와 같으므로 이 퍼셉트론은 원하는 논리합의 연산을 수행할 수 있다.

$Net_{p1} = -0.2,\ O_{p1} = 0$;　　$Net_{p2} = 0.3,\ O_{p2} = 1$;　　$Net_{p3} = 0.1,\ O_{p3} = 1$;
$Net_{p4} = 0.6,\ O_{p4} = 1$

퍼셉트론의 학습을 위해서 다수의 입출력 값들의 예가 필요하다. 이들 학습용 데이터를 신경망에 제시하면서 오차를 점차 줄일 수 있도록 반복적으로 연결 가중치 W를 조정하고, 그 오차의 크기가 원하는 수준 이하일 때 학습을 종료한다. 일단 학습된 신경망은 학습에 사용하지 않은 데이터를 적용하였을 때도 그럴듯한 값을 출력할 수 있어야 하며, 이를 신경망의 일반화(generalization) 능력이라 부른다. 학습시에는 임계치도 연결 가중치와 같이 학습되어야 하므로, 실제로는 [그림 9.9(b)]가 주로 사용된다. 즉, $x_N = -1$로 추가된 입력을 가정하고, 임계치 θ를 이 입력에 대한 연결 가중치 $w_N = \theta$로 간주하면 학습이 간편해진다. 이와 같은 방식을 고려하여 [그림 9.9(b)]에 맞도록 식 (9.5)를 다시 쓰면 식 (9.7)과 같다.

$$\text{Net} = \sum_{i=0}^{N} w_i x_i \tag{9.7}$$

식 (9.7)의 가중치 $W = (w_0, w_1 \cdots, w_{N-1}, \theta)^T$를 학습하기 위한 퍼셉트론 학습법에는 여러 가지가 있지만, 여기서는 반복 학습법(iterative learning)인 델타 규칙(delta rule)[30]을 설명한다. 만약 뉴론의 출력 활성함수로 [그림 9.10(c)]와 같은 선형함수를 사용한다고 가정하면, 식 (9.7)의 Net가 바로 퍼셉트론의 출력 O이며, 이 값이 원하는 목표값 D에 근접할 수 있도록 가중치를 반복적으로 조금씩 수정한다. [표 9.3]에서는 델타 규칙 알고리즘을 보여 준다.

---

30) 발명자의 이름을 따서 Widrow-Hoff 학습 규칙이라고 부르기도 한다.

[표 9.3] 퍼셉트론의 학습을 위한 Delta Rule 알고리즘(선형 활성함수를 사용하는 경우)

(단계 1) 초기화:

모든 가중치 $W=(w_0, w_1 \cdots, w_{N-1}, \theta)^{\mathrm{T}}$를 -1~1 사이 임의의 값들로 초기화한다.

(단계 2) 신경망 출력의 계산:

입력 $\mathrm{X}=(x_0,\ x_1,\ \cdots,\ x_{N-1}, -1)^{\mathrm{T}}$에 대해 가중치 W를 곱하여 출력 Net를 계산한다. 선형의 활성함수를 가정하면, Net가 신경망 뉴론의 출력 O가 되므로, 식 (9.7)를 다음과 같이 다시 쓸 수 있다.

$$\mathrm{O} = f(\mathrm{Net}) = \mathrm{Net} = W \cdot X = \sum_{\mathrm{i}=0}^{\mathrm{N}} w_i x_i \quad \text{단, f 는 선형함수} \tag{9.7}$$

(단계 3) 델타의 계산:

주어진 입력에 대해 원하는 출력 D와 실제 계산된 출력 O 사이의 차인 delta를 구한다.

$$\delta = (D - O) \tag{9.8}$$

(단계 4) 종료 조건:

모든 학습용 데이터에 대한 delta의 합이 충분히 작으면 잘 학습된 것이므로 알고리즘을 종료한다. 즉, 종료조건은 다음과 같다.

Stop if $|\sum_p \delta_p| < \epsilon$

여기서 ϵ은 임의로 미리 지정한 값이다. 그리고 제대로 학습이 일어나지 않아 너무 오랜 동안 학습이 계속될 수 있기 때문에 반복학습의 최대 허용 횟수를 제한하는 조건을 추가할 수 있다. 종료 조건이 만족되지 않으면 다음 단계인 (단계 5)로 간다

(단계 5) 가중치의 수정:

가중치를 다음과 같이 수정한다.

$$w_i(t+1) = w_i(t) + \Delta w_i,\ i=0,\cdots,N \tag{9.9}$$

$$\text{단, } \Delta w_i = \alpha(D-O)x_i \tag{9.10}$$

여기서 α는 임의의 학습률로 $0 < \alpha < 1$.

(단계 2)로 돌아가 수정된 가중치로 그 다음 데이터에 대해 처리를 되풀이 한다.

예제 9.4

이 예제는 델타 규칙에서 가장 중요한 요소인 식 (9.10)을 심층적으로 알아보기 위한 추가 학습 사항을 담고 있다.

(1) 델타 규칙에서는 가중치의 학습을 위해 식 (9.10)을 사용한다. 이 식을 유도하라.

(2) [표 9.3]에서는 뉴론의 활성함수가 선형이라는 가정을 사용하고 있다. 그런데 만약 선형 함수가 아니라 임의의 활성함수이면 학습법은 어떻게 바뀌는가? 예를 들어 [그림 9.10(a)]의 시그모이드 함수를 사용하는 경우 식 (9.10)은 어떻게 바뀌는지 생각해 보라.

(1) 델타 규칙에서 가장 핵심적인 사항인 식 (9.10)을 유도한다. 우선 신경망이 현재의 가중치로 계산한 결과인 O와 주어진 입력에 대해 원하는 출력 D 사이의 차이인 델타로부터 오차함수를 식 (9.11)과 같이 정의한다. 여기서 델타는 음

이 될 수도 있기 때문에 이를 제곱하여 오차의 크기를 나타내는 함수로 사용한 것이다. 식에서 1/2은 학습 알고리즘의 유도 과정 중 발생하게 될 불필요한 상수, 즉 제곱식의 미분에 의해 생기는 2를 상쇄하기 위해 사용된 것으로, 이의 사용 유무가 알고리즘의 목표인 오차 크기의 최소화에는 영향을 미치지 않으므로 굳이 주목할 필요는 없다.

$$E = \frac{1}{2}(D - O)^2 = \frac{1}{2}(D - \sum_{i=0}^{N} w_i x_i)^2 = \frac{1}{2}\delta^2 \tag{9.11}$$

가중치의 변화에 따른 오차함수 E의 변화율을 다음과 같이 편미분으로 표현한다.

$$\frac{\partial E}{\partial w_i} = \frac{\partial(\frac{1}{2}(D - O)^2)}{\partial w_i}$$

그런데, 미분의 연쇄규칙(chain rule) $\partial b/\partial a = (\partial c/\partial a)(\partial b/\partial c)$를 이용하여 위의 식은 다음과 같이 전개할 수 있다.

$$\frac{\partial E}{\partial w_i} = \frac{\partial(\frac{1}{2}(D - O)^2)}{\partial w_i} = \frac{1}{2}\frac{\partial(D - O)^2}{\partial O}\frac{\partial O}{\partial w_i}$$

$$= -(D - O)\frac{\partial(\sum w_i x_i)}{\partial w_i} = -(D - O)x_i \tag{9.12}$$

한편, 우리는 [그림 9.12]에 보인 바와 같이 가중치의 변화에 따라 오차함수가 점차적으로 줄어드는 방향이 되기를 원하므로 식 (9.12)에 음의 기호를 붙인다.

$$\Delta w_i = -\frac{\partial E}{\partial w_i} = (D - O)x_i \tag{9.13}$$

식 (9.13)은 델타 규칙의 학습법, 즉 식 (9.10)과 동일하다. 다만 학습률 α는 적당한 임의의 값으로 지정하면 된다. 일반적으로 α가 크면 학습이 크게 일어나지만 데이터 마다 결과가 진동하여 학습이 불안정할 수 있고, 반대로 α가 작으면 학습이 너무 늦게 진행될 수 있다. 대부분 α는 주어진 문제에서 시행착오를 거쳐서 결정된다.

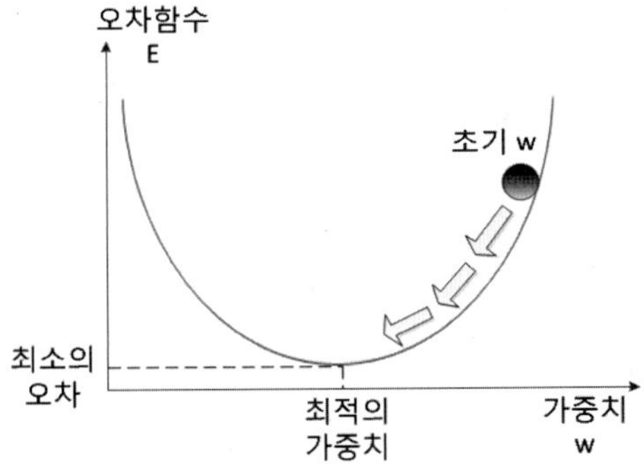

[그림 9.12] 신경망의 가중치 변화에 따른 오차의 변화

(2) 신경망 출력 뉴론의 활성함수를 f 라 하면, 뉴론의 출력은

$O = f(Net) = f(\sum w_i x_i)$이므로 식 (9.12)는 다음과 같이 수정된다.

$$\frac{\partial E}{\partial w_i} = (\frac{1}{2}\frac{\partial (D-O)^2}{\partial O})\frac{\partial O}{\partial w_i} = -(D-O)\frac{\partial (f(Net))}{\partial w_i} = -(D-O)\frac{\partial Net}{\partial w_i}\frac{\partial (f(Net))}{\partial Net}$$

$$= -(D-O)\frac{\partial (\sum w_i x_i)}{\partial w_i} f'(Net) = -(D-O)x_i f'(Net) \qquad (9.14)$$

만약 활성함수가 [그림 9.10(a)]의 로그 시그모이드(log-sigmoid) 함수라면, 뉴론의 출력은

$$O = f(Net) = \frac{1}{1+e^{-Net}} \qquad (9.15)$$

와 같이 계산되며, 이의 미분은 다음과 같다.

$$f'(Net) = \frac{df}{dNet} = \frac{d(\frac{1}{1+e^{-Net}})}{dNet} = \frac{e^{-Net}}{(1+e^{-Net})^2} \qquad (9.16)$$

여기에 식 (9.15)를 고려하면,

$$f'(Net) = \frac{e^{-Net}}{(1+e^{-Net})^2} = \frac{1}{1+e^{-Net}}\frac{e^{-Net}}{1+e^{-Net}} = O(1-O) \qquad (9.17)$$

와 같고, 식 (9.13)은 시그모이드 활성함수에 대해 다음과 같이 다시 쓸 수 있다.

$$\Delta w_i = -\frac{\partial E}{\partial w_i} = (D-O)x_i f'(Net) = (D-O)x_i O(1-O) \qquad (9.18)$$

이제 식 (9.18)을 식 (9.9)에 적용하여 가중치를 수정할 수 있다.

예제 9.5

델타 규칙을 [예제 9.3]의 논리합(OR) 문제에 적용하는 프로그램을 작성하고, 실행 결과를 보여라. 단, 뉴론의 활성함수로는 출력을 0~1로 한정하는 [그림 9.10(a)]의 로그-시그모이드 함수를 사용하라.

뉴론의 활성함수가 f 일 때, 델타 학습규칙은 식 (9.14)에 의한다. 신경망 학습에 자주 사용되는 식 (9.15)의 log-sigmoid 함수의 경우, 식 (9.14)는 식 (9.18)로 유도된다. 이를 고려한 MATLAB 코드의 작성 예는 [표 9.4]와 같다.

[표 9.4] 논리합(OR)를 학습하기 위한 델타 규칙의 MATLAB 코드

프로그램 코드	참고

```
% Delta rule for training Perceptrons with sigmoidal activation function
clear all;            % 모든 변수 상태 삭제 (프로그램 초기화)

W=[0.3 -0.1 0.5];     % 신경망 가중치를 임의로 초기화
X=[0 0 1 1;           % 학습용 입력 데이터 x0
   0 1 0 1;           % 학습용 입력 데이터 x1
   -1 -1 -1 -1];      % 임계치 학습을 위한 가상 입력 x2=-1
[N,p]=size(X);        % 입력의 크기; 여기서는 N=3,p=4: 즉, 3개 입력과 4개 패턴
D=[0 1 1 1];          % 주어진 입력에 대해 원하는 논리합 출력값

a=0.3;                % 임의로 지정한 학습률
stop_E=0.2;           % 학습 중지를 위해 임의로 정한 오차 기준
t=1;                  % 반복 횟수 계수기 초기화
stop_t=5000;          % 최대 반복학습 횟수를 제한하여 무한정 학습하는 경우를 방지
while(1)              % 반복학습 시작
    delta_sum(t)=0; % 모든 패턴에 대한 오차 합을 0으로 초기화
    for i=1:p
        O(i)=1/(1+exp(-(W*X(1:N,i)))); % i번째 패턴의 sigmoid 출력 O=f(Net)      식 (9.15)
        delta=D(i)-O(i);                % 델타: 원하는 출력과 실제 출력의 차이      식 (9.8)
        dW=a*delta*X(1:N,i)'*O(i)*(1-O(i)); % 가중치 수정값, a는 학습률 계수    식 (9.18)
        W=W+dW;                          % 가중치 수정                             식 (9.9)

        delta_sum(t)=delta_sum(t)+abs(delta); % 각 패턴별 오차 크기의 합
    end
    if (delta_sum(t)<stop_E) || (t>=stop_t)   % 반복학습 종료 조건 점검
        break                                  % 학습 중지
    end
    t=t+1;                        % 학습 횟수 1 증가후 새로운 가중치로 계속 학습
end
plot(delta_sum);                               % 학습 오차의 그래프 출력
```

[표 9.4]의 프로그램 실행 결과로 얻은 출력은

O=(0.0892, 0.9448, 0.9448, 0.9997)

이었는데, 이는 우리가 원하는 출력

D=(0 1 1 1)

과 상당히 근접하다. 학습의 경과는 오차 그래프로 살펴볼 수 있으며 [그림 9.13]에 보인 바와 같다. 초기에 빠른 감소를 보이던 오차의 크기가 나중에는 완만하게 되는데 이는 오차에 비례한 학습을 하는 알고리즘의 특성상 예상할 수 있는 결과이다. 프로그램 코드에서 목표 오차가 0.2로 설정되어 있고 이는 주어진 데이터를 약 1,400번 반복 학습한 끝에 도달할 수 있었다.

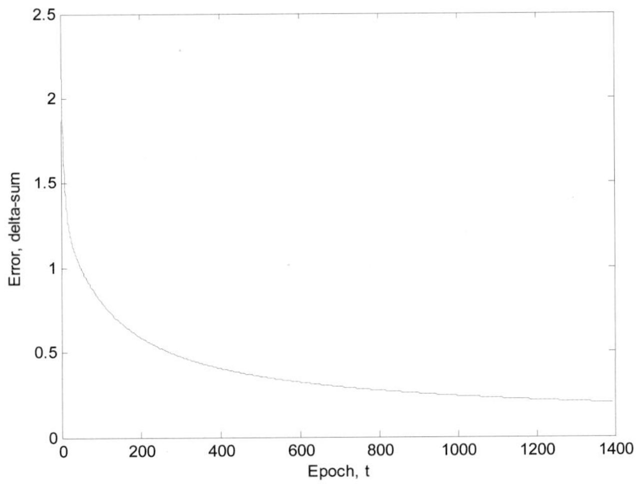

[그림 9.13] 학습 오차 그래프 (학습률=0.3, 목표오차=0.2)

퍼셉트론은 초기의 높은 기대에도 불구하고 이후 심각한 한계가 발견되었다. 즉, 많은 문제들에 있어 제대로 학습이 이루어지지 못하였고, 이는 단층 구조인 퍼셉트론으로는 해결할 수 없는 구조적인 문제로 밝혀졌다. MIT의 Minsky와 Papert가 그들의 저서에서 퍼셉트론의 한계를 자세히 분석한 바 있고, 2입력 1출력의 배타적 논리합(eXclusive－OR, XOR)은 간단하지만 퍼셉트론이 해결하지 못하는 대표적인 문제로 알려져 있다[31]. BP(Error BackPropagation)라고도 불리는 오류 역전파 학습법에 의한 다층 퍼셉트론(MLP)은 이러한 문제에 대한 해결책을 제시함으로써 1980년대 중반 이후 널리 활용되는 대표적인 신경망 구조가 되었다.

31) [표 9.4]의 코드를 [표 9.2]의 XOR 논리에 적용하면 학습이 제대로 일어나지 않음을 알 수 있을 것이다.

MLP는 입력층과 출력층 사이에 하나 이상의 은닉층(hidden layer)을 가지는 다층의 전방향(feed-forward) 신경망으로 다수의 뉴론이 병렬 연결되어 있다. 은닉층이란 명칭은 신경망의 입력층이나 출력층과는 달리 중간층 뉴론의 신호값이 외부에서 보이지 않아서 붙여진 이름이다. MLP의 구조는 [그림 9.14]에 보이는 한 개의 은닉층을 갖는 2층 퍼셉트론[32]이 한 예가 되며, 입력층과 출력층 사이에 삽입되는 은닉층의 수에 따라 3층 이상의 다층 구성도 가능하다. 그림에서 -1은 뉴론의 임계치를 학습하기 위해 설정한 입력으로, 이미 [그림 9.9(b)]를 통하여 설명한 바 있다.

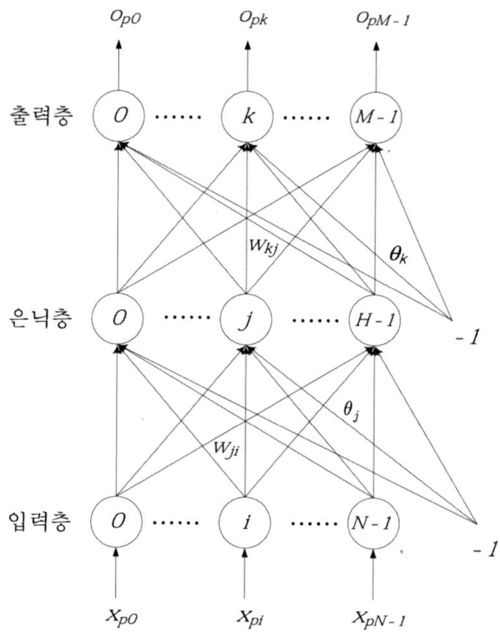

[그림 9.14] 다층 퍼셉트론의 구조(2층의 경우)

BP(back-propagation) 학습 규칙은 MLP에 주어진 입력에 대해 원하는(desired) 목표 값(D)과 실제(actual) 신경망의 출력 값(O) 사이의 오차제곱합(sum of squared errors)으로 정의된 오차 함수 E의 값을 최소화하는 방향으로 연결 가중치 W와 임계치 θ를 반복적으로 학습하며, 이는 오차 함수의 일차 미분으로부터 유도되는 일종의 최급하강법(steepest descent method)이다. 이상의 특성은 델타 규칙과 기본적으로 동일하며, 따라서 BP는 일명 "일반화된 델타 규칙(generalized delta rule)"으로도 부른다. 오차 함수의 정의는 아래와 같고, 이는 식 (9.11)을 다수의 패턴에 대해 다시 쓴 것일 뿐

---

32) 그림과 같은 구조를 3층으로 부르기도 한다. 그러나 입력층의 뉴론은 활성 함수가 없어 아무런 연산이 이루어지지 않고 단순히 신호를 받아 통과시키기만 하므로, 외견상 하나의 층으로 보이기는 하지만 따로 층으로 세지 않는 경우가 일반적이다.

동일하다.

$$E = \sum_p E_p, \quad 단,\ E_p = \frac{1}{2}\sum_k (D_{pk} - O_{pk})^2 \qquad (9.19)$$

여기서 p는 학습을 위해 사용되는 데이터 중 p번째 데이터, 즉 특정 입출력 관계를 하나의 패턴(pattern)이라 부를 때 이를 표시하기 위해 사용된 첨자이며, E_p는 p번째 패턴에 대한 오차, D_{pk}는 p 패턴에 대한 목표(desired) 출력의 k번째 요소를, O_{pk}는 실제 신경망 출력의 k번째 요소를 의미한다. BP 학습 규칙은 오차 함수 E를 감소시키는 방향으로 연결 가중치를 조금씩 수정시키는 반복적인 경사하강(iterative descent) 알고리즘이므로, 뉴론의 활성 함수는 연속이면서 미분 가능하여야 한다. 따라서 [그림 9.10]에서 보인 함수들은 사용할 수 있으나, 하드리미터 함수는 불연속이므로 사용할 수 없다.

오류역전파, 즉 BP 학습 규칙을 요약하여 [표 9.5]에 보였으며, 그 알고리즘의 구조는 [표 9.3]의 델타 규칙과 기본적으로 같다. 다만 다층 구조 내 은닉층의 뉴론에서 어떻게 델타를 구하고 가중치를 수정할 것인지가 BP 알고리즘이 기여한 부분이다.

[표 9.5] BP 알고리즘의 요약

(단계 1) 신경망의 초기화 단계:
적당하게 신경망의 구조를 설정하고, 뉴론간 연결 가중치와 각 뉴론의 임계치를 임의의 값으로 설정한다.

(단계 2) 신호의 전방향 진행 단계:
학습 데이터를 신경망에 입력하여 현재의 가중치와 임계치를 사용하여 출력을 계산한다.

(단계 3) 오류의 역방향 전파에 의한 학습 단계:
주어진 입력에 대해 요구되는 뉴론의 출력과 (단계 2)에서 실제로 계산된 출력 사이의 오차, 즉 델타를 계산하고, 연결 가중치와 임계치를 오차를 줄일 수 방향으로 수정한다. 이는 신경망의 출력 뉴론 뿐만 아니라 은닉층의 뉴론에도 적용한다.

(단계 4) 종료 혹은 계속:
만약 출력층에서의 오차가 모든 학습 데이터에 대해서 충분히 작으면 알고리즘의 실행을 종료한다. 그렇지 않으면 다시 (단계 2)로 가서 학습을 계속한다.

관심이 있는 독자를 위해서 BP 알고리즘의 학습 절차를 아래와 같이 구체적으로 서술한다. 이 보다 더 심층적인 사항은 문헌 [4]를 참조하라.

(단계 1) 신경망의 초기화 단계 : Initialization

I−1 단계 : 주어진 문제에 적당한 신경망의 구조를 가정한다. 즉, 문제에 맞게 입출력 뉴론의 수를 정하고, 필요한 은닉층의 수와 은닉 뉴론의 수를 시행착오를 거쳐 결정한다.

I−2 단계 : 가중치와 임계치를 초기화한다. 모든 연결 가중치와 뉴론의 임계치를 임의의 작은 불규칙한 값으로 설정한다.

(단계 2) 신호의 전방향 진행 단계 : Feedforward propagation

F−1 단계 : 주어진 다수의 학습 데이터들 중 임의의 데이터 p에 대해서 입력과 목표 출력을 제시한다. 즉, 입력 데이터 벡터 $X_p = (x_{p0}, x_{p1}, \ldots, x_{pN-1})^T$에 따른 목표 출력 벡터 $D_p = (d_{p0}, d_{p1}, \ldots, d_{pM-1})^T$를 함께 고려하되, 필요할 경우 데이터를 −1과 1 사이 혹은 0과 1 사이의 범위로 정규화한다.

F−2 단계 : 제시된 입력 벡터를 이용하여 각 은닉층 뉴론에서 입력 값의 합을 구한다. 즉, 임의의 은닉층 뉴론 j에서의 입력 값의 합 Net_{pj}는 다음과 같이 계산된다.

$$Net_{pj} = \sum_{i=0}^{N-1} w_{ji} x_{pi} - \theta_j \quad \text{단, N은 입력 뉴론의 개수} \tag{9.20}$$

이 식은 [그림 9.9(b)]에서 보인 바와 같이 임계치를 $\theta_j = w_{jN}$로 간주하여 아래와 같이 다시 쓸 수 있다.

$$Net_{pj} = \sum_{i=0}^{N} w_{ji} x_{pi} \quad \text{단, } x_{pN} = -1 \tag{9.21}$$

F−3 단계 : 로그 시그모이드(log sigmoid) 함수를 뉴론의 활성함수 f 로 사용한다고 할 때, 은닉 뉴론 j의 출력 o_{pj}를 그 뉴론으로 입력되는 신호의 총합 Net_{pj}를 사용하여 다음과 같이 계산한다.

$$o_{pj} = f_j(Net_{pj}) = \frac{1}{1 + \exp(-Net_{pj})} \tag{9.22}$$

F−4 단계 : 은닉층 뉴론 j의 출력 o_{pj}은 다시 그 다음 층, 즉 출력층 뉴론의 입력으로 사용된다. 이 경우 임의의 출력층 뉴론 k로 입력되는 값들의 총합 Net_{pk}는 다음과 같이 계산된다.

$$Net_{pk} = \sum_{j=0}^{H} w_{kj} o_{pj} \tag{9.23}$$

단, H는 은닉 뉴론의 개수, $w_{kH}=\theta_k$는 출력 뉴론 k의 임계치, $o_{pH}=-1$

F−5 단계 : 출력층의 임의 뉴론 k의 출력 o_{pk}는 다음과 같이 계산된다. 단, f 는 활성 함수이다.

$$o_{pk}=f_k(Net_{pk}) \tag{9.24}$$

(단계 3) 오류의 역전파 및 연결 가중치의 수정 단계 : Backward error propagation

B−1 단계 : p번째 학습 데이터에 대한 출력층의 k번째 뉴론에 있어 목표 출력 d_{pk}와 실제 출력 o_{pk}와의 오차로부터 델타(delta), δ_{pk}를 아래와 같이 계산하고 출력 뉴론의 오차 합 E를 모든 학습 데이터에 대해서 누적한다. 단, 여기서 출력 뉴론의 활성 함수는 로그 시그모이드 함수라고 가정한다.

$$\delta_{pk}=(d_{pk}-o_{pk})f_k{}'(net_{pk})=(d_{pk}-o_{pk})o_{pk}(1-o_{pk}) \tag{9.25}$$

$$E=E+E_p$$

$$\text{단, } E_p=\frac{1}{2}\sum_{k=0}^{M-1}(d_{pk}-o_{pk})^2, \quad \text{M은 출력 뉴론의 개수} \tag{9.26}$$

B−2 단계 : 출력층의 델타 δ_{pk}와 은닉층과 출력층 사이의 가중치 w_{kj}를 이용하여, j번째 은닉 뉴론의 p번째 패턴에 대한 델타 δ_{pj}를 아래와 같이 계산한다.

$$\delta_{pj}=f_j{}'(Net_{pj})\sum_{k=0}^{M-1}\delta_{pk}w_{kj}=\sum_{k=0}^{M-1}\delta_{pk}w_{kj}o_{pj}(1-o_{pj}) \tag{9.27}$$

B−3 단계 : 은닉층 뉴론 j의 출력 o_{pj}와 출력층의 k번째 뉴론의 델타 δ_{pk}를 사용하여 은닉층과 출력층 사이의 연결 가중치 w_{kj}를 갱신한다. 단, 출력 뉴론의 임계치 θ_k는 식 (9.20)과 식 (9.21)에서 설명한 바와 같이 w_{kH}로 간주하고 다른 연결 가중치와 마찬가지로 수정하면 된다.

$$w_{kj}(t+1)=w_{kj}(t)+\alpha\delta_{pk}o_{pj} \tag{9.28}$$

앞의 식에서 $w_{kj}(t)$는 시간 t일 때 은닉 뉴론 j로부터 출력 뉴론 k로의 가중치이고, α는 임의의 학습률(learning rate)이다. 수렴 속도는 다음 식과 같이 가중치의 변화 값으로 정의되는 모멘트(momentum) 항 η가 추가되면 증가될 수도 있다.

$$w_{kj}(t+1)=w_{kj}(t)+\alpha\delta_{pk}o_{pj}+\eta(w_{kj}(t)-w_{kj}(t-1)) \tag{9.29}$$

α와 η는 1보다 작은 양의 실수로, 실험적으로 적당한 값을 선택한다.

B－4 단계 : 입력층과 은닉층 사이에서도 상기의 단계와 마찬가지로 가중치와 임계치를 갱신한다. 여기서도 필요하다면 학습 속도의 향상을 목적으로 모멘트 항을 추가할 수 있다.

$$w_{ji}(t+1) = w_{ji}(t) + \alpha\delta_{pj}x_{pi} \tag{9.30}$$

(단계 4) 프로그램 제어 단계 : Program control

C－1 단계 : 모든 데이터에 대해 학습이 이루어질 수 있도록, p＋1번째 데이터에 대해 F－1단계로 돌아가서 이후 작업을 계속 수행한다.

C－2 단계 : 만약 모든 주어진 데이터를 학습에 사용하였으면, 누적된 오차 E가 미리 정한 임의의 기준 오차 이하에 도달하였는지 확인하고, 조건을 만족하면 프로그램을 정지한다. 만약 아직 E가 기준 오차보다 크면 이미 사용한 학습 데이터를 재사용하여 학습이 더 이루어질 수 있도록 p＝1, E=0으로 초기화하고 F－1 단계로 다시 돌아간다.

예제 9.6

XOR 문제는 퍼셉트론이 해결할 수 없다. XOR 논리를 중심으로 다층 퍼셉트론의 동작을 살펴보자. 2층 구조를 사용한다고 가정한 후, BP 알고리즘에 의하여 신경망을 학습하라.

BP 학습 규칙의 단계별로 MATLAB을 이용하여 프로그램한 예를 보인다. 프로그래밍에 선행되어야 할 것은 사용할 신경망의 구조를 결정하는 것이다. XOR 문제는 [표 9.2]의 진리표에서 알 수 있듯이 입력 뉴론은 두 개, 출력 뉴론은 한 개로 정해지며, 은닉층의 뉴론은 설계자가 주어진 문제의 복잡도와 학습 데이터 패턴의 수 등을 고려하여 임의로 정할 수 있다. 주어진 문제와 같이 네 개의 입출력 패턴을 가지는 간단한 문제에서는 두 개의 은닉 뉴론이면 충분할 것이다. 뉴론의 임계치 θ 를 연결 가중치처럼 학습하기 위하여 －1의 입력을 고려하면 학습 데이터 패턴은 [표 9.6]과 같이 변경할 수 있다. 임의로 결정된 초기 가중치와 임계치는 [그림 9.15(a)]에 표시한 수치와 같고, 학습률을 $\alpha = 0.2$로 하고 다음과 같은 프로그램을 수행한 후 결과는 [그림 9.15(b)]에 보인 바와 같다.

[표 9.6] 임계치를 연결 가중치로 간주하여 학습하기 위한 진리표

p	X2	X1	X0	D
1	−1	0	0	0
2	−1	0	1	1
3	−1	1	0	1
4	−1	1	1	0

```
% XOR 문제 해결을 위한 MATLAB 프로그램
% MLP의 BP 학습

% I-1단계 : 초기 설정 = 2층의 MLP
N=2;                                  % 두 개의 입력 뉴론
H=2;                                  % 두 개의 은닉 뉴론
M=1;                                  % 한 개의 출력 뉴론
alpha=0.2;                            % 학습률의 설정

E=100;                    % 아래 while문 안으로 진입하도록 비용 함수를 큰 값으로 초기화
Es=0.01;                  % 프로그램을 정지시킬 때 기준이 되는 비용 함수
count=0;                  % 반복 학습 횟수 계수기의 초기화

rand('state',0);          % 난수 발생기를 초기화(꼭 필요한 명령어가 아니므로 생략 가능)
w_ji=rand(2,3)-0.5        % I-2 단계
w_kj=rand(1,3)-0.5        % 연결 가중치와 임계치를 -0.5~0.5의 임의 실수 값으로 설정

while E>Es
    count=count+1;
    E=0;                                          % 비용 함수를 0으로 초기화
    X=[0 0 -1; 0 1 -1; 1 0 -1; 1 1 -1]';          % F-1 단계 : 입력과 출력 값들 제시
    D=[0 1 1 0];

    for p=1:4
        for j=1:H
            net_pj(j)=0;
            for i=1:N+1
                net_pj(j)=net_pj(j)+w_ji(j,i)*X(i,p);     % F-2 단계 : 은닉 뉴론의 입력 합
            end
            o_pj(j)=1/(1+exp(-net_pj(j)));                % F-3 단계 : 은닉 뉴론의 출력
        end
        o_pj(j+1)=-1;                          % 출력 노드의 임계치를 배우기 위한 설정
```

```
        for k=1 : M
            net_pk(k)=0 ;
            for j=1 : H+1
                net_pk(k)=net_pk(k)+w_kj(k,j)*o_pj(j) ;    % F-4 단계 : 출력 뉴론의 입력 합
            end
            o_pk(k)=1/(1+exp(-net_pk(k))) ;             % F-5 단계 : 출력 뉴론의 실제 출력 값
        end

        E_p(p)=0 ;                                      % 데이터 패턴별 비용 함수 초기화
        for k=1 : M                                     % B-1 단계 : 출력 뉴론의 델타 계산
            delta_pk(k)=(D(p)-o_pk(k))*o_pk(k)*(1-o_pk(k)) ;
            E_p(p)=E_p(p)+0.5*(D(p)-o_pk(k))^2 ;
        end
        E=E+E_p(p) ;                                    % 누적 비용 함수
        for j=1 : H                                     % B-2 단계 : 은닉 뉴론의 델타 계산
            delta_pj(j)=0 ;
            for k=1 : M
                delta_pj(j)=delta_pj(j)+delta_pk(k)*w_kj(k,j)*o_pj(j)*(1-o_pj(j)) ;
            end
        end
        for k=1 : M                     % B-3 단계 : 은닉층과 출력 층간의 연결 가중치 갱신
            for j=1 : H+1
                w_kj(k,j)=w_kj(k,j)+alpha*delta_pk(k)*o_pj(j) ;
            end
        end
        for j=1 : H                     % B-4 단계 : 은닉층과 입력 층간의 연결 가중치 갱신
            for i=1 : N+1
                w_ji(j,i)=w_ji(j,i)+alpha*delta_pj(j)*X(i,p) ;
            end
        end
    end                                 % C-1 단계 : for-loop로 다른 데이터 패턴에 대해 학습
    Error(count)=E ;                    % 반복 학습에 따른 오차의 변화 기록
end                                     % C-2 단계 : while-loop로 Es 이하의 오차를 얻을 때 학습

plot(Error) ;                           % 학습 추이의 출력 : 학습 횟수에 따른 오차
title('BP Neural Net Learning for XOR Problem') ;
Xlabel('Epochs') ;
Ylabel('Squared Learning Error') ;
```

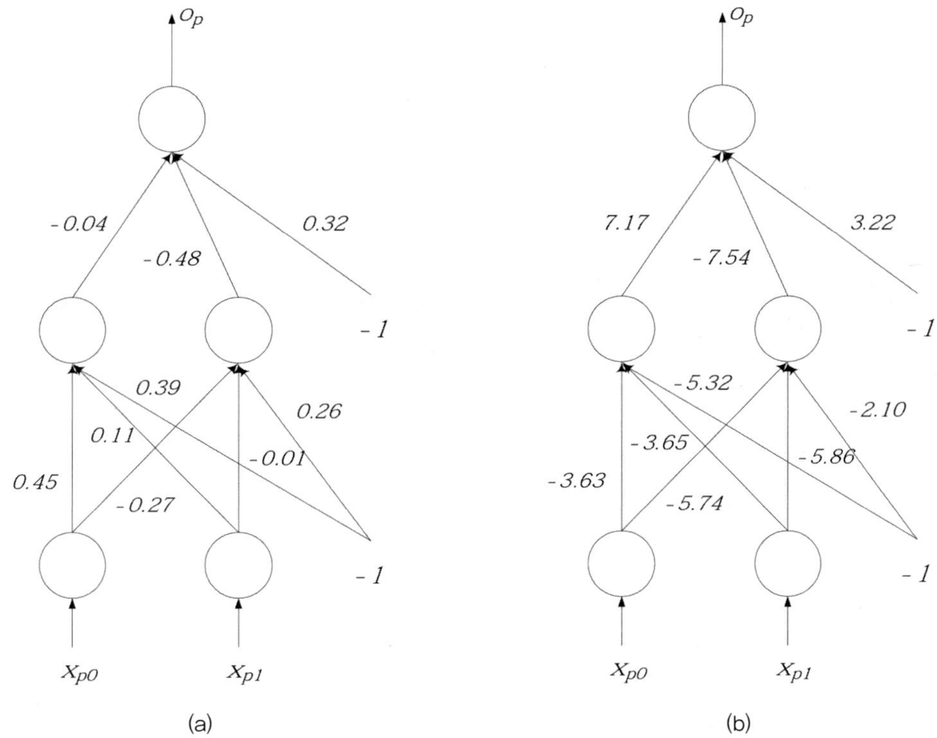

[그림 9.15] XOR 논리의 BP 학습: (a) 임의로 설정된 초기의 연결 가중치, (b) 학습 후 연결 가중치

학습된 신경망의 동작을 살펴보자. [그림 9.15(b)]와 같이 얻어진 신경망에 예를 들어 $X_0 = 0$와 $X_1 = 0$의 입력을 인가하면, 두 은닉 뉴론의 출력은 각각 다음과 같다.

$$1/[1+\exp\{-((-3.63)\times 0+(-3.65)\times 0-(-5.32))\}]=1.00 \tag{9.31}$$

$$1/[1+\exp\{-((-5.74)\times 0+(-5.86)\times 0-(-2.10))\}]=0.89 \tag{9.32}$$

그리고 이로부터 출력 값은 다음과 같다.

$$1/[1-\exp\{-((7.17)\times 1.00+(-7.54)\times (0.89)-(3.22))\}]=0.06 \tag{9.33}$$

위와 같이 계산될 수 있는데, 이는 목표 출력 0에 근접하다. 이와 같은 방식으로 $(X_0,X_1)=(1,0)$, $(X_0,X_1)=(0,1)$, 그리고 $(X_0,X_1)=(1,1)$에 대한 출력은 각각 0.93, 0.93, 그리고 0.09와 같이 얻어지며, 이는 우리가 원하는 출력 1, 1, 그리고 0에 근접하다.

예제 9.7

단일 링크의 길이 L=1을 가지는 매니퓰레이터를 고려할 때, 이의 역 기구학적 해는 주어진 링크 끝의 좌표 (x, y)로부터 회전 각도 θ를 구하는 것이다. 단, 양의 X축상에서 $\theta = 0$과 $\theta = 2\pi$ 사이의 불연속이 생기므로, 이와 충분히 떨어진 $\pi/3 \leq \theta \leq 5\pi/3$을 동작 구간으로 가정하자.

(1) 신경망을 사용하여 역 기구학적 해를 구하여 보라. 단, 아래 [표 9.7]과 같은 입출력 패턴이 학습용 데이터로 주어져 있다고 가정하자.

(2) 학습이 완료되면 신경망에 학습 때 사용되지 않은 데이터를 입력하여 일반화 능력을 확인하여라.

[표 9.7] 학습 데이터

X	Y	θ
0.500	0.866	$\pi/3$
0	1	$\pi/2$
−0.500	0.866	$2\pi/3$
−0.866	0.500	$5\pi/6$
−1	0	π
−0.866	−0.500	$7\pi/6$
−0.500	−0.866	$4\pi/3$
0	−1	$3\pi/2$
0.500	−0.866	$5\pi/3$

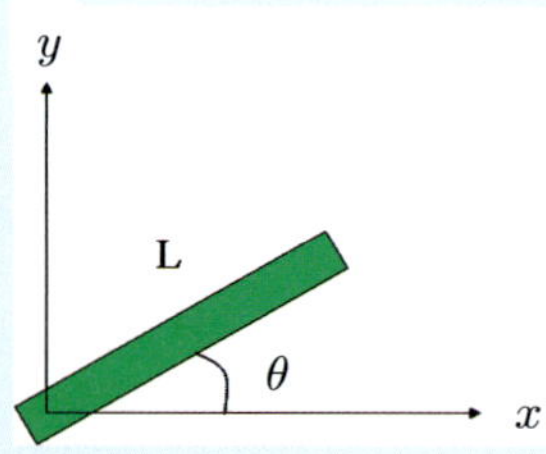

[그림 9.16] 단일 링크 매니퓰레이터

(1) BP 알고리즘이 제안된 이후, 이의 학습 효율을 개선하기 위한 다양한 기법들이 제안되어 왔다. 뿐만 아니라 현재는 많은 신경망 및 인공지능 학습 라이브러리들이 존재하기 때문에 굳이 직접 프로그래밍하지 않아도 기초적인 사항을 이해하고 있으면 필요한 함수를 불러 활용할 수 있다. 예를 들어 주어진 문제를 [그림 9.17]과 같이 2층의 신경망으로 구성하였다. 이 신경망은 (x, y)좌표를 입력으로 하고, 시그모이드 함수를 사용하는 은닉 뉴론과 선형 활성함수를 사용하는 출력 뉴론에서 회전 각도 θ 를 계산하는 구조로 되어 있다. MATLAB Toolbox를 사용하여 신경망을 학습하였으며, BP보다 일반적으로 학습속도가 빠른 것으로 알려진 Levenberg-Marquardt 최적화 알고리즘을 활용하였다. 일단 학습을 완료한 신경망이 주어진 입력에 대해 어떤 값을 출력하는지, 그리고 그 출력 Output이 [표 9.7]의 목표 출력 D와 어떻게 다른지를 알아보았을 때, [표 9.8]과 같은 결과를 얻었으며, 두 값은 상당히 근접함을 알 수 있다.

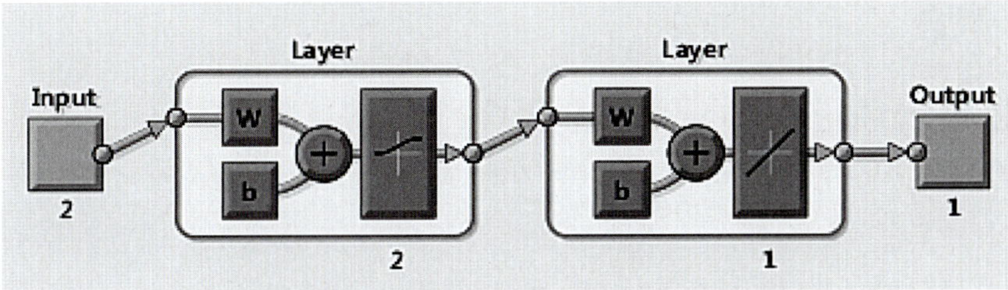

[그림 9.17] 사용된 2층 신경망의 구조

[표 9.8] 학습의 결과

신경망 입력		신경망 출력		
x	y	D		Output
0.500	0.866	π /3 =	1.0472	1.1742
0	1	π /2 =	1.5708	1.4370
−0.500	0.866	2π /3 =	2.0944	2.0335
−0.866	0.500	5π /6 =	2.6180	2.7045
−1	0	π =	3.1416	3.2355
−0.866	−0.500	7π /6 =	3.6652	3.6078
−0.500	−0.866	4π /3 =	4.1888	4.0716
0	−1	3π /2 =	4.7124	4.8360
0.500	−0.866	5π /3 =	5.2360	5.1756

(2) 학습이 완료된 신경망이 충분한 일반화 능력을 보유하고 있는지 확인한다. [표 9.9]는 결과 예이며, 학습에 사용되지 않은 입력에 대해서도 실제 출력과 근사한 결과를 출력함을 알 수 있다.

[표 9.9] 학습된 신경망의 일반화 능력 시험의 결과

x	y	D	Output
0.1736	0.9848	$4\pi/9=1.3963$	1.3447
−0.3420	0.9397	$11\pi/18=1.9199$	1.8421
−0.7071	0.7071	$3\pi/4=2.3562$	2.3763
−0.9397	0.3420	$8\pi/9=2.7925$	2.8998
−0.7071	−0.7071	$5\pi/4=3.9270$	3.8375
0.1736	−0.9848	$14\pi/9=4.8869$	5.0537

[3] 심층 학습

근래 심층 학습(deep learning)을 이용한 다수의 성공적인 활용 사례 덕분에 이에 대한 관심이 크게 증대되고 있다. 심층 학습은 기계 학습(machine learning)의 한 형태로써, 주로 영상이나 음성, 혹은 텍스트 등으로부터 컴퓨터가 자동적으로 패턴을 학습하고 분류 및 인식하여 관련된 지식을 유추해 내기 위한 용도로 사용된다.

심층 학습은 주로 심층 신경회로망(deep neural network, DNN)을 통하여 구현된다. 심층 신경회로망은 BP 알고리듬 등에 의하여 학습되는 기존의 다층 퍼셉트론[33]이 통상 2~3개의 층(layer)으로 구성되는 것과는 달리 훨씬 많은 층들로 구현되며, 경우에 따라서는 수백 개의 층을 가지기도 한다. DNN의 학습은 다층 인공신경회로망의 '보편적 근사 정리(universal approximation theorem)'에 기초하고 있다. 즉, 만약 신경망이 충분한 수의 은닉 뉴런을 가지고 학습하게 되면 어떠한 연속적인 함수도 원하는 정확도

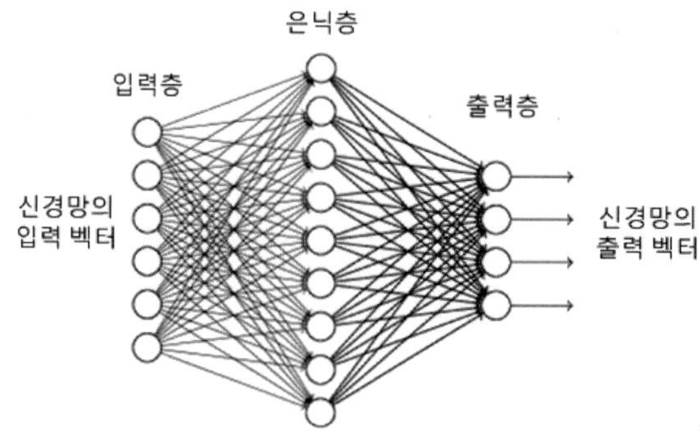

(a)

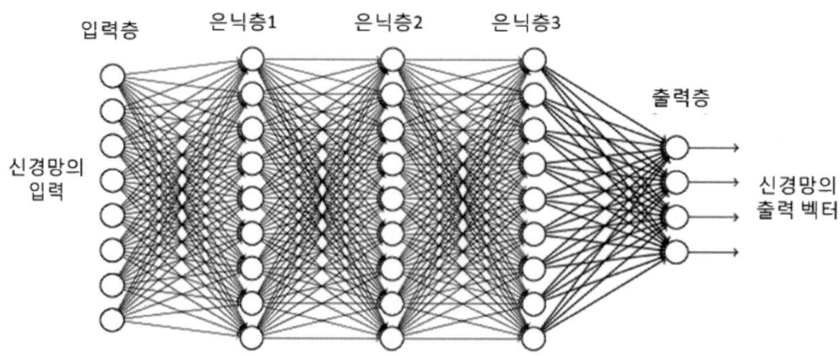

(b)

[그림 9.18] Shallow NN과 Deep NN의 구조: (a) 기존의 다층 신경망(Shallow Neural Network), (b) 심층 신경망 (Deep Neural Network)

33) DNN과 대비하여 Shallow Neural Networks(SNN)라고 부르기도 한다.

로 근사할 수 있다는 것이다. [그림 9.18]과 [표 9.10]에서는 통상적인 신경망과 DNN의 특징을 비교하였다.

[표 9.10] 심층 신경회로망의 특징

기존의 다층 신경망(SNN)	심층 신경망(DNN)
통상 3개 이하의 층으로 구성	4개~수백개의 층으로 구성
적은 수의 자료 학습에 유효	방대한 자료의 학습에 유효
빠른 학습 속도	오랜 학습 시간 (수 일 이상이 걸리는 경우도 많음)
주어진 자료로부터 추출된 학습에 효과적인 입력 벡터를 프로그래머가 지정해야 하며, 이에 따라 학습 성능이 달라짐	주어진 원시 자료로부터 신경망이 자동적으로 학습
CPU로 처리	영상에 적용할 경우 GPU 처리
적용 예: 숫자 인식	적용 예: 영상 내 임의의 피조물 인식

그러나 연구 개발자들은 많은 수의 은닉 뉴런을 가지는 신경망의 학습에서 몇 가지 문제를 발견하였다. 먼저, 학습 데이터의 숫자가 제한적인 경우, 많은 은닉 뉴론을 가지는 신경망은 주어진 데이터를 학습하기 보다는 암기하는 경우(overfitting)가 발생한다. 이 경우 학습에서 뛰어난 성능을 보이더라도, 학습에 사용하지 않은 별도의 데이터가 제시되었을 때는 적절한 결과를 보이지 못하는 부족한 일반화 능력의 문제가 있었다. 그러나 이러한 문제는 근래 인터넷과 빅데이터 영역의 발전으로 인하여 충분한 수의 학습 데이터 확보가 용이하여졌기 때문에 어느 정도 해소될 수 있었다. 두 번째로, 복잡한 구조의 신경망으로 많은 데이터를 학습하는 것은 큰 계산 부담을 가진다. 이는 과거에 매우 큰 현실적 문제였으나, 근래 컴퓨터 및 프로세서의 비약적인 발전에 따라 상당 부분 해소되었다. 세 번째 문제로, 많은 은닉층을 가지는 큰 구조의 신경망을 학습하는 데 기존의 기법은 대체로 효율적이지 않았다[34].

많은 은닉층을 가지는 DNN의 학습에 대한 중요한 돌파구는 BP 학습법을 최초로 제안한 학자들 중의 한 명이었던 Hinton 교수의 토론토 대학 연구실에서 이루어 졌다.

34) 예를 들어 BP 학습 규칙은 오랜 기간 여러 영역에서 그 유용성이 입증되었으나, 복잡한 문제에의 활용을 위해 은닉층의 수를 늘릴 때는 학습의 효율이 떨어졌다. 특히 주어진 문제의 최적해인 오차의 전역 최소치(global minimum)가 아니라 학습 중 출현하는 국소 최소치(local minima)에 빠져 학습이 중단되는 문제가 발생하였다. 뿐만 아니라, BP 학습법의 기본이 되는 최급하강법에서 오차 기울기 소실(vanishing gradient) 현상이 발생하여 해를 얻지 못했음에도 더 이상 학습이 일어나지 않는 문제가 발생하기도 했다.

2006년 Hinton은 9개의 층으로 구성된 '심층 자기부호화기(deep auto-encoder)'를 제안하고, 이를 효율적으로 학습하였다. 또한 Hinton이 지도한 대학원생인 Alex Krizhevsky는 최초의 GPU(Graphics Processing Unit) 기반 신경망인 AlexNet을 구현하여 기본의 CPU 기반의 신경망에 비해 훨씬 빠른 속도로 영상을 학습함으로써, 2012년에 열린 ImageNet Large Scale Visual Recognition Challenge[35)]에서 우수한 성능을 입증했다.

AlexNet은 영상 인식에 특화된 DNN의 일종으로 [그림 9.19]와 같은 구조를 가진다. 총 8개의 층으로 구성되어 있으며, 특히 앞쪽의 5개 층은 합성곱(convolution) 층이며, 뒤쪽의 3개 층은 통상의 신경망과 같이 완전 연결된 망(fully-connected network)이다. 신경망의 입력은 227×227 화소 배열로 규격화된 크기의 영상이다. RGB(Red, Green, Blue) 형식의 3개 컬러 채널의 영상 입력을 사용하므로, 실제 입력 뉴론의 수는 227×227×3개가 된다. 한편 출력은 1,000개의 뉴론으로 구성된 확률 벡터이다. 이 때 가장 큰 확률을 가지는 출력이 1,000개의 서로 다른 유형들 중 신경망이 인식한 피조물의 종류를 가리킨다.

[그림 9.19]에서 볼 수 있듯이 AlexNet은 합성곱 연산(convolution processing)에 기초하는 CNN(convolutional neural network)[6]의 일종이다. CNN은 인간 두뇌의 시각 피질(visual cortex) 기능으로부터 착안되었다. 즉, 시각 피질 내 각각의 뉴론은 눈으로 보이는 범위 중에서 작은 제한된 영역에만 제각기 반응한다고 알려져 있다. 우리의 시각적인 인식 기능은 이 제한된 작은 영역들의 중첩에 의하여 가능해 진다. 합성곱 연산은 Kernel(혹은 Filter)이라 부르는 마스크를 사용하여 영상 내 제한된 작은 영역과 Kernel 사이의 연산을 수행하는 기본적인 영상 처리 기술이다. 즉, CNN에서는 여러 층의 합성곱 연산을 통하여 영상 내 특징을 효과적으로 추출하고, 추출된 특징들을 기준으로 서로 완전히 연결된 뉴론들의 층을 통하여 인식하는 구조이다. 기존의 BP 학습 알고리듬 기반의 다층 신경망에서 사용자가 신경망의 입력 벡터를 적절하게 지정하여야 하는 것과는 달리 CNN은 자동적으로 입력 영상 내 특징을 추출하여 인식하게 되므로 사용이 편리하다.

---

35) ImageNet 프로젝터는 AI 연구 활성화를 위하여 현재 Stanford대학 전산학과 교수인 Fei-Fei Li가 2006년 제안하였다. ImageNet은 2만개 이상의 종류로 분류되는 1400만개 이상의 영상 데이터를 제공한다. ImageNet Large Scale Visual Recognition Challenge(ILSVRC)는 이들 영상 데이터의 일부를 이용하는 AI 기반 영상 인식 경진대회로, 2012년 AlexNet은 12%의 인식오류를 보였으며, 이후 관련 기술의 급격한 발전으로 2017년의 경우에는 다수의 참가팀들이 5%이하의 인식 오류를 보였다.

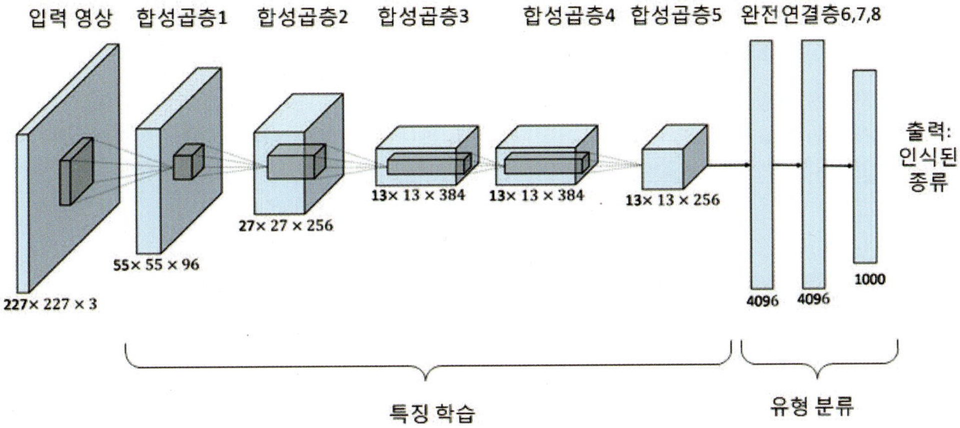

[그림 9.19] 영상 인식용 CNN인 AlexNet의 구조

예제 9.8

AlexNet을 활용하여 WebCam 영상 내 사물을 인식하라.

주어진 문제는 MATLAB의 Deep Learning Toolbox(이전의 Neural Network Toolbox)를 사용하여 쉽게 구현할 수 있다[36]. 프로그램의 실행 결과는 [그림 9.20]에 보인 예와 같다. 화면에 출력된 영상의 상단에 물체의 인식 결과(그림에서는 컴퓨터 키보드)가 보여 진다. 심층 신경망을 학습하기 위해서는 많은 시간과 충분한 장비가 필요하기 때문에, 이 예제에서와 같이 이미 다른 곳에서 학습한 결과를 가지고 와서 활용할 수 있다. 혹은 이미 학습한 신경망을 가지고 와서 자신의 활용 용도에 맞게 재훈련하여 시간과 경비를 줄일 수 있는데 이를 전이학습(transfer learning)이라고 한다.

```
% MATLAB Deep Learning Toolbox 사용
% Support package for using webcams in MATLAB 사용
% Support package for using AlexNet 사용

camera = webcam;    % 카메라에 연결
nnet = alexnet;       % 기학습된 AlexNet 사용
while true  % 연속적으로 계속 영상 처리
   picture = camera.snapshot;   % 영상 획득
```

36) https://kr.mathworks.com/videos/deep-learning-in-11-lines-of-matlab-code-1481229977318.html

```
    picture = imresize(picture,[227,227]); % 영상 크기를 AlexNet에 맞게 정형화
    label = classify(nnet, picture);    % AlexNet에 의한 영상 내 물체 분류
    image(picture);     % 영상을 화면에 출력
    title(char(label));     % 물체의 인식 결과를 화면에 출력된 영상의 제목으로 표시
    drawnow;
end
```

[그림 9.20] AlexNet을 이용한 영상 내 물체(computer keyboard) 인식

9.4 퍼지 제어

인간의 두뇌와 컴퓨터 사이에는 여러 가지 측면에서 큰 차이가 있고, 그 차이들 중 중요한 것이 불확실하거나 모호한 사실을 다루는 인간의 능력이다. 예를 들어 이동 로봇의 주행을 제어하기 위한 방법으로 '초음파 센서로 계속 전방을 감시하다가, 장애물이 감지되고 그 거리가 점차 가까워지면 이동 속도를 조금씩 낮추고, 아주 근접한 경우에는 정지한다'를 생각할 때, 이는 인간이 충분히 이해 가능한 사항이지만 실제로 알고리즘을 구현하는 데는 어려움이 있다. 즉, '점차 가까워진다'가 엄밀히 어떤 수치를 가르치는지, 속도를 '조금씩 낮춘다'에서 '조금씩'이 정확히 어떤 비율을 의미하는지 확실하지 않고, '아주 근접'한 것이 구체적으로 어떤 거리인지도 알 수 없다. 설혹 예를 들어 '아주 근접'한 것이 구체적으로 20cm를 의미한다고 지정한다고 하더라도, 그렇다면 20cm 거리에서는

속도를 0으로 하되 20.1cm나 20.25cm에서는 어떤 속도가 되어야 할지 일일이 지정하기 어렵다.

상기와 같이 애매함을 포함한 지식이나 정보를 다룰 때 퍼지 이론(fuzzy theory)이 유용하게 사용될 수 있다. 퍼지 이론은 특히 신경망과 더불어 로봇 공학에서 가장 널리 사용되는 인공지능 기법 중의 하나이다.

퍼지 이론의 출발점은 1965년 미국 Berkely 소재 California 대학의 교수인 Lotfi Zadeh가 발표한 퍼지 집합(fuzzy set)에 관한 논문을 들 수 있다. 이 논문에서 Zadeh는 '아름다운 사람의 집합', '큰 수의 집합' 등 기존의 수학적 집합론에서는 인정되지 않지만 인간의 일상사에서 흔히 사용되는 범위가 애매한 집합을 퍼지 집합이라고 명명하였다. 그리고 퍼지 집합은 인간 사고의 기본인 패턴 인식, 의미 정보의 전달, 그 중에서도 추상화(abstraction)라는 부분에 중요한 역할을 부여하고 있다고 하였다.

예를 들어 '한국대학교 심리학과 신입생들 중 20세 이상인 학생'으로 정의된 집합의 원소는 명확하게 정의된다. 즉, 19세인 학생은 분명히 그 집합의 원소가 아니며, 25세인 학생은 원소임이 확실하다. 그러나 '20세보다 훨씬 나이가 많은 신입생'이라고 하면, 25세인 사람은 원소일지 아닐지 애매하다. 후자의 경우를 퍼지 집합이라고 부를 때, 전자와 같이 확실한 구분이 가능한 경우를 크리스프 집합(crisp set)이라 한다.

Zadeh의 논문은 발표 당시 주목받지 못하였으나, 이후 미국을 비롯한 여러 나라의 학자들이 다양한 방식으로 이론을 전개하고, 많은 영역에서 성공적으로 활용함으로써 그 유용성을 입증해 보였다. 특히 우리나라에서 퍼지 이론에 대한 연구가 활발히 이루어졌고 그 성과도 높다. 퍼지 이론은 연구의 폭이 상당히 넓고, 신경망을 비롯한 다른 영역과도 접목을 통한 확장이 이루어진 상태이다. 이 책에서는 로봇에 적용 가능한 퍼지 제어

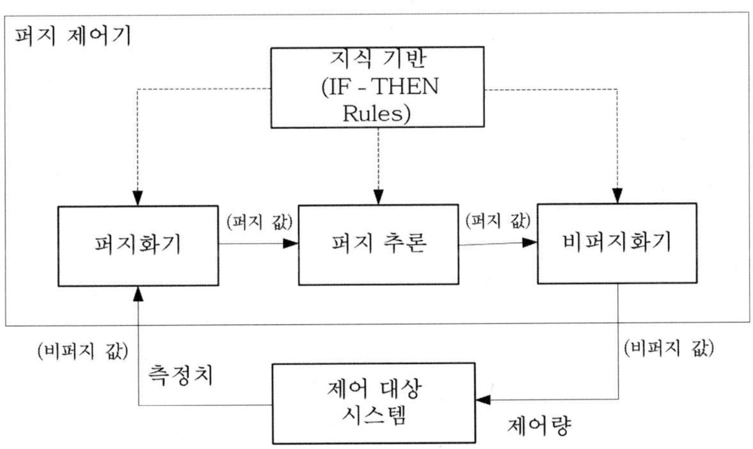

[그림 9.21] 퍼지 제어기의 일반적인 구조

기법을 중심으로 간략히 다루겠다. 특히 퍼지 제어기의 일반적인 구조를 표현한 [그림 9.21]의 구성 요소를 중심으로 서술한다.

[1] 퍼지화

퍼지 집합과 같이 그 원소의 규정에 있어 애매함이 존재할 때, 특정 개체가 그 집합의 소인지 아닌지를 굳이 이분법적으로 판정하기보다는 그 집합에 포함되는 정도를 수치로 표현하면 간편할 수 있다. 이를 그 원소의 소속 함수(membership function) 값이라고 하며 0과 1 사이의 실수로 한다. 즉, 소속 함수 값이 1일 때 확실히 그 집합에 속하는 것을 의미하며, 0일 때 명확히 속하지 않는 것이 된다. 예를 들어 25세인 사람은 '20세보다 훨씬 나이가 많은 사람'의 집합에 0.3 정도로 속한다고 할 수 있고, 80세인 사람은 1.0의 소속 함수 값을 가진다고 할 수 있을 것이다.

이상의 서술로부터 임의 퍼지 집합 A는 아래와 같이 표현될 수 있다.

$$\boldsymbol{A} = \{(x, \mu_A(x)|x \in \boldsymbol{A}\}, \qquad \mu_A(x) \in [0,1] \tag{9.34}$$

여기서 μ는 소속 함수 값을 표현한다. 퍼지 집합 A가 유한하고, 원소가 이산적인 경우 다음과 같은 표현법이 자주 사용된다.

$$A = \frac{\mu_A(x_1)}{x_1} + \frac{\mu_A(x_2)}{x_2} + \cdots + \frac{\mu_A(x_N)}{x_N} \tag{9.35.a}$$

$$\text{혹은 } A = \{ \frac{\mu_A(x_1)}{x_1}, \frac{\mu_A(x_2)}{x_2}, \cdots, \frac{\mu_A(x_N)}{x_N}\} \tag{9.35.b}$$

위의 식에서 —와 +기호는 수치의 나눗셈과 덧셈 연산을 의미하는 것이 아니라, 집합의 원소와 소속 함수 값을 동시에 표기하기 위해 사용되었다. 이 때 각 원소의 소속 함수 값은 시스템 설계자의 주관과 판단에 따라 달라진다.

퍼지화(fuzzification)는 시스템의 입력과 출력 값에 해당하는 소속 함수 값을 구하는 절차이다. 일반적으로 퍼지화를 수행하고 난 결과는 입력과 출력 변수에 대한 소속 함수 값의 대응을 나타내는 그래프가 된다. 퍼지화를 위해 사용되는 그래프에는 여러 가지가 있으나, [그림 9.22]와 같은 삼각형(triangular)이나 사다리꼴(trapezoidal)이 그 간단함 때문에 자주 사용된다. 각각의 그래프에서 소속 함수 값의 계산은 식 (9.36) 및 식 (9.37)과 같다.

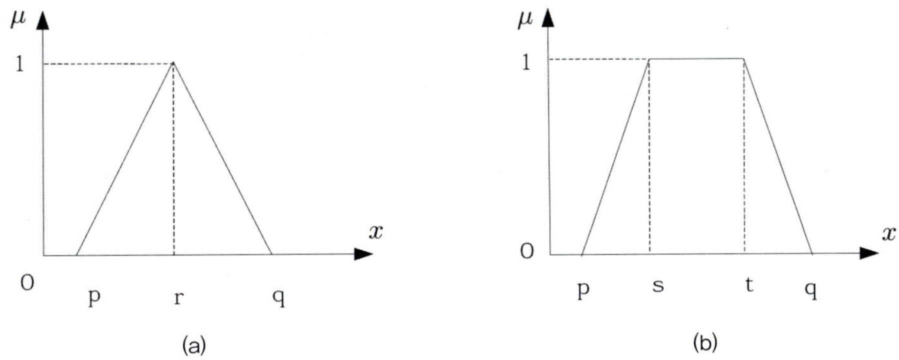

[그림 9.22] 퍼지화를 위한 소속 함수: (a) 삼각형, (b) 사다리꼴

$$\mu_{tr}(x) = \begin{cases} \dfrac{1}{(r-p)}(x-r)+1, & p < x \leqq r \\ -\dfrac{1}{(q-r)}(x-r)+1, & r < x \leqq q \end{cases} \tag{9.36}$$

$$\mu_{tz}(x) = \begin{cases} \dfrac{1}{(s-p)}(x-s)+1, & p < x \leqq s \\ 1, & s < x \leqq t \\ -\dfrac{1}{(q-t)}(x-t)+1, & t < x \leqq q \end{cases} \tag{9.37}$$

예제 9.9

(1) 갑, 을 병, 정은 각각 19세, 22세, 29세, 37세로 동일한 직장에 근무하고 있다. '20세보다 훨씬 나이가 많은 사람'의 퍼지 집합을 A라 할 때, 각각의 소속 함수 값을 구하라.
(2) '약 0.5m 정도의 거리'라고 할 때, 0.2m와 0.6m 거리의 소속 함수 값을 각각 구하여라.

주어진 문제의 해는 [그림 9.23]의 그림들을 이용하여 구할 수 있다. 다만 그림의 소속 함수 그래프는 절대적인 정답이 아니라 하나의 예일 뿐이다. 예제 (1)의 경우 그림 (a)로부터 $\mu(\text{갑})=0$, $\mu(\text{을})=0.1$, $\mu(\text{병})=0.45$, $\mu(\text{정})=0.85$를 얻을 수 있고, 만약 이들 네 명이 집합의 모든 원소라면 퍼지 집합은 $A=\dfrac{0}{\text{갑}}+\dfrac{0.1}{\text{을}}+\dfrac{0.45}{\text{병}}+\dfrac{0.85}{\text{정}}$와 같이 표현될 수 있다. 한편 예제 (2)는 그림 (b)에서 $\mu(0.2)=0$, $\mu(0.6)=0.5$임을 알 수 있다.

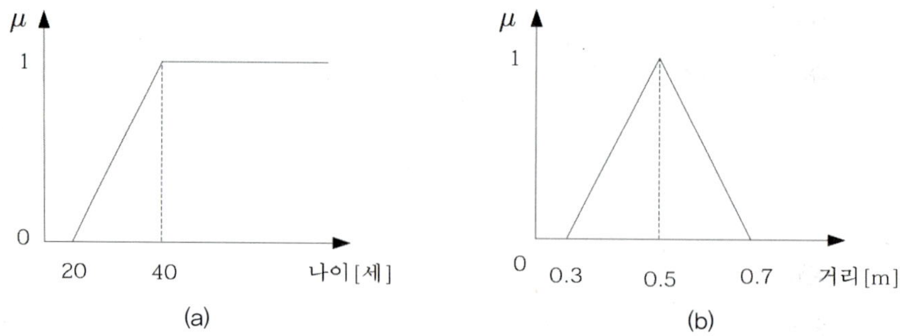

[그림 9.23] 문제의 해결을 위한 소속 함수

예제 9.10

(1) 이동 로봇의 주행을 위한 바퀴의 속도가 후진까지 고려하여 −120∼+120 [rpm]의 범위에 있다고 할 때, 이를 Backward, Zero, Forward의 세 개 퍼지 집합으로 나눈 후, 각 집합에 대한 +50 [rpm]의 소속 함수 값을 구하여라.

(2) 구간을 더욱 세분화하여 속도를 7개의 퍼지 집합으로 나눈 후, 상기 문제에 대한 답을 다시 얻어라.

(1) 주어진 문제의 해는 [그림 9.24]와 같은 그래프로부터 구할 수 있다. 즉, 50 [rpm]의 경우 각 퍼지 집합의 소속 함수 값은 다음과 같다.

$$\mu_{Backward}(50) = 0$$

$$\mu_{Zero}(50) = 1 - 50/60 = 0.17$$

$$\mu_{Forward}(50) = 50/60 = 0.83$$

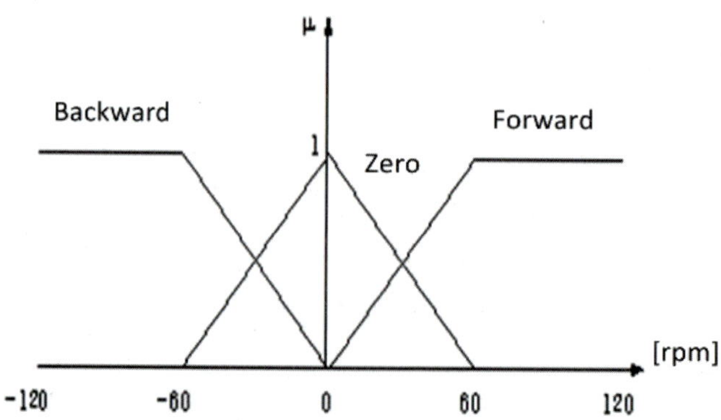

[그림 9.24] 소속 함수 그래프

(2) 이 문제에 대한 해는 MATLAB Fuzzy Logic Toolbox를 이용하여 보인다. 변수의 범위 −120~120을 NB(Negative Big), NM(Negative Medium), NS(Negative Small), ZE(ZEro), PS(Positive Small), PM(Positive Medium), PB(Positive Big)의 7개 구간을 표현하는 퍼지 집합으로 나눈 후, 아래와 같이 MATLAB을 사용하여 코딩하였을 때 [그림 9.25]와 같은 소속 함수 그래프를 얻을 수 있고, 50 [rpm]은 PS 집합에 0.33, PM 집합에 0.67의 소속 함수 값을 가짐을 알 수 있다.

```
% Fuzzy Membership Function Example
% MATLAB Fuzzy Logic Toolbox ver 2.1
% 삼각형의 소속 함수는 trimf, 사다리꼴은 trapmf 함수를 사용

clear ;                                % 모든 변수를 초기화
x=-120 : 1 : 120 ;                     % 입력 값의 범위
NB=trapmf(x,[-120 -120 -90 -60]) ; % Fuzzy 집합 NB의 소속 함수를 사다리꼴로 모형화
NM=trimf(x,[-90 -60 -30]) ;      % Fuzzy 집합 NM의 소속 함수를 삼각형으로 모형화
NS=trimf(x,[-60 -30 0]) ;
ZE=trimf(x,[-30 0 30]) ;
PS=trimf(x,[0 30 60]) ;
PM=trimf(x,[30 60 90]) ;
PB=trapmf(x,[60 90 120 120]) ;
fuzzy_sets_mf=[NB ; NM ; NS ; ZE ; PS ; PM ; PB] ; % 그래픽 출력을 위한 배열 선언
plot(x,fuzzy_sets_mf) ;
xlabel('Speed[rpm]') ;
ylabel('Membership') ;
axis([-120 120 0 1]) ;
membership_fn(1)=NB(find(x==50)) ; % NB 집합에서의 입력=50에 대한 소속 함수 찾기
membership_fn(2)=NM(find(x==50)) ;
membership_fn(3)=NS(find(x==50)) ;
membership_fn(4)=ZE(find(x==50)) ;
membership_fn(5)=PS(find(x==50)) ;
membership_fn(6)=PM(find(x==50)) ;
membership_fn(7)=PB(find(x==50)) ;
membership_fn                          % 모든 퍼지 집합에서의 소속 함수 값 출력
```

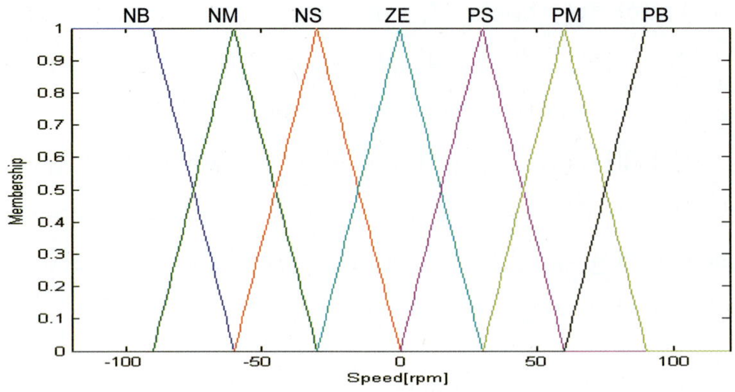

[그림 9.25] 퍼지 속도에 대한 소속 함수 그래프

[2] 퍼지 제어기

일반적으로 퍼지 제어 모형(model)은 규칙 기반(rule base)을 사용하며, 이는 퍼지화된 입력 값에 대해 적당한 출력을 얻을 수 있게 한다. 제어를 위해 작성되는 규칙은 통상 다음과 같은 IF−THEN 형식이 사용된다.

$$\text{IF } \langle \text{antecedent} \rangle, \text{ THEN } \langle \text{consequent} \rangle \tag{9.38}$$

여기서 규칙의 적용 조건이 되는 전건부(antecedent)는 하나, 혹은 다수 조건들의 논리합이나 논리곱일 수 있다. 또 규칙에 의한 행위(action)를 결정하는 후건부(consequent)는 하나, 혹은 하나 이상의 논리합, 논리곱, 혹은 선형의 수식일 수 있다. 예를 들자면 어떤 이동형 청소 로봇에 대한 다음과 같은 제어 규칙을 예로 생각할 수 있다.

IF ⟨SPEED is HIGH⟩ OR ⟨SPACE is CROWDED⟩,
  THEN ⟨SENSING_FREQUENCE is HIGH⟩
IF ⟨SPEED is VERY_HIGH⟩,
  THEN ⟨SENSING_FREQUENCE is VERY_HIGH⟩ AND ⟨VACUUM_POWER is VERY_HIGH⟩
IF ⟨SPEED is LOW⟩ AND ⟨DUST is LOW⟩
  THEN ⟨VACUUM_POWER is LOW⟩
IF ⟨SPEED is LOW⟩ AND ⟨VACUUM_POWER is LOW⟩
  THEN ⟨POWER_CONSUMPTION = 0.4 × SPEED + 0.6 × VACUUM_POWER⟩

이진 논리에서는 IF−TEHN 규칙의 적용이 간단하다. 즉, 전건부가 참이면, 후건부도 참이다. 퍼지 논리에서는 전건부가 참인 정도에 따라 후건부도 그 정도까지 참일 수 있으며, '그 정도'는 함의(implication)라 불리는 과정을 통해 결정할 수 있다. 함의는 두 가지의 세부 절차를 가지는데, 먼저 다수의 퍼지화된 입력 변수가 있을 때, 이들에 논리적 연산자(logical operators)를 적용한 결과로 하나의 숫자를 얻는다. 그 다음에는 이를 후건부에 적용하여 출력 퍼지 집합의 크기를 결정하게 된다.

다수의 퍼지화된 입력에 대해 자주 사용되는 논리적 연산자는 OR(∨)와 AND(∧)이다. 만약 두 개의 퍼지화된 입력이 전건부에서 사용되고, 이들이 OR되면 그 결과는 각각의 소속 함수 값중 최대(max)를 얻는 것과 같다. 이는 이진 논리에서 논리합이 두 입력 값 중 큰 값, 즉 1을 택하는 것을 상기하면 된다. 마찬가지로 두 입력이 AND되면 그 소속 함수 값 중 최소(min)를 택하면 된다. 예를 들어, 두 변수 x_1과 x_2가 각각 [그림 9.26]의 (a)와 (b)같이 7과 0.3일 때, $\mu_1(7) = 0.4$와 $\mu_2(0.3) = 0.7$로부터, 전건부가 논리곱인 경우 $(x_1 = 7) \wedge (x_2 = 0.3)$의 소속 함수 값, 즉 주어진 조건에 적합도(Degree of Fulfillment, DOF[37])는 0.4가 되며, 논리합 $(x_1 = 7) \vee (x_2 = 0.3)$인 경우 전건부의 적합도는 0.7을 선택하게 된다.

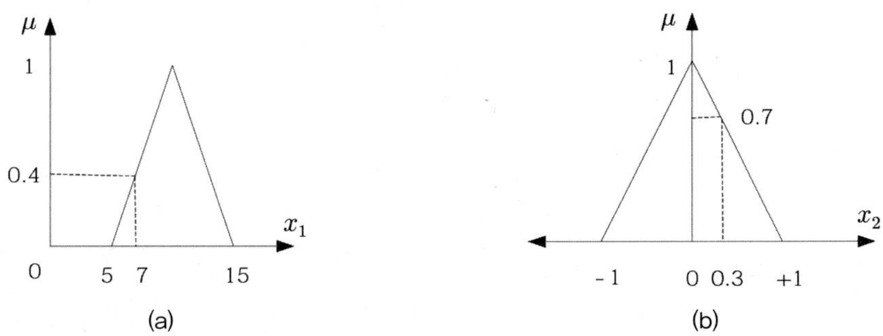

[그림 9.26] 퍼지 제어 규칙에 사용된 두 변수의 소속 함수 예

이제 IF-THEN 퍼지 규칙의 전건부에서 결정된 적합도를 후건부에서 어떻게 이용하는지 함의의 과정을 살펴보자. 여러 가지 함의의 기법들이 있으나 가장 널리 사용되는 방식은 출력 퍼지 집합의 소속 함수 그래프 높이를 전건부에서 결정된 적합도에 의해 제한하는 것(truncation)이다. [그림 9.27(a)]는 전건부에서 [그림 9.26]의 예에서와 같이 논리 연산자의 적용에 의해 적합도가 0.4로 결정되었을 때, 함의에 의하여 후건부 퍼지 집합 소속 함수의 높이가 결정된 예를 보여준다. 만약 다수의 규칙이 적용되는 경우, 후

37) 로봇의 자유도(Degree of Freedom)와 구분할 필요가 있다. 이 책에서는 여기 외에는 DOF를 자유도의 뜻으로 사용한다.

건부의 퍼지 집합의 소속 함수들은 합쳐진다. 즉, 또 다른 규칙에 의하여 [그림 9.27(b)]와 같이 출력 퍼지 집합의 소속 함수가 얻어지면, 이로부터 추론의 최종 결과는 [그림 9.27(c)]와 같이 두 집합을 합한 집합이 된다.

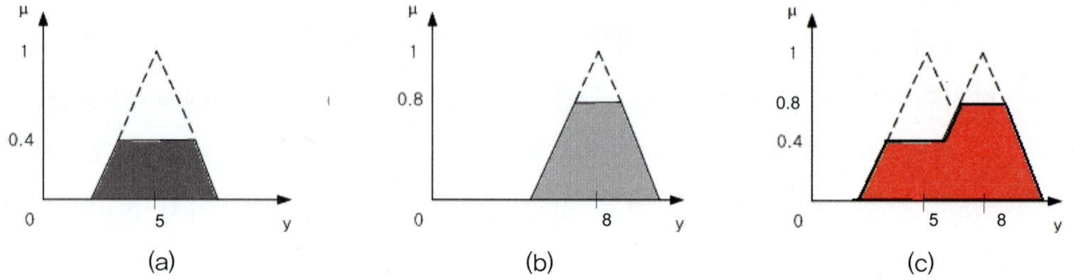

[그림 9.27] 수 퍼지 규칙의 합성

[3] 비퍼지화

퍼지 제어기의 출력은 대상이 되는 시스템을 제어할 수 있는 특정한 양으로 변환되어야 하며, 이 양은 더 이상 퍼지 값이어서는 안 된다. 즉, [그림 9.21]의 퍼지 제어기 구조를 참조할 때, 대상 시스템의 특성을 측정한 후 이를 퍼지화하여 퍼지 제어기에서 퍼지 연산의 결과를 얻었으면, 이제 이를 다시 비퍼지화하여 대상 시스템을 실제 제어할 수 있는 구체적이고 특정한 값을 얻어야 하는 것이다.

퍼지 출력을 실제 제어에 사용할 스칼라 값으로 변환하기 위한 비퍼지화(defuzzification) 기법에는 여러 가지가 있으나, 무게 중심법(Center Of Gravity, COG)이 널리 사용된다. COG 방식은 출력 퍼지 집합의 중심을 출력값으로 사용하는 방식으로, 다음의 식 (9.39)에 의한다. 이 식은 연속적이므로, 이를 프로그래밍할 때는 적당한 간격으로 표본화한 후 이산적인 값에 대해서 식 (9.40)과 같이 계산할 수 있다.

$$y_C = \frac{\int \mu(y)\, y}{\int \mu(y)} \tag{9.39}$$

$$y_C = \frac{\sum_i \mu(y_i)\, y_i}{\sum_i \mu(y_i)} \tag{9.40}$$

예제 9.11

[그림 9.27]을 비퍼지화하는 과정을 프로그래밍하고 실행하여라. 단, [그림 9.27(a)]와 [그림 9.27(b)]의 소속 함수는 모두 밑변의 길이가 6인 이등변 삼각형이라고 가정하라.

다음은 MATLAB Fuzzy Logic Toolbox을 활용한 프로그램이며, 수행의 결과 무게 중심값은 6.8529이다. [그림 9.28]은 MATLAB 결과 화면이며, [그림 9.27(c)]와 동일함을 알 수 있다.

```
% Defuzzification Example
% MATLAB Fuzzy Logic Toolbox ver 2.1

clear                                        % 모든 변수를 초기화
step=0.01 ;                                  % sampling 단계 결정
x=1 : step : 12 ;                            % 입력 값의 범위
a_mf=trimf(x,[2 5 8]) ;                      % 삼각형 a=소속 함수 그래프 a
b_mf=trimf(x,[5 8 11]);                      % 삼각형 b=소속 함수 그래프 b
a_mf_cut=min(a_mf,0.4) ;                     % 0.4로 절단=[그림 9.27(a)]
b_mf_cut=min(b_mf,0.8) ;                     % 0.8로 절단=[그림 9.27(b)]
mf_sum=max(a_mf_cut, b_mf_cut) ;             % 출력 함수의 통합=[그림 9.27(c)]
plot(x,mf_sum), axis([0 12 0 1]) ;           % 통합 출력 함수 그래프
y_c=sum(x.*mf_sum)/sum(mf_sum)               % COG 방식에 의한 비퍼지화=식 (9.40)
```

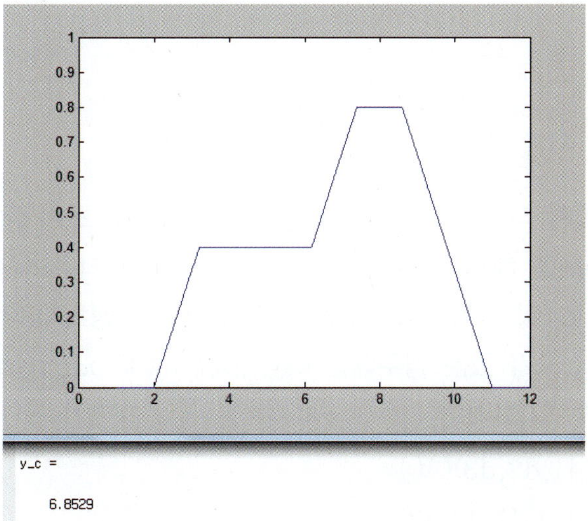

[그림 9.28] 예제 프로그램의 수행 결과

연습문제

01. 다음은 인공지능의 발전사에서 중요한 사건들이나 용어들이다. 연대 순서대로 나열하여라.

> Turing, Deep－Blue, Dartmouth College 학술회의, AlphaGo, AlphaGo Zero, Perceptron

02. 다음의 용어를 간략히 설명하여라.

(1) Turing 테스트
(2) GPS(General Problem Solver)
(3) AlexNet
(4) Eliza
(5) 지식 베이스(Knowledge Base, KB)
(6) 전문가 시스템(expert system)
(7) AI Speaker
(8) 심층 학습

03. 하노이 탑 문제에서 디스크는 d1, d2, d3의 세 개이고, 초기 상태와 목표 상태가 다음과 같을 때 문제를 해결할 수 있는 절차, 즉 연산자 적용의 순서는 어떠한가? 단, 디스크의 크기는 d1이 가장 작고 d3가 가장 크다고 가정하자(예를 들어 [그림 9.4]와 같이 두 개의 디스크가 있는 경우에는 m(d1,p2), m(d2,p3), m(d1,p3)의 적용에 의해 문제를 해결할 수 있었다).

초기 상태 : =((d1,d2,d3)( )( ))
목표 상태 : =(( )( )(d1,d2,d3))

04. [그림 9.5]의 탐색 트리에는 아직 해가 표현되지 않았다. 트리를 완성하여라.

05. 탐색 트리를 사용할 때, 항상 두 개씩의 자식 노드가 생기는 경우를 고려하여 보자. 즉, 뿌리 노드에서 단계 1로 두 개의 노드가 생성되고, 여기서 단계 2로 각각 다시 두 개의 노드가 생성되는 경우를 고려한다. 만약 목표 노드가 단계 2에 존재한다면, DFS와 BFS 방식을 각각 사용할 때 해에 이르는 경로 길이(즉, 뿌리 노드까지 포함하여 탐색되는 총 노드의 수)의 평균치는 어느 쪽이 작은가?

06. DFS와 BFS 방식의 장단점을 비교 설명하여라.

07. 조합적 폭발(combinatorial explosion)이란 무엇인지 설명하여라.

08. [그림 9.8]에서 이동 로봇이 격자 좌표 (3, 3)에 있을 때 그 다음 진행할 좌표의 위치를 A* 알고리즘에 의하여 판정하여 보라.

09. 다음 [그림 9.29]와 같은 퍼셉트론의 출력을 계산하여라. 단, 노드의 임계치는 θ =0.7이고, 뉴론의 활성함수는 하드리미터라고 가정하라.

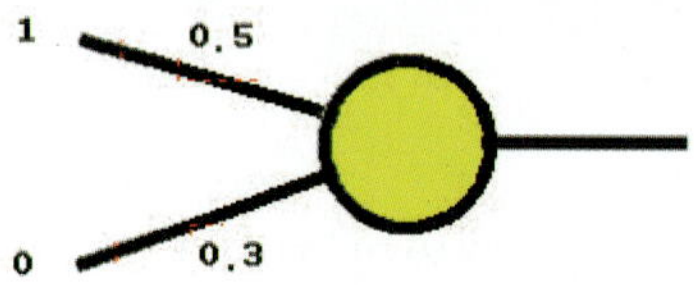

[그림 9.29] 퍼셉트론

10. [그림 9.10]의 tan−sigmoid 함수와 linear 함수를 각각 수식으로 표현하여라.

11. $\{a,b,c,d,e\}$에 대한 퍼지 집합 $A=\{0/a,\ 0.1/b,\ 0.3/c,\ 0.6/d,\ 0.9/e\}$와 $B=\{0.1/a,\ 0.4/b,\ 0.9/c,\ 0.5/d,\ 0.2/e\}$를 고려하자. $A\cup B$와 $A\cap B$를 구하여라.

과 제

01. 인공지능 발전의 역사에 대해 조사하고 보고하여라. 보고서는 다음과 같은 방식 중 하나가 될 수 있다.

(1) [그림 9.3]의 연대표를 기본으로 이를 더욱 풍성하게 만들어라. 표가 완성되면 표에 표시된 각 사건이나 주제에 대한 간략한 설명을 표의 아래에 정리하여라. 이 때 조사한 사항의 출전으로 서적이나 인터넷 사이트 등을 기록하여야 한다.

(2) 인공지능과 로봇 공학은 모두 지난 20세기 중반부터 시작되었다고 볼 수 있다. 두 분야 발전의 연대표를 동시에 비교하여 작성하여라(중고등학교의 역사 시간에 사용한 국사와 세계사의 동시 비교 연대표를 생각해 보라). 특히 로봇에 인공지능이 접목된 사건들에 대해 보다 주의를 기울여라. 예를 들어 SRI (Stanford Research Institute)의 AI Center에서 만든 Shakey는 자신의 행동에 대한 논리적 추론을 수행할 수 있는 최초의 이동형 로봇이므로 연대표에 기입하여야 할 것이다. 표를 완성한 후에는 상기 (1)의 경우와 같이 각 사건 및 주제에 대해 간략히 서술하라.

02. A* 탐색 알고리즘을 사용하여 격자 공간 내 이동 로봇의 경로를 계획하는 프로그램을 작성하여라. 10×10의 격자를 고려하고, 출발점과 목표점, 그리고 장애물의 위치가 임의로 주어질 때, 프로그램은 적절한 경로를 제시할 수 있어야 한다. 프로그램의 입력은 텍스트 파일(.txt)로 다음 [그림 9.30]과 같은 형태를 가질 수 있을 것이며, 완성된 프로그램은 임의의 입력 파일에 대해 그 성능을 확인할 수 있어야 한다. 데이터 파일에서 0은 자유공간, 1은 장애물을 의미하며, 2는 출발점, 3은 목표점을 나타낸다. 과제의 평가는 ① 단계별로 복잡도가 다른 파일에 대해 제한된 시간 내 성공적인 실행 여부, ② 찾아낸 경로의 길이 (당연히 짧은 경로를 찾을수록 성능이 좋다), ③ 보고서의 충실도 등을 기준으로 할 수 있다.

```
1000000111
1110110111
2000010000
0110110111
0010000101
1000111101
1110110001
1110000111
1111000003
1000011011
```

[그림 9.30] 로봇의 자율 주행 프로그래밍을 위한 모의 공간

03. 매니퓰레이터의 역기구학적 해를 구하는 프로그램을 코딩하라.

(1) 한 개의 링크를 가지는 매니퓰레이터에 대한 예인 [예제 9.7]을 코딩하라. 그리고 그 결과를 예제의 해에 보인 방식처럼 분석하라.

(2) 두 개의 링크를 가지는 평면 매니퓰레이터의 역 기구학적 해를 2층 신경망에 의하여 학습하는 프로그램을 작성하여라. 이 때 각 링크의 길이는 1이라고 가정하여라. 작성된 프로그램은 학습 데이터와 평가 데이터 모두에 대해서 충분히 작은 오차를 보여야 한다. 학습에 사용되는 데이터는 자신이 적당하게 만들어 사용하여라.

04. 신경망의 학습에서 overfitting의 문제는 무엇인가? 이를 해결할 수 있는 방법은 어떤 것이 있는가?

05. [예제 9.5]의 Perceptron 학습용 MATLAB 코드와 [예제 9.6]의 BP MATLAB 코드를 다른 언어, 예를 들어 Python, 혹은 C/C++로 변환하라.

06. 다음 [그림 9.31]과 같은 1 자유도(1-DOF) 도립진자(inverted pendulum)의 퍼지 제어 문제를 고려해 보자. 예를 들어 "진자가 빠른 각속도($\omega = d\theta/dt$), 또는 큰 각도(θ)로 기울어진다면, 이를 바로 세우기 위한 로봇의 이동 속도(du/dt)가 빨라야 한다"와 같은 간단한 제어 규칙을 생각할 수 있다. 이를 퍼지 제어를 사용하여 모의 실험(simulation)하여라. 단, 과제의 수행을 위해 필요한 사항(예를 들어 진자의 길이 같은 요소나 로봇의 최대 속도 같은 제한 조건)은 적당하게 가정하여라. 이 과제와 관련해서는 다양한 참고문헌, 예를 들어 [8–10],이 있다.

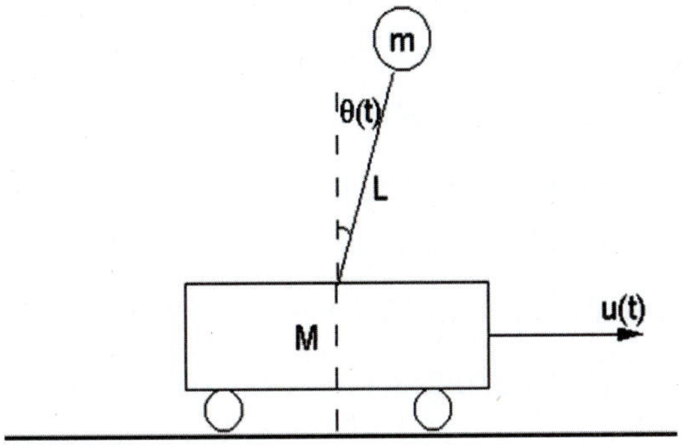

[그림 9.31] Cart상의 도립진자(inverted pendulum)

참고문헌

1. E. Charniak, and D. McDermott, Introduction to Artificial Intelligence, Addison-Wesley, Boston, MA, 1985.
2. P. H. Winston, Artificial Intelligence, 3rd Ed., Addsion-Wesley, Boston, MA, 1992.
3. S. Haykin, Neural Networks: A Comprehensive Foundation, Macmillan College Pub. Co., 1994.
4. G. Cybenko, "Approximation by superpositions of a sigmoidal function," Mathematics of Control, Signals, and Systems, Vol. 2, No. 4, pp. 303-314, 1989.
5. K. Hornik, "Approximation capabilities of multilayer feedforward networks," Neural Networks, Vol. 4, No. 2, pp. 251-257, 1991.
6. P. Kim, MATLAB Deep Learning with Machine Learning, Neural Networks and Artificial Intelligence, Apress, 2017.
7. https://kr.mathworks.com/discovery/transfer-learning.html
8. https://ctms.engin.umich.edu/CTMS/index.php?example=InvertedPendulum&section= SystemModeling
9. L. Zhang, X. Chang, and H. R. Karimi, "Fuzzy modeling and control for a class of inverted pendulum system," Abstract and Applied Analysis, 2014.
10. N. B. Ismail, Fuzzy Logic Controller Design For Inverted Pendulum, M.Eng Dissertation, Univ. of Tun Hussein Onn Malaysia, 2013.

10

로봇 윤리

10.1 인간과 함께하는 로봇
10.2 로봇 시대의 윤리

본 장에서는 향후 인간과 로봇이 공존하는 사회에 관련된 제반 문제에 대하여 다룬다. AI를 비롯한 로봇 기술의 발달로 인하여 가까운 미래에 인간의 능력을 뛰어 넘는 로봇의 출현은 쉽게 예견될 수 있다. 본 장을 공부하고 난 후에는 미래의 로봇, 로봇 시대의 윤리 등에 대한 기본적인 지식을 갖추어야 한다.

그렇다 하더라도 눈(眼)은 어디까지나 '창문'에
지나지 않는다.
사물을 이해하고 판단하는 것은 눈이 아니라
마음이다.

– 法頂, '침묵의 눈' 中 –

10
CHAPTER

로봇 윤리

10.1 인간과 함께하는 로봇

[1] 생활속의 로봇

지금까지는 산업용 위주의 로봇이 주로 공장의 생산성 향상에 기여하였으나, 로봇관련 기술의 발달과 편리함 및 안락함을 추구하는 인간의 욕망으로 인하여 청소용 로봇, 심리 치료용 로봇 등과 같이 보다 더 인간의 생활에 밀접한 로봇이 출현, 사용되어지고 있다. 다양한 환경에서 로봇이 주어진 역할을 수행하기 위해서는 로봇 스스로 주위를 인지, 판단, 실행하는 능력이 필요하다. 즉, AI와 AI에 기본적인 데이터를 제공하는 센서 기술 등의 발달로 인하여 로봇의 능력은 급속도로 신장되고 있다. 이러한 지능 로봇은 인간이 주입하는 정보에 만 의존하는 로봇이 아니라, 스스로 판단하고 행동하는 능력을 가진 로봇을 말하며 다양한 용도를 가지고 있다. 예를 들면, 우리나라도 고령화 사회에 진입함에 따라 독거 노인의 시중을 들어 주고 말동무가 되어 주는 등의 역할을 하는 실버로봇에 대한 수요가 증가하고 있다. 우리나라 통계청 인구 통계 자료에 따르면 2005년에 이미 고령화 사회(65세 이상 노인의 비율이 7% 이상)에 진입하였으며, 2018년 고령사회(65세 이상 노인 인구 비율이 14% 이상)단계를 거쳐 2026년 초고령사회(65세 이상 노인의 비율이 20% 이상)로 진입할 것으로 판단된다. 로봇이 독거 노인과 함께 기거하면서 대화할 수 있기 위해서는 음성 인식, 음성 합성 등의 기술과 함께 감정을 표현한다거나 인간의 감정을 인식하는 기술이 중요하다.

로봇은 힘들고, 지루하거나 위험한 일 등을 인간을 대신하여 수행해줌으로써 인간의 생활을 안전하고 풍요롭게 하여 인간의 삶의 질을 향상시켜주는 긍정적인 측면이 있으나, 로봇의 지능이 향상됨에 따라 로봇이 가져다 줄 문제점에 대하여 많은 연구가 행해져야 한다. 19세기초, 산업 혁명이 한창이던 영국에서 기계에게 일자리를 빼앗길 것을 우려한 직물 노동자들이 러다이트 운동으로 기계를 파괴하였다. 지능로봇의 발달로 인하여 이와 같은 현상은 언제든지 일어 날 수도 있기 때문에 로봇의 슬기로운 이용은 시급한 과제가 되고 있다.

로봇이 단순한 기능을 가지고 있는 산업용 로봇에서 지능을 가진 로봇으로 진화함에 따라 로봇을 단지 도구로 고려한다면 적지 않은 문제점이 발생할 것이다. 즉, 로봇의 지능이 급속히 높아짐에 따라 로봇을 단순한 기계가 아니라, 인간과 유사한 새로운 종(種)으로 보아야 하는지에 대한 논의를 비롯하여 인간 규범들과의 관계설정, 다양한 종교·문화·계층의 의견수렴 등 여러 가지 사회적 쟁점들이 제기되고 있다. 이와 같이 지능로봇의 등장은 산업, 경제, 사회 변화에 심대한 영향을 미칠 수 있으므로 이에 대한 현명한 대처가 필요하다.

로봇이 처음 개발된 20세기 초반과 현재의 기술을 수준을 비교해 보면, 머지 않은 장래에 오래전부터 인간이 구현하고자 했으며, 공상 과학 소설 및 영화에 나오는 로봇이 출현하게 될 것이다. 특히 고도의 지능을 가진 로봇이 인간과 더불어 사회의 한 구성원으로서 역할을 하게 되면, 인간의 생활 형태도 많이 달라질 것이다. 이에 따라 인간·로봇 공존 사회에 관련된 관련 법규의 제정 등과 같은 제도적 인프라 구축, 로봇과 관련된 안전성 확보를 위한 윤리 및 제도 정비 등이 필요하다. 이와 더불어 로봇–인간 관계의 연착륙을 위해서는 로봇 관련 종사자들의 로봇 관련 윤리 의식 교육이 매우 중요하게 될 것이다.

또한 지능로봇과는 별도로 인간 또한 많은 지식이 저장된 컴퓨터와 인간의 뇌의 신경조직과 연결하여 단시간에 컴퓨터에 저장된 지식을 습득하는 수퍼 인간 시대가 도래할 수도 있다. 이처럼 다가올 미래 사회에 대한 예측은 매우 어려운 일이며, 이에 대한 대처는 여러분야의 전문가들이 공동으로 하는 것이 이상적일 것이다.

예제 10.1

휴머노이드, 사이보그 및 안드로이드의 차이점에 대하여 설명하라.

- 휴머노이드(Humanoid)

  외모가 인간과 유사하게 생겼으며 이족 보행을 하는 로봇.

- 사이보그(Cyborg)

  1950년대 말 cybernetic과 organism의 두 단어를 합성한 것으로 생물과 기계장치의 결합체를 말하며, 일반적으로 뇌를 제외한 수족이나 장기 등을 교체한 개조 인간 로봇.

- 안드로이드(Android)

"인간을 닮은 것"이라는 뜻의 그리스 말에서 유래되었으며, 외형적으로는 말과 행동이 인간과 거의 구별이 안되는 로봇, 즉, 외모와 지능까지도 인간과 유사한 인조 인간

[2] Homosapiens와 Robosapiens

머지 않은 장래에 지구의 탄생 이후 처음으로 인간에 의해 새로운 존재가 탄생할 수도 있다. 인간이 로봇을 처음 개발할 당시에는 로봇이 인간의 생활 편리에 도움을 주는 존재만으로 고려하였으며, 의식을 가진 존재로서의 로봇은 의도하지 않았다. 그러나 생활 환경의 변화에 따른 불임 부부 및 저출산의 증가, 고령화 혹은 사회 분위기의 변화에 따라서 의식이 있는 로봇, 애완용 로봇, 친구와 같은 로봇을 원하게 될 수 있다. 인구의 감소와 로봇 지능의 고도화는 지구의 지배적인 존재가 인간에서 로봇으로 바뀔 수 있는 가능성을 제기하였다. 즉, 로봇 지능 발달 속도가 매우 빠르기 때문에 머지 않은 장래에 인간의 지식, 가치관 등을 로봇이 물려받고 다음 로봇 세대에 물려 줄 수도 있다. 어떤 면에서는 우리의 미래가 로봇에 달려 있을 수도 있다. 또한 인간의 감정을 로봇에 전이시킬 수 있다면, 새로운 형태의 존재가 도래할 수도 있다. 이처럼 로봇 혹은 수퍼 인간과 같은 새로운 존재의 형태에 대한 예측은 매우 힘들다. 한 가지 예측은 새로운 형태의 진화 로봇인 robosapiens의 출현이다. Karel Capek의 연극 RUR은 인간들의 노역을 대신하던 로봇들의 숫자가 급격하게 불어나면서 로봇들이 반란을 일으키는 내용이다. 만일 로봇이 인간을 대신하는 단순 노동의 개념을 넘어 스스로 생각하고 행동을 통제하는 지

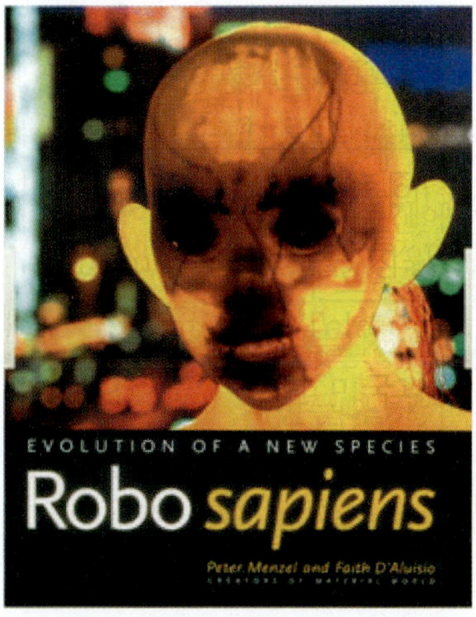

[그림 10.1] 로봇의 발전상을 사진 위주로 다룬 Peter Menzel과 Faith D'Aluisio의 저서

능을 가지고 있다면, 로봇이 인간의 지능 및 감성을 복제하거나 그 이상을 소유할 수 있는 매우 우려할 만한 사태가 발생할 수 있다. 미래 로봇과 인간의 관계는 현재와 같이 인간의 도우미로서의 로봇, 인간을 지배하는 로봇, 인간과 공생하는 로봇 등을 고려할 수 있다. 로봇이 인간을 지배하는 가능성을 배제하기 위하여 로봇의 뇌안에 특별한 프로그램을 설치할 수 있으나, 이는 신뢰할 만한 대책이 되기 힘들다

또한 인간이 자식의 생산을 통하여 인간 사회를 이어가듯이 자기 복제는 기본적으로 생명체가 존속하기 위해서 필요한 방법이다. 향후 기술의 발달과 더불어 로봇의 자기 복제가 가능해지는 경우에는 인간과 로봇 사이에 새로운 관계가 성립될 수 있다. 즉 인간이 더 이상 로봇의 생산자가 아닐 수 있으며, 로봇이 로봇을 생산하는 로봇 생태계에 대한 연구도 진행되고 있다. 만일 로봇이 인간과 같이 감성과 지능을 가진다면, 로봇은 인간의 보조 수단인 기계가 아니라 인간을 지배할 수 있다는 가능성이 있으며, 혹은 미래의 사회는 사고가 가능한 두 개의 존재, 즉 homosapiens와 robosapiens가 공존할 가능성이 높다. 인공 지능 기술이 발달하여 로봇이 인간과 비슷한 지적 수준을 가진다면, 인간과 동일한 권리를 가져야하는 가 등과 같은 어려운 윤리적 문제가 발생하게 된다. 따라서 로봇 윤리에 관련하여 기본적으로 고려되어야 할 점은 인간이 로봇을 완전히 제어할 수 있고, 로봇의 불법적인 사용을 차단하여야 한다는 것이다. 그러나 로봇의 지능이 발달하면 이러한 것이 현실적으로 어렵게 된다. 즉 공상과학 소설에 나오는 것처럼 로봇이 인간보다 지능적으로 뛰어나게 된다면 문제는 더욱 더 심각해 질 것이다.

[그림 10.2] Homosapiens와 Robosapiens

[3] 뇌-컴퓨터 인터페이스(BCI, Brain-Computer Interface)

인공지능의 급속한 발달로 인하여 지능로봇이 여러가지 면에서 인간의 능력을 초월하는 경우에는 인간이 로봇을 제어할 수 없는 상황이 올 것이다. 이에 대비해서 인간의 능력도 획기적으로 높이는 방안도 연구되어 지고 있으며, 대표적인 기술 중 하나가 BCI(뇌-컴퓨터 인터페이스) 기술이다. BCI는 뇌의 정보가 컴퓨터에 외부 입력장치가 없이 뇌파를 통하여 입력되고, 또한 컴퓨터의 정보가 뇌로 입력되어 컴퓨터를 제어할 수 있는 기술 혹은 뇌와 컴퓨터의 통신 기술이다. 뇌과학과 컴퓨터 통신 기술의 발달로 BCI를 이용한 인간 능력의 획기적인 향상이 현실화되고 있다. BCI는 넓은 의미에서는 HCI (Human Computer Interface) 기술에 포함되며, 이러한 기술을 이용하여, 뇌파를 통해 대상 기계를 조작할 수도 있기 때문에, BMI(Brain Machine Interface)라고 불리기도 한다. 실제로 초보적인 BCI 기술은 이미 수십년 전에 동물을 대상으로 구현된 바가 있으며 [그림10.5]처럼 장애우가 감성으로 구동할 수 있는 휠체어도 BCI 기술의 구현 결과이다.

BCI 시스템은 기본적으로 다음과 같이 구성된다.

① 측정된 신호는 잡음 제거, 채널 선택, 주파수 및 시간 영역 선택하는 전처리 과정을 거친 후, 특징 정보 추출단계를 통해 시스템이 사용자의 의도나 상태를 예측하는데 사용될 수 있는 정보를 추출하고,

② 추출된 정보를 바탕으로 데이터를 분석하고,

③ 분석된 자료를 바탕으로 사용자에게 필요한 정보를 제공한다.

일반적으로 이러한 기술을 구현하기 위해서는 뇌파 자극을 인식하는 장치를 통해 뇌파를 받아들인 후, 신호화 과정을 거쳐 뇌파를 분석해 입출력 장치에 명령을 내리는 제반 기술의 확보가 필수적이다. 이를 위해서는 뇌의 특정영역에서 원하는 뇌의 활동을 측정할 수 있는 기술, 뇌의 활동을 정량, 정성화하고, 분석하는 기술의 개발, 뇌와 컴퓨터 사이의 프로토콜 기술 개발 등이 선행되어야 한다. 이러한 BCI 시스템의 신호 처리를 위해서는 다양한 알고리즘들이 필요하며, 특히 뇌 신호 정보의 공간 해상도가 선명하지 못한 문제를 해결하고, 주변 잡음을 제거하는 것이 중요한 문제이다. 실제로 개인차이가 있는 뇌파를 분석하여 사용자 독립의 BCI 장치를 구현한는 것도 매우 어려운 작업 중 하나이다. BCI기술은 다양한 분야에 적용이 될 수 있다. 예를 들면, 대화 및 제어용, 신체 움직임에 대한 기능의 대체용, 엔터테인먼트용, 재활지원 및 보조용 등이며, 인간의 생활이 복잡 다단해짐에 따라 그 용도도 매우 다양해질 것이다. 그러나, 이러한 기술의 실용화를 위해서는 기술적인 안전성과 효율성 뿐 아니라 신경윤리학적인 문제를 해결해야 한

다. 예를 들면, 의료 영역의 경우에는 환자 정보와 같은 개인 정보보호의 문제점을 해결하여야한다.

BCI 기술의 확보는 인간 능력을 획기적으로 행상시킬 뿐 아니라 인간 생활은 획기적으로 변화시킬 것이다. 예를 들면, 운동신경에 문제가 있는 장애우의 경우에는 뇌활동을 관찰, 분석하여 메시지를 작성하거나 휠체어, 컴퓨터, 로봇 등과 같은 기구를 조작할 수 있어 일상 생활의 어려움을 크게 완화시켜 줄 수 있다. 또한 인간이 별다른 노력없이 컴퓨터를 통하여 원하는 지식을 얻거나, 새로운 경험을 할 수도 있을 것이다. 이러한 기술은 가상현실 기술 등과 같은 이종 기술과 융합하면, 인간을 metaverse(확장 가상 세계)의 구현이 가능할 것이다. 이 경우에는 인간은 물리적인 세계와 가상 세계를 혼합한 새로운 세계에 존재하게 될지도 모른다. 또한, 모션 센서, 생체의 상태 신호 감지 센서 등과 같은 기술과 융합하면, 오감을 활용하는 융합형 인터페이스를 개발할 수도 있기 때문에, 마우스, 키패드 등과 같은 기존의 방식과는 다른 차세대 인터페이스로 활용될 수 있기 때문에 신체를 물리적으로 움직이지 않고도 자연스럽게 명령을 내릴 수 있어, 가상현실, 영상 및 사진 인식, 자동자의 자동 운전 등의 분야에 적합할 것이다. BCI 기술은 외부 입력 장치 없이 인간의 생각만으로 컴퓨터를 조정하는 것을 가능하게 하기 때문에 획기적인 컴퓨터 게임의 개발로 기존의 게임 시장의 방식을 근본적으로 바꿀 수 있게 될 것이다.

[그림 10.3] 컴퓨터를 이용한 인간 능력 향상 예

또한 인간이 집안에서 뇌파와 연결된 전산망을 통하여 생각만으로 가전 기기를 조종하여, 집안 일을 할 수도 있다. 즉 뇌에 심은 전극을 통해 뇌파가 컴퓨터에 도착하면 컴퓨터는 뇌파를 작동 명령으로 변환하여 가전 기기에 전달한다. 또한 BCI 기술은 컴퓨터상에서만 존재하는 가상의 로봇을 운용하여 다양한 생활의 변화를 도모할 수 있을 것이다. 이러한 기술은 많은 해결해야 할 문제점도 내포하고 있다. 인간의 심리적인 상태를 로봇에 이식하는 기술이 가능하게 되면 컴퓨터를 이용하여 인간의 심리적인 문제를 해결할 수 있지만, 컴퓨터에 저장된 심리 상태 프로그램을 복사하거나, 보관할 수 있기 때문에, 동일하게 생각하고 느끼는 로봇 및 인간의 출현이 가능하며, 보관된 심리 상태 프로그램을 추후에 재사용할 수 있기 때문에 마음의 상태가 새로운 물질적인 존재에 영원히 지속되는 경우도 상상할 수 있다. 이러한 기술의 남용은 심각한 사회적인 문제와 윤리적인 문제를 야기할 수 있다는 점을 간과해서는 안된다. 따라서 이처럼 사회적으로 큰 변화를 가져다 줄 가능성이 있는 기술은 개발에 앞서 충분히 윤리적인 문제가 다각도에서 검토되어져야 한다. 또한 [그림 10.4]에서 보는 바와 같이 동물에게 이러한 기술을 이용하여 지능을 높일 수 있다면, 인간보다 더 지능이 높은 동물이 출현할 수도 있다. 이러한 경우 인간과 동물의 관계를 어떻게 설정해야 할지 예측하기 매우 어렵다.

[그림 10.4] 뇌-컴퓨터 인터페이스

[4] 인간-로봇 상호 작용

반복적인 작업을 수행하는 산업용 로봇과는 달리 지능형 로봇은 스스로 판단할 뿐 아니라, 인간 혹은 로봇 상호간의 교류를 통하여 작업을 수행하게 되는 경우가 많기 때문에 인간 로봇 상호작용에 관한 기술은 매우 중요하다. 로봇이 다양한 주변 환경에 적응하면서 주어진 업무를 수행하기 위해서는 인간과의 자유로운 의사 소통을 하여야 한다. 인간과 공존하는 로봇의 경우에는 인간의 감성을 읽고 반응할 필요성이 있기 때문에 이러한 기술의 중요성이 더욱 더 증대되고 있다. 예를 들면, 언어, 표정, 몸짓 등과 같은 표현 방법을 통하여 의사 소통을 하는 인간 로봇 상호 작용 기술이 필요하다. 인간 로봇 상호 작용은 로봇이 자신과 주위의 환경을 센싱하고, 데이터를 분석 판단하고, 실행하는 부분으로 나눌 수 있다. 이러한 기술의 상용화를 위해서는 인식, 판단, 표현 기술의 확보가 필수적이며, 이는 지능 로봇의 핵심 기술 중 하나이며, 이를 위하며 세계 각국에서 많은 연구 투자를 하고 있다.

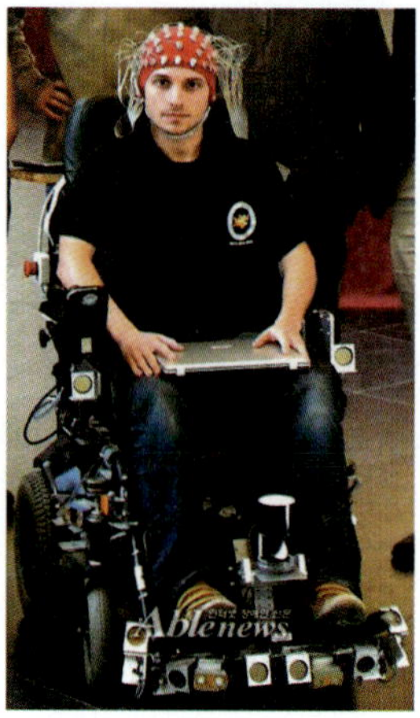

[그림 10.5] 감성만으로 조작이 가능한 휠체어 (자료 : Ablenews; google.com)

실제로 로봇의 지능은 로봇의 감지 및 인지기능과 동작기능을 연결하여 로봇이 자율적이고 효율적으로 임무를 수행 가능하게 한다. 로봇이 인간 생활에 고품질서비스를 제공하기 위해서는 보다 높은 수준의 인지 능력 및 지능이 필요하다. 또한, 로봇은 기계적인 기능 뿐 아니라 지적 능력과 감성적 능력 등을 가지고 로봇이 스스로 생각하고 판단하는 기능이 향상되어, 인간의 생활속에서 더욱 안전하게 사용될 수 있을 것이다. 이를 위해서는 기본적으로 고성능 센서의 개발이 필요하며, 센서가 서로 유기적으로 정보를 주고받음으로써 로봇의 행위 판단에 도움을 줄 수 있다. 로봇 센서의 발전은 로봇에게 다양성, 고성능을 부가하여 안전하고 고기능, 고지능을 가진 지능 로봇의 탄생을 가능하게 한다. 실제로 이러한 관련 센서의 발전은 로봇 뿐아니라, 의료, 미디어, 항공, 통신 등 다양한 분야에 적용이 가능하여, 지능형 로봇 센서의 발달로 인한 다른 산업의 발전이라는 상승 효과를 기대할 수 있다. 이러한 센서의 소형 고기능화를 위하여, MEMS 등과 같은 기술을 이용하는 경우가 많다. 또한 이러한 기술을 이용하면, 인공 시각, 인공 청각, 인간 행동, 인공 두뇌 등과 같은 분야의 발전도 기대할 수 있다.

예제 10.2

(1) 인간-로봇의 상호 작용 관련 기술에 대하여 설명하라.
(2) 로봇의 인간 인식 기술에는 어떠한 것이 있는가?

(1) 인간-로봇 상호 기술 분야는 매우 다양하며, 대표적인 기술로는 인공 지능, 행동 인식, 햅틱스, 얼굴 인식, 표정/음색 인식, 음성/화자 인식, 촉각 인터페이스, 매개 인터페이스, 인간 로봇 상호 작용 프레임워크 기술, 생체 신호 기반

인간 감성인식 기술, 로봇 표현 기술 등이 있다.

(2) 얼굴 검출 및 인식 기술, 화자 인식 기술, 신체 특징 인식 기술, 사용자 추적 및 관리 기술 등이 있다.

실제로 인간과 로봇간의 지각적, 정서적, 인지적 수준 차이를 극복하여 두 개체간의 의사 소통을 원활할 수 있다며, 보다 더 효율적으로 지능로봇을 운용할 수 있을 것이다. 로봇이 사용자의 명령을 인식하기 위해서는 주의 집중 기술, 음원 추적 기술, 제스처 인식 기술, 목표물 추적 및 추종 기술 등이 있으며, 의도 인식 기술에는 표정 인식 기술, 학습-추론 기반 상호 작용 기술 외에도 음성 인식 및 합성 기술, 음향 인식 기술 등이 있다. 이러한 기술을 보다 더 효율적으로 지원하기 위해서는 임베디드 운영 체계, 네트워크, 미들웨어 등과 같은 소프트웨어와 시뮬레이션 기술, IT 융합 기술 등과 같은 응용 기술이 있다.

[그림 10.6] 감성 로봇 Pepper(SoftBank)

예제 10.3

로봇에서 감지 및 인지 기술에 대하여 설명하라.

분야	세부 분야	비 고
감지 기술	시각 센서 제작 기술, 청각 센서 제작 기술, 거리 센서 제작 기술, 기타 센서(후각, 미각 등) 제작 기술	센서 융합 기술, 센서 기술
인지 기술	청각 인식 기술, 촉각 인식 기술, 후각 인식 기술	

초창기 인간 로봇과의 상호 작용은 특수 장치기반 인터페이스를 이용했지만 음성 또는 행동 인식 등을 통한 상호 작용 방법이 더 편리하고 장점이 많아짐에 따라서

자연스러운 상호 작용 방법으로 영상 기반의 인터페이스에 대한 많은 연구가 이루어지고 있다. 즉, 인간의 제스처, 행동 패턴, 이벤트 등을 인식하여 로봇이 행하여야 할 업무를 파악하는 것이다. 지능 로봇은 음성 인식, 영상 인식, 인간 로봇 상호 작용 등과 같은 기술 뿐 아니라, 인공 감정 시스템 등과 같은 분야에 대한 연구가 필요하다. 이러한 감정 기반의 로봇에 관한 연구 결과 미국 MIT의 Kismet, 일본 와세다 대학의 WE-4R II, AIST의 PARO 등의 로봇이 제작되어졌다. 로봇의 지능은 감지 및 지각 기술 등을 바탕으로 결정되며, 이를 위해서는 센서 기술의 발달이 필수적이며 특히 각각의 센서의 성능 뿐 아니라 센서 융합 기술 및 네트워크 기반의 센서 기술 등의 중대성이 증대되고 있다.

인간 로봇 상호 작용 기술 응용 분야는 비교적 광범위하다. 예를 들면 원격 제어 시스템, 시각 인식 분야, 음성 인식 분야, 의료 도우미, 재활 도우미 로봇 등이다. 그러나 이러한 기술의 활성화를 위해서는 무엇보다도 인간-로봇 상호 작용 서비스 기반 기술의 표준화가 필요하며, 이를 위하여 로봇공학자만 참여하는 것이 아니라 인지과학, 심리학, 경영학, 법학, 윤리학 등 다양한 분야의 전공자들이 모여서 로봇학과 인간-로봇 상호작용을 연구해야 할 것이다. 즉, 상황을 인식하고, 판단하고 표현하고, 또한 상황에 맞춰 스스로 서비스하는 인간-로봇 상호 작용에 대한 연구가 활발히 진행되고 있으며, 그 활용 분야는 매우 넓다.

10.2 로봇 시대의 윤리

[1] 로봇 시대의 윤리의 필요성

'로봇윤리(roboethics)'라는 용어는 2002년 로봇공학자 지안마르코 베루지오(Gianmarco Veruggio)가 "로봇공학이 인간의 삶에 적용될 때 나타날 수 있는 윤리적 문제를 다루는 것이며, 로봇기술의 긍정적 확산을 위해 우리가 지금 무엇을 해야 하는지 논의하는 것"으로 정의하였다. 로봇이 인간의 생활 속에 비중있게 자리 매김함에 따라, 예상하지 못한 문제점들이 발생할 수 있기 때문에 새로운 각도에서 로봇에 대한 규제 혹은 인간과 로봇의 관계 설정이 필요하며, 이를 포괄적으로 로봇 윤리라 한다.

로봇 윤리는 크게 세가지 관점에서 생각할 수 있다.

① 로봇의 사용자로서 사람이 지켜야 할 윤리적 규범

② 로봇이 지켜야 할 윤리적 규범

③ 로봇과 인간의 관계에서 발생하는 윤리적 규범

예를 들면 전투용 로봇은 감정이 아닌 객관성에 근거하여 작동하기 때문에 인간의 생명에 위협을 줄 수 있는 행위에 대한 자가 판단권을 줄 경우, 인간의 안전에 큰 위해를 가할 수 있다. 전투용 로봇은 인간을 대신하여 전투를 한다는 측면에서는 인명의 손실을 줄인다는 측면도 있으나, 한편으로는 대량 및 정밀 살상의 수단으로 사용이 될 수 있는 측면도 있다. 이외에도, 생산, 서비스 등과 같은 다양한 산업 분야에서 로봇이 인간을 대신하여 사용될 경우에는 심각한 일자리 부족 문제가 발생할 수 있으며, 이에 대한 선제적인 대응이 필요하다.

인간의 지능이 이식된 로봇과 같이 인간과 로봇의 경계가 애매해 질 경우의 새로운 윤리 체계에 대한 연구와 인간보다 뛰어난 기능과 지능을 가진 로봇의 출현에 따라 발생할 수 있는 예측하기 어려운 결과에 대한 연구도 행해져야 할 것이다. 향후 스스로 생각하고 판단할 뿐 아니라, 어떤 면에서는 인간의 능력을 능가하면서 자체 복제능력을 가지고 스스로 방어하는 능력을 가진 로봇이 출현할 경우, 공상 과학 영화에서와 같이 인간이 로봇에게 지배를 받는 날이 올 수도 있다. 한편으로는 기술의 발전에 따라 로봇이 부분적으로 인간의 능력을 능가할 수 있지만, 자의식을 갖거나 자신들의 권리를 주장하기는 쉽지 않을 것이라고 보는 견해도 있다.

지금까지 인터넷이나 스마트 폰이 인간의 생활에 많은 변화를 가져왔듯이 로봇 또한 인간의 삶을 획기적으로 변화시킬 것이다. 로봇은 인간의 삶을 편리하고 윤택하게 해주지만, 동시에 사용에 따른 위험성도 내포하는 양면성을 가지고 있다. 현재는 로봇 사용에서 사람의 윤리에 초점을 맞추고 있으나, 향후 로봇과 인간이 공존하는 시대에는 로봇의 행동 양식에 대한 새로운 개념의 윤리가 도입되어야 할 것이다. 특히 로봇이 인간에 의해 조정되어져서 범죄를 저지르게 된다면 누가 책임을 져야 할 것인가는 심각한 문제이다. 왜냐하면 단순한 기계로서의 로봇에 의한 범죄는 당연히 조정하는 사람의 책임이지만, 어느 정도 지능을 가지고 자율적 행위를 하는 로봇에 의한 범죄는 이에 관련된 사람과 로봇, 그리고 제조자(혹은 설계자) 사이에서 책임의 한계를 규정하기 어렵고, 피해자에 대한 보상의 주체를 파악하기도 복잡하기 때문이다. 그 외에도 고도의 지능을 가진 로봇이 인간과 로봇의 공존을 파괴할 경우에 대한 대안을 미리부터 대비할 필요가 있다.

[그림 10.7] 로봇의 부품으로서의 동물 사용 예

관련 기술의 발달과 더불어 로봇의 진화 속도가 빠르면, 머지 않은 장래에 호모 사피언스와 더불어 '로보 사피엔스'라는 이름의 인격체인 로봇이 인간들과 함께 평등하게 존재하는 시대가 올 것이다. 이때에는 어떤 의미에서 인간과 기계를 구분하는 것이 무의미해 질 수 있다. 즉, 로봇이 지적 혹은 기구적인 능력이 향상되면 인간에 버금가는 존재가 될 수도 있으며, 이에 따라 필연적으로 로봇 혹은 로봇과 인간과의 윤리적인 문제가 생기게 된다. 이러한 윤리적인 문제는 좀 더 나아가서 인간의 로봇 남용 뿐 아니라, 로봇의 인간에 대한 행위도 포함한다. 향후 로봇은 가정, 병원, 실험실, 공장, 광산, 전쟁터 등과 같이 매우 복잡한 환경에서 인간과의 상호 작용 등을 통하여 사용될 것이며 윤리적인 문제가 매우 중요하게 될 것이다. 이러한 변화에 능동적으로 대처하지 못하는 경우에는 [그림 10.8]과 같이 로봇에 의하여 인간이 지배당하는 시대가 도래할 수 있다. 일단의 연구자들은 2045년 경이면 인공 지능 로봇의 지능이 인간의 지능을 뛰어 넘는 특이점(singularity)을 맞이할 것이라는 예측을 하고 있다.

[그림 10.8] 로봇과 인간과의 관계 변화

기본적으로 로봇과 사용자, 제조자 등이 지켜야 할 윤리규정이 필요하며 기본 철학은 인간과 로봇이 상호 협력을 통해 공존공영을 실현하는 것이다. 그러나 이러한 문제는 매우 복잡하고 예민한 문제들을 다수 내포하고 있기 때문에 신중한 접근이 필요하다.

[2] 로봇 시대의 윤리 헌장

로봇 기술의 발달과 로봇이 인간 생활의 한 부분으로 다가옴에 따라서, 단순한 인간의 도구로서의 역할을 규정한 Asimov가 제안한 로봇 윤리보다 더 포괄적인 대안을 마련해야 할 필요성이 있다. 어떠한 의미에서는 지능 로봇의 개발보다도 더 많은 노력을 기울여야 할 부분이 로봇의 인간에 대한 윤리일 지도 알 수 없기 때문에 로봇 관련 분야는 로봇 공학자 뿐 만 아니라 여러 분야의 전문가들이 공동으로 접근하여야 바람직할 것이다. 로봇의 설계, 제작, 사용 과정에서 인간에 의해 발생할 수 있는 위험과 로봇으로 인해 발생할 수 있는 위험에 대비하고 이를 조정할 필요성이 있다.

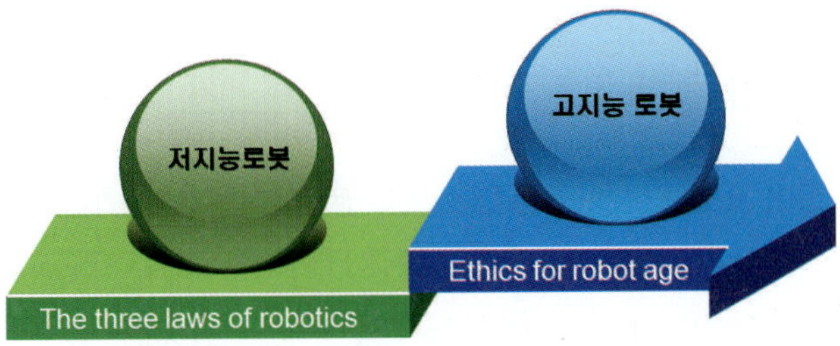

[그림 10.9] 지능로봇의 발달과 로봇 윤리

1950년 Issac Asimov가 소개한 로봇의 행동 3원칙은 로봇의 지능이 발달함에 따라 수정되어져야 한다. 향후 로봇 윤리헌장은 과거의 로봇 윤리와는 다르게 사람의 윤리 즉, 기본적으로 로봇 사용자 및 제작자가 기본적으로 갖추어야할 윤리적인 지침서의 성격을 가지고 있어야 할 것이다. 로봇 윤리는 로봇으로 인해 발생 가능한 미래의 위험을 사전에 예방하고 규제할 수 있을 것이다. 현재 다양한 지능형 로봇들이 전쟁용으로 개발되고 있으며, 이들에게 전장에서 자가 판단권을 줄 것인가하는 문제는 매우 중요하다. 즉 인간의 생명을 위협할 수 있는 행위를 스스로 판단하여 시도할 수 있게 하는 것은 전쟁에서의 승리를 가져올 수 있겠지만 인류의 안전에 큰 위해를 가할 수 있다. 그 외에도 로봇기술이 발달함에 따라 대부분의 공장이 자동화되고 서비스업, 생산 현장 등 다양한 분야에서 로봇이 도입되어 인간의 일자리가 줄어들 수 있다. 즉, 미래에 대부분의 생산, 서비스업을 로봇이 대체하게 된다면 심각한 일자리 부족 문제가 발생할 수 있다.

로봇 윤리 문제에 관한 선언적인 헌장을 마련하는 것은 장기적인 관점에서 매우 중요한 출발이라고 할 수 있다. 우리나라에서도 2007년에 산업자원부 주관으로 다양한 분야의 전문가들로 구상된 로봇 윤리 헌장 제정 위원회를 결성하고 세계 최초로 로봇 제조에서 사용자 등이 지켜야 할 기본적 윤리 규정을 7장에 걸쳐 담은 "로봇 윤리 헌장 초안"이 만들었다. 이 헌장은 1950년 Issac Asimov가 주장한 로봇의 행동 3원칙에서 보다 더 구체적이며, 미래 사회에서의 로봇의 위상을 반영하여 로봇의 존엄성을 좀 더 인정한 진일보한 형태라고 할 수 있다. 이 로봇윤리헌장 초안에는 '인간과 로봇은 상호간 생명의 존엄성과 정보, 공학적 윤리를 지켜야 한다' 라고 명시하였으며, 인간과 로봇이 원칙에 따라 인간과 로봇 상호간의 협력을 위한 세부조항이 마련되었다. 이는 시의 적절한 인간-로봇 공존을 위한 방안의 하나로 생각되어 질 수 있다.

향후 전세계적으로 이와 같은 윤리 헌장 및 이에 따른 규범에 관련된 지속적인 보완은 지능로봇과의 공존 사회로의 연착륙에 기여하리라 생각한다. 이와 더불어 인간이 아닌 로봇간의 관계에 관련된 로봇 생태계 관련 연구도 일부 과학자들에 의하여 진행이 되고 있으며, 로봇과의 관계 문제의 해결을 위하여 도움이 될 것이다.

[3] 로봇 관련인의 자세

로봇공학은 좁은 의미에서는 과학 기술의 한 영역이라 볼 수도 있지만, 로봇이 인간을 위하여 존재하기 위해서는 인문학적인 관점을 고려하지 않으면 안된다. 예를 들면 처음부터 인간을 살상하기 위해서 로봇을 만드는 것은 매우 신중한 접근이 필요하다. 전쟁에서 효율적으로 상대방을 살상하는 것은 살상하는 측의 입장에서 보면 인명 손실을 줄이는 좋은 방법이 될 수 있으나, 반대측의 입장에서는 보면 많은 생명이 희생되는 것이다. 이처럼 단순히 효율적인 측면에서 로봇을 개발하는 것은 매우 위험한 일이며, 이러한 로봇의 행동 기준을 마련하는 것도 매우 어려운 일이다. 이를 위해서는 로봇에 관련된 인력들은 로봇 관련 기술적인 자질 뿐 아니라 인문학적인 소양을 갖추고 있는 것이 바람직하며, 이는 사회에서 요구하는 전반적인 학문의 흐름과도 일치한다. 따라서 향후 로봇관련 기술 못지 않게 로봇 윤리에 관련된 연구가 중요한 분야가 될 것이며, 이 경우 과학기술과 인문학의 통섭이 매우 중요한 방법이 될 수 있다. 이와 유사한 사례로 사회 전반에 급속하게 확산되어 사용되어지고 있는 인터넷은 인간의 생활을 편리하게 해주는 긍정적인 측면이 있는 반면, 다방면에 걸쳐 매우 심각한 윤리적인 부작용을 유발하고 있다. 또한 현재 과학 기술의 총아로 각광을 받고 있는 줄기 세포에 관한 연구도 생명 윤리에 관한 인식이 없이 기술적인 면 만 중시한다면 예기치 못한 심각한 사회적인 문제를 일으킬 것이다. 특히 줄기 세포 등과 같이 비교적 새로운 기술은 사용 분야 및 시용이 사회에 미치는 영향 등에 관련된 연구가 비교적 적기 때문에 윤리적인 문제와 더불어 신중하게 접근되어져야 할 것이다. 이와 마찬가지로 로봇이 인간의 생활을 윤택하고 편리하게 도와주는 긍정적인 면이 있는 반면, 예상하기 힘든 사회에 해악을 가져다 줄지 모르기 때문에 로봇 시대에 맞는 로봇윤리를 확립하는 것이 무엇보다 중요하다. 그렇지 않으면 인간의 능력으로는 감당하기 어려운 인간-로봇 시대가 도래할 수 있으며, 그때는 이미 너무 늦을 수 있다.

로봇 관련 기술은 인문학을 포함하는 융합적인 학문이기 때문에 기술의 발전의 속도를 가늠하는 것이 쉬운 일이 아니다. 이에 따라 미래 인간의 생활에서의 로봇의 역할을 예측하기 어려운 측면이 있지만, 기존의 로봇 기술을 바탕으로 미래 로봇 기술 방향에 대한 연구는 의미가 있다.

옥스퍼드 대학의 칼 베네딕트 프레이 박사는 10-20년 내에 현재 직업의 47%가 자동화에 의하여 대체될 것이며, Boston consulting group에서는 2025년 한국에서 제조업 노동력 40%를 로봇이 대체할 것으로 전망하고 있다. 또한 Sapiens의 저자인 이스라엘 히브리 대학의 유발 하라리 교수는 지금 학교에서 배우는 것의 80-90%는 아이들이 40대가 되었을 때 별로 필요없을 가능성이 높다고 예측하고 있다. 20세기 후반 컴퓨터, 인터넷 등을 근간으로 하는 3차 산업혁명을 바탕으로 최근 이들 기술과 융합된 지식/정보기술의 발달이 4차 산업혁명을 선도하고 있으며, 머지않은 장래의 새로운 기술 혁명이 인류의 미래에 미칠 영향은 심각할 것이기 때문에 이에 대한 선제적인 대응이 필요하다. 현재 AI, 사물 인터넷, 로봇 등이 중심이 되고 있는 4차 산업 혁명은 다른 각도에서 보면 융합의 혁명이라고 할 수도 있다. 즉, 인간과 기계의 융합, 현실 세계와 가상 세계의 융합, 공학과 생물학의 융합 등이다.

로봇 기술이 특이점에 도달하는 순간에는 인간이 이를 제어하기 어려울 수가 있기 때문에 로봇 윤리 제정 등과 같은 능동적인 대비가 필요하다. 영국의 우주 물리학자 스티븐 호킹 박사는 "인공지능이 인류 사상 최대 성과인 동시에 최후의 성과가 될 수 있다"며 "인공지능이 가져다 줄 혜택과 위험성을 제대로 예측할 수 없는 만큼 최악의 시나리오에 대한 체계적 준비가 필요하다"한 말을 이제는 심도있게 다루어야 할 시점이 된 것 같다.

연습문제

01. BCI 기술의 인간 생활에 미치는 장단점을 적으라.

02. BCI 기술을 이용한 인간 능력의 획기적인 증대가 로봇–인간 공존 시대에 어떠한 역할을 할 것인가?

03. 향후 50년 후의 로봇과 인간과의 관계에 대하여 간단히 설명하라.

04. 로봇과 인간이 공존하는 로봇 시대의 윤리에 대한 견해를 적으라.

05. 군사용 로봇 등과 같은 살인용 로봇의 윤리에 관한 견해를 적으라.

06. 인간도 과학 기술을 이용하여 어떻게 진화가 가능할 것인가?

07. 로봇의 지능의 발달에 따른 로봇과 인간의 일자리와의 관계에 대하여 설명하라.

08. 로봇의 행위에 대한 법적 책임 소재에 대한 견해를 적으라.

참고문헌

1. 페이스 달루이시오, 새로운 종의 진화 로보사피언스, 김영사, 2002.
2. 토머스 대븐포트, 줄리아 커비, AI 시대 인간과 일, 김영사, 2017.
3. 존 조던, 로봇 수업, 사이언스 북스, 2018.
4. 일본 경제 신문사, AI 2048 인공지능 미래 보고서, Nikkei inc. 2018.
5. 폴 뒤무셀, 로봇과 함께 살기, 희담, 2019.
6. Rethinking Ethics in the Robotic Age, MIT Press, 2018.
7. http://terms.naver.com/entry.nhn?docId=3578789&cid=58941&categoryId=58960
8. 알랭 드 보통, 말콤 글래드웰, 스티븐 핑커, 매트 리들리, 전병근 옮김, 사피엔스의 미래, 모던 아카이브, 2016.

찾아보기

[A]
A* 알고리즘(A* Algorithm) ················ 346
Adjoint 행렬 ················ 137
Aibo ················ 274
AlexNet ················ 370
AlphaGo Zero ················ 339
AlphaGo ················ 339
Asimo ················ 16, 274
Atlas ················ 16, 274

[B]
BigDog ················ 274
BMI ················ 395
BP 알고리즘 ················ 359

[C]
Canadam ················ 14
Catkin ················ 325
CCD(Charge Coupled Device) ················ 246
CID(Charge Injected Device) ················ 246
CMOS(Complementary Metal Oxide Semiconductor) ················ 246
CNN(convolutional neural network) ················ 370
Cog ················ 18
CONSIGHT ················ 256
Cricket ················ 240
Curio ················ 16
Curiosity ················ 14

[D]
Deep Blue ················ 339

[E]
Eliza ················ 337
encoder ················ 172, 214

[G]
GPU(Graphics Processing Unit) ················ 370
Grand Challenge ················ 339
Gray 코드 ················ 217

[H]
Homosapiens ················ 393

[I]
Ingenuity ················ 14
Isaac Asimov ················ 5

[K]
Karel Capek ················ 3
Kernel ················ 370
Khepera ················ 285

[L]
Levy의 도전(Levy's challenge) ················ 339

[M]
metaverse ················ 396

[O]
OP Amp(OPerational Amplifier) ················ 229
Opportunity ················ 14
OPRoS ················ 321
OSRF(Open Source Robotics Foundation) ················ 321

[P]
Paro ················ 12
pick-and-place ················ 256
PID 전달 함수 ················ 186

[R]
RFID(Radio Frequency IDentification) ················ 240, 277
Robosapiens ················ 393

ROS(Robot Operating System) ············· 320

[S]

SCARA형 로봇 ························ 4, 27, 106
Shakey ································ 273, 385
Shallow Neural Networks(SNN) ·········· 368
Shannon의 표본화 정리(Shannon's sampling theorem) ································ 230
SLAM(Simultaneous Localization And Mapping) ···························· 220, 304
SONAR(SOund Navigation And Ranging) ································ 221
Spirit ································ 14
Spot ································ 274

[T]

tan sigmoid function ························ 350

[W]

Widrow-Hoff 학습 규칙 ······················ 352

[Z]

ZigBee ································ 276
Z-Y-Z 오일러 ································ 68

[ㄱ]

가반 용량 및 속도 ···························· 35
가변구조제어기 ································ 200
가정용 로봇 ································ 10
가청 주파수 ································ 221
간호 및 재활용 ································ 11
감쇠 계수 ································ 182
감시용 ································ 14
개별축 PID 제어 ································ 184
거울면 반사(specular reflection) 모델 ····· 227
검사용 ································ 9
경계 특이점 ································ 131
경로 계획(path planning 또는 trajectory planning) ···························· 301, 311
경사하강(iterative descent) ················ 359
경성 자동화 ································ 7
계산된 토크 제어 ································ 193
고유 진동수 ································ 182
공기압식 구동 ································ 23
관성 텐서항 ································ 190
관절 간격 ································ 90
관절 파라미터 ································ 88
광원(light source) ···························· 246
광전효과(photoelectric effect) ··············· 246
교육용 로봇 ································ 16
구동기 ································ 36, 276
구동기에 의한 분류 ································ 19
구형 로봇 ································ 26
구형 손목 ································ 102
국소점(local minima) ························ 312
군사용 로봇 ································ 13
군집 로봇(swarm robot) ···················· 318
그레이 영상(gray image, 혹은 grey image) ································ 250
극 좌표형 ································ 106
기계 공작 ································ 10
기계 시각(machine vision) ·················· 244
기계 학습(machine learning) ··············· 368
기구학(kinematics) ·························· 296
기구학적 특이점 ································ 131
기타 특수 형태의 로봇 ························ 18
깊이우선탐색(Depth-First Search, DFS) · 345

[ㄴ]

내부 센서(internal sensors) ··········· 33, 212
내부 특이점 ································ 132
너비우선탐색(Breadth-First Search, BFS) ································ 345
농축산용 ································ 15
뇌-컴퓨터 인터페이스 ························ 395
뉴론(neuron) ································ 348
뉴턴-오일러 동역학 방정식 ·················· 157

[ㄷ]

다관절형 로봇 ······ 27
다층 퍼셉트론(MLP) ······ 357
다항식 기법 ······ 301
데드 렉커닝(dead reckoning) ······ 219
델타 규칙(delta rule) ······ 352
도달 가능 영역 ······ 31
도장용 ······ 9
동적 주행 ······ 313
동차 변환행렬 ······ 48
디지털 영상 처리(digital image processing) ······ 244

[ㄹ]

라이다(Light Detection And Ranging, LiDAR) ······ 276
레귤레이터 ······ 190
레졸버(resolver) ······ 219
레큐레이터 ······ 193
로그 시그모이드(log-sigmoid) ······ 355
로봇 시각(robot vision) ······ 244
로봇 윤리 ······ 6, 391
로봇 정기구학 ······ 94
로봇 정역학 ······ 134
로봇 제어 ······ 171
로봇(robot)의 어원 ······ 3
로봇윤리 ······ 400
로봇의 구조 ······ 30
로봇의 분류 ······ 19
로봇의 역사 ······ 3
로봇의 원칙 ······ 5
로봇의 응용 분야 ······ 6
로봇의 협조 운동 ······ 318
롤-피치-요우 ······ 64
링크 길이(link length) ······ 89, 90
링크 비틀림 각도 ······ 89
링크 파라미터 ······ 88
링크 ······ 124
링크의 각속도 ······ 125

[ㅁ]

마찰항 ······ 190
매니퓰레이터 ······ 30
모멘트(momentum) ······ 361
무게 중심법(Center Of Gravity, COG) ······ 380

[ㅂ]

바늘구멍 모델(pin-hole model) ······ 258
반대칭행렬 ······ 70
반복성 ······ 35
배타적 논리합(eXclusive-OR, XOR) ······ 357
변조기(modulator) ······ 229
변환 그래프 ······ 60
보행 로봇 ······ 316
블루투스(Bluetooth) ······ 276
비례 동작 ······ 175
비례 제어기 ······ 175
비례·미분·적분 제어기 ······ 183
비례·미분 제어기 ······ 182
비서보 제어 로봇 ······ 29
비퍼지화(defuzzification) ······ 380
비행 시간(Time Of Flight, TOF) ······ 221

[ㅅ]

3차 다항식 ······ 302
사이보그 ······ 392
산업용 로봇 ······ 7
삼각 측량법(triangulation) ······ 225
상사변환 ······ 57
상태 공간(state space) ······ 342
상태 피드백 제어 법칙 ······ 190
상태(state) ······ 341
서보 제어 로봇 ······ 29
서보 제어 ······ 193
선속도 ······ 124
선형 광원(linear light) ······ 256
선형 모터 ······ 21
선형 배열 카메라(line array camera) ······ 256

선형 함수(linear function) ····· 350
센서 네트워크(sensor networks) ····· 240
센서(sensor) ····· 37, 211
소속 함수(membership function) ····· 374
소재 ····· 36
속도 결합항 ····· 190
속도 변환의 관계식 ····· 137
속도 조작성 타원 ····· 140
손목 특이점 ····· 133
수술용 ····· 11
수정된 DH 방법 ····· 87
순간회전중심(Instantaneous Center of Curvature, ICC) ····· 288
순회판매원 문제(Traveling Salesman Problem, TSP) ····· 343
스텝 응답 ····· 176
스트로크 ····· 35
시각 센서 ····· 244
시그모이드(sigmoid) 함수 ····· 316, 350
신경망(Neural Net, NN) ····· 313, 348
실버 도우미 로봇 ····· 10
심리 치료용 로봇 ····· 12
심층 신경회로망(deep neural network, DNN) ····· 368
심층 학습(deep learning) ····· 245, 368
싱크로(synchro) ····· 219

[ㅇ]

2축 평면 매니퓰레이터의 PD 제어 ····· 188
아날로그·디지털 변환기(ADC) ····· 227, 231
안드로이드 ····· 392
액추에이터 ····· 276
양안시(stereo vision) ····· 260
양자화 오차(quantization error) ····· 231
어깨 특이점 ····· 134
에러 역전파학습 ····· 201
역 기구학 ····· 98, 297
역 동역학 ····· 164
역동차변환 행렬 ····· 50
역행렬 ····· 46
연산 증폭기 ····· 229
연성 자동화 ····· 7
연속 경로 제어 ····· 29
연쇄규칙(chain rule) ····· 354
영국박물관 알고리즘(British Museum Algorithm, BMA) ····· 344
영상 센서(image sensor) ····· 246
영상 신호 처리(image signal processing) · 244
영점 위치 ····· 93
오도메트리(odometry) ····· 219
오류역전파(Error BackPropagation, EBP 혹은 BP) ····· 348
오일러-라그랑지 동역학 방정식 ····· 149
외부 센서(external sensors) ····· 33, 212
용접용 ····· 8
우주용 로봇 ····· 14
원심력 ····· 162
원통 좌표형 ····· 106
원통형 로봇 ····· 25
위치 추정 ····· 296, 300
유비쿼터스(ubiquitous) ····· 240
유압식 구동 ····· 23
윤리 헌장 ····· 403
은닉층(hidden layer) ····· 358
의료용 로봇 ····· 11
의사 역(pseudo-inverse) ····· 235
이동 로봇 ····· 273
이동 장치 ····· 34
이산화 오차(digitization error) ····· 231
이송용 ····· 9
이진 영상(binary image) ····· 251
인간-로봇 상호 작용 ····· 397
인간형 로봇(Humanoid robot) ····· 16
인공신경회로망(Artificial Neural Network, ANN) ····· 313, 338, 348
인공지능(Artificial Intelligence, AI) ·· 37, 335
인코더 ····· 214
일반화(generalization) ····· 352

일반화된 델타 규칙(generalized delta rule) ········ 358
임의 자세 도달 가능 영역 ········ 31
임피던스 제어 ········ 171, 202
입력 토크 ········ 190
잉여 센서 융합(redundant sensor fusion) 237

[ㅈ]

자유도 ········ 30
자코비안(Jacobian) ········ 127, 128, 293
작업 영역 ········ 24, 104
적외선 센서(IR sensor) ········ 225, 275
적합도(Degree of Fulfillment ········ 379
전경(foreground) ········ 253
전기식 구동 ········ 20
전문가 시스템(expert system) ········ 338
전방향 바퀴(omnidirectional wheel) ········ 297
전위차계(potentiometer) ········ 219, 263
전치행렬 ········ 46
전통적 DH 방법 ········ 87
전투용 ········ 13
절대형 인코더(absolute type encoder) ········ 217
점간 제어 ········ 29
정 동역학 ········ 164
정밀성 ········ 35
정적 주행 ········ 310
정확성 ········ 35
제4차 산업 혁명 ········ 4
제어기 ········ 33
조립용 ········ 8
조작성 치수 ········ 140
조작성 ········ 139
조합적 폭발(combinatorial explosion) ········ 343
주행 거리계 ········ 219
중간값(median) ········ 233
중력을 고려한 PD 제어 ········ 190
중력항 ········ 190
증가형 인코더(incremental type encoder) 216
증폭기(amplifier) ········ 229
직교 정규(ortho－normal) ········ 286
직교 좌표형 로봇 ········ 24
직교 회전행렬(orthogonal rotation matrix) ········ 286
직동 관절 ········ 30, 85
직렬형 매니퓰레이터 ········ 32
직접 구동 모터 ········ 4

[ㅊ]

차동 구동(differential drive) ········ 282
초음파 센서(ultrasonic sensor) ········ 221, 275
초점 거리(focal length) ········ 258
촉각 센서 ········ 275
최급하강법(steepest descent method) ········ 358
최소 제곱법(least squares fit) ········ 233
최종값 정리 ········ 180, 181
추적 제어 ········ 190

[ㅋ]

카메라(camera) ········ 246
컬러 영상(color image) ········ 252
컴퓨터 시각(computer vision) ········ 243
콜리오리스 ········ 163

[ㅌ]

탄젠트 시그모이드 ········ 350
탐색(search) ········ 340
토크 레귤레이터 ········ 186
통신 ········ 37
튜링의 시험(Turing Test) ········ 336
트랜스듀서(transducer) ········ 211
트랜지스터(transistor) ········ 229
트리 구조(tree structure) ········ 342
특성 방정식 ········ 175
특성근 ········ 175

[ㅍ]

팔 특이점 ········ 133

퍼셉트론(Perceptron) ··· 338, 349
퍼지 이론(fuzzy theory) ··· 373
퍼지 제어기 ··· 200, 313, 373
퍼지 집합(fuzzy set) ··· 373
퍼지화(fuzzification) ··· 374
퍼텐쇼미터(potentiometer, 전위차계) ··· 173
펄스 계수법(pulse counting) ··· 216
펄스 반사식(pulse－echo) ··· 221
펄스 시간법(pulse timing) ··· 216
평가 함수(evaluation function) ··· 346
평균법 ··· 233
평행 다관절형 로봇 ··· 32
포텐셜 필드(potential field) ··· 311
폭발물 취급용 ··· 14
표본화 및 보존(Sample & Hold, S&H) ··· 229
표본화 주파수(sampling frequency) ··· 229
프레임 그래버(frame grabber) ··· 246
필터(filter) ··· 227

[ㅎ]

하노이 탑(Tower of Hanoi) ··· 340
하드리미터(hard limiter) ··· 350
하이브리드 제어법 ··· 202
학습(learning) ··· 335
학습률(learning rate) ··· 361
학습제어법 ··· 200
한계 스위치(limit switch) ··· 212, 213
함의(implication) ··· 379
합성곱 연산(convolution processing) ··· 370
해상도(resolution) ··· 248
해저 탐사용 로봇 ··· 15
행렬의 결합 ··· 73
홀로노믹 제약조건(non-holonomic constraints) ··· 297
화소(pixel) ··· 248
확대된 장애물 ··· 311
확산 반사(Lambertian reflection) 모델 ··· 227
활성 함수(activation function) ··· 316, 350
회전 관절 ··· 30, 85
회전 행렬의 미분식 ··· 118
회전 행렬 ··· 46
회전형 모터 ··· 20
휴리스틱(heuristic) ··· 344
휴머노이드 로봇 ··· 317, 392
흑백 영상(black and white image, B&W image) ··· 250
히스토그램(histogram) ··· 253
힘 ··· 163

◈ 저자소개

도용태 (ytdo@daegu.ac.kr)
• 대구대학교 전자전기공학부 교수

이석규 (sglee@ynu.ac.kr)
• 영남대학교 전기공학과 교수

이재원 (jwlee@yu.ac.kr)
• 영남대학교 로봇공학과 명예교수

제3판
로봇공학의 이해

3판인쇄 | 2022년 3월 10일
3판발행 | 2022년 3월 15일

저　　자 | 도용태 · 이석규 · 이재원
발 행 인 | 이성범
발 행 처 | 문운당
주　　소 | 서울시 종로구 혜화로5길 16 (명륜1가 45-3)
전　　화 | (02)762-6010
팩　　스 | 영업 (02)745-0265 / 편집 (02)762-8758
이 메 일 | 영업 munun2@chol.com
　　　　　편집 munundang@naver.com
홈페이지 | http://munundang.co.kr

ISBN 979-11-5692-603-0 93550

정가 31,000원